嵌入式系统设计与实现

第六届全国大学生嵌入式芯片
与系统设计竞赛芯片应用赛道优秀作品剖析

主编　时龙兴　／　副主编　王志军　胡仁杰

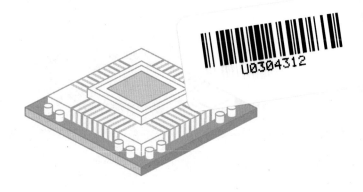

電子工業出版社·

Publishing House of Electronics Industry

北京·BEIJING

内 容 简 介

本书是 2023 年（第六届）全国大学生嵌入式芯片与系统设计竞赛芯片应用赛道的优秀作品集汇编，涵盖了海思、广和通、沁恒、龙芯、ST 等公司的平台。本书遴选了获得 2023 年全国总决赛一等奖的 69 支队伍的部分技术文档，从背景意义、软/硬件设计、最终成果、不足之处等多个方面对这些优秀作品进行了详细的剖析。在遴选作品时，力争使这些作品案例覆盖人工智能、无线通信、物联网、无人系统、智能家居、机器人等多个领域，从而满足更多读者的需要。

本书适合参加全国大学生嵌入式芯片与系统设计竞赛的学生和指导教师、从事嵌入式开发的工程技术人员，以及高等院校电类相关专业的师生阅读。

图书在版编目（CIP）数据

嵌入式系统设计与实现 ： 第六届全国大学生嵌入式芯片与系统设计竞赛芯片应用赛道优秀作品剖析 / 时龙兴主编. — 北京 ： 电子工业出版社，2024. 5. — ISBN 978-7-121-48497-1

Ⅰ. TP332.021

中国国家版本馆 CIP 数据核字第 2024TN6356 号

责任编辑：田宏峰
印　　刷：三河市兴达印务有限公司
装　　订：三河市兴达印务有限公司
出版发行：电子工业出版社
　　　　　北京市海淀区万寿路 173 信箱　邮编　100036
开　　本：787×1 092　1/16　印张：26　字数：715 千字
版　　次：2024 年 5 月第 1 版
印　　次：2024 年 5 月第 1 次印刷
定　　价：98.00 元

凡所购买电子工业出版社图书有缺损问题，请向购买书店调换。若书店售缺，请与本社发行部联系，联系及邮购电话：（010）88254888，88258888。

质量投诉请发邮件至 zlts@phei.com.cn，盗版侵权举报请发邮件至 dbqq@phei.com.cn。

本书咨询联系方式：tianhf@phei.com.cn。

本书编委会

前　言

党的二十大报告指出："教育、科技、人才是全面建设社会主义现代化国家的基础性、战略性支撑。必须坚持科技是第一生产力、人才是第一资源、创新是第一动力，深入实施科教兴国战略、人才强国战略、创新驱动发展战略，开辟发展新领域新赛道，不断塑造发展新动能新优势。"

嵌入式系统是指以应用为中心，以计算机技术为基础，软硬件可裁减，适应应用系统对功能、性能、功耗、成本、可靠性、体积严格要求的专用计算机系统。它是新时代我国经济和社会高速发展实现信息化、智能化、高效化的关键性技术之一。

全国大学生嵌入式芯片与系统设计竞赛（简称嵌赛）旨在紧跟大力发展集成电路的国家战略，助力国产嵌入式芯片与系统行业生态链的打造，支撑国内高校的创新性综合素质人才培养。嵌赛目前包括芯片应用、芯片设计和 FPGA 三大赛道。

嵌赛起源于东南大学嵌入式系统设计竞赛，2018 年由教育部高等学校电子信息类专业教学指导委员会主办并升格为国赛，2020 年起由中国电子学会主办，并于 2021 年进入教育部竞赛排行榜。2023 年，来自 561 所高校的 8747 支队伍、24115 人报名参与嵌赛。嵌赛已经成为电子信息领域最具影响力的赛事之一。嵌赛将继续向产业前沿推进，强化赛教结合，力争获得更多优秀企业和高校的关注和支持，持续大力开展师资培训、产学研讨、学术会议、人才认证等赛事延伸。

本书是嵌赛芯片应用赛道的优秀作品集汇编，涵盖了海思、广和通、沁恒、龙芯、ST 等公司的平台，选材来自获得 2023 年全国总决赛一等奖的 69 支队伍的部分技术文档，详细介绍了各个作品从构思到设计到实现，最后到测试的完整过程，重点对机械结构、电子电路和软件编程等几个主要设计环节进行详细阐述。在每个技术文档的最后还给出了团队成员的心得和作品实物的展示。本书经由各个赛区多位资深专家的共同回炉指导和打磨，再由全国大学生嵌入式芯片与系统设计竞赛全国组委会统稿而成。

我们希望通过对优秀作品的剖析，进一步促进全国高校的相关专业教师和大学生对嵌入式系统开发的选题、立项、分解、设计、实现、展示等一系列具体过程的拓展理解，逐步摸索一条更加适合大学生快速掌握嵌入式系统开发方法的自学途径和方法，也希望能为有志于共同提高嵌入式系统相关课程建设的教师提供实践性素材，从而为持续培养具备创新性思维、全面掌握系统设计及软硬适配系统优化等层面知识和技能的高素质人才，以及为坚实打造国产嵌入式微处理器、操作系统软件等行业的生态链贡献微薄力量。

尽管我们对推动赛、教、产结合抱有拳拳之心，但因才疏学浅，书中多有谬误之处，还望各位读者不吝赐教。

全国大学生嵌入式芯片与系统设计竞赛全国组委会

主任委员　时龙兴

副主任委员　王志军　胡仁杰

目　　录

第一部分　精选案例

第二部分 案例节选

第一部分
精选案例

第 1 章
海思赛题之精选案例

1.1 教学智慧管理辅助装置

学校名称: 东南大学
团队成员: 金东涛、曹思宇、李奥
指导老师: 黄永明

摘要

当今时代,在大、中、小学的课堂中,由于学生数量众多,传统的课堂点名签到方式耗时费力,课堂中老师也难以全面观察到每位学生的学习状态。通过对现状的深入调研,我们得出结论:开发一款集成学生课堂打卡功能与专注度分析功能的教学智能管理辅助装置(在本节中简称本作品)是迫切需要的。

本作品旨在探讨以人脸识别为核心技术的教学管理辅助系统。针对传统教学管理存在的一系列问题,我们进行了改进,引入了人脸识别技术和活体检测技术,实现了学生的动态签到和课堂专注度分析等功能。实验结果表明,本作品取得了较为优异的效果,具有一定的实用性和推广价值。

(1)动态签到功能:采用 YOLOv2 模型进行目标检测。该模型通过准确识别图像中的目标物体,为我们提供了强大的人脸检测能力。另外,为了解决非活体目标注册的问题,本作品引入了基于 MiniFASNet 模型的活体检测,该模型可确保只有真实活体才能成功注册。在此基础上,本作品融入了动态签到功能,这个功能实现了基于视觉的自动签到系统,可以在所有学生看向摄像头的瞬间完成签到,大大提高了签到效率,也避免了错签、代签等问题。

(2)专注度评价功能:用 Dlib 库对人脸进行特征提取,使用 AlphaPose 进行人体姿态估计,以进行表情分析和行为分析,计算出学生表情、动作及头部姿态三个维度的得分,并通过模糊综合计算得出综合专注度得分。根据课堂评价专注度评分,老师会收到相应的评价反馈。

(3)微信小程序:为了更好地展示成果,本作品还设计并开发了一个微信小程序,该应用具备实时获取动态签到信息和参与者专注度数据的功能。所有这些数据都会上传至云端,便于随时查看和进一步的分析。

这一创新性装置不仅在提高教学管理效率方面具备显著优势,同时为教育者提供了更全面、精准的学生学习状态数据,有助于个性化教学和教学质量提升。总体而言,本作品可满足当前教育的需求,也为未来教育技术的发展开辟了新的可能性。

1.1.1 作品概述

1.1.1.1 功能与特性

本作品旨在研究以人脸识别为核心技术的教学管理辅助系统。针对传统教学管理存在的一系列问题，如课堂反馈不及时、老师或家长监管不全面等问题，提出了一种基于深度学习的解决方案，设计并实现了一款智能教室辅助管理系统。

功能 1：动态签到功能。采用 YOLOv2 实现人脸检测；另外，为了解决非活体目标注册的问题，引入了基于 MiniFASNet 模型的活体检测，确保只有真实活体才能成功注册。在此基础上，本作品实现了动态签到功能，可以在所有学生看向摄像头的瞬间完成签到，大大提高了签到效率，也避免了错签、代签等问题。

功能 2：专注度分析功能。通过实时的人脸特征点提取与解算、人体姿态估计，进行表情分析和行为分析，计算出学生表情、动作及头部姿态三个维度的得分，并通过模糊综合计算得出综合专注度得分。

功能 3：微信小程序。设计并开发微信小程序，实时获取动态签到信息和参与者的专注度数据，供老师或家长随时查看和进一步的分析。

1.1.1.2　应用领域

（1）教育行业：本作品在教育领域的应用范围广泛。首先，它能够针对教室人员众多情况，通过人脸识别技术实现学生的动态签到，弥补传统考勤方式的不足。其次，它还具备专注度分析的功能，使老师能够实时观察到学生的学习状态，为个性化教学提供数据支持，进一步提高教学质量。

（2）服务行业：本作品为家庭提供了一种个体化监督与陪伴的方式，解决了家长因忙碌而无法实时监督孩子学习的问题。家长可以远程监督孩子在家中的学习状态，可以更全面地了解孩子的学业进展，及时介入并提供支持，从而提升孩子的学习效果。

（3）企业打卡系统：在企业环境中，本作品不仅能够实现人脸注册，还支持多人同时无接触打卡签到，为企业提供了高效、便捷的签到系统，避免了传统签到系统的烦琐流程，不仅可以提升签到效率，还可以为企业管理提供准确的考勤数据。

1.1.1.3　主要技术特点

（1）基于 MiniFASNet 模型的活体检测。MiniFASNet 是一款轻量级的人脸识别模型，专用于实现人脸识别任务。本作品基于 MiniFASNet 模型实现了活体检测，确保注册时的活体验证，提高了系统的安全性和准确性。

（2）基于 Dlib 库的人体学习专注度分析。本作品借助 Dlib 库的相关接口，实现了人脸特征点提取；借助 AlphaPose 进行人体姿态估计，并利用数学方法进行表情分析和人体姿态解算，最终确定学生的专注度。

（3）基于海思 Hi3861 的人脸检测。为了实现高实时性的人脸检测，本作品采用海思 Hi3861 智能主控板，该主控板集成了先进的 YOLOv2 人脸检测算法，可对多人同时进行实时的无缝检测，提高了实用性和效率。

（4）基于海思 Hi3516 的腾讯云通信。在数据传输方面，本作品通过串口将 Hi3861 的数据传送到 Hi3516，通过握手应答机制保障传输的准确性。同时，为了实现签到信息和课堂专注度信息的实时展示，采用海思 Hi3516 与腾讯云通信，利用 MQTT 协议实现板端与腾讯云的数据交互，通过 HTTP 协议实现腾讯云与微信小程序之间的通信，确保数据在各个环节的快速、安全传输。

1.1.1.4　主要性能指标

本作品的主要性能指标如表 1.1-1 所示。

表 1.1-1　本作品的主要性能指标

基　本　参　数	性　能　指　标	优　　势
距离估计	识别距离摄像头最近的人脸	识别稳定性高

续表

基 本 参 数	性 能 指 标	优 势
活体检测	识别活体与非活体	检测准确度高
人脸识别	正确识别人脸的次数	出错概率低
面部捕捉	精确反映专注度变化	实时性高、精确度高
实时监控	微信小程序反应速度	实时性高、可靠性好

1.1.1.5 主要创新点

（1）多人同时打卡：在打卡功能方面，引入了深度学习方法中的人脸识别技术，实现了一次性对多人进行人脸检测并完成打卡操作。

（2）防作弊功能：引入了静默活体检测技术，能够有效检测非活体目标，从而提高打卡系统的安全性。

（3）专注度分析功能：获得了人体学习专注度数据，不仅为教学管理提供了科学依据，同时也为学生学习状态的个性化关注提供了支持。

1.1.1.6 设计流程

本作品的设计流程如图 1.1-1 所示。

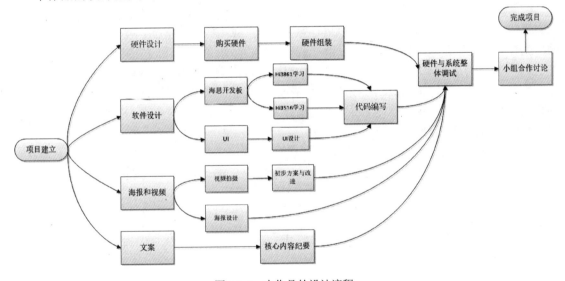

图 1.1-1　本作品的设计流程

1.1.2　系统组成及功能说明

1.1.2.1 整体介绍

本作品的整体框架如图 1.1-2 所示。

1.1.2.2 硬件系统介绍

从硬件组成来看，本作品可分为人脸检测识别和活体检测模块、数据传输模块，可以采集多个进程的数据，并最终传输到云端（腾讯云）。

（1）人脸检测识别和活体检测模块：采用 Hi3516，通过摄像头采集图像，并对实时拍摄的图像进行人脸检测识别，可以实现多张人脸同时签到，在签到的过程中会进行活体检测。

（2）数据传输模块：采用 Hi3861，通过串口接收 Hi3516 的处理结果（如签到情况、专注度分析等），然后通过手机热点与腾讯云建立 MQTT 连接，实现了数据的实时传输与实时呈现。

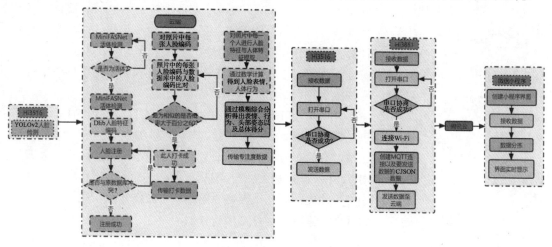

图 1.1-2　教学智慧管理辅助装置的整体框架

1.1.2.3　软件系统介绍

本作品的云端和 Hi3516 通过 TCP 协议通信，实现协同工作，共同完成人脸检测识别和活体检测功能，并通过串口向 Hi3861 传输检测结果。同时 Hi3516 还可以通过 MQTT 连接将检测结果以话题的形式发布到腾讯云。微信小程序可订阅相关话题，接收并实时显示检测结果。数据传输示意图如图 1.1-3 所示。

首先，Hi3516 使用 YOLOv2 模型（神经网络模型，该模型的数据集来源是公开的 WiderFace 数据集）将 YOLOv2 模型转化为 Caffe 模型，并将 Caffe 模型量化成可以在开发板上运行的 wk 文件；其次，Hi3516 将检测后的图像传递到云端，在云端注册时要进行活体检测，

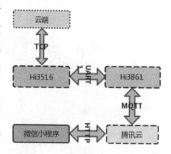

图 1.1-3　数据传输示意图

当检测到为非活体时无法进行注册，当检测到为活体时，如果人脸在边界框正中心，且人脸正对着边界框，则注册条会前进，反之则回退。当注册进度完成（注册条满）时，可输入注册人员信息。在注册人员信息与数据库中信息不冲突时，可将注册人员信息添加到数据库中。

在进行动态打卡时，Hi3516 会不断检测图像，并对图像中每一张人脸进行人脸特征编码（借助于 Dlib 库的 API 函数接口），然后将每个特征编码与数据库中已有的特征编码进行对比，计算各个特征编码之间的欧氏距离。欧氏距离表示不同特征编码相匹配的概率，如果概率大于 60%，则认为是同一个人，此时这个人会成功签到，并将签到信息发送到 Hi3861，再由 Hi386 发送到腾讯云，最终通过微信小程序实时显示打卡信息。

软件系统的流程如图 1.1-4 所示。

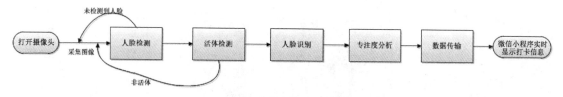

图 1.1-4　软件系统的流程

在进行专注度评分时，首先进行人脸检测，利用 Dlib 库提取人脸的 68 个固定位置的特征点

图 1.1-5　人脸的 68 个固定位置
的特征点

（见图 1.1-5），并通过这些特征点计算面部表情。接着，利用神经网络提取人体关键点，并通过人体关键点的欧拉角分析人体行为，从而解算出人体头部姿态。最后，通过模糊综合分析这些内容来计算人体的专注度，并将专注度信息发送给 Hi3861，由 Hi3861 发送到腾讯云，最终传递给微信小程序，由微信小程序实时显示专注度信息。

Hi3861 连接手机热点后，建立与腾讯云的 MQTT 连接，通过结构体 profilereported 将数据转换为 CJSON 格式后发送至腾讯云端，微信小程序端借助 HTTP 链接获取相应的结构体数据，并对 CJSON 数据进行解析，根据数据格式判断数据是动态签到信息还是专注度信息，根据判断的结果将数据显示在微信小程序的对应界面，供老师或者家长实时查看。

1.1.3　完成情况及性能参数

1.1.3.1　整体介绍

图 1.1-6 为本作品的整体图。

（a）前视图

（b）后视图

图 1.1-6　本作品的整体图

1.1.3.2　工程成果

（1）机械成果如图 1.1-7 所示。

图 1.1-7　机械成果

（2）软件界面如图 1.1-8 所示。

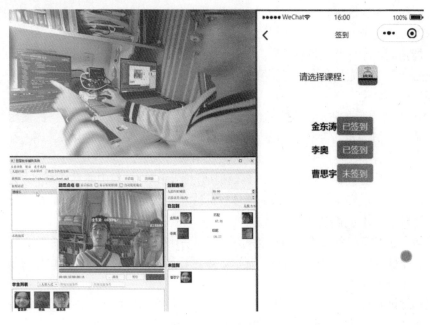

图 1.1-8　软件界面

图 1.1-7 和图 1.1-8 所示为本作品的基本成果。从图中可以看出，本作品可实时显示采集图像，在人脸上打框识别，并在微信小程序上呈现签到打卡情况。

1.1.3.3　特性成果

当摄像头采集的图像是非活体图像时，本作品会提示假脸无法注册，如图 1.1-9 所示。

由于本作品需要不断地传输专注度信息，而串口的收发两端（Hi3861 与 Hi3516）在不进行双方握手的情况下，会导致接收端与发送端出现差错，出现信息丢失或者接收端一次性接收发送端堆积在传输通道内的多条信息，因此在收发专注度信息时，设置了握手机制，使得发送端发送的数据若被接收端及时接收，则将该信息丢弃，并且 Hi3516 在接收到 Hi3861 发送的信息后，向发送端发送确认信号，

图 1.1-9　提示假脸无法注册

发送端才能发送下一条信息。这样的代价是，会使接收端接收到的信息存在丢失的可能。

1.1.4　总结

1.1.4.1　可扩展之处

（1）通信效果需要改善。串口通信的效果较差，可以采用更高级的通信协议（如 RS-485、CAN 总线等）来更好地处理数据丢失与堵塞问题。

（2）专注度评判精度方面有待进一步优化。在专注度分析方面，由于摄像头本身存在一定畸变，且内外参数未知，虽然可以通过神经网络很好地找到人脸特征点和人体关键点，但将其向现实世界转换时，会导致一定的误差，人脸表情和人脸朝向等的计算存在一定误差，使得最后的模糊综合分析评分会出现随机性不稳定的情况或者与实际不符的情况，在专注度评判精度方面有待进一步优化。

（3）算力有限。本作品所用的开发板支持的网络类型和算力有限，导致许多库在此环境下无法编译，因此除了人脸检测功能，其他的人工智能功能需要在云端实现，不能形成完整的嵌入式产品，希望以后能完全在开发板端实现这些功能。

（4）功能拓展。本作品还可以开发其他功能，如考试作弊监测、老师与学生互动度评分等，使本作品成为一个功能更为全面、更加符合市场需求的智能陪伴教育辅助系统。

1.1.4.2　心得体会

参与嵌入式设计竞赛是一次令人难忘的宝贵经历。在此次比赛中，本作品使用 Hi3516 和 Hi3861 两款芯片的开发板，并利用 TCP 协议和 MQTT 协议实现了开发板与云端的互联。本作品的主要技术方向涵盖了人脸识别、表情分析和姿态解算等领域。

首先，本作品采用了 YOLOv2 模型，该模型通过准确识别图像中的目标物体，为我们提供了强大的目标检测能力。其次，为了解决非活体目标注册的问题，本作品引入了 MiniFASNet 模型，该模型可确保只有活体才能成功注册。

本作品融入了动态签到功能，该功能利用人脸识别技术实现了自动签到系统。同时，本作品还结合人工智能技术对人脸特征点进行了提取，以进行更具深度的表情分析和行为分析，并得出参与者的专注度得分。

为了更好地展示成果，本作品开发了微信小程序。该微信小程序具备实时获取动态签到信息和参与者专注度信息的功能。所有这些数据都会上传到云端，便于随时查看和进一步的分析。

通过此次竞赛，团队不仅将各项技术应用到本作品，更重要的是学会了如何有机地融合这些技术，构建一个完整的嵌入式系统，深刻体会到了真实应用中所面临的挑战，并锻炼了解决问题的能力。

总之，参与此次竞赛是一次难得的学习机会，不仅可以提升技术水平，更培养了团队合作精神、解决问题能力和创新能力。这次宝贵的参赛经验将对我们今后的学习和职业发展产生积极的影响。

1.1.5　参考文献

[1] 郭志强. 面向智慧教室的嵌入式控制系统设计与实现[D]. 武汉：华中师范大学，2016.

[2] REDMON J, DIVVALA S, GIRSHICK R, et al. You only look once: unified, real-time object detection[C]. 2016 IEEE Conference on Computer Vision and Pattern Recognition (CVPR), Las Vegas, NV, USA, 2016:779-788.

1.1.6　企业点评

本作品基于海思的 Hi3516 和 Hi3861，引入了人脸识别技术和活体检测技术，集成了学生课堂打卡功能与专注度分析功能。本作品在满足当前教育需求的同时，为未来教育技术的发展开辟了新的可能性，具有很强的应用场景价值。

1.2 幸"盔"有你

学校名称：深圳大学
团队成员：李琨睿、洪威、黄钰琳
指导老师：邱洪、王鑫

摘要

在全球科技进步的浪潮下，传统行业纷纷引入了"智慧"概念，实现了升级和转型。智能化已经逐渐渗透到园区、餐厅、停车场、旅游等各个方面，物联网技术的应用极大地方便了人们的工作和生活。然而，我们也不难发现，在日常生活中，工地这一场景的智能化程度相对较低，"智慧工地"的概念尚待完善，工地安全问题在近几年引起了广泛关注。在此背景下，本作品应运而生，旨在将物联网技术运用于安全帽，为"智慧工地"的发展助力。

为解决工地的工人安全问题，以及在复杂工地环境下设备、人员难以管理等痛点，幸"盔"有你（本节中简称本作品）以海思 Hi3861 作为主控芯片打造了智能安全帽（本作品的核心部分），结合广和通公司的 L716 模组实现了 4G 联网，借助华为云 IoT 平台、运用物联网技术实现了数据的多端流转与音/视频通话。在此基础上，本作品针对工地场景设计了一套具有一系列智能化功能的系统，实现了智能安全帽与云平台之间的互联互通，工人可以通过工人端微信小程序方便地使用智能安全帽，管理者也能通过工地管理系统对工人和智能安全帽进行管理。

智能安全帽以佩戴监测、多模联网、心率监测、跌倒监测、语音对讲、语音控制六大部分为基础功能，配合音/视频通话、气体检测、定位增强、近电检测、高度检测五大可根据不同场景进行搭配的模块化功能，全面保障了工人的生命安全，在方便工人作业的同时，提高了工作效率。

在网页端，本作品设计了与智能安全帽配套的工地管理系统，管理者可以随时监控工人的身体状况、工作情况、位置信息等，还能够随时与工人发起音/视频通话，以便远程查看施工情况。本产品能够在工人生命体征出现问题时迅速报警并提醒管理者，从而大大提高了工地管理效率。

本作品旨在通过创新性地对智能安全帽进行模块化设计，并搭建配套的工地管理系统，将"智慧工地"这一概念落地建筑行业，让物联网技术和大数据能够更大程度地服务工地场景，同时为"智慧工地"市场带来更大的收益。

1.2.1　作品概述

1.2.1.1　功能与特性

随着社会经济的发展，工地在不断增多的同时也暴露了许多亟待解决的问题。调查显示，工地现场长期存在安全管理混乱、工人安全意识薄弱、无法预警危险、事故救援缓慢、人员考勤管理混乱，以及难以掌握现场进度等问题，如图 1.2-1 所示。

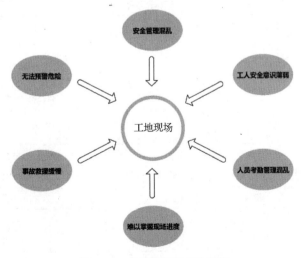

图 1.2-1　工地现场存在的问题

对此，本作品围绕智能安全帽这一硬件设备设计了相应解决方案，并在此基础上搭建了工地管理系统，旨在运用物联网概念，充分响应建设"智慧工地"的号召，解决痛点问题。

1.2.1.2 应用领域

（1）建筑行业：通过智能安全帽，实现对工地的监测与管理，提高工作效率。

（2）工业安全：实现工人佩戴监测、多模联网、心率监测、跌倒监测等功能，全方位保障工人的生命安全。

（3）远程监控：通过工地管理系统，实现对工人的实时监控，远程查看施工情况，提高工地管理效率。

（4）紧急救援：在工人生命体征出现问题时，能够迅速报警并提醒管理者，实时定位工人，辅助紧急救援。

1.2.1.3 主要技术特点

（1）基于海思 Hi3861 的智能安全帽。为了实现智能安全帽内大量传感器数据的采集和低功耗、高稳定性的需求，本作品采用海思 Hi3861 主控板作为核心。该主控板实现了与智能安全帽内多个模块的连通，可以对传感数据进行处理和分析，并且联网上云。

（2）基于广和通 L716 模组的 4G 联网和基于 Hi3516 的音/视频通话。利用广和通 L716 模组的路由模块，为智能安全帽提供 4G 网络，并将摄像头拍摄到的音频和图像通过 Socket 流推送到后端，经过处理后再由前端请求进行展示或者由云平台向硬件下发命令进行控制。

（3）实现多传感器融合的监测系统。在本作品中，智能安全帽内集成了多个传感器，可以实时采集佩戴者的生理状态和所处环境信息，通过对融合后的数据进行分析和处理，实现了监测和预警功能，能及时发现异常情况并进行处理。

（4）云端数据上报和管理。通过与云平台的连接，运用物联网技术实现了实时监测和多端数据共享，可对工地现场数据进行实时上报和管理，为工地管理者提供实时监控和预警服务，提高了工地的安全性和管理效率。

1.2.1.4 主要性能指标

本作品的主要性能指标如表 1.2-1 所示。

表 1.2-1 本作品的主要性能指标

基 本 参 数	性 能 指 标	优 势
电池容量	5000 mAh，续航时间为 24～72 h	容量大、体积小、续航时间长
充电方式	支持有线、无线、太阳能等充电方式	多种充电方式可供选择，可及时应对特殊情况
质量	550 g	符合工人佩戴舒适性要求
材料	超高分子聚乙烯塑料（HDPE）	适用范围广，耐冲击能力强
抗压性能	≤4900 N	符合 GB 2811—2019
耐穿刺性能	高温、低温、浸水环境下不被穿刺，无帽壳脱落	符合相关的国家标准
帽带强度	断裂值为 250 N	帽带坚韧，不易断
温度承受范围	−30 ℃～150 ℃	温度承受范围广
电绝缘性能	泄漏电流不超过 0.6 mA	符合 GB 2811—2019
阻燃性能	续燃时间不超过 5 s	阻燃能力强
侧向刚性	最大变形小于 35 mm	不易变形
抗静电性能	表面电阻值小于 $1×10^9\ \Omega$	符合相关的国家标准
异常状态识别	响应时间不超过 5 s	响应迅速

1.2.1.5　主要创新点

本作品的创新点如图 1.2-2 所示，主要的两点如下。

（1）模块化功能。针对不同场景的需求，本作品开发了模块统一接口，将多种功能模块化，从而能够根据实际需求快速配置不同的功能模块，在方便工人使用的同时减少了电量损耗。

（2）多模混合联网。针对物联网中经常出现的联网不稳定、网络信号差等问题，本作品创新性地推出 4G+Wi-Fi 的联网方案，当 Wi-Fi 信号差时，由智能安全帽内置的 4G 模块联网，从而保证网络连接的通畅。考虑到在隧道作业时信号差、难联网等问题，本作品还开发了基于 TCP/IP 协议的自组网功能，只要一台设备能够联网，其他所有关联设备也能实现联网，从而实现智能安全帽的多场景应用。

图 1.2-2　本作品的创新点

1.2.1.6　设计流程及进度

本作品的设计流程及进度如图 1.2-3 所示。

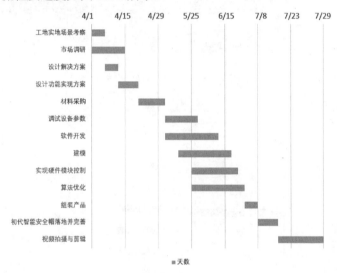

图 1.2-3　本作品的设计流程及进度

1.2.2　系统组成及功能说明

1.2.2.1　整体介绍

本作品主要包括智能安全帽、云端处理系统和用户管理界面三大部分，其整体框架如图 1.2-4 所示。

作为本作品核心的智能安全帽使用自带的 4G 模块通过 MQTT 协议连接到云端，而在 4G 网络信号较弱的环境中，智能安全帽也可以智能地连接到附近的网关。而在工地中部署的网关，除了可以连接到工地中的其他设施，还可以对设备上传的数据进行初步的处理后再上传云端。在云端，借助华为云 IoTDA 或 IoTEdge 等平台来连接设备，并通过云服务器（Elastic Compute Server，ECS）中的后端系统对数据进行整合处理，最终同步到用户使用的工人端微信小程序和工地管理系统。

借助上述框架，本作品实现了智能安全帽、云端和用户界面的多端协同，结合实际需求设计了如图 1.2-5 所示的功能。

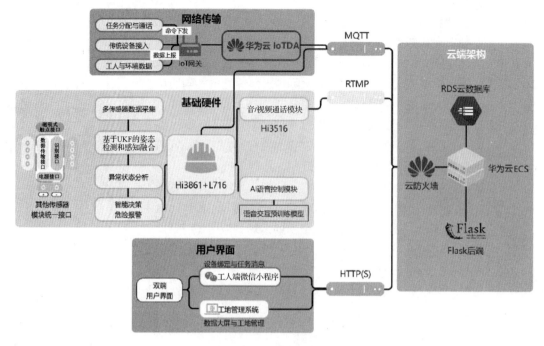

图 1.2-4　本作品的整体框架

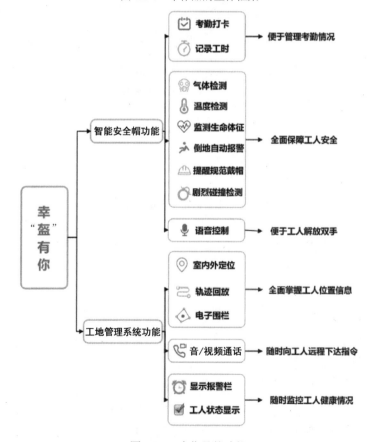

图 1.2-5　本作品的功能

1.2.2.2　硬件系统介绍

在硬件方面，本系统主要包括智能安全帽佩戴检测系统、人体状态感知系统、模块化环境感知系统、语音控制系统、音/视频通话系统、智能网络系统。智能安全帽采用海思 Hi3861，可以采集多个模块的数据，并通过广和通的 L716 模组连接云端。为了实现智能安全帽在不同场景下快速切换不同的功能，本作品创新性地开发了模块统一接口，同时借助 Hi3861 实现了智能安全帽之间的自组网。在多个智能安全帽成功组网后，可以实现智能安全帽之间的语音对讲，并使网络状态最好的智能安全帽成为一个小型的网关，将周围的智能安全帽数据整合后统一上传到云端，节约云端资源。

本作品的硬件架构如图 1.2-6 所示。

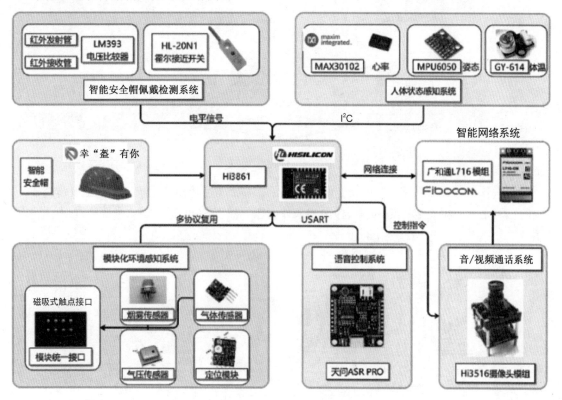

图 1.2-6　硬件架构

本作品的电路模块介绍如下：

（1）智能安全帽佩戴检测系统。智能安全帽集成了红外传感器和霍尔接近开关，在设置红外阈值检测和霍尔距离阈值后，可实时检测智能安全帽的佩戴情况。通过检测智能安全帽与人体头部的距离，以及帽带的扣紧状态，可以精确且智能检测智能安全帽的佩戴情况。智能安全帽佩戴检测系统的框架如图 1.2-7 所示。

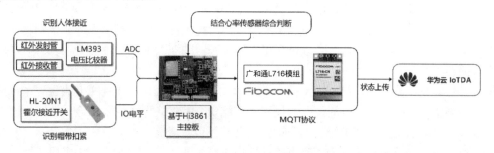

图 1.2-7　智能安全帽佩戴检测系统的框架

智能安全帽的佩戴检测流程如图 1.2-8 所示。当智能安全帽连续多次检测到异常时，会调取陀螺仪模块的角度信息，若角度信息也不符合规范，则认为工人未正确佩戴智能安全帽。通过多个传感器联合进行检测，使智能安全帽佩戴检测系统更加稳定可靠。当佩戴者未正确佩戴智能安全帽时，智能安全帽会通过智能语音系统提醒工人，并向工地管理系统（后台）报告。本作品还创新性地将工人正确佩戴智能安全帽与考勤挂钩，只有正确佩戴智能安全帽才能够自动完成打卡并记录工时，从而规范工人的工作习惯。

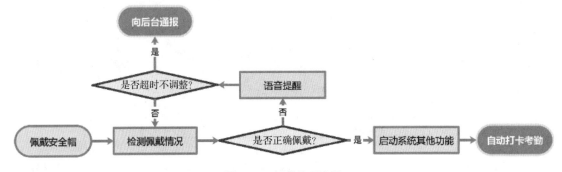

图 1.2-8　佩戴处理流程

（2）人体状态感知系统。智能安全帽中集成了血氧饱和度传感器、陀螺仪和温度传感器，可以实时监测工人的血氧饱和度、心率、体温和人体姿态等数据。人体状态感知系统的框架如图 1.2-9 所示。

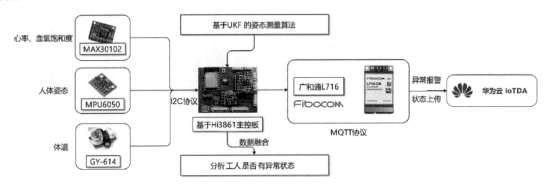

图 1.2-9　人体状态感知系统的框架

血氧饱和度传感器负责检测人体的心率和血氧饱和度。该传感器基于反射式脉搏血氧饱和度检测技术，根据红外光传感器来检测血液中红色血红蛋白和氧合血红蛋白对红外光吸收量的变化，从而可以推断出心率和血氧饱和度的数值，并将其输出到其他设备。

人体姿态传感器通过基于无迹卡尔曼滤波器（Unscented Kalman Filter，UKF）的姿态检测算法，利用其内置的数字运动处理器（Digital Motion Processor，DMP）测量人体的三轴欧拉角，再结合多传感器的数据融合，通过综合分析得出人体姿态，并通过 IoT 平台让管理人员可以实时查看每个人的相关数据。

当人体姿态出现异常时，智能安全帽会及时通过语音提醒工人，并且向工地管理系统报告异常情况。如果工人没有在规定时间内取消报警，智能安全帽将认为发生了危险，会向管理人员报告并自动联系附近的其他佩戴了智能安全帽的工人前往查看情况。

（3）模块化环境感知系统。为了尽可能地适用于较多的场景，智能安全帽采用了模块化的设计，本作品开发了全新的模块统一接口，通过组合不同的模块可以实现不同的功能，模块之间也可以相互配合联动实现更多高级功能。

通过模块统一接口，智能安全帽可以装配不同的传感器模块，用以感知环境数据，实现危险预警。例如，在煤矿井下，智能安全帽可以配备气体传感器，用于检测有毒气体浓度并及时发出警报，保障矿工的生命安全。此外，智能安全帽还可以配备定位模块，以便在工人发生意外时，救援人员能在第一时间定位到工人所在的位置，提高救援效率。模块化环境感知系统的架构如图 1.2-10 所示。

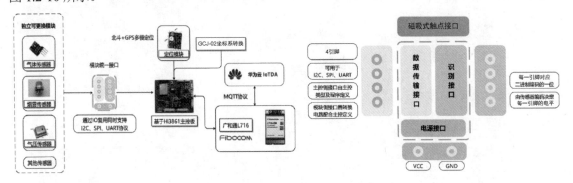

图 1.2-10　模块化环境感知系统的架构

本作品中的智能安全帽及其配套功能模块采用了自主研发的模块统一接口，通过该接口可以让智能安全帽识别当前安装的模块并启用对应的功能。该接口采用了磁吸式触点设计，配合模块与智能安全帽上的卡扣可保证模块的稳固连接。模块统一接口可以适应多种通信协议，使连接更加简洁，提高了接口的利用率，便于不同模块化功能的切换。

模块统一接口共 10 个引脚，采用免接线设计，利用触点连接，同时通过磁吸保证连接的稳固和定位的准确。其中，数据传输接口采用 4 引脚设计，可以适应 I2C、SPI、UART 等多种不同的通信协议，并可以根据需求进行扩展，标准将在后续根据实际情况进行统一定义。识别接口采用 4 引脚设计，对应一组 4 位的二进制编码，可实现 16 种组合，足够支持前期单传感器模块的编码需求，并可以在后续根据需求进行扩展。电源接口用于向传感器模块供电。模块统一接口可以为智能安全帽的模块化设计提供坚实的硬件基础，使得不同的传感器可以方便地连接到智能安全帽上，并实现各自的功能。模块统一接口的框架如图 1.2-11 所示。

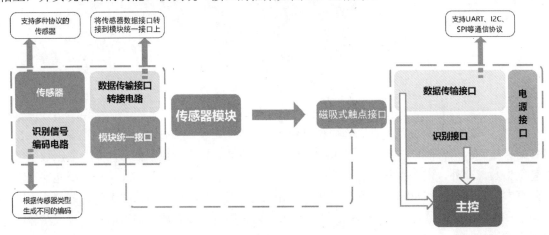

图 1.2-11　模块统一接口的框架

智能安全帽的模块化设计为用户提供了更多的选择和灵活性，同时也降低了生产和使用成本。随着技术的进步和应用场景的扩展，智能安全帽将会有更广泛的应用前景。

（4）语音控制系统。为了让工人在不方便手动操作时控制智能安全帽，本作品引入了语音控制系统。智能安全帽的语音控制系统支持离线交互与在线交互。当智能安全帽处于联网状态时，语音控制系统将借助华为云 SIS 语音交互服务进行识别与反馈。当智能安全帽处于离线时，语音控制系统使用天问 ASR PRO 芯片，通过在该芯片中部署基于 DNN-HMM 的语音交互神经网络，实现实时的语音交互与控制功能。语音控制系统的架构如图 1.2-12 所示。

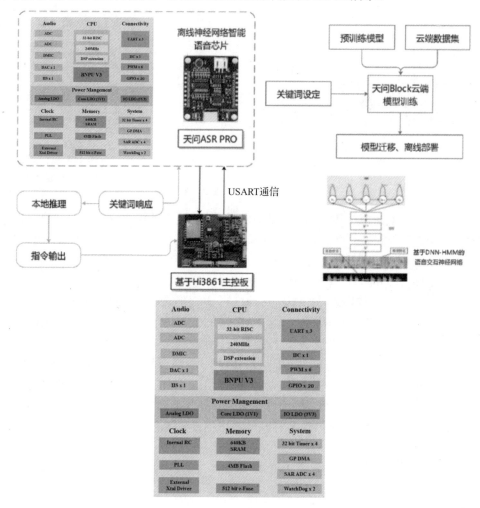

图 1.2-12　语音控制系统的架构

天问 ASR PRO 芯片是新一代高性能神经网络智能语音芯片，集成了脑神经网络处理器和 CPU 内核。芯片内部集成了麦克风阵列和信号处理电路，用于采集外部环境中的语音信号。该芯片在对采集到的语音信号进行预处理和特征提取后，将其被转换为数字信号，并提取出数字信号的特征参数。此外，该芯片内部集成了专门的语音识别算法和模型，这些算法和模型能够对输入的特征参数进行分析和匹配，从而识别出语音指令或语音内容。通过训练和优化，该芯片可以准确识别和理解特定的语音指令。一旦识别出有效的语音指令，该芯片将输出信号，实现对外部设备或系统的控制。

（5）音/视频通话系统。音/视频通话系统内置了 500 万像素的摄像头，以及 Hi3516 视频处理芯片，这些硬件设备使得音/视频通话系统能够高效地采集 1080P 的广角视频［该视频数据通过

RTMP（Real-Time Messaging Protocol）实时传输到云端]。

　　管理者可以在管理端发起音/视频通话，指导或查看佩戴者的工作情况。这种实时的音/视频通话功能为管理者提供了便利，使其能够远程监控工作现场，并进行指导和实时沟通。

　　此外，音/视频通话系统还支持自动循环录像功能，这意味着该系统可以在持续录制视频时自动覆盖最早的视频，从而确保在发生意外时有可靠的视频取证材料供后续分析使用。音/视频通话系统为管理者提供了一种强大的远程监控和指导工具，同时也为事件记录和分析提供了可靠的视频数据支持。音/视频通话系统的架构如图 1.2-13 所示。

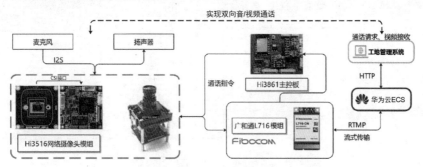

图 1.2-13　音/视频通话系统的架构

　　（6）智能网络系统。智能安全帽在联网状态下才能提供完整的服务，针对工地较为复杂的网络环境，智能安全帽支持多种联网方式，可以根据当前网络状况进行智能切换。智能安全帽主要采用 4G 方式进行联网，利用 4G 网络的高覆盖率与高速率来实现和云端的稳定通信。在拥有较好网络建设的应用环境中也支持使用 Wi-Fi 进行联网。智能网络系统的架构如图 1.2-14 所示。

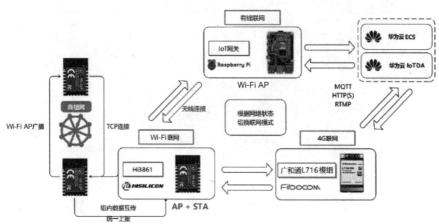

图 1.2-14　智能网络系统的架构

　　在没有稳定的 Wi-Fi 和 4G 信号环境中，智能安全帽仍然可以通过基于 Wi-Fi 和 TCP 协议的自组网方式实现设备之间的互联，在保留所有的基础功能的情况下，依然能将打包后的基础数据通过固定基站或网络连接较为稳定的智能安全帽向云端传输。在安装了 IoT 网关的场景中，智能安全帽还能借助网关实现网络接力。

1.2.2.3　软件系统介绍

　　本作品的软件系统可分为后端服务器、工人端微信小程序、网页端工地管理系统等部分，这些部分借助 IoT 云平台通过 HTTP(S)进行交互。本作品的软件整体架构如图 1.2-15 所示。

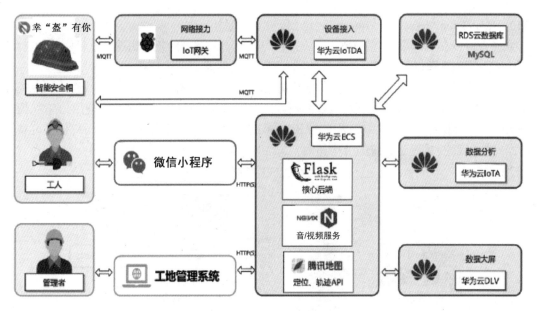

图 1.2-15   本作品的软件整体架构

工地中的设备通过华为云 IoTDA 接入云端,并借助部署在云服务器中的后端服务器实现与工地管理系统和微信小程序的互联互通,其中后端服务器负责数据处理与请求响应;微信小程序用于绑定设备、查看任务等;工地管理系统用于帮助管理者实现远程可视化的工程现场管理。在这个过程中,本作品借助华为云的云数据库、数据分析(如华为云 IoTA)、数据大屏等功能为用户提供更好的服务。后端软件架构如图 1.2-16 所示。

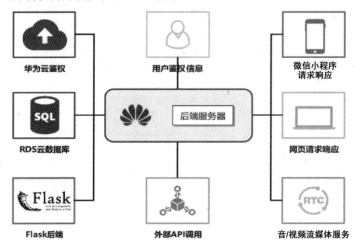

图 1.2-16   后端软件架构

本作品的软件模块介绍如下:

(1)后端服务器。后端服务器是在 Flask 架构的基础上使用 Python 语言构建的,Flask 是一个轻量级的 Web 框架,具有代码简洁、易于扩展和灵活性高等特点,便于高效开发和维护。基于 RTMP 的音/视频服务是基于 Nginx 实现的,Nginx 是一个高性能的 Web 服务器和反向代理服务器,支持多种协议和数据传输方式,可以轻松实现音/视频流媒体服务的转发和分发。后端服务器主要由以下模块构成:

➲ 华为云鉴权:负责与华为云平台通信,并完成鉴权操作。

- ⊃ RDS 云数据库：用于存储和管理数据，实现系统数据的持久化。
- ⊃ Flask 后端：作为后端服务器的核心组件，用于处理用户请求，并调用其他模块提供服务。
- ⊃ 外部 API 调用：用于获取外部数据（如腾讯地图等），实现系统的功能扩展和补充。
- ⊃ 微信小程序请求响应：响应工人端微信小程序的请求，提供数据和服务。
- ⊃ 网页请求响应：响应管理端的网页请求，提供数据和服务。
- ⊃ 音/视频流媒体服务：提供音/视频数据的推送和拉取服务，支持实时的音/视频通话。
- ⊃ 用户鉴权信息：记录用户的身份和权限信息，用于系统的访问控制和安全保障。

（2）工地管理系统。工地管理系统是本作品的一个重要组成部分，用于监控和管理智能安全帽的使用情况。工地管理系统通过后台处理和分析数据，可以实时呈现工人的工作状态、工作时长、打卡情况等信息，方便管理者管理和监控。工地管理系统包含主页、设备管理、工作时长和工人名单等模块，管理者可以通过这些模块查看工人的个人信息、位置、体温、心理特征等，以及通过音/视频通话系统查看工人工作情况或指导工作。工地管理系统可以帮助管理者实现对工人的全面监控和管理，提高工作效率和安全性。

① 主页。工地管理系统在后台对所有的数据进行统计处理，并将处理完的数据实时呈现在工地管理系统的主页上。在主页中，管理者可以实时查看工人总人数、已打卡人数、未打卡人数等信息，方便管理者管理。

② 设备管理。智能安全帽在被启用后会实时将工作状态通过后台传输到工地管理系统的设备管理界面上；通过在后台监测工人的佩戴时长来统计工时，并将工时实时呈现在设备管理界面。

③ 工作时长。本作品创新性地利用智能安全帽的佩戴情况来进行考勤，通过后台监测智能安全帽的佩戴情况，将数据实时传输到工地管理系统的工作时长界面，管理者可以在该界面查看每个工人的上/下班打卡时间。管理者还可以查看具体日期的工人打卡情况，以及经过后台得到的本月打卡总记录。

④ 工人名单。管理者可以在工人名单界面查看所有的工人情况，单击具体的工人名字即可进入该工人的个人详细信息界面。工人的个人详细信息界面通过后台与智能安全帽上的各模块连接，管理者可以在该界面上查看工人的个人信息、工人具体位置、工人的体温和心理特征，同时还可以在该界面通过音/视频通话系统查看工人工作情况或者指导工作。

（3）微信小程序。工人在上班后可任意选择一项智能安全帽，在佩戴前使用微信小程序的扫码功能扫描智能安全帽上的二维码即可绑定设备，绑定设备后就能佩戴智能安全帽，正确佩戴后服务器开始自动计算工时。工人可以通过微信小程序的首页查看自己的打卡记录和工作时长。此外，微信小程序还具有查看工作安排、联系人、请假申请、安全帽故障报修等功能。微信小程序流程如图 1.2-17 所示。

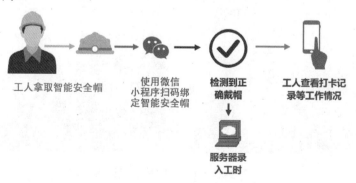

图 1.2-17　微信小程序的流程

1.2.3 完成情况及性能参数

1.2.3.1 整体介绍

本作品实现了智能安全帽、云端和用户界面的多端协同，并结合实际需求设计了相关的功能。各功能模块在智能安全帽中的布局以及安全帽的整体实物照片如图 1.2-18 所示，广和通 L716 模组的安装如图 1.2-19 所示。

图 1.2-18　各功能模块在智能安全帽中的布局以及安全帽的整体实物照片

图 1.2-19　广和通 L716 模组的安装

1.2.3.2 工程成果

（1）电路成果。为了满足智能安全帽的低功耗，以及多传感器数据采集所需要的高性能、高稳定性，本作品采用 Hi3861 作为主控芯片。为了保证工人佩戴的舒适性，智能安全帽的内部空间寸土寸金，本作品采用自主设计主控板 PCB 的方案，实现了多个模块的整合与集成，节约了智能安全帽的内部空间，减少了模块间的连接线路，降低了故障率。主控板的 PCB 设计图如图 1.2-20 所示。

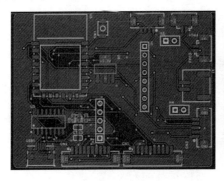 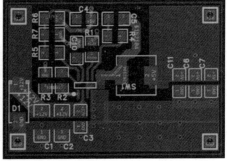

图 1.2-20　主控板的 PCB 设计图

智能安全帽中的元器件与模块分别采用 12 V、5 V、3.3 V 供电，为了实现智能安全帽中所有模块的统一供电，本作品设计了高功率的稳压模块，并且为其预留了接口，以便将其焊接到主控板上。稳压模块的电路原理图如图 1.2-21 所示。

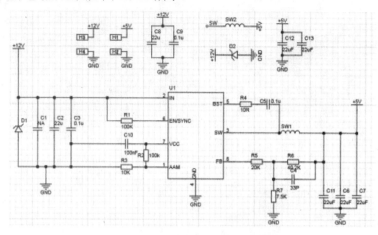

图 1.2-21　稳压模块的电路原理图

主控板的实物图如图 1.2-22 所示，其功能正常、供电稳定，连续工作 24 h 后上升的温度不超过 1 ℃。

图 1.2-22　主控板的实物图

（2）软件成果。本作品采用华为云 IoT 平台的多个应用，智能安全帽通过广和通 L716 模组以 MQTT 协议连接到华为云 IoT 平台，并进行数据上报和接收命令。后台软件界面如图 1.2-23 所示。

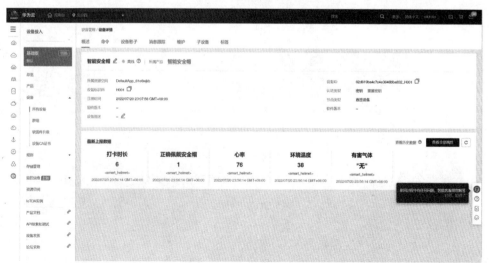

图 1.2-23　后台软件界面

管理者既可以在工人名单界面中清晰明了地看到工人及其所处环境状态，工人状况界面如图 1.2-24 所示；也可以通过数据大屏界面查看工地的整体情况。

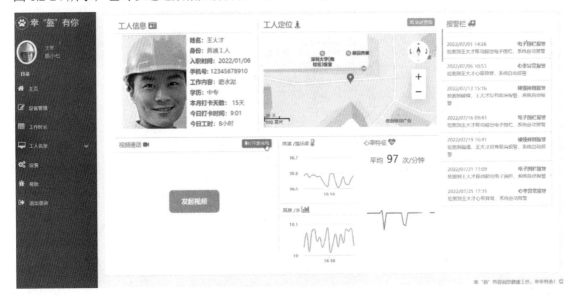

图 1.2-24　工人状况界面

另外，本作品具有多模混合联网功能，可自动切换不同的联网方式，综合网络延时低于 50 ms，能够满足异常情况下的及时报警要求。

1.2.3.3　特性成果

（1）智能安全帽佩戴检测与考勤打卡。本作品创新性地设计了基于智能安全帽佩戴情况的考勤打卡机制，旨在为企业提供一种智能化的考勤管理方案，培养工人的安全意识。在工人未佩戴智能安全帽或者未正确佩戴智能安全帽时，智能安全帽内的语音助手会进行语音提示，并且此时佩戴智能安全帽不会开始计算工时，只有正确佩戴智能安全帽后才能打卡考勤并计算工时。

智能安全帽的佩戴检测结果如图 1.2-25 所示。经过实测，模拟不同工人、不同环境、不同错误佩戴方式，在 200 次测试中，仅出现 2 次正确佩戴被误判为错误佩戴，并且略微调整姿势后即可正确识别，其识别准确率高达 99%。

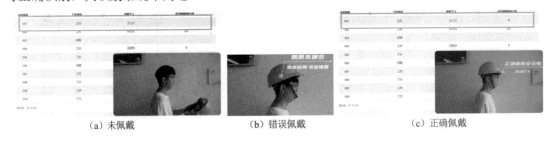

（a）未佩戴　　　　　　　（b）错误佩戴　　　　　　　（c）正确佩戴

图 1.2-25　智能安全帽的佩戴检测结果

（2）实时定位、轨迹回放及电子围栏。智能安全帽使用 GT-U8 定位模块实现了定位，该模块支持北斗、GPS 等多种卫星定位系统，能够实现高精度定位，用于限制工人的作业区域，以及在发生意外时的及时定位搜救。

由于 GT-U8 上传的定位坐标系为 WGS84 坐标系，而在中国境内，所有地图的经/纬度必须使用经国家测绘局加密的 GCJ-02 坐标系或在此基础上继续加密，因此后端程序在接收到经/纬度后会调用腾讯地图 WebAPI，借助腾讯地图的算法把经/纬度转换 GCJ-02 坐标系。另外，前端的地图组件使用了腾讯地图，后端程序从数据库提取历史定位数据后便可通过腾讯地图进行轨迹回放。只需要提前在腾讯地图中设置好围栏的范围，并持续上传目标位置信息，就能在目标超出围栏范围时收到提醒，实现电子围栏功能。

工人定位结果如图 1.2-26 所示。经过实测，结合后端系统中的处理算法，本作品的定位精度可以达到 2.5 m 左右，并且轨迹回放和电子围栏功能均正常。

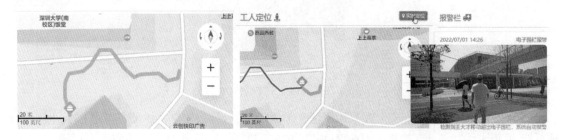

图 1.2-26　工人定位结果

（3）人体姿态监测。为了实时监测工人是否跌倒、是否从高处坠落，以及施工动作是否规范等情况，智能安全帽内置了 6 轴运动传感器 MPU 6050，该传感器具有体积小、适应性强等特点，但存在精度低、漂移大等缺点，会导致测量精度下降的问题。因此，需要选取适用于实际情况的算法才能取得更优的姿态估计结果。

本作品采用基于 UKF 的姿态估计算法（UKF 算法），为了验证其性能，对比了现有常用的 EKF 算法。将测量系统固定在转台上，控制转台位置使得测量系统初始角度均为零，将采样频率设置为 500 Hz，将转台转速设置为 2 °/s，将采样点设置为 600 个，通过测量系统输出角度误差以验证系统对运动体各姿态角度的检测效果。得出的结论是：UKF 算法用于姿态估计的误差均值、方差及最大误差都明显低于 EKF 算法，说明 UKF 算法具有更高的滤波精度。

姿态估计结果如图 1.2-27 所示。在准确姿态估计的基础上，本作品结合云端实现了倒地等异常姿态的自动报警。

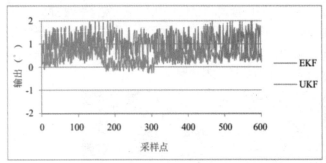

图 1.2-27　姿态估计结果

（4）人体生命体征监测。为了准确识别工人的生命体征数据，智能安全帽将血氧饱和度传感器和温度传感器均安装于最贴近人体皮肤的帽带上，除了能够获得较为准确的数据，还能协助智能安全帽佩戴检测系统判定工人是否正确佩戴智能安全帽或者是否发生事故。

人体生命体征监测结果如图 1.2-28 所示。对比专业运动手表的监测数据，本作品的监测误差约为 5%，能够满足异常情况判断的需求。智能安全帽的设计不仅可以提高工作效率和安全性，还可以保障工人的健康和安全。

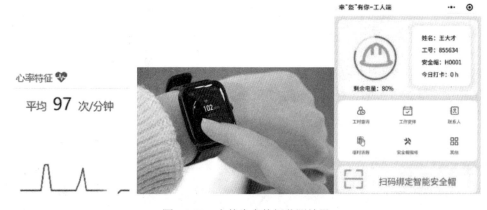

图 1.2-28　人体生命体征监测结果

（5）音/视频通话。智能安全帽采用了基于 Hi3516 的摄像头模块，结合广和通 L716 模组，实现了音/视频通话功能，支持最高 1080P 60FPS 的实时视频通话，画面清晰流畅，可以满足工地中实时音/视频通话的需求。音/视频通话效果如图 1.2-29 所示。

图 1.2-29　音/视频通话效果

此外，智能安全帽的音/视频通话功能还可以实现双向语音通话，方便管理者和工人之间进行实时交流和指导。最重要的是，智能安全帽在实现音/视频通话功能的同时，还能保证连续工作最高功耗仅为 1.2 W，视频延时小于 1 s，可以为工地管理者提供更加高效、安全和便捷的管理手段。

（6）智能安全帽整体设计。智能安全帽的整体设计充分考虑了安全性、重量、佩戴舒适性和实用性。为了方便工地中大量智能安全帽的充电管理，本作品还设计了有线充电、无线充电、太阳能充电等多种充电方式。充电方式及充电接口如图 1.2-30 所示。

图 1.2-30　充电方式及充电接口

为了满足长续航需求，本作品的电池采用了容量为 5000 mAh 的轻薄锂电池，在采用 18 W 有线充电时，仅需 1.5 h 即可充满电，续航时间最长可达 72 h。

1.2.4　总结

1.2.4.1　可扩展之处

（1）可引入 AR 实景增强技术。针对建筑设计师及监工每次巡查工地建设情况时都要携带不同建筑的纸质图纸来进行比对检查的情景，本作品拟研发全新的 AR 头显模块，该模块可安装于帽檐下方，为佩戴人员提供图纸的实时显示。结合 AR 技术和云端处理，该模块可将虚拟的图纸、模型或数据等信息实时叠加到实际的工地画面上，更直观地展现各种数据和信息在现实场景中的情况，解决令许多工程师头疼的平面图纸存在视觉死角问题，方便建筑设计师或监工结合实际修改图纸或调整工程安排。

（2）供电模块优化。当前的智能安全帽将供电电池固定在安全帽内部，虽然有使用便捷、占用空间小的优势，但存在难以更换的缺陷，因此本作品还设计了将供电模块外置的方案，即通过在智能安全帽上设置磁吸开关，使集成的供电模块能够直接稳固地吸附在智能安全帽外部后方，充电时只需要将整个供电模块取下来单独充电即可，使用时重新通过磁吸开关吸附在智能安全帽上即可，该方案能使充电更加方便，且不占用智能安全帽的内部空间。

（3）增设散热功能。考虑到智能安全帽未来会引入更多的功能模块，随之带来了模块散热问题，因此本作品拟增加散热功能，在不破坏智能安全帽的牢固性及安全性能的前提下设计散热孔，解决模块发热问题，在保证安全性的同时兼顾舒适性。

（4）传感器的更新优化。本作品后续将不断探索与智能安全帽功能适配的传感器模块，更新灵敏度更高、性能更稳定、成本更可控的传感器模块，使智能安全帽的功能更强大、数据采集更稳定。

（5）模块化功能的扩展及进一步优化。本作品在后续发展中拟增设近电感应报警、激光雷达、红外摄像头等一系列模块化功能，并对原有功能进行进一步优化创新。

（6）工地其他设备的接入联动。本作品将开放设备接入接口，让工地中的设备（如摄像头、门禁和环保设备）接入统一的管理系统。一方面，可以结合智能安全帽的传感器数据进行设备联动；另一方面也能收集更多的数据，便于管理者对工地运作进行监督。

1.2.4.2　心得体会

队长李琨睿：我主要负责物联网系统设计、前/后端系统开发等工作，需要将智能安全帽的各个模块和传感器与云平台进行连接，并实现数据的采集、处理和实时监控等功能。在开发本作品的过程中，我学会了如何合理规划和构建物联网系统，如何选取适合的通信协议和技术方案以实现设备之间的互联和数据交换。作为本次参赛团队的队长，合理协调团队也是分内之事，包括安排任务、团队合作开发等，明白了应当如何进行需求沟通和项目管理，以及如何协调各个环节的工作，最终实现项目目标。

指导老师非常重视本作品的开发，在各个方面给予了物质支持和技术支持，才使我们顺利地完成本作品。在开发本作品的过程中，各个团队成员都积极进取，努力学习不懂的知识，团队合作克服困难。本作品背后的努力和辛酸只有我们知道！很感激大赛给我们提供的平台，同时也希望我们的作品在这次比赛中大放异彩！

队员洪威：我在本作品中承担硬件开发工作，负责各模块的驱动和模块功能的级联。首先，我学会了如何进行多个传感器模块的集成和调试。在开发本作品的过程中，我们使用了一系列传感器模块，包括 MAX30102、MPU 6050、GPS 模块和 MQ2 等。通过与这些不同的传感器模块进行交互，并编写相应的硬件驱动程序，我深入了解了各种传感器模块的特性和工作原理，并学会了解决模块之间的兼容性和干扰问题。其次，我体会到了团队合作的重要性。我们团队分工明确、密切合作，共同解决问题，确保本作品的协调运行。通过相互之间的交流和合作，我们能够快速解决遇到的难题，并提高项目的效率和质量。在开发本作品的过程中，我也遇到了一些挑战，如传感器模块可能存在数据采集不准确、干扰或者接口兼容性等问题。我学会了通过仔细阅读文献、调试代码和进行多次排查测试来解决这些问题。面对挑战，我也锻炼了解决问题能力和快速学习能力，为今后的工作增加了经验。在开发本作品的过程中，我收获良多，也更加坚定了今后在该领域发展的决心。

队员黄钰琳：我在开发本作品的过程中负责智能语音交互和智能安全帽整体方案的设计，深刻体会到了 AI 技术在实际场景中的应用和价值。在开发本作品的过程中，我不仅学会了如何使用 AI 技术进行模型训练和语音识别，还深入了解了 AI 技术的原理和实现方式。通过本作品，我不仅提高了自己的技术能力，还学会了如何与团队协作，实现一个完整的智能安全帽方案。

在开发本作品的过程中，我们团队充分发挥了各自的专业技能和能力，共同完成了整个作品的设计和开发。我们的团队荣誉感很强，每个人都非常认真地完成自己的工作，并积极与其他成员合作，解决各种技术和设计问题。通过本作品，我们不仅完成了智能安全帽，还提高了团队协作和沟通能力。

在未来，我希望能够继续深入学习和探索 AI 技术的应用和发展，不断提高自己的技术水平和实践能力。我相信，AI 技术在各个领域都具有广阔的应用前景，特别是在工业和安全领域，将发挥越来越重要的作用。我希望能够继续深入研究和应用 AI 技术，为实现人类社会的智能化和安全化做出自己的贡献。

1.2.5　参考文献

[1] 张锐英．基于物联网的智能家居环境检测[J]．现代工业经济和信息化，2021, 11(06):101-102.

[2] 陈小磊，岳俊峰，李秀梅．基于卡尔曼滤波数据融合算法的智能钓鱼竿系统[J]．计算机系统应用，2020,29(02):83-93.

[3] 石肖伊，王先全，赵雨倩．一种便携式心率检测仪的设计[J]．机电工程技术，2023,52(02):235-239.

[4] 丁祖磊，蒋天泽，温秀平，等．基于 GPS 定位的自主运动导航系统研究[J]．自动化与仪表，2022,37(08):1-4, 29.

[5] 索艳春. 基于 GA-PSO-BP 混合优化算法的矿井 CO 气体监测系统设计[J]．矿业安全与环保，2022,49(06):28-33.

[6] 田亚娟. 基于 Wi-Fi 无线视频监控的移动机器人的研发[J]．电气自动化,2018,40(01):22-23, 100.

[7] 陈家敏，顾捷．基于单片机的家居烟雾检测系统设计[J]．电子测试，2022,36(20):29-31.

[8] 朱彩杰．GPS 信号强度变化对接收机数据质量的影响分析[J]．地理空间信息，2023,21(05):120-121, 132.

1.2.6　企业点评

本作品以海思 Hi3861 为主控芯片，结合广和通 L716 模组和华为云 IoT 平台，实现了一个具有佩戴监测、多模联网、心率监测、语音对讲、语音控制、视频通话、气体检测等功能的高度集成化的智能安全帽，全面保障了工人的生命安全，在方便工人作业的同时，也提高了工作的效率。本作品是一个典型的物联网"端-边-云"整体解决方案，对其他物联网应用作品具有参考意义。

1.3 有氧吧：让每个人都能享受到专业的有氧运动指导

学校名称：华中科技大学

团队队员：刘景宇、周倍进、张嘉航

指导老师：曾喻江、游娜

摘要

在当今健身热潮的推动下，"有氧吧"应用的诞生代表了技术与健身结合的一个创新高潮。有氧吧（在本节中简称本作品）通过集成最新的计算机视觉和物联网技术，旨在重新定义私人健身教练的概念。本作品的核心功能植根于先进的人体关键点检测技术，能够精确追踪并分析用户的运动姿势，从而提供即时的运动指导、动作跟踪和姿势纠正。这种创新方法不仅提升了健身效率，其无可比拟的便携性也使用户得以在任何时间、任何地点利用碎片时间进行有效训练，完美契合现代生活的快节奏。

本作品的适用范围十分广泛，它不只是健身爱好者的专业动作指导工具，同时也推动了体育教育的进步，为学校的体育课程和体能测试提供了强有力的技术支撑。此外，它还为日常运动注入了趣味性，让健身更加引人入胜。

在技术层面上，本作品依托于海思的 Hi3861 和 Hi3516。Hi3516 负责神经网络的推理任务，涵盖关键点检测、动作识别、计数和评分，Hi3861 则作为主控单元，通过串口与 Hi3516 通信，它不仅处理来自微信小程序端的用户数据，同时还处理来自 Hi3516 的识别结果和传感器数据，进一步将这些信息汇总并传送至微信小程序端供用户查看，同时上传至腾讯云服务器进行存储和进一步分析。

本作品采用 MMPose 的 YOLOx-Pose 关键点检测网络，并训练了 Nano 版本的模型。YOLOx-Pose 是一款轻量级且能够实时进行关键点检测的网络。本作品结合了动作识别和实时反馈，极大地增强了用户体验。

在创新方面，本作品在多个维度上实现了飞跃，无论在产品便携性、动作识别效率，还是语音反馈的精准性上都表现优秀。此外，在网络技术的高效应用、实时性能保障，以及用户友好的交互界面设计上，本作品也取得了成功，并实现了 YOLOx-Pose 在海思平台的首次应用。

1.3.1　作品概述

1.3.1.1　功能与特性

随着生活水平的提高，健身不再是少数人的选择，而是渐渐融入了更多人的日常生活。在这个大背景下，本作品紧扣着智慧健身这一主题，致力于开发一套基于姿态识别的动作追踪、评估与指导系统。

　　本作品旨在利用人工智能技术和物联网技术，为全民健身和智慧健身提供支持和引领。通过精确的姿态检测技术，本作品可以实时监测用户的运动姿态，仿佛每位用户身边都有一位随时待命的私人教练。本作品的背景分析如图 1.3-1 所示，同类产品分析如图 1.3-2 所示。

图 1.3-1　作品背景分析

图 1.3-2　同类产品分析

　　本作品是结合了人工智能与物联网的智慧健身解决方案，为每个人带来了随时可访问的健身专家，无论在何地何时，都能接受到专业级的指导。

1.3.1.2　应用领域

　　本作品旨在为那些无法承担高昂私教费用却仍渴望得到专业指导的健身爱好者提供替代方案。在前期调研中，我们发现许多人都想在健身过程中寻求专业指导，但经常因经济因素而受限。因此，本作品的目标用户群是那些寻求经济实惠且质量可靠的健身指导的人群。本作品不仅适用于初次涉足健身领域的新手，也适用于希望提升技能水平的有经验健身者。

　　针对这些用户，本作品提供了除跑步之外的多种健身模式，能满足不同用户的需求和喜好。本作品的目标是通过精确的动作指导和实时反馈，帮助用户以科学和高效的方法实现健身目标，并减少不必要的经济支出。综合而言，本作品旨在提升健身效果的同时，使健身成为一种经济上可承受且适合现代生活方式的活动。

　　除了在健身领域，本作品也可在体育教育领域发挥重要作用。本作品可以被学校或团体活动使用，辅助学生在各项体能测试中进行训练和评估，从而扩展传统体育教育的范畴，使学生能够以更加有趣和高效的方式参与体育活动，提高教学效果和学生的参与度。

　　在娱乐领域，本作品提供了全新的运动体验。用户可以跟随本作品中视频进行锻炼，本作品可根据用户的动作表现进行评分，为运动增加了互动性、趣味性和挑战性。本作品引入了评分机制，可以鼓励用户以更有趣的方式参与锻炼。

1.3.1.3　主要技术特点

（1）关键点检测网络。本作品采用了 MMPose 的 YOLOx-Pose 关键点检测网络，经过优化实现了轻量化，能够实时定位人体关键点。利用 COCO 数据集进行训练，YOLOx-Pose 关键点检测网络能够识别 17 个主要关键点，提供了更加人性化的骨骼追踪。

（2）动作识别以及提示与计数。通过分析关键点检测结果，本作品可以计算用户动作与标准动作之间的差异，并实时提供矫正建议。此外，本作品还能自动识别用户的动作并进行计数，为用户带来智能化的健身体验。

（3）多传感器辅助分析。为了让用户对健身环境有更深入的了解，本作品整合了多种传感器，用来收集环境的温度和湿度信息。本作品还通过血氧饱和度传感器，测量用户运动后的心率和血氧饱和度，为用户提供全面的健身数据分析。

（4）增强的互联性。Hi3516 与 Hi3861 之间通过串口通信互联，同时 Hi3861 通过 Wi-Fi、使用用户数据报协议（User Datagram Protocol，UDP）与微信小程序连接。微信小程序的控制及数据展示功能，为用户提供了便利的操作方式。这种互联性的增强不仅让用户体验更加流畅，也提升了本作品的实用性。

1.3.1.4　主要性能指标

本作品的主要性能指标如下：

（1）实时性。为满足即时指导用户的需求，本作品具有较高的实时性。经过优化的 YOLOx-Pose 关键点检测网络和动作识别算法确保了较高的计算速度和处理速度。经过实测，本作品的处理帧率为 6 fps 左右，满足了实时反馈的基本要求。

（2）精确性。本作品的重点是关注动作指导和计数功能的精确性。经过 COCO 数据集训练的关键点检测网络实现了轻量化，在验证集上的 mAP（mean Average Precision）达到了 0.457709，提供了精确的动作跟踪。

1.3.1.5　主要创新点

本作品的主要创新点如下：

（1）高效准确的动作识别。本作品为多种类型的健身动作设计了精确的计数规则，使得动作识别不仅高效而且准确。此外，针对不同的动作，本作品设计了特定的语音播报提示，增强了用户的交互体验，使得训练过程更为直观和友好。

（2）准确的语音提示。本作品能够实时检测用户的动作，并根据用户当前的动作状态给出适时的语音提示。这一功能不仅提高了动作执行的准确性，而且增强了用户的训练效果和安全性。

（3）关键点检测网络适配 Hi3516。本作品选择了单阶段的 YOLOx-Pose 关键点检测网络，并对其进行了定制化改造，使其能够满足嵌入式设备的推理需求，并成功部署在 Hi3516 上。本作品使用的 Nano 版 YOLOx-Pose 关键点检测网络实现了快速且准确的推理，满足了高效性和准确性的双重要求，为用户提供了更加流畅和精确的健身体验。

1.3.1.6　设计流程

本作品的设计流程如图 1.3-3 所示，包括了机械设计、软件设计，以及文档和视频制作，箭头表示了各环节之间的逻辑依赖关系。设计流程中的核心是软件设计，机械设计的主要目的是增强软件的性能，确保用户获得最佳体验。为了降低团队的学习曲线，将它们的开发分为两个独立的模块，从而提升整体工作效率。

本作品在 Hi3516 和 Hi3861 之间建立了明确的通信协议，这种分工合作的开发模式不仅加强了各模块的功能专注度，还提高了同步开发和测试的效率。在系统联调阶段，主要关注 Hi3516 和 Hi3861 之间的通信效果，以确保软/硬件的无缝融合，为用户提供流畅且高效的使用体验。这种高效协同的开发模式是本作品成功的关键之一。

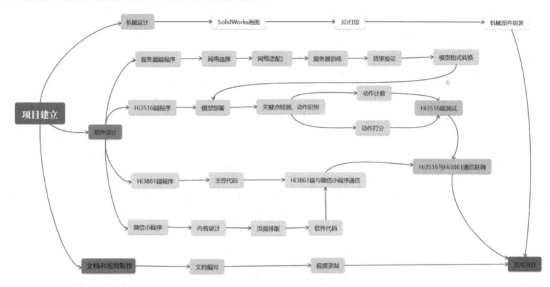

图 1.3-3　本作品设计流程

1.3.2　系统组成及功能说明

1.3.2.1　整体介绍

本作品的整体框架如图 1.3-4 所示，由三个主要部分构成：Taurus（Hi3516）、Pegasus（Hi3861）

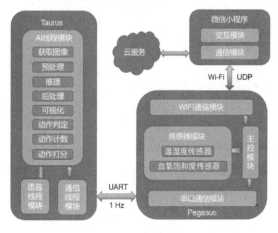

图 1.3-4　整体框架

和微信小程序。微信小程序是本作品的枢纽，它不仅作为用户界面平台，通过 Wi-Fi 接收用户的输入指令，还将这些控制信号传递给 Pegasus。Pegasus 随后通过 UART 协议将这些数据转换成串口数据，并传输给 Taurus。Taurus 在此基础上启动相应的操作模式，进行关键点的动作分析，并提供相应的语音反馈。除此之外，Taurus 还负责记录动作计数和运动评分，并将这些关键数据反馈至 Pegasus。最终，Pegasus 将这些信息以及通过各种传感器采集到的其他数据回传到微信小程序，由微信小程序完成数据的可视化展示和用户互动。

本作品的功能模块设计如图 1.3-5 所示，包括体验模式、无尽模式、坚持模式和娱乐模式。在体验模式中，本作品致力于为用户提供友好的入门体验，通过逐步报数的语音辅导来引导用户。在无尽模式中，本作品不会逐一指出错误，而是在完成一定数量的动作后，如 10 次或 30 次后，提供计数报告，并在达到预设目标时给予鼓励。坚持模式专注于静态动作的训练，如平板支撑，系统将记录持续时间，并实时给出动作矫正的建议，鼓励用户保持标准动作。在娱乐模式中，微信小程序将播放教练的示范视频，同时根据用户的跟练情况给出评分，这一模式极大地提高了锻炼的趣味性和互动性。

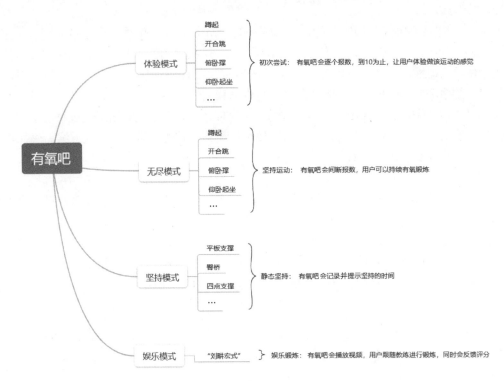

图 1.3-5 本作品的功能模块设计

1.3.2.2 硬件系统介绍

本作品以海思 Hi3861 为主控单元，Hi3516 作为执行功能的核心，通过串口实现二者之间的数据传输。手机终端通过 Wi-Fi 与主控单元通信，实现指令的即时响应和数据的实时反馈。本作品的硬件架构如图 1.3-6 所示。

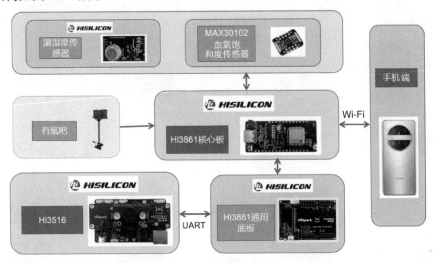

图 1.3-6 本作品的硬件架构

在机械设计方面，本作品特别考虑了软件算法对硬件布局的需求，尤其是在进行人体关键点检测时对摄像头位置的精确要求。为了达到最优的识别效率，Taurus 必须置于适当的高度。

在保持便携性的同时，本作品采纳了轻巧设计原则，并具备了足够的结构强度和稳定性。通过一个具有宽大接触面的 3D 打印底座，以及使用铝制支柱作为提升结构，本作品满足了设备轻盈与牢固的双重要求。本作品的顶部结构专为固定 Hi3516 和 Hi3861 而设计，并预留了放置移动电源位置。

在机械设计中，本作品精确量取了 Hi3516 和 Hi3861 接口的位置和尺寸，以确保完美匹配。考虑到整体的均衡性，移动电源和 Hi3861 被巧妙地布置在 Hi3516 的两侧。这样的设计不仅满足了软件算法的精细要求，也兼顾了本作品的便携性与稳固性，体现了综合性考量的成果。

本作品中 Hi3516 与 Hi3861 的连接方式为直接串口通信，全部电源需求通过移动电源提供，无须依赖其他复杂电路模块。这样的设计旨在提供最简洁有效的能量管理解决方案，确保本作品在稳定运行同时降低潜在的故障点。

1.3.2.3　软件系统介绍

本作品的软件架构由 Taurus（Hi3516，推理端）、Pegasus（Hi3861，主控端），以及手机端组成。在软件系统架构中，Taurus 负责图像获取、加速推理及动作识别，Pegasus 负责管理整个流程，包括获取传感器数据、与微信小程序通信，以及与 Taurus 进行数据交换。

软件部分主要由 Hi3861 的主控程序和 Hi3516 的处理程序组成。Hi3516 的处理流程如图 1.3-7 所示，采用多线程方式提升效率；Hi3861 的处理流程如图 1.3-8 所示。

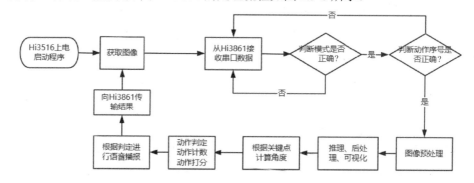

图 1.3-7　Hi3516 的处理流程

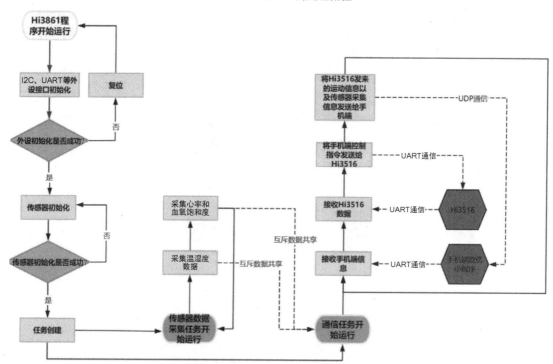

图 1.3-8　Hi3861 的处理流程

本作品使用 YOLOx-Pose 关键点检测网络，该网络的优势主要体现在两个方面：

（1）YOLOx-Pose 是一种端到端的单阶段网络，其结构简洁高效。YOLOx-Pose 在 YOLOx 的基础上进行了扩展，专注于姿态检测任务。YOLOx 的解耦头输出如图 1.3-9 所示，YOLOx 的目标检测输出头通过添加一个关键点信息输出头，可以在执行目标检测的同时有效地输出关键点信息。这种设计使 YOLOx-Pose 不仅能够处理复杂的姿态检测任务，还能保持网络结构的简洁性。

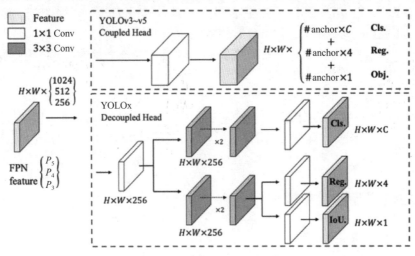

图 1.3-9　YOLOx 的解耦头输出

（2）YOLOx-Pose 的推理速度非常快，这是其另一个显著优势。虽然与 HRNet 相比，YOLOx 在精度上可能会有一定的损失，但它提供了更快的处理速度，特别适合嵌入式系统和实时检测任务。这种速度优势使得 YOLOx-Pose 在需要快速反应和高效处理的应用场景中表现出色，特别是在资源受限的环境下。

考虑到嵌入式设备的资源限制，需要对 YOLOx-Pose 进行轻量化处理。本作品将 YOLOx-Pose 转换为 Nano 版本。当前 MMPose 仅提供它的 L、M、S、Tiny 版本配置以及对应的预训练权重，本作品参考 YOLOx 官方关于 Nano 版本的参数配置，修改了 YOLOx-Pose 的参数。经过查阅资料，本作品的开发人员发现了在 Hi3516 上部署 YOLO 系列模型的问题，该系列模型不支持 Focus 结构的推理，所以需要修改成 Conv 卷积以适应 Hi3516。经过以上修改，就可以正常进行训练了。

关于模型格式转换，本作品同时参考了海思提供的转换工具以及 GitHub 上的开源转换工具 brocolli，最终选择 brocolli 作为模型转换工具。本作品使用的是 COCO 数据集，而非 Taurus 拍摄标注的自定义数据集，COCO 数据集的图像格式是 RGB，而非 Taurus 数据集的图像格式（YUV），因此在使用 RuyiStudio 进行模型量化、格式转换时不能选择 YUV。YOLOx-Pose 的模型格式转换过程如图 1.3-10 所示。

图 1.3-10　YOLOx-Pose 的模型格式转换过程

关于网络部署，本作品参考了海思官方的 YOLOv3 部署代码，将 YOLOx-Pose 部署到 Hi3516 上，并适当简化了应用场景，将一次图像处理得到的置信度最大的目标作为检测到的唯一结果，即考虑单阶段训练的情况。

在动作识别中，本作品通过计算关键关节角度作为判断的标准，根据关键关节角度进行动作的判断并进行计数。通过关键关节角度与预期动作的差值得到应该进行的提示，随后触发语音系统播报矫正信息。计数部分也借助了关键关节角度，通过双阈值设置了三个状态，通过状态的切换判断动作是否完成，完成则给计数器加 1，并触发语音播报。

在娱乐模式中，鉴于嵌入式设备推理的速度，本作品提前将教练的带练视频在服务器上进行处理，得到了一个关键关节角度的序列，将这个序列静态存储在代码中，通过实时比对，进行打分。为了方便进行比对，本作品采用了时间对齐的计数方式，也就是在带练视频开始时启动一个计时器，将某个时刻检测到的数据与提前处理好的序列中对应时刻的数据进行比对，当误差较小时，认为达标，进行加分。本作品的评分随着用户的动作达标次数的增加而增加，最终在微信小程序端展现。

1.3.3 完成情况及性能参数

1.3.3.1 整体介绍

本作品实物的正面视图、斜 45°视图和全景照片如图 1.3-11 所示。

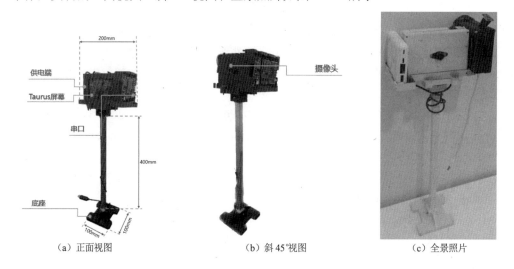

（a）正面视图　　　　　　　　（b）斜 45°视图　　　　　　　　（c）全景照片

图 1.3-11　本作品实物的正面视图、斜 45°视图和全景照片

1.3.3.2 工程成果

（1）机械成果。本作品的机械部分可以从图 1.3-11（c）所示的全景照片中看到，该照片展示了本作品的稳固性和实用性。

（2）电路成果。本作品无电路成果。

（3）软件成果。图 1.3-12 所示为用户在微信小程序端的操作逻辑和部分界面截图，涵盖了动作模式选择、具体动作选择及反馈界面，体现了本作品简洁直观的用户体验设计。

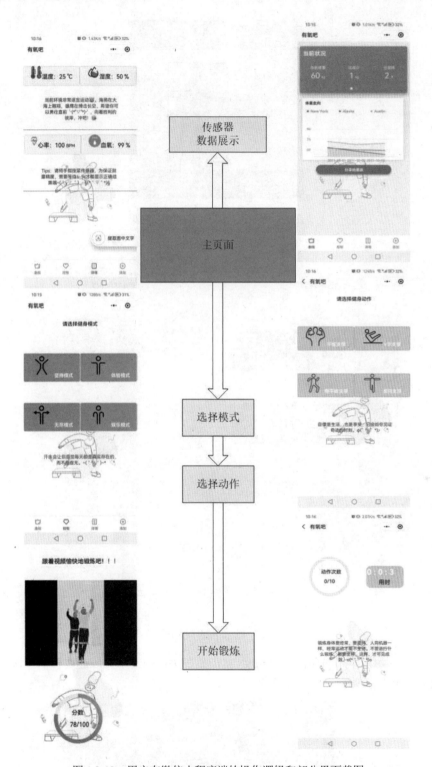

图 1.3-12　用户在微信小程序端的操作逻辑和部分界面截图

图 1.3-13 所示为 YOLOx-Pose 的测试结果，本作品以可视化的方式展现了检测到的关键点。

1.3.3.3　特性成果

在软件部分，本作品除了具有语音播报功能，还注重可视化部分的实现。图 1.3-14 所示为微信小程序的选择界面，该界面用户友好且易于操作。

图 1.3-13　YOLOx-Pose 的测试结果

图 1.3-14　微信小程序的选择界面

图 1.3-15 所示为本作品的动作计数功能，本作品在手机端显示完成的达标动作次数，在 Taurus 屏幕以可视化形式显示关键点的检测结果。

图 1.3-15　动作计数功能

图 1.3-16 所示为娱乐模式的反馈结果，其中手机端显示了用户的评分，Taurus 屏幕以可视化的形式显示了关键点的检测结果。

图 1.3-16　娱乐模式的反馈结果

1.3.4　总结

1.3.4.1　可扩展之处

（1）探索 3D 姿态检测技术。目前，本作品应用的 2D 关键点检测虽然有效，但存在局限性。引入 3D 姿态检测技术能够显著提升动作识别的精度和适应性。3D 姿态检测技术可在空间维度捕获更多动作细节，提供更加精确和全面的动作反馈。

（2）外设模块扩展。引入更多外设模块，如 NFC 模块，可以让拥有 NFC 设备的用户更快地进入微信小程序，提供更便捷的体验。另外，增加倒计时播报等功能也可以提升用户体验，增加应用的吸引力和互动性。

（3）采用高效的多媒体传输协议。采用高效的多媒体传输协议可显著减少实时图像传输的延时，提高传输效率。这将优化实时动作指导和反馈的流畅度，增强整体用户体验。

（4）动作数据库的扩充。不断扩展动作数据库，为各类特定动作设定专门的评判标准。通过增加更多种类的健身动作，本作品能够更好地满足不同用户的需求，让用户有更多的选择，以适应他们的个性化健身计划。

（5）定制化健身功能。将用户身体情况的分析和用户体验纳入考虑范围，定制化健身功能将使用户获得更加个性化的健身指导和建议。根据用户的身体特点和需求，提供量身定制的健身计划，将更有助于改善用户的健康。

（6）云端数据存储和分析。将用户的健身图片或视频上传至云端，方便用户随时查看并分析自身动作的不足，从而更好地改进自己的健身动作。这将激励用户持续参与健身，并提高用户的自我管理能力。

通过在上述方向的不断探索和完善，本作品将持续提供更多功能，为用户提供更全面、个性化的健身体验，推动健康生活方式的普及和推广。

1.3.4.2　心得体会

（1）网络部署初探。在本作品的设计初期，网络部署是主要挑战。在选择网络时，要充分考虑其适配性，确保网络能在开发板上高效运行。这就需要开发人员参考数据手册选择网络，确保所选的网络能够与硬件设备相匹配。

（2）动作判断实践。在动作判断方面，由于缺乏专业的动作判断参考资料，因此向体育老师等专业人士咨询，运用特征工程的设计来分析关键点存在的特征，从而使本作品能够准确计数并提供语音提示，确保用户得到正确的指导和反馈。

（3）重视内存管理。在编写代码时，要特别注意内存空间的使用。曾经在一次调试中，程序在运行时出现了报错，后来发现原因是在调用某个函数时分配了内存但未在释放内存，导致内存泄漏和程序崩溃退出。这为我们敲响了警钟，要更加重视内存管理，确保代码的稳定性和可靠性。

（4）注重 UI 设计。为了提升用户体验，本作品设计了简洁舒适的 UI。在外观设计方面，本作品特别注重 UI 的美观性，以吸引更多用户参与体验。一个愉悦的 UI 可以提高用户的兴趣和留存率，进一步提升应用的吸引力。

（5）国产技术探索。这是我们团队第一次接触 Hi3861 和 Hi3516，其中 Hi3861 内置了 Wi-Fi 功能，开发板的板载资源丰富，包括 NFC、显示屏、串口等外设接口，还有丰富的外设扩展模块。相比于 STM32 开发板，Hi3861 开发板的集成度较高，同时提供了多个通信接口和开发接口，使得开发者能够快速开发物联网应用。Hi3516 集成了高性能 NNIE 引擎，以及 H.265 视频压缩编码器等，具有较高的推理速度，在低功耗方面的表现也让我们很惊喜。

（6）挑战、成长与感恩。在本作品的开发过程中，我们遇到了重重挑战。通过团队的不懈努力和持续创新，我们战胜了这些挑战。我们深信这款作品将引领用户走向更积极、更健康的生活方式。

参与此次比赛，不仅让我们深入洞察了人工智能和嵌入式系统的奥秘，也极大丰富了我们的调试技巧和团队协作能力。通过本作品的开发，我们对 AIoT 有了更深刻的理解，并为未来在科研和工程领域的探索打下了坚实的基础。

特别感谢组委会和海思公司提供的这次难得的比赛机会和大力支持。正是有了组委会的帮助和海思公司的赞助，并获得了必要的硬件资源，才能够开发有氧吧这一创新作品。

在开发本作品的每一个阶段中，我们都深受组委会和海思公司的鼓励和支持，这使得我们不断提升本作品的品质，为用户带来了更优质的健身指导和服务。我们会持续努力，紧密关注用户的需求和反馈，不断优化和发展本作品，为更多用户带来健康和快乐。

通过本作品的开发，我们不仅在技术上取得了飞跃，更在团队合作和解决问题能力方面得到了巨大锻炼。期待本作品走向更高的境界，为推广健康生活方式贡献我们的力量。

1.3.5　参考文献

[1] Open MMLab. mmpose: An Open-Source Toolbox for Human Pose Estimation. GitHub Repository[CP/OL].(2023-04-12). https://github.com/open-mmlab/mmpose/tree/main

[2] PaddlePaddle. PaddleDetection: Object Detection and Instance Segmentation Toolkit based on PaddlePaddle. [CP/OL].(2023-04-15). https://github.com/PaddlePaddle/PaddleDetection

[3] HiSpark. HiSpark_NICU2023: A Repository for NICU2023 Project. [CP/OL].(2023-04-17). https://gitee.com/HiSpark/HiSpark_NICU2023/tree/master

[4] 敬倩，陶青川. 基于计算机视觉的仰卧起坐计数算法[J]. 现代计算机，2023, 29(07)：71-72.

[5] 胡琼，秦磊，黄庆明. 基于计算机视觉的仰卧起坐计数算法[J]. 计算机学报，2013, 36(12)：2516-2516.

1.3.6　企业点评

本作品基于海思 Hi3516 和 Hi3861 构建，采用 MMPose 的 YOLOx-Pose 关键点检测网络实现了关键点检测、动作识别、计数和评分等功能。本作品利用人工智能技术和物联网技术，对全民健身、智慧健身、私人定制化健身起到了积极的推动作用。本作品实现了创新和技术的结合，充分利用了 AI 硬件平台的能力。

1.4　帕病管家：基于多数据分析的帕金森病筛查与评估系统

学校名称：郑州轻工业大学

团队队员：杨阳、陈泓利、陈新杰

指导老师：李一浩

摘要

帕金森病（PD）被称为"不死的癌症"。据《中国帕金森病治疗指南（第四版）》统计，我国 65 岁以上老年人帕金森病的患病率高达 1.7%，中国有将近 300 万的帕金森病患者，约占全球帕金森病患者的一半。我国每年有 10 万以上的帕金森病新增病例。世界卫生组织专家预测，中国 2030 年的帕金森病患者将达到 500 万。目前，全国仅有 1000 多位帕金森病的专科医生，医患比高达 1:3000，医师资源稀少，就诊率低，很多患者得不到及时有效的治疗。目前，帕金森病的临床评估主要依靠 UPDRS 量表和 HY 量表，通过患者的主观描述和医生的主观观察进行评估。这些传统的评估量表存在评估时间长、指导措辞模棱两可、缺乏量化指标且时间和地点受限等问题，对于早期帕金森病患者的评估效果不理想。

针对以上痛点，本团队开发了帕病管家——基于多数据分析的帕金森病筛查与评估系统（在本节中简称本作品）。

1.4.1　作品概述

1.4.1.1　功能与特性

本作品基于 OpenHarmony、华为云 IoT、HarmonyOS 开发了筛查和评估两大功能模块，筛查模块针对帕金森病的早筛场景，即针对尚未确诊帕金森病的人群，该模块提供基于语音和螺旋图的筛查服务，分别采集用户的语音和绘制的螺旋图，通过 AI 算法进行识别，得出用户患帕金森病的风险，建议风险较高的用户就医，实现疾病的早诊断早治疗；评估模块针对已经确诊帕金森病的患者，通过可穿戴手套对帕金森病患者手部震颤数据、手指弯曲角度、食指和拇指捏合力度三种类型的数据进行采集，通过不同的 AI 评估算法、范式动作并结合 AI-UPDRS 评估体系分别对患者手部的稳定性、灵活性和协调性进行评估，能够及时发现患者用药或手术治疗后的病情康复效果，进一步提升评估的客观性和精准性，辅助医生提升评估效率，降低了医院评估工作强度，减轻了患者经济与心理负担。

本作品的整体展示如图 1.4-1 所示。

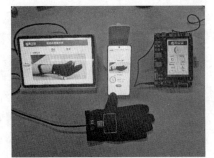

图 1.4-1　本作品的整体展示

1.4.1.2　应用领域

（1）本作品可为尚未确诊帕金森病的人群提供基于语音和螺旋图的筛查服务，通过 AI 算法识别用户的语音和绘制的螺旋图，得出用户患帕金森病的风险分数，根据风险分数给出相应的建议，如继续观察、咨询医生或到医院进行详细检查，帮助用户及时发现疾病的迹象，实现疾病的早诊断、早治疗，避免病情恶化。

（2）本作品可为已经确诊帕金森病的患者提供手部数据采集和评估服务，通过可穿戴手套对患者手部震颤数据、手指弯曲角度、食指和拇指捏合力度等数据进行采集，通过不同的 AI 评估算法、范式动作并结合 AI-UPDRS 评估体系，对患者手部的稳定性、灵活性和协调性进行评估，给出相应的评分和等级，反馈患者的用药或手术治疗后的病情康复效果，帮助患者及时调整治疗方案，实现疾病的有效控制。同时，本作品也可以辅助医生提升评估效率，降低医院评估工作强度，减轻患者经济与心理负担，提高医患沟通效率和信任度。

1.4.1.3　主要技术特点

（1）语音筛查和螺旋图筛查。本作品基于国产 MindSpore 深度学习框架分别构建了基于卷积神经网络的 PD 螺旋图筛查模型、基于残差神经网络的 PD 语音筛查模型，并在华为云 ECS 上部署了训练好的模型。

（2）数据采集和传输。可穿戴手套集成多种传感器，使用海思 Hi3861 作为主控芯片，使用 OpenHarmony 操作系统，通过 MQTT 协议使用华为云 IoTDA 实现极简上云，将加速度、角速度、弯曲数据和压力数据打包成 JSON 格式的数据包，通过 Wi-Fi 传输到华为云 IoT 平台上。

（3）AI 评估算法。通过构建 CNN+LSTM 模型，本作品对患者手部的稳定性、灵活性和协调性进行评估分级；通过对弯曲数据使用指数加权方法滤除噪声并进行归一化处理，结合 TAM 评定法完成手部灵活性评估；通过压力值构建 FT-N（手指敲击次数）算法，结合 UPDRS 量表得出手部协调性分级。

1.4.1.4　主要性能指标

本作品的主要性能指标如表 1.4-1 所示。

表 1.4-1　本作品的主要性能指标

性 能 指 标	指 标 参 数
基于深度神经网络的语音特征提取和分类模型准确率	≥80%
基于卷积神经网络（CNN）的图像识别模型准确率	≥80%
卷积长短期记忆神经网络帕金森病情评估模型准确率	≥85%
筛查功能所用时间	20 s
评估功能所用时间	60 s
系统响应时间	≤500 ms
电池容量	4000 mAh
手指弯曲角度	0°～90°
可穿戴手套耐用次数	10 万次以上
可穿戴手套质量	≤500 g

1.4.1.5　主要创新点

（1）基于语音和螺旋图的帕金森病筛查功能。本作品使用了基于残差神经网络（ResNet50）的语音分类模型，以及基于卷积神经网络（CNN）的图像识别模型。对于帕金森病，传统的筛查方式是由医生进行体检或者运用常规量表评估风险，这种方式通常费时费力，并且容易出错。本作品利用 AI 技术对语音和螺旋图数据进行分析，针对 50 岁以上的人群，以及家庭医生诊所、体检中心等医疗服务提供商，能够更快速、准确地判断患病风险。

（2）多传感器精准检测，实现了对手部稳定性、灵活性和协调性的评估。本作品基于

OpenHarmony 操作系统接入传感器进行精准检测，实现了对帕金森病患者手部稳定性、灵活性和协调性的评估。在使用时，本作品的可穿戴手套采集人们的手部数据，实现了非侵入式、低成本、高效率的数据采集方式。针对已确诊帕金森病的患者，本作品提供了对手部稳定性、灵活性和协调性的评估，减轻了医生压力，能够更加准确地监测治疗效果和疾病的进展，提高了评估的客观性和精准度。

1.4.1.6　设计流程

本作品的设计流程和开发阶段如图 1.4-2 所示。

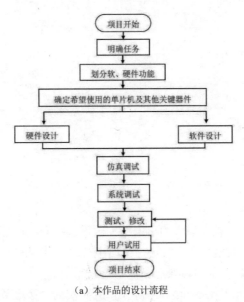

（a）本作品的设计流程

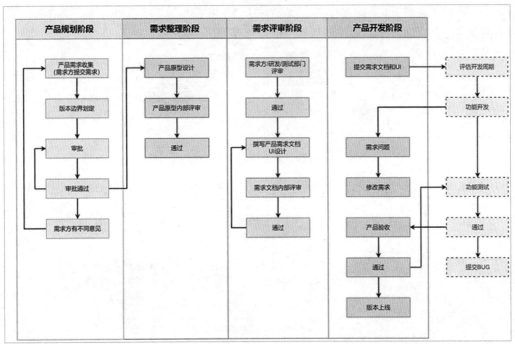

（b）本作品的开发阶段

图 1.4-2　本作品的设计流程和开发阶段

1.4.2　系统组成及功能说明

1.4.2.1　整体介绍

本作品的整体架构如图 1.4-3 所示。

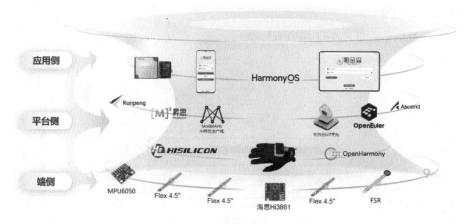

图 1.4-3　本作品的整体架构

1.4.2.2　硬件系统介绍

本作品的数据采集模块可以对患者的手部相关数据进行无线远程采集，包括手部震颤、手指弯曲角度、手指捏合力度等数据。在患者日常生活中，可以使用本作品进行日常采集和评估。本作品由惯性传感器（MPU6050）、弯曲传感器（Flex4.5″）和压力传感器（Force Sensing Resistor，FSR）组成，主控系统是基于 OpenHarmony 操作系统开发的，穿戴节点为手腕、手指和手臂，可通过多个传感器采集全方位的数据。本作品搭载了 Wi-Fi 模块，具有无线传输、工作时间长、微负荷、便携等特点。本作品的主控芯片和内部传感器如图 1.4-4 所示。

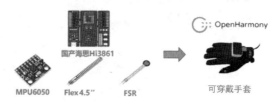

图 1.4-4　本作品的主控芯片和从内部传感器

（1）机械设计介绍。本作品的机械设计草图如图 1.4-5 所示，机械设计示意图如图 1.4-6 所示。

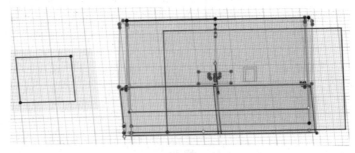

图 1.4-5　本作品的机械设计草图

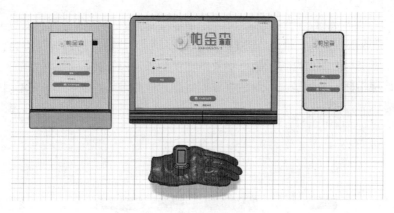

图 1.4-6　本作品的机械设计示意图

（2）电路各模块介绍。本作品的主控芯片内部架构如图 1.4-7 所示，电路原理图如图 1.4-8 所示。

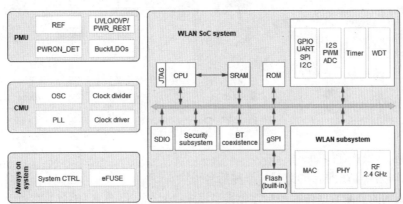

图 1.4-7　本作品的主控芯片内部架构

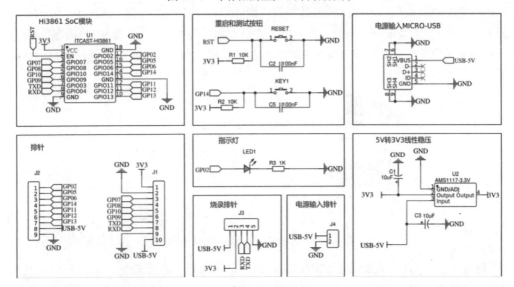

图 1.4-8　本作品的电路原理图

1.4.2.3　软件系统介绍

在使用本作品进行检测时，首先，打开终端上的开关后，服务器接收到请求后调用华为云 IoT

消息通信中的命令下发 API,控制设备的启动;其次,本作品的内部传感器即刻开始采集数据,在 5~10 s 内可完成数据采集,通过 MQTT 协议将采集到的数据传输到华为云 IoT 平台,通过华为云 IoT 平台规则引擎中的数据转发服务将数据转发至华为云 ECS,并输入到训练好的神经网络模型中,得出该项指标的具体情况;最后将原始数据和检测结果存储到 MySQL 中,最终在手机或平板中进行显示。

本作品的软件架构如图 1.4-9 所示。

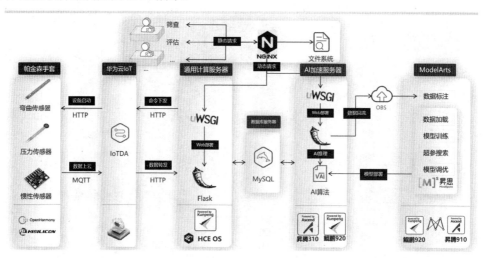

图 1.4-9　本作品的软件架构

本作品的软件模块介绍如下:

(1) 基于华为云 IoT 平台的数据传输和后台模块。

① 帕金森病的监测数据传输和标注物模型设定:本作品以海思 Hi3861 作为主控芯片,通过华为云 IoT 平台实现数据的传输。本作品采用 MQTT 协议将惯性传感器的数据、弯曲传感器的数据、肌电传感器的数据和压力传感器的数据打包成 JSON 格式的数据包,通过 Wi-Fi 模块传输到华为云 IoT 平台。在华为云 IoT 平台上建立帕金森病监测手套(可穿戴手套)的物模型,如图 1.4-10 所示,实现了平台的二次开发和一键导入。本作品的物模型包括加速度、角速度、压力、弯曲角度、训练时长等。

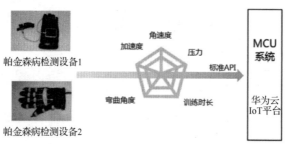

图 1.4-10　帕金森病监测手套的物模型

② 使用华为云 IoT 平台的数据转发服务,将数据转发到华为云 ECS,华为云 ECS 使用的是基于 Django 的 Web 应用框架。本作品将采集到的数据传输到华为云 IoT 平台,再传输到华为云 ECS,实现了数据的持久化存储。华为云 IoT 平台规则引擎中的数据转发服务如图 1.4-11 所示。

③ 命令下发和规则算子下发的实现:通过平板电脑调用华为云 IoT 平台的命令下发 API,可实现手指弯曲、手指捏合、手指震颤、手臂弯曲等范式动作的控制命令,并通过对应的传感器获

取数据。另外，本产品还可以将部署在云端的规则算子下发到端侧设备中，可远程更新端侧算法和参数等。命令下发和规则算子下发的示意图如图 1.4-12 所示。

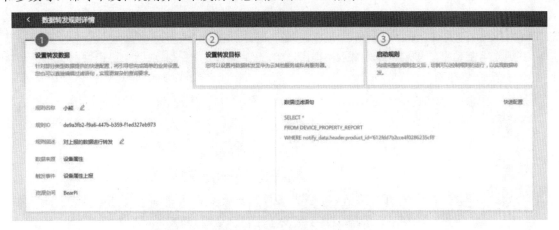

图 1.4-11　华为云 IoT 平台规则引擎中的数据转发服务

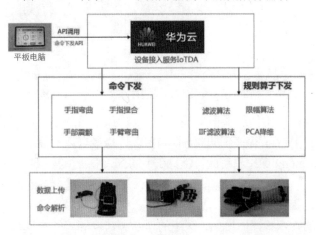

图 1.4-12　命令下发和规则算子下发的示意图

（2）加速度和角速度的采集，以及手部稳定性、灵活性和协调性的评估。本作品采用 MPU6050 传感器，该传感器是通过 I2C 总线协议实现数据采集和传输的。本作品使用了 BearPi-HM_Nano 开发板，该开发板搭载了海思 Hi3861，集成了 IEEE 802.11b/g/n 基带和 RF 电路，具有超低功耗的特性，充分考虑了物联网感知层设备的多样性，具有强大的可扩展性。海思 Hi3861（本作品的主控芯片）集成了 Wi-Fi 模块，可以无线传输数据，操作更加便利。海思 Hi3861 具有简易快捷、超小的体积、极低的功耗，使其成为苛刻应用场合下的最佳选择。

根据对帕金森病量表评估的调研，本作品提取了 35 个具有区分性信息的特征参数，如运动周期、峰值功率、均值、标准差等。从时域中提取的特征参数包括 RMS、振幅差、周期等，主要反映信号随时间变化的快慢与波动情况。从频域中提取的特征参数包括功率谱峰值等，主要反映信号的频率结构。通过因子分析法，将提取的 35 个特征参数降至 7 个，分别是均值、未覆盖窗口的均值、标准差、未覆盖窗口的标准差、偏度、峰度和线性拟合一次系数，可减少特征参数的计算时间，提高计算效率。本作品使用深度学习算法对患者的病情进行评估，构建了卷积长短期记忆神经网络（LSTM）帕金森病情评估模型。卷积神经网络（CNN）的作用是融合提取的特征参数，然后将输出的特征参数映射为序列向量，并输入到 LSTM 中。第一层卷积读取输入序列，并将结果映射到特征图上；第二层卷积在第一层卷积创建的特征图上执行相同的操作；第三层卷积在第二层卷积创建的特征图上执行相同的操作，尝试放大显著的特征参数。每个卷积层使用 64 个特征图，并以 3 个时间步长的内核大小读取输入序列，将其作为解码过程的输入，经过两层 LSTM 后，可将提取的特征图展平为一个长向量，加入概率为 0.8 的 Dropout 层，用于防止过拟合，最后使用密集全连接层，用于帕金森病情分级。手部稳定性、灵活性和协调性的评估流程如图 1.4-13 所示。

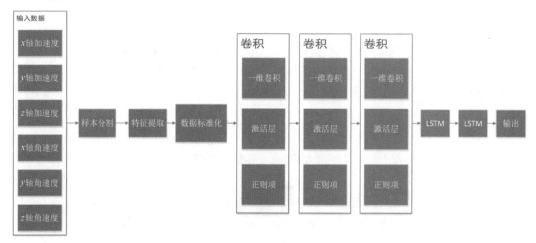

图 1.4-13　手部稳定性、灵活性和协调性的评估流程

（3）多终端鸿蒙应用。本作品基于 OpenHarmony 操作系统分别打造了手机、平板电脑和嵌入式大屏多终端应用。用户可根据不同的场景和需求选择最合适的设备，提高了用户的便利性和满意度。利用 OpenHarmony 操作系统的特性，在不同的设备上实现服务的共享和流转，如基于语音和螺旋图的筛查服务、手部震颤数据的采集，以及手部稳定性、灵活性和协调性的评估等，让用户可以在任何一个设备上使用服务，无须重复输入或操作，提高了用户的效率和体验。本作品实现了数据（如用户的筛查和评估结果、医生的诊断和建议等）的同步和互通，用户可以在任何一个设备上查看或更新数据，无须担心数据丢失或不一致，提高了用户的安全性和信赖感。基于 OpenHarmony 操作系统的多终端应用如图 1.4-14 所示。

图 1.4-14　基于 OpenHarmony 操作系统的多终端应用

1.4.3　完成情况及性能参数

1.4.3.1　整体介绍

本作品的整体实物如图 1.4-15 所示。

1.4.3.2　工程成果

（1）机械成果。本作品的机械成果如图 1.4-16 所示。

（2）电路成果。本作品的电路成果如图 1.4-17 所示。

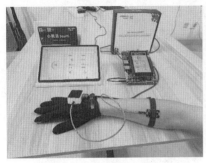  

图 1.4-15　本作品的整体实物　　图 1.4-16　本作品的机械成果　　图 1.4-17　本作品的电路成果

（3）软件成果。本作品的部分软件成果如图 1.4-18 所示。

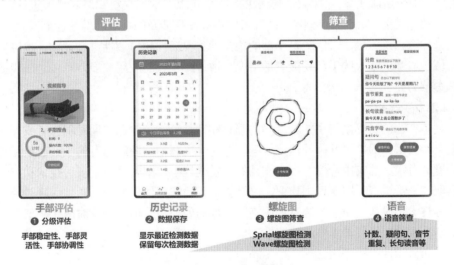

图 1.4-18　本作品的部分软件成果

1.4.3.3　特性成果

在语音筛查方面，本作品使用 Python 对原始音频数据进行了预处理，并通过 parseImouth 库和 Praat 软件实现了复杂语音特征的提取，包括周期变化、峰值变化和谐波信噪比等。本作品最终将语音数据转换成一维向量数据集，利用卷积神经网络进行分类。本作品在测试集上的语音筛查准确率达到了 80% 以上，满足了性能指标的要求。

在螺旋图筛查方面，本作品针对帕金森病患者手部运动功能的障碍，通过图像处理算法成功地对帕金森病患者手部图片进行处理，并将其输入三层卷积神经网络中进行分析。本作品在测试集上的螺旋图筛查准确率也达到了 85% 以上，满足了性能指标的要求。

在评估功能方面，本作品的可穿戴手套集成了惯性传感器、弯曲传感器和压力传感器，并通过华为云 IoT 平台的接入服务实现了数据的传输。本作品采用深度学习算法构建了 CNN+LSTM 的 AI 评估模型，成功地对患者手部的稳定性、灵活性和协调性进行了评估，并达到了 85% 的准确率。同时，本作品使用弯曲传感器结合系统引导的自定义手势，完成了手指弯曲角度的测量和评估，并且采用压力传感器对手部的协调性进行了评估。经过测试，本作品的评估功能满足了性能指标的要求。

本作品进行筛查所用时间为 20 s，进行评估所用时间为 60 s，系统响应时间小于 500 ms，这些指标都满足了性能指标的要求。

可穿戴手套具备耐久性，使用次数达到了 10 万次以上，质量在 500 g 以下，满足了实际使用的要求。

1.4.4　总结

1.4.4.1　可扩展之处

（1）数据采集扩展：目前，本作品主要使用手部震颤数据、手指弯曲角度和手指捏合力度等数据进行评估，未来可以考虑扩展数据采集范围，增加其他手部运动特征的采集，如手臂的动作范围、手指的迅速伸缩能力等，以提高评估的准确性。

（2）疾病筛查扩展：除了帕金森病，本作品还可以用于其他神经系统相关疾病的筛查，如多发性硬化症、中风后遗症等。根据不同疾病的特征，可以对数据采集和算法模型进行相应的调整。

（3）跨领域应用：除了医疗领域，可以考虑将本作品涉及的技术和算法应到其他领域。例如，可以应用于体育训练领域，对运动员手部的稳定性、灵活性和协调性进行评估；也可以应用于老年护理领域，监测老年人的手部功能衰退情况。通过跨领域的应用扩展，可以进一步提高本作品的价值和影响力。

1.4.4.2　心得体会

首先，本作品的目标是提供帕金森病的筛查和评估功能，旨在早期发现患者或评估患者的病情康复效果，为医生提供更准确的治疗方案。这对于提高帕金森病患者的生活质量和减轻医院评估工作强度具有很高的实用价值。在本作品的开发过程中，团队采用了多种技术和方法，包括语音特征提取和分类模型、图像识别模型，以及帕金森病情评估模型等。通过深度神经网络和卷积神经网络等技术手段，实现了对语音和螺旋图数据的处理和分析，以及对患者手部数据的采集和评估。这些技术的应用使得本作品能够准确地判断用户是否患有帕金森病，并对患者的手部稳定性、灵活性和协调性进行评估。

其次，团队还使用了可穿戴手套和传感器等硬件设备，通过 OpenHarmony 操作系统和华为云 IoT 平台进行数据传输和处理，不仅提高了数据采集和评估的效率，同时也保证了本作品的稳定性和可靠性。在本作品的开发过程中，团队注重了性能指标，准确率、响应时间，以及硬件设备的耐用性等都是团队考虑的关键因素。本作品的基于深度神经网络的语音特征提取和分类模型准确率≥80%，基于卷积神经网络的图像识别模型准确率≥80%，以及卷积长短期记忆神经网络的帕金森病情评估模型准确率≥85%。

本作品的成功离不开团队的协作和努力，团队成员在本作品开发的各个阶段充分发挥了各自的专长和能力，共同推动了本作品的进展。团队成员互相配合，解决问题，不断改进和优化本作品，使其能够更好地服务于患者和医生。

1.4.5　参考文献

[1] 张新凯，高萌，徐岩，等. 可穿戴设备定量评估帕金森病伴冻结步态患者的美多芭负荷试验[J]. 临床内科杂志，2022,39(09)：606-609.

[2] 陈畅. 基于腕部震颤信号的帕金森检测算法研究[D]. 哈尔滨：哈尔滨工业大学，2022.

[3] 金雯丽. 头针联合体针治疗帕金森病运动功能障碍的临床观察[D]. 杭州：浙江中医药大学，2022.

[4] 李波陈. 冻结步态可穿戴监测方法研究[D]. 合肥：中国科学技术大学，2022.

[5] 苗青. 中华优秀传统文化与高校青年教育管理研究[M]. 北京：新华出版社，2021.

[6] 张新凯. 可穿戴设备定量评估帕金森病患者的药物反应[D]. 郑州：郑州大学，2021.

[7] 冯云华. 帕金森静止性震颤抑制系统的设计与实验研究[D]. 南京：东南大学，2021.

[8] 张腾，蒋鑫龙，陈益强，等. 基于腕部姿态的帕金森病用药后开-关期检测[J]. 浙江大学学报（工学版），2021,55(04)：639-647, 657.

1.4.6　企业点评

本作品以海思 Hi3861 作为主控芯片，使用 OpenHarmony 操作系统，将采集到的患者数据传输到华为云 IoT 平台，并利用 AI 技术对患者的语音和螺旋图数据进行分析，能够快速、准确地判断患病风险，很好地辅助医生提升评估效率，降低医院评估工作强度，减轻患者经济与心理负担。本作品体现了学生对智能健康和医疗行业的敏锐嗅觉，充分利用端云和 OpenHarmony 人机交互能力，实现了较为完整的原型案例。

1.5 圆神

学校名称：大连理工大学
团队队员：崔俊涛、丁昌德、孙铭泽
指导老师：吴振宇、程春雨

摘要

本作品是基于海思 Hi3861 实现的一款智慧互联球形机器人——圆神。在局域网中，通过微信小程序可以连接本作品，用户可以在手机端对球体的姿态和外设进行控制。此外，用户也可以通过语音交互模块控制本作品，并与其进行交互。本作品具有无线充电与有线充电两种充电方式。

在控制方面，本作品通过九轴陀螺仪获取球体的姿态，使用串级 PID 算法实现球体姿态的快速稳定控制，通过 GPS 模块和陀螺仪的组合导航可以实时修正航向角，实现更加准确的户外场地定点巡航。

本作品采用独特的极坐标取模算法来控制球体顶部的 LED，可在球体旋转的同时显示用户想要的图案和文字，并且可以通过速度的闭环控制实现类似时钟的时间显示效果。

1.5.1　作品概述

1.5.1.1　功能与特性

在局域网中，可通过微信小程序连接本作品，在手机端对球体的姿态和外设进行控制。此外，也可以通过语音交互模块与本作品进行交互。本作品内部包含独特的旋转 LED 屏幕，可用于展示图案、文字，为使用者提供独特的视觉、听觉及交互体验。如果条件允许，还可以利用 Hi3861 的 Wi-Fi 模块实现多球互动，排布阵列，展示更加出彩的效果。

本作品支持无线充电和有线充电，将球体置于制作好的模具内即可进行无线充电，也可以使用球壳内部的柔性太阳能电池板进行充电。

1.5.1.2　应用领域

由于本作品具有独特的球形结构，所以具有防水、不易伤人、转向方便、外观可爱等优点，适合作为陪伴孩童玩耍的可靠伙伴，解放家长双手。本作品内部独特的旋转 LED 屏幕可展示图案、文字，加上球体内部的语音交互模块，可以为使用者提供独特的视觉与听觉体验，不仅能够吸引孩童作为玩耍伙伴，也可以摆放在店铺门口吸引大众，起到广告、科普、吸引客流量的作用，还可以用于智能家居，作为一个炫彩时钟或者语音助手。

1.5.1.3　主要技术特点

本作品利用 Hi3861 及 OpenHarmony 操作系统的互联特性，通过手机可以对本作品的各个模块进行操作，并且可以控制球体的运动。此外，也可以通过语音识别与语音播报进行人机交互。在控制方面，本作品通过九轴陀螺仪获取球体的姿态，并且使用串级 PID 算法实现球体姿态的快速稳定控制。通过 GPS 模块和陀螺仪的组合导航可以实时修正航向角，实现更加准确的户外场地定点巡航。

本作品采用独特的极坐标取模算法控制球体顶部的 LED，可以在旋转的同时展示用户想要的图案和文字，并且可以通过速度的闭环控制实现类似时钟的时间显示效果。

本作品的无线充电功能采用基于 555 定时器的振荡电路，通过两个大的电感线圈进行电能的无线传递。

1.5.1.4　主要性能指标

（1）通信速率：本作品与微信小程序之间的快速通信可以保证球体的快速控制，防止意外发生。

（2）姿态控制速度：本作品的姿态控制速度越快，就可以完成更加灵活的运动轨迹。此外，如果球体受到外部冲击，快速的姿态控制可以保证球体内部工作平台维持在一个较好的工作状态，提升了本作品的整体稳定性。

（3）旋转 LED 屏幕显示稳定度：通过独创的圆形 LED 点阵算法，使旋转 LED 屏幕可以稳定地显示想要的文字或者图形。

（4）无线充电速度与效率：更快的无线充电速度可以让本作品更快地恢复动力，更高的效率可以增加无线充电插座的续航时间。此外，还可以使用柔性太阳能电池板进行充电。

（5）定点巡航准确度：更加合适的 GPS 滤波算法可以使定点巡航的规划路线与实际路线更加贴合。

1.5.1.5　主要创新点

（1）球形机器人的控制策略。本作品通过九轴陀螺仪获得球体的姿态，采用串级 PID 算法进行控制，可动态调整球体的重心，对横滚角和俯仰角进行快速准确的控制。

（2）采用微信小程序或者语音进行控制。在接收到控制信号后本作品可以通过语音或者旋转

LED 屏幕进行反馈，可在不接触球体内部电路的情况下完成与本作品的交互，更加安全。

（3）利用 Hi3861 独特的互联能力，第一次使用本作品的用户可以很快通过微信小程序与本作品进行稳定的双向通信，进而控制球体姿态和运动轨迹。

1.5.1.6　设计流程

（1）确定需求：明确本作品的功能和用途，它是用于娱乐与展示信息的。

（2）机械结构设计：确定本作品的外观和尺寸，选择合适的材料和组件。考虑到本作品需要自由滚动，因此机械结构通常包括一个内部驱动系统和外壳。

（3）控制系统设计：设计本作品的控制系统，包括传感器、执行器和控制算法。本作品使用惯性测量单元（IMU）、视觉传感器、距离传感器等来感知环境，然后根据传感器数据来控制本作品的运动和行为。

（4）软件开发：编写本作品的控制软件，包括运动控制、路径规划等。此外，根据本作品的功能需求，需要开发语音识别、图像处理、人机交互等功能模块。

（5）测试和迭代：对本作品进行测试，验证其功能和性能。根据测试结果进行优化和改进，不断迭代完善本作品的设计。

（6）上市和推广：将本作品推向市场，进行宣传和销售；与用户沟通反馈，持续改进和优化本作品。

1.5.2　系统组成及功能说明

1.5.2.1　整体介绍

本作品的外壳是亚克力透明球壳，内部中心为控制平台，通过控制内部的电机与舵机可控制球体重心位置，进而控制球体运动姿态。此外，球体内部还有语音交互模块、旋转 LED 屏幕等其他组成部分。本作品的实物图如图 1.5-1 所示。

图 1.5-1　本作品的实物图

1.5.2.2　硬件系统介绍

本作品包括 2 块 Hi3861 核心板，其中一块是主控板，负责控制本作品；另一块是副控板，负责旋转 LED 屏幕的显示。本作品的整体框架如图 1.5-2 所示。

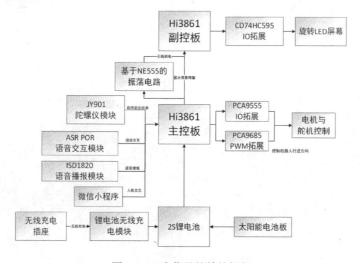

图 1.5-2　本作品的整体框架

（1）机械设计。本作品的机械结构如图 1.5-3 所示，可通过旋转实现亚克力球壳的开关。

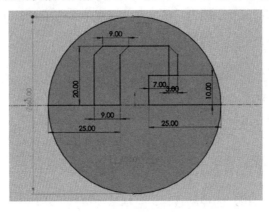

图 1.5-3　本作品的机械结构（单位为 mm）

（2）各电路模块简介如下。

① 主控板。主控板的电路原理图如图 1.5-4 和图 1.5-5 所示。主控板主要用于和各个模块进行通信，以及产生用于无线充电的振荡波等，主控板通过 UART 与 JY901 和 ASR PRO 进行通信。由于 Hi3861 的 IO 接口数量较少，因此本作品使用 PCA9555 对 IO 接口进行了扩展，用于控制各种外设。此外，Hi3861 不能生成频率小于 1000 Hz 的 PWM 信号，因此本作品使用 PCA9555 模块进行 PWM 信号拓展，用于控制舵机。

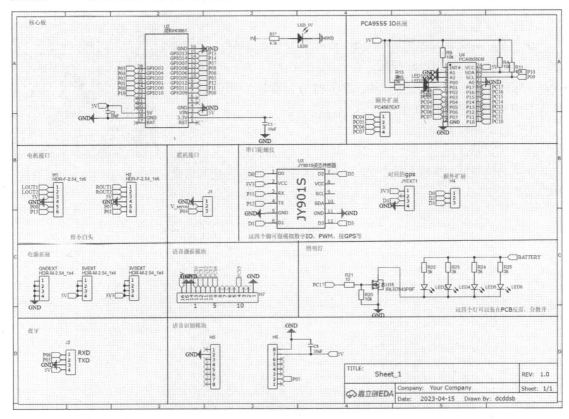

图 1.5-4　主控板的电路原理图（一）

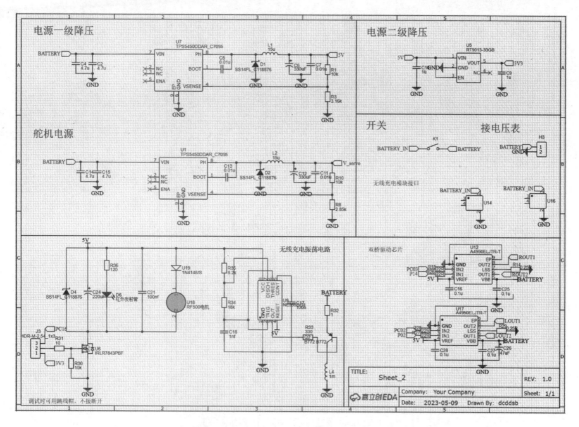

图 1.5-5　主控板的电路原理图（二）

本作品的主控板的布线图如图 1.5-6 所示，主控板 PCB 如图 1.5-7 所示。

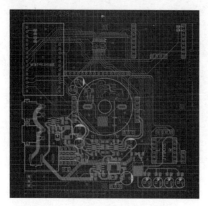

图 1.5-6　主控板的布局布线图

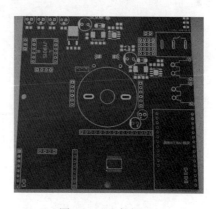

图 1.5-7　主控板 PCB

② 副控板。副控板主要用于控制旋转 LED 屏幕的显示，使用 CD74HC595 移位寄存器对 IO 接口进行了扩展。副控板还带有无线供电接收电路与 TP4056 锂电池充电电路，用于给副控板上的锂电池进行充电。副控板的电路原理图如图 1.5-8、图 1.5-9 和图 1.5-10 所示。

为了在旋转 LED 屏幕旋转时保持球体的平衡，本作品采用了中心对称的设计。

本作品的副控板的布线图如图 1.5-11 所示，副控板 PCB 如图 1.5-12 所示。

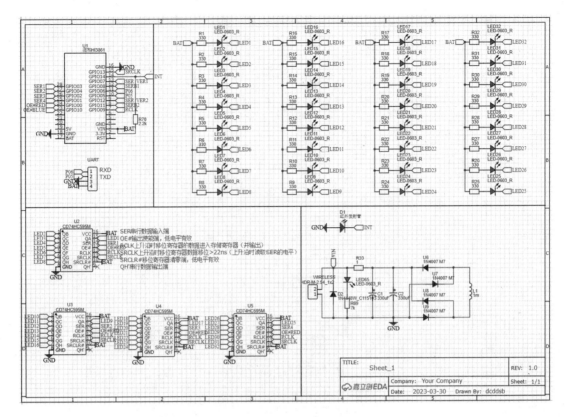

图 1.5-8　副控板的电路原理图（一）

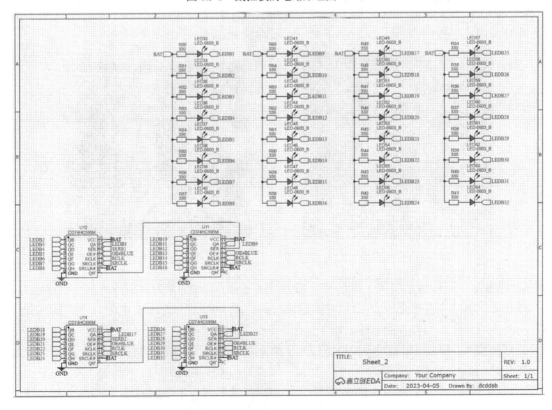

图 1.5-9　副控板的电路原理图（二）

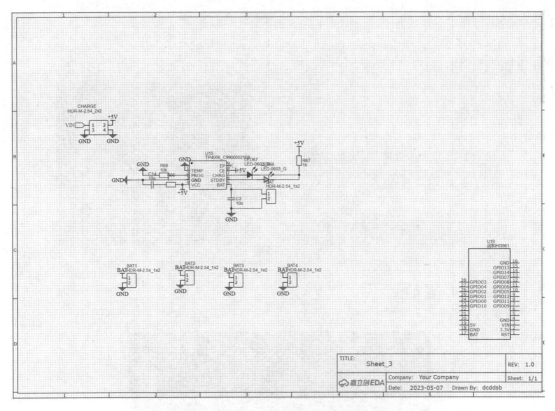

图 1.5-10　副控板的电路原理图（三）

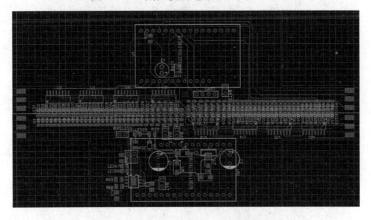

图 1.5-11　副控板的布局布线图

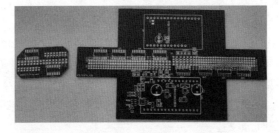

图 1.5-12　副控板 PCB

③ 无线充电模块。本作品采用 TP5100 锂电池充电模块对 2S 锂电池进行充电，TP5100 模块的电能来自无线充电插座上的无线充电模块，该模块可采用 DC 12 V 的电源进行充电，或者使用

3S 锂电池进行充电。无线充电模块如图 1.5-13 所示。

④ PCA9555 模块。本作品采用 PCA9555 模块对 IO 接口进行了扩展，用来触发旋转 LED 屏幕、语音交互模块，控制电机驱动方向等。PCA9555 模块的布局布线图如图 1.5-14 所示。

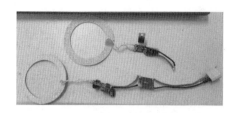

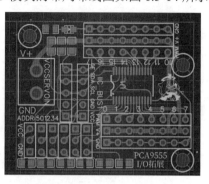

图 1.5-13　无线充电模块　　　　　　图 1.5-14　PCA9555 模块的布局布线图

1.5.2.3　软件系统介绍

本作品的主函数代码如图 1.5-15 所示。

```c
static void UDPTransport(void)
{
    osThreadAttr_t attr;
#ifdef CONFIG_WIFI_AP_MODULE
    if (hi_wifi_start_softap() != 0) {
        printf("open softap failure\n");
        return;
    }
    printf("open softap ok\n");
#elif defined(CONFIG_WIFI_STA_MODULE)
    /* start wifi sta module */
    WifiStaModule();
#endif
    hi_watchdog_disable();
    attr.name = "Wechatdemo";
    attr.attr_bits = 0U;
    attr.cb_mem = NULL;
    attr.cb_size = 0U;
    attr.stack_mem = NULL;
    attr.stack_size = UDP_TASK_STACKSIZE;
    attr.priority = 15;

    if (osThreadNew((osThreadFunc_t)Wechatdemo, NULL, &attr) == NULL) {
        printf("[UDP] Failed to create udp demo!\n");
    }

    attr.name = "udp demo";
    attr.priority = UDP_TASK_PRIOR;
    if (osThreadNew((osThreadFunc_t)UdpServerDemo, NULL, &attr) == NULL) {
        printf("[UDP] Failed to create udp demo!\n");
    }
}
SYS_RUN(UDPTransport);
```

图 1.5-15　主函数代码

在主函数代码中，创建了两个线程，一个负责控制球体姿态和外设通信，另一个负责与微信小程序连接并进行控制。本作品的软件功能比较简单，主要完成以下功能：

- 通过串口获取陀螺仪采集的姿态角；
- 根据姿态角的信息，通过串级 PID 算法输出控制舵机与电机的 PWM 信号；
- 与语音交互模块进行通信；
- 与 IO 拓展模块和 PWM 拓展模块通过 I2C 总线进行通信；
- 控制旋转 LED 屏幕的灯光顺序；
- 与微信小程序进行通信。

1.5.3　完成情况及性能参数

1.5.3.1　整体介绍

本作品完成了预期设计的所有功能，运行中的实物如图 1.5-16 所示。

1.5.3.2　工程成果

（1）机械成果。本作品的机械成果如图 1.5-17 所示。

图 1.5-16　运行中的实物　　　　　图 1.5-17　本作品的机械成果

（2）电路成果。本作品的电路成果如图 1.5-18 所示。

图 1.5-18　本作品的电路成果

（3）软件成果。本作品的软件界面如图 1.5-19 所示。

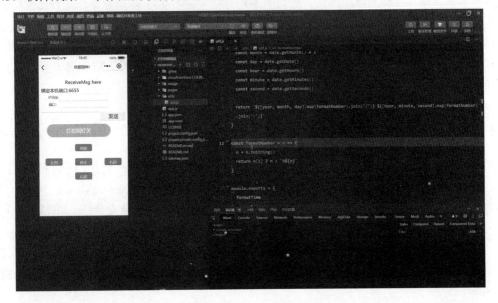

图 1.5-19　本作品的软件界面

1.5.3.3　特性成果

（1）通过自制的无线充电底座进行充电，如图 1.5-20 所示。

（2）通过语音交互模块控制本作品在室内定向巡航，如图 1.5-21 所示。

图 1.5-20　充电工作图

图 1.5-21　通过语音交互模块控制本作品在室内定向巡航

1.5.4　总结

1.5.4.1　可扩展之处

（1）进一步完善微信小程序 UI，可优化得更加精美一些。

（2）可尝试采用胶粒外壳，减少运行时的磨损

1.5.4.2　心得体会

本作品是基于 Hi3861 实现的智慧互联球形机器人，在局域网中可以通过微信小程序连接本作品，在手机端对球体的姿态和外设进行控制。此外，也可以通过语音交互模块控制本作品，并与其进行交互。本作品内部包含独特的旋转 LED 屏幕，可用于展示图案、文字，为使用者提供独特的视觉、听觉及交互体验。如果条件允许，还可以利用 Hi3861 的 Wi-Fi 模块互传特点，实现多球互动、排布阵列，展示更加出彩的效果。

本作品设计了无线充电电路与有线充电插座，将球体置于制作好的模具内即可进行无线充电，也可以使用球壳内部的柔性太阳能电池板进行充电。

由于本作品具有独特的球形结构，所以具有防水、不易伤人、转向方便、外观可爱等优点，适合作为陪伴孩童玩耍的可靠伙伴，解放家长双手。其内部独特的旋转 LED 屏幕可以展示图案、文字，加上球体内部的语音交互模块，可以为使用者提供独特的视觉与听觉体验，不仅能够吸引孩童作为玩耍伙伴，也可以摆放在店铺门口吸引大众，起到广告、科普、吸引客流量的作用，也可以用于智能家居，作为一个炫彩时钟或者语音助手。

1.5.5　参考文献

[1] 杨皓明，赵唯. 基于串级 PID 控制的两轮自平衡车控制系统设计[J]. 电脑知识与技术，2019,15(16):288-289, 292.

[2] 吴晗，徐开芸，朱昊，等. 基于单片机的球形机器人控制系统设计[J]. 机械设计与制造工程，2018,47(11):53-57.

[3] 赵伟. 面向月球应用的球形机器人的越障能力分析与研究[D]. 北京：北京邮电大学，2014.

[4] 郑华辉，曹建树，王魏. 球形机器人自平衡运动控制算法设计与研究[J]. 机床与液压，2020,48(09):35-39.

[5] LIN R, LIU M, HUO J, et al. Research on modeling and motion control of a pendulous spherical robot[C]. 33rd Chinese Control and Decision Conference (CCDC), Kunming, China, 2021.

[6] 马龙，孙汉旭，李明刚，等. 质心径向可变球形机器人的设计与运动分析[J]. 机械工程学报，2022, 58(5):44-56.

[7] LEE S, PARK S, SON H. Multi-DOFs motion platform based on spherical wheels for unmanned systems[C]. 13rd International Conference on Ubiquitous Robots and Ambient Intelligence (URAI), Xi'an, China, 2016.

[8] SADEGHIAN R, ZAREI M, SHAHIN S, et al. Vision based control and simulation of a spherical rolling robot based on ROS and Gazebo[C]. IEEE 4th International Conference on Knowledge-Based Engineering and Innovation (KBEI), Tehran, Iran, 2017.

1.5.6　企业点评

本作品采用 2 块海思 Hi3861，结合了语音交互模块、陀螺仪模块，实现了智慧互联球形机器人，具有语音交互与播报、姿态矫正、微信小程序控制等功能。本作品的结构独特，具有很强的可玩性和可扩展性，在儿童玩具、店铺广告、智能家居等方面有很好的应用场景。本作品后续可以增加 AI 视觉功能，实现商业孵化，成为智能家居智能管家圆形机器人的雏形。

第 2 章
广和通赛题之精选案例

2.1 基于边缘计算的智能体测系统

学校名称：深圳技术大学

团队成员：李恒耿、许咏琪、钟嘉明

指导老师：宁磊、李蒙

摘要

近年来，随着人们运动意识的提高和全民健身的倡导，体测逐渐成为一项在各大高校得到普及的重要活动。然而，在实际的体测中出现了一些问题，其中专业监测员数量不足是一个比较突出的问题。由于每位考生都需要由专业监测员一对一地对其进行测试，如果监测员数量不足，就会导致体测时间拉长，影响其他考生的测试。另外，体测项目评判也容易受到主观因素的影响，不同的监测员可能会对同一个动作给出不同的分数，这样就会引起考生和监测员之间的争议。

为了解决以上问题，我们设计了基于边缘计算的智能体测系统（在本节中简称本作品）。本作品以智能体测感知盒为载体，用于替代人工评分与管理。通过摆放在考场上的智能体测感知盒，本作品可以实时感知考生的数据，并将这些数据上传至云服务器进行数据处理和分析。本作品采用高性能边缘计算方案，使用神经网络实时提取摄像头拍摄的图像中的人体关节点进行姿态重建，实现体测项目的自动评分，并通过 5G 网络实时同步至数据库。考生只需通过扫描考试小程序码，填写个人信息并排队测试即可。管理员可以通过扫描考试小程序码，实时远程查看体测情况，管理体测进程。

本作品可实现全过程无人值守、自动进行体测的目标，不仅可以节约人力成本，提高体测效率，还可以减少考试争议，确保体测结果的客观性和公正性。

2.1.1 作品概述

2.1.1.1 功能与特性

（1）自动化评分：本作品可实现体测项目的自动化评分，可代替传统的人工评分和管理模式，大幅提高体测效率，同时减少考试争议，确保体测结果的客观性和公正性。

（2）全过程无人值守、自动化监测：本作品以智能体测感知盒为载体，在考场上代替专业监测员进行体测，可实现全过程的无人值守、自动化监测。

（3）边缘计算方案：本作品采用高性能边缘计算方案，使用神经网络实时提取摄像头拍摄的图像中的人体关节点进行姿态重建，可实现体测项目的自动评分，并通过 5G 网络实时同步至数据库。这种方案具有计算效率高、实时性好、数据传输速率快等优点。

（4）云端数据存储与管理：本作品将所有考生的数据实时同步到云端数据库进行存储和管理，管理员可以通过扫描考试小程序码来实时远程查看体测情况、管理体测进程，并在体测后导出结果表格。

（5）用户友好的操作界面：本作品采用简洁明了的操作界面（见图 2.1-1），让考生和管理员能够轻松上手操作，提高了用户体验。

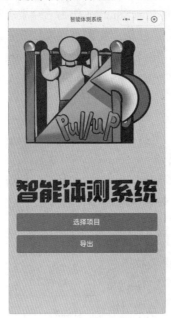

图 2.1-1　本作品的操作界面

2.1.1.2　应用领域

本作品不仅适用于高校体测场景，也可以满足其他机构对体育运动监测的需求，为各类机构提供智能化、无人值守的体测管理解决方案。对于高校来说，本作品可以快速部署在各大校园体测场景中，实现无人值守的体测管理。本作品以智能体测感知盒为载体，可在不耗费过多人力物力的情况下轻松实现体测管理的自动化。本作品灵活便捷，可以在体测结束后快速拆卸回收，学校可以方便地管理设备，或者将设备租赁给其他有体育运动监测需求的机构。例如，健身房可以部署本作品，通过运动监测功能实时监测用户的运动状态和成绩，并提供成绩云同步等服务，这样不仅提升了用户体验，也方便了运动数据的管理和分析。

2.1.1.3　主要技术特点

（1）本作品使用 Google MediaPipe PoseSolution 作为后端姿态识别库，该库具有高效、准确的姿态估计能力，能够快速提取出人体关节点的位置信息并进行姿态重建。同时，本作品使用 MySQL 作为数据库后端，并使用 Django 进行管理，可以实现数据的高效存储和管理。在前端技术框架方面，本作品采用 uni-app+Vue.js 的框架，这种框架具有良好的跨平台兼容性和用户体验。

（2）本作品自研了姿态算法，首先通过姿态模型判断体测者的动作是否符合标准，然后根据波峰计数算法与迟滞比较算法来判断体测者是否完成动作。这种自研的姿态算法能精确计算引体向上和仰卧起坐的得分。相比传统的分数计算方法，本作品的姿态算法具有更高的准确性和稳定性，可以为用户提供更准确的体测结果。

（3）本作品自创了网络接口，可将体测过程中的操作抽象成接口，涵盖大多数的体测操作，确保稳定性。通过自创的网络接口，本作品可以快速响应用户请求，提供高效、稳定的体测服务。

2.1.1.4　主要性能指标

（1）实时性和响应时间：本作品可使用 5G 网络与 Wi-Fi 网络，能够及时处理来自摄像头的数据，进行实时的数据分析和评判，并同步到云服务器。在微信小程序端查看数据的延时较小。

（2）精确度和准确性：使用 Google MediaPipe PoseSolution 作为后端姿态识别库，实现了高效准确的姿态识别，通过自研算法可得到准确的评判结果，实测精确度较高。

（3）能效和资源利用率：边缘计算的优势之一是将计算任务分布到边缘设备上，减少数据传输和云端计算量。本作品完全将摄像头获取的数据放在本地进行处理。

2.1.1.5　主要创新点

（1）边缘计算架构：本作品采用边缘计算方案，将部分数据处理和计算任务迁移到边缘设备上进行处理，减少了数据传输和云端计算的需求，可提高评判的实时性和响应速度，减少对网络带宽的依赖程度，提高系统的可伸缩性和资源利用率。

（2）自研姿态算法：本作品采用自研的姿态算法读取点云数据并进行分析，先通过姿态模型判断体测者的动作是否符合标准，再根据波峰计数算法与迟滞比较算法来判断体测者是否完成动作。

2.1.1.6　工作流程

本作品的工作流程如图 2.1-2 所示。首先，摄像头拍摄的图像通过网络传输到摄像头与姿态节点，通过 Google MediaPipe PoseSolution 进行姿态识别。其次，识别结果将传输到自研算法节点，通过自研姿态算法进行动作判定和得分计算。接着，将判定结果和得分传输到扬声器节点，通过声音提示用户得分情况；同时，判定结果和得分也会被传输到屏幕 GUI 节点，以可视化方式展示给用户。最后，将判定结果和得分存储在数据库中，用于后续数据管理和分析。通过这样的工作流程，本作品能够实现准确的姿态识别和动作评

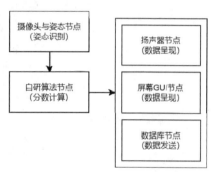

图 2.1-2　本作品的工作流程

分，并通过声音和屏幕呈现给用户，同时保证数据的稳定存储和管理。

2.1.2　系统组成及功能说明

2.1.2.1　整体介绍

本作品的整体框架如图 2.1-3 所示。本作品采用边缘计算和云服务器相结合的架构，边缘设备采用的是广和通的 SC171 开发板，该开发板具有强大的计算能力和良好的扩展性。云服务器与边缘设备和用户终端进行通信，并维护一个数据库来存储历史结果。云服务器使用 Django 框架来实现数据的高效存储和管理，提供了 API，方便用户进行访问。本作品为用户提供了一个完整的体测管理解决方案，包括实时监控、历史数据查询等功能。

2.1.2.2　硬件系统介绍

广和通的 SC171 开发板采用了先进的处理器架构，拥有强大的算力和多线程处理能力，能够高效地进行图像处理和数据计算。该开发板搭载了 Android 模块和 Linux 模块，提供了更多的应用场景和开发可能性。Android 模块使开发板具备了友好的用户界面和丰富的应用生态，用户可以通过触摸屏或外接设备进行交互操作，方便快捷地使用本作品。Linux 模块提供了更加灵活的

开发环境和更底层的系统控制能力，为本作品的功能扩展和优化提供了更大的空间。

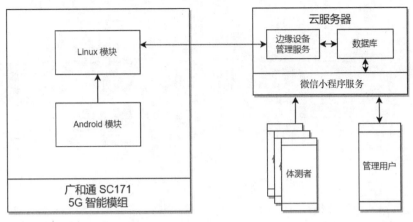

图 2.1-3　本作品的整体框架

为了更好地支撑广和通的 SC171 开发板，本作品专门设计了一个底层支架（见图 2.1-4），该支架的主要作用是固定开发板，并提供稳定的支撑。底层支架采用了坚固的材料，确保了开发板在使用过程中的稳定性和安全性。底层支架的底部配备了标准的三脚架接口，这样用户可以将整个系统灵活地安装在各种不同的场景中。无论在室内还是在室外，用户都可以通过底层支架将开发板放置在合适的位置，方便用户进行体测。三脚架接口具有广泛的兼容性，用户可以根据需要选择适合的三脚架类型。这样一来，无论固定在桌面上、放置在地面上，还是安装在其他设备上，本作品都能够满足用户的需求。

2.1.2.3　软件系统介绍

广和通的 SC171 开发板将 AI 算法分为两部分：Android 模块和 Linux 模块。Android 模块负责调用智能模块底层资源，计算摄像头拍摄的图像中的人体关节点，并将其传输到上层的 Linux 模块。Linux 模块负责对人体关节点运动进行判断得分，并将结果发送到云服务器。这样就可以在边缘设备上进行快速的姿态识别和得分计算，减少数据传输的时间和网络带宽的压力。本作品的软件架构如图 2.1-5 所示。

本作品的软件模块简介如下。

（1）SC171 开发板的 Android 模块（见图 2.1-6）。本作品使用 Google MediaPipe PoseSolution 作为后端姿态识别库，该库在准确性、速度和稳定性等

图 2.1-4　底层支架

方面具有优秀的表现。另外，该库的架构设计具有很高的可扩展性和可定制性，可以根据不同的应用场景和需求进行个性化定制和优化。Android 模块通过自研的封装类（LeeRequest）调用 Google MediaPipe PoseSolution，通过 OpenGL ES 接口调用 SC171 开发板的高性能 GPU 进行人体姿态点的检测，并将处理完的点云数据通过 TCP/IP 协议发送到 Linux 模块。

（2）SC171 开发板的 Linux 模块（见图 2.1-7）。本作品通过 SC171 开发板的 AidLux 来使用 Linux 模块，并使用 Python 设计了 Linux 模块。Linux 模块由 Flask 服务层与自研姿态算法组成。Flask 服务通过开放内部端口来接收 Android 模块传入的点云数据并对点云数据进行预处理。自研的姿态算法读取点云数据并进行分析，先通过姿态模型判定体测者的动作是否符合标准，再根据波峰计数算法与迟滞比较算法来判断体测者是否完成动作。自研的姿态算法可以对体测者进行管理，该算法向云服务器发送"叫号"指令，等待云服务器响应之后启动判定算法，并将实时计算结果发送到云服务器，在体测者离开场地时向云服务器反馈。

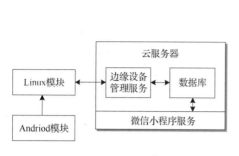

图 2.1-5　本作品的软件架构

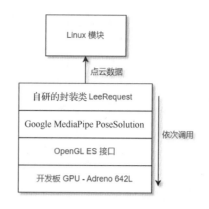

图 2.1-6　SC171 开发板的 Android 模块

（3）云服务器的数据库模块（见图 2.1-8）。本作品设计了一个以数据库为中心的系统架构，将数据库部署在云服务器，边缘设备使用 HTTP 请求、通过管理服务向数据库中存储数据，用户通过终端的微信小程序读取数据库中数据。本作品以 MySQL 作为后端数据库，使用 Django 进行对象关系映射（Object Relational Mapping，ORM）管理，从而实时记录当前运行数据并将其存储到数据库。

考生（体测者）扫描考试小程序码并填写个人信息，考生信息将记录在数据库中的考生名单中，本作品会自动检测考场设备的运行情况，及时将考生信息与设备状态进行匹配，以确保考生能够在合适的时间上场。由于本作品采用了数据库，自研的算法可实时地将当前的测试成绩存储到数据库，使本作品具备实时更新的能力，管理员能够在微信小程序界面上实时看到测试成绩。在考生完成测试后，本作品将记录考生的上/下场时间和成绩，并将这些信息保存在数据库中，供管理员导出使用。

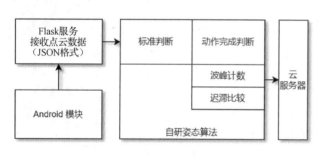

图 2.1-7　SC171 开发板的 Linux 模块

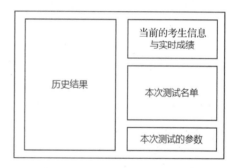

图 2.1-8　云服务器的数据库模块

（4）云服务器的边缘设备管理服务模块（见图 2.1-9）。边缘设备管理服务模块采用 Django 架构，开启了 HTTP 服务接口，将服务对象分为三类，即微信小程序管理端、微信小程序用户端（体测者）、边缘设备端。微信小程序管理端可以设置体测模式并开始体测，在体测时可以通过微信小程序访问接口获取实时数据，并在体测结束后导出 Excel 文档，该文档是根据数据库中的考生成绩自动生成的，方便统计成绩。在微信小程序用户端可以填写个人信息，并加入排队。边缘设备端的接口负责接收 SC171 开发板传入的指令，并更新实时成绩。

（5）终端的微信小程序服务模块（见图 2.1-10）。本作品使用 Vue 框架开发微信小程序服务模块，该模块通过 HTTP 接口与云服务器进行通信。微信小程序服务模块通过不同的考试小程序码将用户分为管理者与考生，管理者可以控制体测的开始与结束、体测模式的选择，考生可以在体测时填写个人信息。管理者可以通过扫描考试小程序码完成整个体测系统的部署，在体测时实时查看体测结果，在体测结束后导出测试成绩。

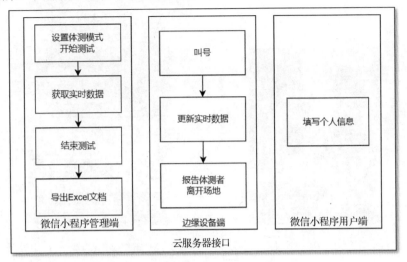

图 2.1-9 云服务器的边缘设备管理服务模块

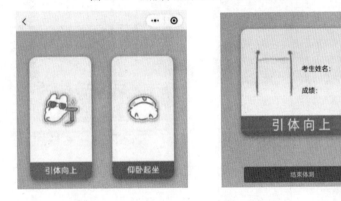

图 2.1-10 微信小程序服务模块

2.1.3 完成情况及性能参数

2.1.3.1 整体介绍

本作品的实物如图 2.1-11 所示。广和通的 SC171 开发板作为本作品的边缘设备，稳固地安装在底层支架上。底层支架通过标准的三脚架连接，确保了开发板的稳定性和安全性。在实际运行中，本作品利用 Android 模块运行体测的主要计算部分，高效地处理图像和数据，并将结果传输到 Linux 模块中进行进一步的复杂计算和数据分析，从而提供精准、可靠的体测评分服务。本作品的设计既充分发挥了 Android 系统交互友好、应用丰富的优势，又借助 Linux 系统的灵活开发环境和控制能力，使得本作品在计算和功能扩展方面得到全面的优化，为用户带来更好的体验。

2.1.3.2 工程成果

由于广和通的 SC171 开发板具有 AI 计算能力，所以本作品的机械结构和电路没有特殊设计。

（1）软件成果。本作品的微信小程序主界面如图 2.1-12 所示，在微信小程序管理端部署体测的界面如图 2.1-13 所示，本作品导出的体测成绩样例如图 2.1-14 所示。

（2）特性成果。扫描考试小程序码加入测试如图 2.1-15 所示，引体向上测试如图 2.1-16 所示，测试结果如图 2.1-17 所示，微信小程序上显示考生姓名与成绩。

图 2.1-11　整体实物图

图 2.1-12　本作品的微信小程序主界面

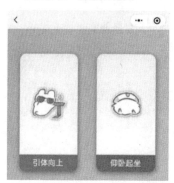

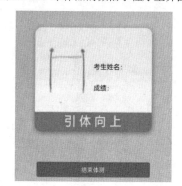

图 2.1-13　在微信小程序管理端部署体测的界面

Excel	A	B	C	D	E	F	G
1	序号	考生学号	考生姓名	排队时间	开始时间	结束时间	成绩
2	1	30	test	2023-07-20_15:47:26	2023-07-20_15:49:13	2023-07-20_15:49:24	2
3							

图 2.1-14　本作品导出的体测成绩样例

图 2.1-15　扫描考试小程序码加入测试

图 2.1-16　引体向上测试

图 2.1-17　测试结果

2.1.4　总结

2.1.4.1　可扩展之处

目前本作品只能针对特定的体测项目进行评估，随着技术的发展，后期可以增加更多的体测项目，如肌肉质量、灵活性、反应速度等。通过引入更多的传感器和算法，可以更加全面地对身体素质进行评估和分析。

本作品可以增加云服务，增加个性化的数据分析与建议，可以进一步发展成智能化系统，根据用户的体测数据和个人目标，提供个性化的数据分析和健康建议。基于机器学习和数据挖掘技术，本作品可以学习和识别用户的特点，并根据需求提供相应的训练计划、营养建议等，以帮助用户实现健康目标。

数据安全和隐私保护需要进一步加强。在推动本作品应用的同时，数据安全和隐私保护是重要的考虑因素之一。本作品后期可加强数据加密和权限管理，确保用户数据的安全性和隐私保护，同时遵守相关法律法规，保障用户合法权益。

2.1.4.2　心得体会

本作品的开发团队由三个成员组成，李恒耿同学负责云服务器的开发，钟嘉明同学负责嵌入式系统的开发，许咏琪同学负责边缘计算方案的开发。通过合作和协调，开发团队成功开发了一款功能强大的体测评分系统。以下是心得体会：

李恒耿：在云服务器的开发中，我主要负责系统的后台架构和数据库设计。首先，深入模拟了用户需求，并进行了详细的需求分析。然后基于这些需求，设计了高效稳定的后台架构，使用了可靠的技术栈，如 Django 和 MySQL。同时，本作品注重系统的扩展性和性能优化，采用了分布式架构和缓存机制，以提高系统的并发处理能力和响应速度。通过严格的测试和持续的优化，确保了云服务器的稳定性和可靠性。

钟嘉明：作为嵌入式系统的开发人员，我的责任是设计和开发体测评分系统的嵌入式系统。在设计的过程中，考虑到设备的功耗、尺寸和性能等因素，本作品选择了广和通的 SC171 开发板作为边缘设备，该开发板具备强大的计算能力和丰富的接口，非常适合作为体测评分系统的边缘设备。我与边缘计算方案的开发人员紧密合作，确保嵌入式系统与云服务器的通信和数据交互的正常进行。在软件开发方面，本作品采用 Android 和 Linux 双系统，可满足用户的不同需求。

许咏琪：作为边缘计算方案的开发人员，我负责体测评分系统的边缘计算功能的设计和实现。我与嵌入式系统的开发人员密切合作，确保边缘设备能够高效地处理和分析传感器采集数据，并将结果发送到云服务器。为了优化计算性能，本作品采用多线程编程和硬件加速等技术。同时，我还与云服务器的开发人员协商制定了数据传输协议和接口规范，以确保数据的准确传输和处理。通过不断的测试和调优，保证了边缘计算的稳定性和可靠性。

总体来说，通过密切协作和相互配合，充分发挥各自的专业优势，我们成功开发了一款功能强大、稳定可靠的体测评分系统。在本作品的开发过程中，我们注重用户需求、技术选型和系统优化，力求为用户提供出色的体验。

2.1.5　参考文献

[1]　Open Robotics. ROS 2 document[EB/OL].(2022-01-23). http://dev.ros2.fishros.com/doc/index.html.

[2]　GOOGLE LLC. MediaPipe Pose Document[EB/OL]. (2022-08-13). https://google.github.io/mediapipe/solutions/pose.

[3] 百度百科. OpenGL 百科[EB/OL]. (2022-01-23).https://baike.baidu.com/item/OpenGL.

2.1.6　企业点评

　　本作品采用 5G AIoT 开发套件，综合应用了 5G、AI 功能，实现了本地计算、5G 高速传输的"端–边–云–用"智能物联网系统设计，功能完整、选题新颖、创新性好、实用价值高。

第 3 章
沁恒赛题之精选案例

3.1 基于车牌识别的自动地锁

学校名称：东南大学

团队成员：康喜龙、翁苏杨、陈毅程

指导老师：钟锐

摘要

随着科技的不断进步，物联网技术已经走进了人们的生活，它无时无刻不在为我们的生活提供便利。基于车牌识别的自动地锁（在本节中简称本作品）能够智能管理车位，在降低成本和功耗方面开展了深入的研究。

住宅区的车位管理一直是"老大难"的问题。一方面，物业管理手段单一，很难防范并惩罚违规占用行为，管理效率低下；另一方面，车位被占用时，车主未必能立即找到占用人让其挪车，往往只能另寻车位。受困于这种局面，不少人都安装了地锁来防止车位被占用。目前，市面上的大多数地锁都利用了远程遥控技术，车主停车体验大打折扣，在地锁钥匙丢失时更加麻烦。针对上述问题，本作品应运而生，它可以通过车牌识别功能自动开关地锁，并且将车位情况实时反馈给车主和管理人员。对于车主，既保护了车位不被占用，又优化了停车体验。对于管理人员，能够实时了解到每个车位的情况，便于管理所有车位。本作品不仅建立了车位、车主和管理人员之间的联系，还对地锁的成本与功耗进行了研究与优化，将其设计成低成本、低功耗的系统，为今后产品化打下基础。

3.1.1 作品概述

3.1.1.1 功能与特性

本作品在开始使用时，其默认状态是锁住状态。在未停车时，倘若有人非法掰动地锁（见图 3.1-1），地锁将自动复位（见图 3.1-2）。当车牌出现在摄像头内，本作品对车牌进行识别，若车牌是车主车牌，则地锁将自动放下（见图 3.1-3），本作品将向云端管理系统更新情况，并且向车主发送驶入短信。当车辆离开车位后，地锁将自动升起（见图 3.1-4），本作品将向云端管理系统更新情况，并向车主发送离开短信。本作品使用电池供电，内部模块均为简单设计，运行功耗较低。

3.1.1.2 应用领域

（1）图像识别：本作品通过摄像头捕捉图像，分析图像中蕴含的信息。本作品获取的图像信息为车牌号，以远程获取停车信息。

图 3.1-1　非法掰动地锁　　图 3.1-2　自动复位　　图 3.1-3　地锁放下　　图 3.1-4　地锁升起

（2）远程监控：本作品内置的 Wi-Fi 模块负责信息的发送和接收，车主和管理人员都能够获得车位的停车情况。

3.1.1.3　主要技术特点

（1）机器视觉：在低功耗芯片 CH32V307 上实现机器视觉算法，通过 OV2640 摄像头对驶入车位的车辆进行实时监测和识别，与车位检测器配合，可以准确操作电机工作状态，实现地锁的自动开关。

（2）电机驱动：本作品独立制作了一块 PCB，借助光电对管和巧妙的盖板结构实现了电机转动位置的检测，通过相应的控制算法成功实现了地锁的防外力扭转和精确制动，保障了车位的安全性。

（3）用户终端交互：本作品注重用户终端设计，通过手机程序/短信实现与车主的交互。每当车辆驶入/离开车位时，用户均可以通过手机查询车位的占用情况，同时也有相应的提醒短信，有力保障了用户对车位的使用权。

3.1.1.4　主要性能指标

（1）准确性：车牌识别的准确率对本作品的安全有效性有着极大的保障意义，本作品中的车牌识别模块会对车牌进行多次识别，并计算置信度。当置信度超过 90% 时，才会将地锁放下。通过多轮测试，本作品不存在为错误车牌开锁的情况。得益于本作品的算法设计，纸质车牌的检测成功率不高，别有用心之人无法利用纸质车牌钻空子。

（2）实时性：本作品的实时性对用户的停车体验有着举足轻重的意义，本作品以 CH32V307 为主控芯片，单次识别时间控制在 200 ms 内，车主无须等待，能够实现无感知停车；车辆完全驶离车位后，地锁会立刻复位。

3.1.1.5　主要创新点

（1）本作品在市面上现有地锁产品的基础上，增加了车牌识别模块，可替代传统的钥匙地锁或者遥控地锁（见图 3.1-5），真正做到了自动升降，让用户拥有真正的无感知停车体验。当车辆驶入/离开车位时，用户都能够收到短信提醒。若有人非法占用车位，用户可以联系物业管理人员，有利于维护用户的合法权益。

（2）本作品使用 CH32V307 赤菟开发板（见图 3.1-6），实现了低成本。与传统的高算力系统相比，本作品采用了低成本的 CH32V307 赤菟开发板与摄像头，实现了车牌识别的机器视觉算法，具有很大的市场应用意义。本作品还考虑了低功耗设计，如车牌识别模块的分时工作、低功耗的 ESP8266 无线模块等。

3.1.1.6　设计流程

本作品的技术关键在于车牌识别。目前广泛应用的机器视觉库是 OpenCV，但其对单片机的存储要求过高。首先，本作品自主设计了能够在 CH32V307 赤菟开发板上运行的识别算法，不断优化识别效果并简化算法模型。其次，本作品研究了电机驱动方法，利用地锁结构特征，自主设计了一个红外对管 PCB 电路，将地锁信息传送给 CH32V307 赤菟开发板，使用 CH32V307 赤菟开发板来驱动电机转动。最后，本作品设计了 ESP8266 无线模块，可以通过该模块将车位信息发送到用户和管理者。

图 3.1-5　遥控地锁

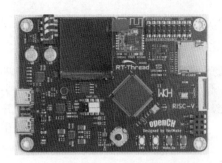

图 3.1-6　CH32V307 赤菟开发板

3.1.2　系统组成及功能说明

3.1.2.1　整体介绍

本作品的整体框架如图 3.1-7 所示，包括三个模块，分别是车牌识别模块、电机驱动模块和云端信息传送模块。当车辆来到车位时，车牌识别模块会识别出正确的车牌，然后驱动电机放下地锁以便车主停车；在车辆离开车位时，地锁会自动升起。在车辆驶入或离开车位时，云端信息传送模块会向车主发送短信，以便车主对车位状态进行监控。本作品在实际使用中的意义重大，当其他车辆私自占用车位时，车主可以获得通知并及时采取相应的措施。

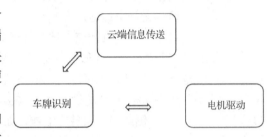

图 3.1-7　本作品的整体框架

3.1.2.2　硬件系统介绍

（1）硬件整体介绍。本作品的硬件部分主要包括中央控制器、图像捕获系统、电机驱动系统、地锁感知系统、智能网络系统、环境感知系统。本作品的中央控制器使用的是沁恒公司的 CH32V307 赤菟开发板，该开发板可以采集多个模块的数据并通过 ESP8266 无线模块发送到云端。本作品的硬件框架如图 3.1-8 所示。

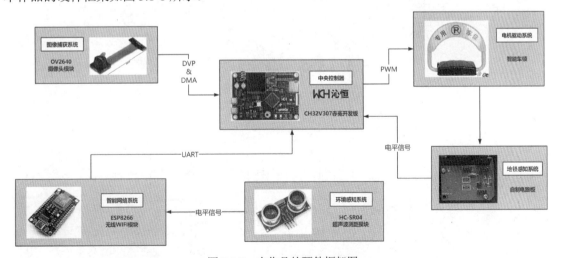

图 3.1-8　本作品的硬件框架图

（2）机械设计介绍。本作品最关键的机械设计是地锁的开关动作，以及相关的位置感知操作，具备以下特点：

○ 灵敏度高，确保地锁不会出现过开（过关）现象，以免损伤电机；

○ 功耗尽可能小。

图 3.1-9　地锁的机械设计

本作品采用步进电机来驱动地锁的传动齿轮，通过输入相位相差 180°的 PWM 信号来调节电机的转动方向，从而实现正常的开关动作。地锁的机械设计如图 3.1-9 所示。

（2）电路各模块介绍。

① 地锁感知系统。为了能够灵敏地感知地锁的位置，本作品采用红外对管并配合镂空的锁扣来进行监测。在金属转轴的某一部分位置，与该位置相隔一定距离之外有一部分特殊的同心环形黑色外壳，同心环形黑色外壳上有着特定的镂空，当地锁放下、升起和在中间位置时，对应的镂空形状都不相同。

○ 左、右侧均有镂空：地锁放下。

○ 左侧有镂空、右侧无镂空：地锁处于中间位置（过渡态）。

○ 左、右侧均无镂空：地锁升起。

○ 左侧无镂空、右侧有镂空：地锁处于非法状态。

两组红外对管位于同心环形黑色外壳的两侧，通过分辨上述的四种情况，就可以得知地锁的具体位置。本作品使用 IR908-7C-F 发射管和 PT908-7C-F 接收管，一组放在左侧，另一组放在右侧，如果有镂空，则发射管可以向接收管发射红外光，此时电压为 1；如果无镂空，则表示有遮挡，此时电压为 0。由此可得到地锁位置及其对应的编码，如图 3.1-10 所示。

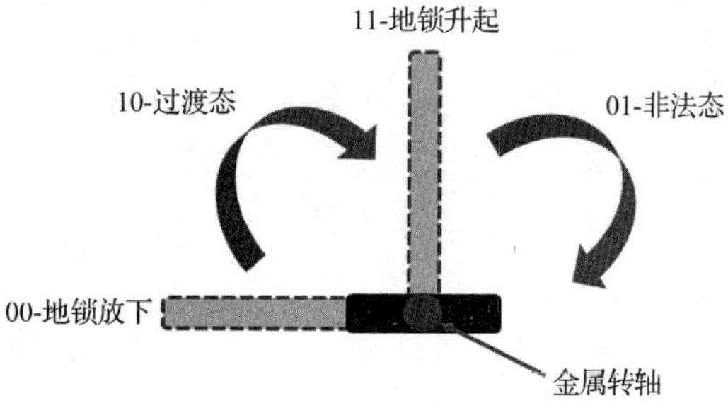

图 3.1-10　地锁位置及其对应编码

根据上述的分析，团队开发人员使用立创 EDA 软件设计地锁感知系统的电路原理图，如图 3.1-11 所示。

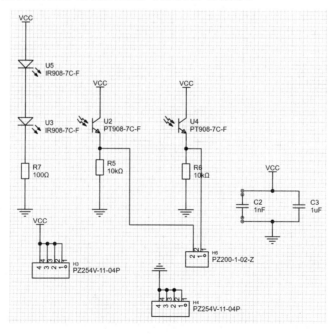

图 3.1-11　地锁感知系统的电路原理图

地锁感知系统中的两组对管位置一一对应，两个发射管正向导通，则会发射红外光。如果接收管接收到红外光，那么其可以视为一个阻值有限的电阻，分压较少，其抽出点为高电平；如果接收管没有接收到红外光，其可以视为近似短路，那么抽出点为低电平。图 3.1-11 中的 PZ200-1-02-Z 两引脚排针即两组对管的抽出点。将抽出点接入 CH32V307 芯片后，根据芯片的两个引脚的高低电平可以获取地锁的位置。两组对管分别安装在同心环形黑色外壳两侧，因此地锁感知系统的 PCB 应严格按照内部空间来设计。地锁感知系统的 PCB 如图 3.1-12 所示。

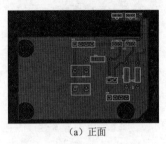

（a）正面　　　　　　　　　　　（b）背面

图 3.1-12　地锁感知系统的 PCB

② 环境感知系统。环境感知系统的位置摆放在地锁的前方（车位线外），其中的超声波测距传感器 HC-SR04 向上发射超声波。当车辆欲驶入车位时，HC-SR04 测出的距离迅速下降，这一敏感信号会通过 GPIO 传输到中央控制器内，由中央控制器启动车牌识别功能；当车辆离开车位时，同样会启动车牌识别功能，并使地锁复位。环境感知系统中的超声波测距模块的电路原理图如图 3.1-13 所示。

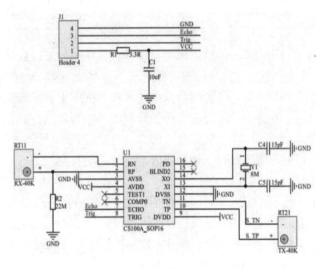

图 3.1-13　超声波测距模块的电路原理图

③ 智能网络系统。本作品通过 ESP8266 无线模块实现与云端数据库的信息交互，ESP8266 无线模块既可以通过串口与单片机通信，也可以实现网络信息传输。本作品是在 Arduino 平台上编写并烧录 ESP8266 无线模块的程序的。

ESP8266 无线模块是一款低成本、高性能的 Wi-Fi 模块，由乐鑫科技开发。ESP8266 无线模块采用了 32 位的 Tensilica 处理器架构，集成了 Wi-Fi 无线网络连接功能和 TCP/IP 协议栈，具有可靠的数据传输能力。ESP8266 无线模块还包含用于控制、调度和管理网络连接的固件。ESP8266 无线模块的结构和引脚如图 3.1-14 所示。

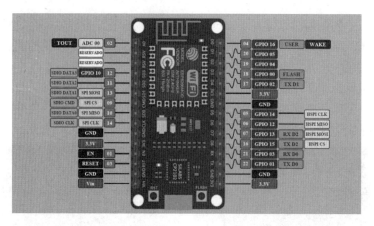

图 3.1-14　ESP8266 无线模块的结构和引脚

为了方便开发人员使用 ESP8266 无线模块，乐鑫科技提供了一套完整的开发工具链和软件开发包（SDK）。该 SDK 包含了用于构建应用程序的各种 API 和函数库，以及用于编译、调试和烧录固件的工具。开发人员可以使用 C 语言或者 Lua 脚本语言开发应用程序。

本作品在开发 ESP8266 无线模块时，首先在程序中定义了 Wi-Fi 的 ID 及密码（本作品使用的 Wi-Fi 通过小组成员的手机热点提供），然后使用 HTTP 及 HTTPS 完成网络传输。本作品通过 HTTP 获取微信云端数据库的 access_token，通过 HTTPS 与微信云端数据库进行数据交互。HTTPS 在 HTTP 的基础上添加了传输加密和身份认证，保证了传输的安全性，其安全基础是 SSL。

3.1.2.3　软件系统介绍

（1）软件整体介绍。本作品的软件框架如图 3.1-15 所示。本作品的软件端使用的是自己开发的微信小程序"智慧停车场系统"，该系统包含云端数据库和手机端的用户界面。硬件端通过 ESP8266 无线模块将获取到的数据传输到云端数据库，云端数据库根据接收到的数据以及内置的处理函数更新数据库，并将数据反馈到用户界面。本作品不仅设置了微信用户身份认证功能，以便更好地存储用户信

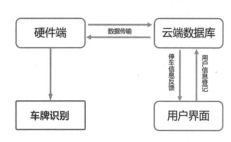

图 3.1-15　本作品的软件框架

息，还在云端数据库中对用户信息设置了访问权限，从而能更方便地进行管理。

（2）软件各模块介绍。

① 硬件端与云端数据库的交互。通过微信平台提供的 API 进行数据交互，采用的协议是 HTTP 和 HTTPS。根据微信小程序的开发文档，本作品首先在硬件端通过 ESP8266 无线模块发起网络请求，请求的结构体中包括微信小程序 ID 及密钥，云端数据库接收到请求后返回 access_token，硬件端通过 access_token 与云端数据库进行数据交互。在本作品中，当硬件端检测到车位状态改变时就向云端数据库发送状态信息，云端数据库响应硬件端的查询停车状态请求。

② 云函数部署。在接收到硬件端发送的信息后，在云端部署的云函数会更新云端数据库中的关联变量，并及时反馈到用户手机端。当云端成功接收到硬件端发送的停车状态翻转信号时，云函数将云端数据库中的停车状态进行翻转。如果翻转后是停车状态，则将当前停车时间写入云端数据库；如果翻转后是空置状态，则将停车时间置入历史停车记录。

云函数是通过设置好的触发器执行的。当云端数据库中的关键变量变化时，云函数内置的触发器将扫描云端数据库中的相关数据，当满足执行条件时就执行云函数。通过触发器功能，大大提升了本作品对特定变化（如汽车驶入或离开车位）的敏感度，提升了本作品的实时性和精确度。

③ 云端与用户手机端的数据交互。云端与用户手机端的信息传输是双向的，用户手机端将用户信息发送到云端并保存在云端数据库中，云端数据库响应用户手机端查询用户信息和停车信息的请求。为了保证实时性的信息反馈，用户手机端每隔一段时间便从云端数据库获取一次停车信息，并将获取到的信息更新到用户界面。当检测到车辆驶入车位时，部署在云端的云函数能向指定用户发送手机短信，确保反馈的及时性与车位的安全性。

在本作品中，云端与用户手机端的交互是通过微信小程序自带的函数实现的，保证了快捷性和安全性。用户手机端与云端交互的数据主要包括用户信息、微信 ID、停车状态、停车历史记录、用户余额，用户手机端仅对自己的信息有操作权限。

④ 用户界面。用户界面主要包括用户登录界面、用户停车信息查看界面和管理员界面。用户登录界面用于获取初次登录的用户相关信息、识别用户身份；用户停车信息查看界面用于向用户反馈停车信息，包括车位占用情况、停车时间、历史记录等；管理员界面可以查看每个车位的占用情况以及历史记录，以便更方便快捷地对车位进行系统化的管理。

⑤ 车牌识别模块的流程如图 3.1-16 所示。

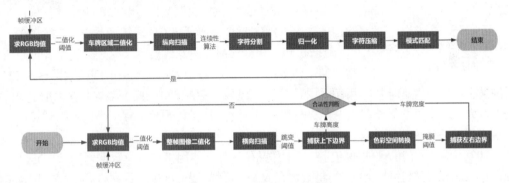

图 3.1-16　车牌识别模块的流程

⑥ 阈值调整。在车牌识别应用的实际场景中，会遇到不同的天气情况，如雨天、雪天、阴天、晴天等。用固定的阈值来适应不同天气情况，显然是不切实际的。为了提高本作品的鲁棒性，在进行机器视觉处理之前必须对阈值进行处理。查阅相关资料发现，调整阈值的常用算法有双峰法、迭代法、最大类间方差法、自适应平均值法。考虑到单片机的内存限制，以及车牌识别对速度的要求，本作品采取自适应平均值法来调整阈值。

⑦ 车牌定位。车牌定位的基本思想是利用调整后的阈值对捕获到的图像进行二值化处理，首先将背景中的无关特征转为黑色像素，接着逐行扫描并计算跳变点的数量，当跳变点数量大于某一阈值时，认为这一行可能存在车牌。通过车牌区域连续性要求的滤波，可以得到车牌的上边界与下边界。针对上边界和下边界这两条线间的区域进行色彩空间的转换，即从 RGB565 转换到 HSV，本作品采用上一模块中的自适应平均值法确定 H 分量的阈值，从而区分出蓝色和背景色，获得车牌的左边界和右边界。

⑧ 字符分割。在确定车牌的准确位置后，就可以进行车牌的识别。本作品开始使用 LPRNet 进行车牌识别，但由于 LPRNet 生成的 TensorFlowLite 模型大小为 473 KB，难以在 CH32V307 赤菟开发板上运行。于是将整个车牌分为不同的字符，分而识之。在车牌范围内，仅有蓝色与白色两种颜色，很容易对其进行二值化。本作品采用列扫描算法，将车牌分为纯白、蓝白相间、纯蓝三种区域，取出其交界线，可得到每个字符对应的像素矩阵。

⑨ 模式匹配。为了得到更好的匹配效果，在获得每个字符的像素矩阵后还要进行插值算法。插值算法采取双线性插值法，即从 x 方向和 y 方向上进行两次线性插值，将每个字符的像素矩阵

标准化为24×50的矩阵。得到每个字符的像素矩阵后，将其与事先保存的标准字模像素矩阵进行模式匹配，利用像素方差和的归一值来表示其相关系数，相关系数超过置信度时认为匹配成功。

（3）机器视觉算法设计。本作品能自动开关地锁的关键在于车牌识别的准确性，因此机器视觉算法的设计是绕不开的话题。本作品在吸收多篇机器视觉算法文献思想方法的基础上，设计机器视觉算法。

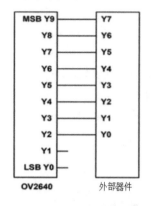

图3.1-17　OV2640与外部器件的连接图

① 数据采集。要进行车牌识别，首先需要顺利地从自然环境中采集车牌图像。本作品采用OV2640模块采集外部数据，通过DVP接口将采集的外部数据传输到CH32V307。OV2640将CMOS传感器上的电信号输入DSP单元进行处理，将处理后的数据通过Y0～Y9引脚输出。在实际中，一般使用8根数据线来传输数据，本作品使用Y2～Y9引脚。OV2640与外部器件的连接方式如图3.1-17所示。由于OV2640是通过DVP接口与CH32V307相连的，默认Y9～Y0与D9～D0一一对应。要想接收到正确的数据，DVP接口应当工作在10bit模式（D9～D0）而非8bit模式（D7～D0），因此在接收到数据后需要再进行移位操作，将摄像头输出的数据（D9～D2）转换为LCD所需的数据（D7～D0）。

② 数据存储。获得外部的图像数据后，要想进行车牌识别需要先妥善地存储这些数据。本作品将OV2640采集的图像数据存入LCD的帧缓冲区中，在后续处理中随用随取。相比于直接读取DVP接口的图像数据并在RAM中进行数据处理，大大减少了图像处理的内存空间需求，从而在轻量化平台上实现了机器视觉算法。

由于视频信号的数据量较大，因此直接使用GPIO接口进行数据的读取并不是一个合适方案。CH32V307提供了专门的硬件DVP接口，本作品使用这一专用接口接收数据，并通过DMA（Direct Memory Access，直接存储器访问）将数据存入LCD的帧缓冲区中，这样视频数据在接收过程中完全不需要经过CPU处理，能够有效避免大量的IO操作占用CPU的工作时间。

③ 数据处理。本作品采用自适应阈值算法对车牌图像进行二值化处理，以此排除背景对车牌识别的影响，提高车牌识别的准确性与鲁棒性。根据二值化后车牌图像每行像素点中的跳变次数，可以获取车牌的上、下边界。将RGB图像转换为HSV图像后，依据HSV图像中H分量以及掩膜去除算法，可以获取车牌在图像中的左、右边界。只有当车牌长宽符合国家标准时，才进行车牌识别，避免误判和算力浪费。在连续性算法的基础上，本作品先对二值化后的车牌图像进行列扫描，可以有效选中车牌中的有效字符；再采用双线性插值法对选中的字符进行归一化处理，并对其进行信息压缩，进一步增强了车牌识别的准确性，降低了算法的复杂度，提高识别效率；最后根据识别的字符信息与Flash中事先存储的字模信息进行匹配。数据处理中的用到的函数如下：

```
1.    void pixel_mean(void)
2.    /*--------------------------------------------------------------
3.    功能：遍历LCD屏幕上240×240个像素，求出RGB三个通道的平均值，以其为阈值进行图像二值化
操作。
4.    优势：（1）自适应阈值算法提高了二值化的鲁棒性，使此算法可以适应强光和弱光等不同环境，有利
于车牌的定位；（2）从LCD的帧缓冲区内读取像素值，减轻了CH32V307的内存占用，从而在平台上实现了轻量
化的机器视觉算法。
5.    --------------------------------------------------------------*/
6.
7.    void scan_hori(void)
8.    /*--------------------------------------------------------------
```

9.　　功能：对于二值化后的整帧图像进行横向扫描，对跳变次数进行计数。

10.　　原理：二值化处理后，复杂背景的特征将被过滤，车牌所在的若干行像素跳变次数远远多于其余行。

11.　　--*/

12.

13.　　void up_bottom(void)

14.　　/*--

15.　　功能：统计出各行的跳变次数，以其上四分位数为阈值筛选出跳变次数显著增多的行作为车牌可能的存在区域，使用连续性判断得出车牌的上、下边界。

16.　　优势：（1）由于车牌所在行和背景所在行的跳变次数的差异呈现出相对关系，以四分位数进行筛选可以提高算法的稳定性；（2）通过连续性判断可进一步将背景中偶然出现的多次跳变行排除。

17.　　--*/

18.

19.　　static void RGB_HSV(vu16 color)

20.　　/*--

21.　　功能：将像素的色彩空间由 RGB 转为 HSV。

22.　　优势：借助 HSV 可以单独处理色调值，忽略明度、饱和度对于颜色的影响，有利于进行颜色定位追踪。

23.　　--*/

24.

25.　　vu8 segment_character(void)

26.　　/*--

27.　　功能：在车牌的二值化图像中进行列扫描，区分出字符与间隙，根据连续性算法最大程度地框紧字符。

28.　　--*/

29.

30.　　void picture_string(void)

31.　　/*--

32.　　功能：压缩字符信息压缩，原本大小为 50×24×16=19200 bit 的字符信息，压缩后的大小为 50×24=1200bit

33.　　优势：降低了字符匹配的算法复杂度，提高了车牌识别的速度。

34.　　--*/

35.

36.　　static vu8 match_character(vu8 begin,vu8 end)

37.　　/*--

38.　　功能：将压缩的字符信息与 Flash 中存储的字模信息进行匹配，将置信度最高的结果呈现在屏幕上。

39.　　优势：通过相关性匹配算法可以获得更高的精度。

40.　　--*/

3.1.3　完成情况及性能参数

3.1.3.1　整体介绍

本作品的实物图如图 3.1-18 所示，摄像头直接与 CH32V307 赤菟开发板相连，ESP8266 无线模块与超声波测距模块相连，用来判断车位占用情况，并向云端发送地锁状态。ESP8266 无线模块的一个引脚与 CH32V307 赤菟开发板相连，将车位占用情况发送给 CH32V307 赤菟开发板，以便 CH32V307 赤菟开发板在车辆离开时控制地锁升起。ESP8266 无线模块通过 CH32V307 赤菟开发板的 3.3 V 引脚和接地引脚供电，CH32V307 赤菟开发板通过外置充电宝供电。其余模块（如电机驱动、电机电源、电机位置检测等模块）内置在地锁中，并由电机电源供电。

3.1.3.2　工程成果

（1）机械成果。本作品的机械成果如图 3.1-19 所示，电机驱动、电机电源、电机位置检测等模块内置在地锁中。电池组为电机驱动供电，中央控制器向电机驱动模块发送处理好的 PWM 信号，在电机驱动模块的控制下，电机按照中央控制器的指令进行正/反转，带动地锁齿轮完成开关操作。

图 3.1-18　本作品的实物图

（2）软件成果。本作品的微信小程序用户界面如图 3.1-20 所示，云端可以正常接收并反馈硬件端发送的数据，在接收到相关数据后对云端数据库进行更新，向指定用户发送停车提示短信，用户能及时得知当前的停车信息。

图 3.1-19　本作品的机械成果　　　　　　　　图 3.1-20　本作品的微信小程序用户界面

3.1.3.3　特性成果

本作品的车牌识别结果示例如图 3.1-21 所示，车牌识别时间小于 200 ms。在测试中，本作品未出现为错误车牌开锁的情况，地锁在 1 s 内可以完成开关状态的切换，业主在驶入或离开车位后的 5 s 内可以接收到相应的短信提醒（见图 3.1-22）。

图 3.1-21　车牌识别结果示例

此外，出于安全考虑，本作品增加了防护措施，当且仅当识别到预留车牌时地锁才会放下，若施加外力强行打开地锁，地锁会自动回到关闭状态，让抢占车位者无机可乘。

图 3.1-22　用户接收到的短信提醒

3.1.4　总结

3.1.4.1　可扩展之处

受制于单片机的性能，本作品无法运行完整的车牌识别网络，目前的解决方案是使用传统的机器视觉算法，导致难以区分相近的字符。下阶段考虑使用字符识别神经网络来代替模式匹配。此外，为了能够更好地适应各种类型的车牌，现有的算法可以继续优化，做到对新能源汽车绿色车牌的识别。

本作品电机驱动的功能比较单一，完全靠两组红外对管传递出的信息决定地锁的动作，更好的设计是额外做一个遥控器，通过天线接收信号，可以通过其他方式操控地锁，对于车主来说也多了一层保障。

目前，云端交互部分仅能实现简单信息的传输，难以传输图像。要想传输图像，可以采用缓冲区容量更大的无线模块，或者对图像进行压缩。云端数据库采用微信平台提供的 API 进行数据交互，在灵活性、数据库容量方面受到了限制。后续可以使用自建的数据库，但在如何维护数据库安全性方面会产生新的问题。

硬件端与云端的信息传输存在 1～2 s 的延时，在一般情况下这种延时是可以接受的，但在极限情况下可能会使本作品的逻辑出错。后续会尽量降低传输延时，同时添加极限情况下的纠错和保护措施，以提高本作品的可靠性。除此之外，本作品欠缺对各种特殊情况的考虑。

目前用户手机端仅能查看车位的基本信息和停车情况，对此可以进行一定的扩展，也可以有针对性地添加各种功能（如缴费、禁用车位、报警等），以便进一步优化用户体验。

3.1.4.2　心得体会

康喜龙：本次参赛给我留下了许多宝贵的心得体会。在本作品的开发中，我负责车牌识别模块的开发，车牌识别模块是本作品的核心部分，对本作品的准确性和实用性至关重要。我深入学习了车牌识别算法和相关技术，通过机器视觉和图像处理技术成功实现了对车牌的识别和解析。在这个过程中，我充分了解了车牌的特征和结构，学习并应用了各种图像处理算法，如边缘检测、字符分割、模式匹配等。经过不断的优化和调试，最终实现了高准确率和实时性的车牌识别功能。在实际应用中，存在车牌的光照条件、角度、尺寸等多种因素，因此在算法的设计和调试过程中需要充分考虑这些实际情况，进行充分的测试和验证。

翁苏杨：这是我第一次自己打板焊接电路，由于本作品的电路比较简单，设计电路原理图和画 PCB 的工作不是很复杂，不过还要确定 PCB 的具体制作细节，以及根据 BOM 清单购置元器件，这些工作都需要反复检查，以免出现封装和电路不匹配的问题。在这次设计中，把红外对管放置在同心环形黑色外壳内的两侧实际上是十分困难的，要考虑内部的空间大小。第一次设计的板子因为太小，导致无法固定安装，因此不能稳定地输出正确的信号；后来扩大了整体板子的面积，最终才能将其稳定地固定在同心环形黑色外壳内的两侧。

陈毅程：本次参赛，我参与了微信小程序的开发，云端数据库的配置以及 ESP8266 无线模块的通信。在设计过程中，微信小程序自带的云服务功能让我能更加快捷方便地建立一个自己的云端数据库，并通过关联的云函数对云端数据库中变量进行自动更新，并获取时间信息。在进行 ESP8266 无线模块通信时，初始的设想是将摄像头识别到的车牌图像发送到云端，但在实际开发中却遇到了云服务器常常无法识别手动转换的图像格式、ESP8266 无线模块缓冲区容量不够，以及在连接第三方图像存储网站时 ESP8266 无线模块报错重启等问题，最后退而求其次，选择用短信的方式通知用户。同时，我也感受到了在各个模块之间建立稳定可靠串口通信的重要性。

3.1.5 参考文献

[1] SHASHIRANGANA J, PADMASIRI H, MEEDENIYA D, et al. Automated license plate recognition: a survey on methods and techniques[J]. IEEE Access, 2020, 9:11203-11225.

[2] WEI H W, JIAO Y T. Research on license plate recognition algorithms based on deep learning in complex environment[J]. IEEE Access, 2020, 8:91661-91675.

[3] IZIDIO D M F, FERREIRA A P A, MEDEIROS H R, et al. An embedded automatic license plate recognition system using deep learning[J]. Design Automation for Embedded Systems, 2020, 24(1):23-43.

[4] HENRY C, AHN S Y, LEE S W. Multinational license plate recognition using generalized character sequence detection[J]. IEEE Access, 2020, 8:35185-35199.

[5] SILVA S M, JUNG C R. A flexible approach for automatic license plate recognition in unconstrained scenarios[J]. IEEE Transactions on Intelligent Transportation Systems, 2021, 23(6):5693-5703.

[6] PUSTOKHINA I V, PUSTOKHIN D A, RODRIGUES J J P C, et al. Automatic vehicle license plate recognition using optimal K-means with convolutional neural network for intelligent transportation systems[J]. IEEE Access, 2020, 8:92907-92917.

3.1.6 企业点评

本作品在 CH32V307 赤菟开发板上实现了车牌识别的机器视觉算法，完成了地锁的开关控制，并实现了微信小程序的联网控制，同时对功耗进行了优化，符合自动地锁的产品需求，有一定的推广价值。

3.2 基于沁恒 CH32V307 的电阻抗成像系统

学校名称：东南大学
团队成员：许霜烨、吴威龙、李润恺

指导老师：朱真、钟锐

摘要

电阻抗成像（Electrical Impedance Tomography，EIT）是以物体内电阻抗或电导率分布为成像目标的一种新型医学成像技术，具有非侵入性、无损伤、可实时监测等优点，在医学、工业、地质勘探、材料检测和生物过程研究等领域都有潜在的应用。

传统的电阻抗成像设备体积过大，且价格高昂，不利于普及。为解决这一问题，我们以沁恒 CH32V307 为主控芯片打造了一款成本低廉的小型电阻抗成像系统（在本节中简称本作品），并将其用于水中物体定位追踪、固体缺陷检测、肉体中的金属弹片检测。

3.2.1　作品概述

3.2.1.1　功能与特性

电阻抗成像是一种通过测量物体内部的电阻抗分布来生成图像的成像技术，它基于电流在不同材料和组织中的传播特性来推断物体内部的电阻抗分布情况。

在物体表面施加微弱电流，可在特定位置测量到相应的电压响应。根据欧姆定律，电流通过物体时产生的电压变化反映了该物体的电阻抗属性。通过在物体表面的多个不同位置施加电流并测量电压，EIT 能够获取有关物体内部电阻抗分布的详细信息。这些电流和电压的测量数据非常重要，因为它们揭示了物体内部不同区域的电阻抗性质。不同材料或物体内部的不同部分会对电流的流动产生不同的阻力，从而在测量点产生不同的电压值。这些变化反映了物体内部结构和成分的差异。例如，不同的组织类型或湿度水平在医学成像中具有不同的电阻抗。对这些电压测量数据进行综合分析，可以运用逆问题求解技术来重建物体内部的电阻抗分布图像。

本作品以沁恒 CH32V307 为主控芯片，设计了小尺寸采集板卡和上位机，实现了对封闭区域电阻抗变化的图像重构。

3.2.1.2　EIT 工作原理

建立 EIT 的数学物理模型，用于表示电学特性参数分布、注入电流和测量电压三者之间的关系。通常将成像目标等效为某一介质，电流在场域内流动受到其电学性能分布的影响。电阻抗的分布和电流流动的关系可以用麦克斯韦（Maxwell）方程组微分形式表达，即：

$$\begin{cases} \nabla \times \boldsymbol{H} = J + \dfrac{\partial \boldsymbol{D}}{\partial t} \\ \nabla \times \boldsymbol{E} = -\dfrac{\partial \boldsymbol{B}}{\partial t} \\ \nabla \cdot \boldsymbol{B} = 0 \\ \nabla \cdot \boldsymbol{D} = \rho \end{cases} \tag{3.2-1}$$

式中，$\boldsymbol{H}$ 是磁场强度；J 是电流密度；$\boldsymbol{D}$ 是电位移矢量；$\boldsymbol{E}$ 是电场强度；$\boldsymbol{B}$ 是磁感应强度；ρ 是电荷密度。EIT 场域内的介质还需要满足以下条件：

$$\begin{cases} J = \sigma \boldsymbol{E} \\ \boldsymbol{B} = \mu \boldsymbol{H} \\ \boldsymbol{D} = \varepsilon \boldsymbol{E} \end{cases} \tag{3.2-2}$$

式中，σ 是介质电导率；μ 是介质磁导率；ε 是介质的介电常数。

假设此时的激励频率为 ω，则电场强度为：

$$E = \hat{E}\mathrm{e}^{j\omega t} \tag{3.2-3}$$

将式（3.2-2）代入式（3.2-3）中，可得：

$$\nabla \times H = \sigma E + \varepsilon \frac{\partial E}{\partial t} \tag{3.2-4}$$

电场强度 E 和电位分布 ϕ 满足如下关系：

$$E = -\nabla \cdot \phi \tag{3.2-5}$$

将式（3.2-3）和式（3.2-5）代入式（3.2-4）中，可得：

$$\nabla \times H = (-\nabla \cdot \phi)(\sigma + j\omega t)\mathrm{e}^{j\omega t} \tag{3.2-6}$$

对式（3.2-6）两边取散度，可得场域内部电位的偏微分方程：

$$\nabla \cdot \left[(\sigma + j\omega t)(\nabla \cdot \phi) \right] = 0 \tag{3.2-7}$$

式（3.2-7）为 EIT 场域的数学物理模型，在单一频率 ω 下，该模型确立了场域内介电常数 ε、电导率 σ 与场域内电位分布 ϕ 的函数关系。

与此同时，激励电极需要考虑诺伊曼（Neumann）边界条件，即：

$$(\sigma + j\omega\varepsilon)\frac{\partial \phi}{\partial n}\bigg|_{\partial\Omega} = J_n \tag{3.2-8}$$

式中，$\partial\Omega$ 表示被测场域的边界；n 表示场域的单位外法向矢量；J_n 表示场域边界外加激励的电流密度，无注入电流时为零。

将式（3.2-8）转换为积分形式，则注入场域的电流 I_m 可以表示为：

$$\int_{e_m} (\sigma + j\omega\varepsilon)\frac{\partial \phi}{\partial n}\mathrm{d}S = I_m, \qquad m = 1, 2, \cdots, M \tag{3.2-9}$$

式中，$S = \partial\Omega$，表示被测场域的边界；I_m 表示向第 m 个激励电极注入的电流，共有 M 个电极；e_m 则表示场域边界上第 m 个电极对应的区域。

考虑到实际测量电极中存在接触阻抗，结合式（3.2-8），可将式（3.2-9）约束为测量电极的边界条件，即：

$$\phi + Z_m\left[(\sigma + j\omega\varepsilon)\frac{\partial \phi}{\partial n}\right] = U_m \tag{3.2-10}$$

式中，Z_m 表示第 m 个电极的接触阻抗；U_m 表示第 m 个电极测得的电位。

用复电导率 γ 代替 $\sigma + j\omega\varepsilon$，由此建立的完备电极模型如式（3.2-11）所示。该模型确定了测量电压 U_m、激励电流 I_m、场域内的复电导率 γ 以及电位分布 ϕ 这四者之间的关系，当其满足特定边界条件时，该模型有唯一解。

$$\begin{cases} \Omega: \ \nabla \cdot (\gamma \nabla \cdot \phi) = 0 \\ \Gamma_1: \ \int_{e_m} \gamma \frac{\partial \phi}{\partial n}\mathrm{d}S = 0, \quad \int_{e_m} \gamma \frac{\partial \phi}{\partial n}\mathrm{d}S = I_m \\ \Gamma_2: \ \phi + Z_m\left[\gamma \frac{\partial \phi}{\partial n}\right] = U_m \end{cases} \tag{3.2-11}$$

式中，Γ_1 表示无电极区和电流 I_m 注入电极区；Γ_2 表示电压 U_m 测量电极区。

3.2.1.3 应用领域

本作品的应用领域如图 3.2-1 所示。

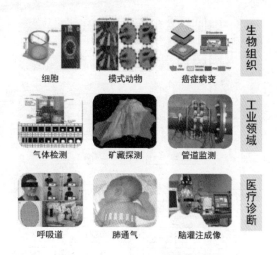

图 3.2-1 电阻抗成像应用领域

3.2.1.4 主要技术特点

（1）基于沁恒 CH32V307 对数据进行高速采集及高速处理，实时性强。

（2）自主设计硬件 PCB，实现数据的采集、滤波、数/模转换的小型化、一体化，不需要大功率电源供电，功耗低。

（3）自主设计友好的人机交互界面，实现成像及数据可视化，便于操作。

（4）采用低功耗设计，本作品总功耗不超过 1 W。

3.2.1.5 主要性能指标

本作品的主要性能指标如表 3.2-1 所示。

表 3.2-1 本作品的主要性能指标

基 本 参 数	性 能 指 标	优 势
尺寸大小	6.2 cm×4.5 cm×2.2 cm	体积小
电极材料	镀金铜	成本低、防锈
供电需求	5 V、0.05 mA	低功耗、能长久使用
电流源输出阻抗	1 MΩ	带负载能力强
电流大小	0.01～5 mA	保证人体安全
单次解调速度	0.03 s	保证成像的实时性

3.2.1.6 主要创新点

（1）利用沁恒 CH32V307 高速数据处理特点，对电阻抗成像数据进行快速处理，有效提高了本作品的实时性。

（2）自主设计硬件 PCB，实现电阻抗数据采集、处理的集成化、小型化，降低了功耗。

（3）自主设计的人机交互界面，实现电阻抗成像的可视化及数据采集可视化，提高了本作品的可操作性及用户友好性。

（4）在不显著降低本作品性能的情况下，有效降低了制作成本。

3.2.1.7 设计流程

本作品的设计流程如图 3.2-2 所示。

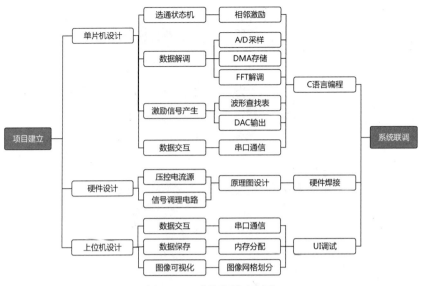

图 3.2-2　系统流程示意图

3.2.2　系统组成及功能说明

3.2.2.1　整体介绍

本作品由上位机、单片机（CH32V307）、PCB 电路构成，可以实现实时的电阻抗成像。其中，上位机负责与 CH32V307 交互，对接收到的数据进行图形化显示；CH32V307 负责完成激励波形的生成、A/D 采样、信号解调、数据预处理、串口收发；PCB 电路由压控电流源、选通开关、信号调理等模块组成，负责产生激励电流并对响应电压进行采集调理与解调，将数据通过串口传输到上位机，由上位机进行可视化处理。

3.2.2.2　硬件系统介绍

（1）硬件整体介绍。本作品的硬件框架如图 3.2-3 所示，主要包括单片机（CH32V307）、激励电流输出模块（VCCS）、电极选通模块（Switch）、信号调理模块（Signal Conditioning）。单片机模块负责输出正弦激励信号、响应电压数据采集与处理、电极选通切换、与上位机进行通信。激励电流输出模块负责输出 0.1～10 mA 的恒定差分激励电流，电流会根据不同组织的电阻抗特性产生电压分布；电极选通模块通过开关来控制激励通道与测量通道，可以将每个电极配置成电流激励模式或者电压采集模式；信号调理模块负责对响应信号进行滤波、放大来满足 A/D 采样的要求。

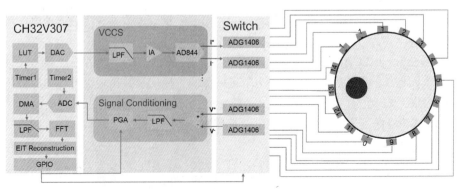

图 3.2-3　本作品的硬件框架

（2）机械设计介绍。为了验证本作品的可行性，设计了直径为 20 cm、高为 5 cm 的圆形水槽（见图 3.2-4），在水槽侧壁上均匀地打了 16 个孔径为 3 mm 的通孔，用于安装尺寸为 M3×5+6 的铜柱，水槽的材质为光敏树脂，利用 3D 打印技术完成制作。此外，本作品还用了两根长 30 cm 的 8P 的 XH2.54 排线与鳄鱼夹制备了用于连接 CH32V307 赤菟开发板与水槽的连接线（见图 3.2-5）。

图 3.2-4　水槽的俯视图（上）与侧视图（下）　　　图 3.2-5　连接线

（3）电路各模块介绍。

① 单片机。本作品的单片机是沁恒 CH32V307，其系统框图如图 3.2-6 所示。它是基于 32 位 RISC-V 设计的互联型微控制器，配备了硬件堆栈区、快速中断入口，在标准 RISC-V 基础上大大提高了中断响应速度；加入单精度浮点指令集，扩充堆栈区，具有更高的运算性能；最高可达 144 MHz 系统主频，支持单周期乘法和硬件除法，支持硬件浮点运算（FPU），拥有 64 KB 的 SRAM、256 KB 的 Flash、2 组 18 路的通用 DMA、2 组 12 位的 DAC、2 单元 16 通道的 12 位 ADC、10 组定时器、3 个 USART 接口和 5 个 UART 接口，芯片资源完全满足电阻抗成像系统开发要求。

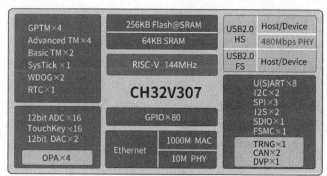

图 3.2-6　CH32V307 的系统框图

② 电源模块。电源模块主要产生±12 V 电源，为各路运放、模拟开关供电，24 V 的电源动态范围可以扩大电流源的输出摆幅，在提高电流源带负载能力的同时，也扩大了响应电压的输出范围，从而提高了系统的信噪比。为了尽可能减少电源芯片数量，本作品采用了如图 3.2-7 所示的电路原理图，使用 DC-DC 转换器 A0505S-1WR3 将+5 V 转至±12 V，其中，A0512S-1WR3 支持的输入电压为 4.5～5.5 V，开关频率为 220 kHz，最大输出电流为±83 mA，最大输出功率为 2 W。在 A0512S-1WR3 输入端和输出端外加 10 μF 和 0.1 μF 的电容，可以吸收输入端的电压尖峰并降低输出纹波和噪声。

③ 压控电流源模块。压控电流源的稳定性决定了成像的效果。本作品采用电流反馈运放 AD844，并配有直流反馈回路来消除 TZ 端输出的直流分量，同时用双运放 OPA2227 将单端输出的电流转为了差分输出，有利于抑制共模干扰。AD844 的带宽高达 1 MHz，输出阻抗在 100 kHz 频率下约为 1 MΩ，输出电流范围为 300 μA～5 mA，可满足本作品的需求。压控电流源模块的电路原理图如图 3.2-8 所示。

④ 电极选通模块。电极选通模块实现了多路电极信号的复用。由于本作品采用 16 通道差分激励与 16 通道差分采集，因此需要采用 4 个 16 路模拟多路复用器。本作品最终采用 ADG1206 模拟多路复用芯片，其导通电阻约为 10 Ω，该芯片的切换速度小于 0.5 μs，能够有效减少采样时

间，提升单次测量的速度与稳定性。4 个开关芯片的 16 根地址线与 CH32V307 的引脚连接，来控制开关选通。电极选通模块的电路原理图如图 3.2-9 所示。

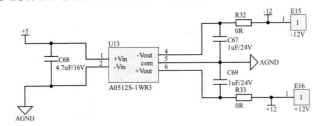

图 3.2-7　电源模块的电路原理图

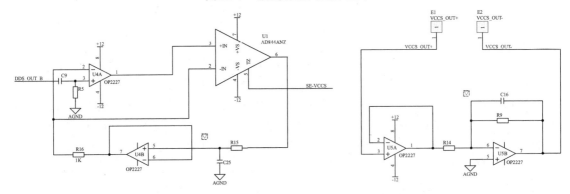

图 3.2-8　压控电流源模块的电路原理图

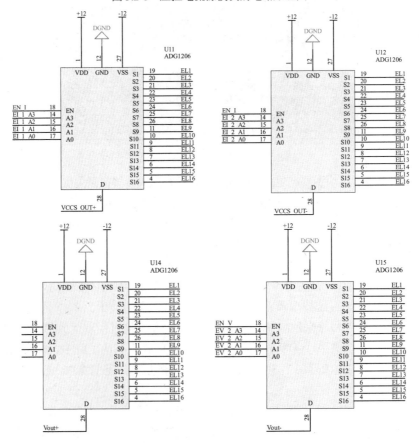

图 3.2-9　电极选通模块的电路原理图

⑤ 信号调理模块。信号调理模块主要实现了信号滤波、差分转单端、程控增益功能。本作品使用 AD8130 和 AD8251 来实现信号调理模块。信号调理模块的电路原理图如图 3.2-10 所示。

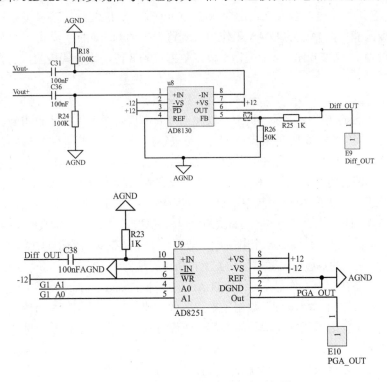

图 3.2-10 信号调理模块的电路原理图

3.2.2.3 软件系统介绍

（1）软件整体介绍。本作品的软件系统主要包括嵌入式系统程序和上位机程序。嵌入式系统主要完成电流源控制电压的生成、响应电压数据的采集、FFT 解调、电极选通，以及数据的保存和传输。上位机负责对接收到的响应电压数据进行图像的重构可视化。

（2）嵌入式系统程序的设计。本作品的嵌入式系统程序的开发平台是 MounRiver Studio，该平台是基于 Eclipse GNU 开发的。在保留 Eclipse GNU 强大代码编辑功能、便捷组件框架的同时，MounRiver Studio 针对嵌入式 C/C++开发进行了一系列界面、功能、操作方面的修改与优化，以及工具链的指令增添、定制工作。嵌入式系统程序的框架如图 3.2-11 所示。

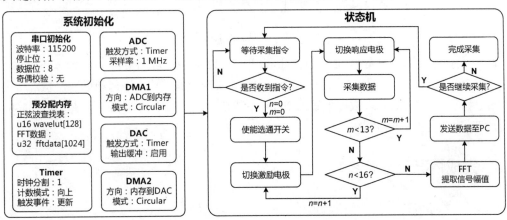

图 3.2-11 嵌入式系统程序的框架

嵌入式系统需要对 ADC、DAC、DMA、UART、Timer 进行初始化。ADC 配置为定时器（Timer）触发采样，采样频率设为 1 MHz，通过 DMA 将采集到的数据存储到预分配的长度为 1024 大小的 u32 数组中；DAC 选用定时器触发来输出 30 kHz 的正弦波，输出配置为输出缓存（Output Buffer），用以提升带负载的能力，DAC 的 DMA 工作模式配置为循环（Circular）模式，用以循环输出波形。串口的波特率设为 115200 bps，停止位为 1 位，数据位为 8 位，无奇偶校验，将采集到的电阻抗数据发送到上位机。

完成初始化配置后，嵌入式系统等待上位机发出指令来进行数据采集。本作品利用函数 USART_GetFlagStatus() 获取中断标志状态，以此来判断串口是否发生了接收中断。若发生了接收中断，则比较接收到的数据是否是采集指令，若是采集指令则开始采集数据。DAC 输出的正弦波用来驱动 CH32V307 赤菟开发板上的压控电流源输出差分激励电流。ADC 负责采集响应电压数据并进行解调。解调使用的算法是 FFT，数据长度设置为 1024，窗函数设为汉宁窗，之后进行位反转排序与蝶形运算并计算 30 kHz 频率下对应的信号幅值。由于本作品采用的是相邻激励相邻接收模式，共有 16 个电极，因此需要进行 16 次激励电极的切换，1 次激励电极的切换需要 13 次响应电极的切换，共需要采集并解调 208 个响应电压数据。本作品在 while 循环中编写了状态机来实现此功能，最终将采集到的响应电压数据发送到上位机进行逆问题求解，以实现图像的重构。

（3）上位机程序介绍。本作品基于 MATLAB 的 App Designer 工具设计了成像控制系统。成像控制系统包含串口控制、参数配置、数据采集和图像重建等功能。其中，串口控制用于配置 UART 的相关参数，参数配置用于配置算法、超参数和成像方式，数据采集和图像重建用于采集解调数据并进行图像重建。

本作品通过串口连接数据采集系统和成像控制系统，通过串口发送控制命令实现对数据采集系统的控制，接收数据采集系统的解调数据并进行相关处理。采集到的数据保存在工作区，通过调用 EIDORS 软件接口，可以实现人体上肢的图像重建。上位机的工作流程如图 3.2-12 所示。为了提高图像重建的速率，本作品利用 Cache 缓存了上肢模型的先验信息，以提高 EIT 逆问题的计算效率。

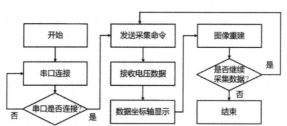

图 3.2-12   上位机的工作流程

本作品的实测环境为：操作系统为 Windows 11（21H2）、CPU 为 AMD Ryzen 7 5800H（3.2 GHz，8 核）、内存为 32 GB（双通道）。在实测中，本作品实现数据采集、逆问题模型建立、算法重建等整个过程的时间约 580 ms（数据采集约 20 ms，逆问题模型建立约 100 ms，算法重建约 460 ms），为进行实时成像提供了可能性。

3.2.3   完成情况及性能参数

3.2.3.1   整体介绍

在硬件方面，本作品使用 Multisim 完成了压控电流源与信号调理电路的仿真，比较了多个运放芯片，确定了最佳的设计方案，并用立创 EDA 完成了 PCB 原理图的绘制与布线，对样板进行了焊接调试。在单片机方面，本作品使用 CH32V307 完成了信号调理与开关选通功能，充分利用了 CH32V307 的 ADC、DAC、DMA、Timer、UART 等硬件资源，以及其强大的浮点数计算能力；在上位机中，本作品使用 App Designer 开发了成像控制系统。本作品的实物图如图 3.2-13 所示。

图 3.2-13　本作品的实物图

3.2.3.2　工程成果

（1）电路成果。本作品完成了电阻抗采集硬件电路板的焊接调试，电路实物图如图 3.2-14 所示。

（2）软件成果。本作品上位机软件的界面如图 3.2-15 所示。成像控制系统是基于 App Designer 工具的控件函数及功能函数（如 saves 函数等）进行设计。串口传输是基于 app.SerialObject、app.SerialPortNums、app.SerialPortNums 等函数进行设计的。通过这些函数，用户还可对串口号、波特率、数据位等参数进行设置。波形绘制功能是基于 plot、axis 等函数实现的，该功能可以方便用户对电阻抗数据进行观察。本作品的电阻抗成像的类型是差分成像，需要参考数据及实际数据两种数据，因此波形绘制功能设计了两个坐标区，其中一个为参考数据波形，另一个为当前测试数据波形。

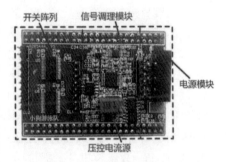

图 3.2-14　本作品的电路实物图

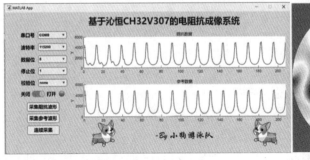
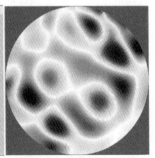

图 3.2-15　本作品上位机软件的界面

3.2.3.3　特性成果

本作品可对水域内的导体与绝缘体进行定位和成像，如图 3.2-16 所示；也可对肉体组织内的金属弹片进行定位和追踪，如图 3.2-17 所示。

图 3.2-16   对水域内的物体进行定位和成像

图 3.2-17   对肉体组织内的金属弹片进行定位和跟踪

3.2.4   总结

3.2.4.1   可扩展之处

受限于图像重建算法病态性严重的问题，电阻抗成像系统的成像精度相对于 CT 等成像技术较低，未来可利用神经网络等方式对图像重建方式进行改进，以提高电阻抗成像系统的成像精度。

为有效降低电阻抗成像系统的成本，本作品仅能实现单频测量，未来可对本作品进行多频改进，以获取目标的频率响应信息，最终提高电阻抗成像系统的成像精度。

3.2.4.2   心得体会

本作品的初衷是设计一种易用、小型化、低功耗、实时性强的电阻抗成像系统。基于沁恒 CH32V307 的嵌入式系统设计、自主设计的模拟硬件电路和人机交互界面有效地实现这一目的。

通过本次参赛，我们基于沁恒 CH32V307 开发了一个完整的作品，这让我们深入了解了嵌入式项目的设计制作流程，也获得了嵌入式设计的宝贵经验，收获良多。本作品在开发中涉及多方面的知识，既包括嵌入式控制、图像处理、数据解调等，也包括硬件电路的设计、布线、调试等，还包括 MATLAB 上位机的数据传输、逆问题求解、UI 设计等。在本作品的开发过程中，我们不断在压力中提升了自己的嵌入式创新设计能力。

现阶段，本作品已基本实现了实际应用所需的功能，但仍有诸如成像精度较低等问题需要去解决，在之后的时间里，我们仍会尽全力对本作品进行完善。

3.2.5   参考文献

[1] JOSE M, LEMMENS M, BORMANS S, et al. Fully printed, stretchable and wearable bioimpedance sensor on textiles for tomography[J]. Flexible and printed electronics, 2021, 6(1):015010.

[2] 国家药品监督管理局. 医用电气设备 第 1 部分：基本安全和基本性能的通用要求：GB 9706.1—2020[S]. 北京：中国标准出版社，2020.

[3] HARIKUMAR R, PRABU R, RAGHAVAN S. Electrical impedance tomography (EIT) and its medical applications: a review[J]. International journal of soft computing and engineering, 2013, 3(4):193-198.

[4] AVIS N J, BARBER D C. Image reconstruction using non-adjacent drive configurations (electric impedance tomography)[J]. Physiological measurement, 1994, 15(2A):A153.

[5] GESELOWITZ D B. An application of electrocardiographic lead theory to impedance plethysmography[J]. IEEE transactions on biomedical engineering, 1971 (1):38-41.

[6] MAMATJAN Y, GRYCHTOL B, GAGGERO P, et al. Evaluation and real-time monitoring of data quality in electrical impedance tomography[J]. IEEE transactions on medical imaging, 2013, 32(11):1997-2005.

3.2.6　企业点评

本作品是基于 CH32V307 实现的一款低成本的电阻抗成像系统，可对水中的物体进行定位和追踪、对固体缺陷进行检测、对肉体组织中的金属弹片进行定位和跟踪，具有一定的应用价值。

3.3　基于沁恒 CH32V307 赤菟开发板的智能工业垃圾分类系统

学校名称：南京航空航天大学金城学院

团队成员：袁庚杰、叶金羊、何毅

指导老师：卞晓晓、迟少华

摘要

垃圾是放错了地方的资源，是地球上唯一的不断增长、永不枯竭的资源。工业生产中会产生大量的工业垃圾，在传统的工厂垃圾分类体系中，由于主要依赖人工进行垃圾分类，存在准确率低、资源回收率不高的问题。工业有害垃圾处理不当更是对环境造成了不可忽视的伤害。同时，由于垃圾桶管理不及时，垃圾溢出的情况时有发生。基于沁恒 CH32V307 赤菟开发板的智能工业垃圾分类系统（在本节中简称本作品）利用多传感技术、人工智能技术和物联网技术，旨在提高垃圾分类的准确率，增加资源回收率，减少工业垃圾对环境的不良影响。

本作品采用先进的技术手段，团队成员通过深度学习算法对传感器获取的数据进行智能分析，使本作品能够更好地识别不同类型的垃圾。通过物联网技术，本作品实现了垃圾桶之间的实时数据交互，使得本作品更加协同高效，更方便工作人员实时监测和管理。

本作品为工业场景的可持续发展提供了有力支持，通过高效的垃圾回收，可减少对自然资源的过度消耗，推动工业生产的绿色、可持续发展。同时，本作品对有害垃圾的精准处理有助于降低环境污染，推动工业生产向更为环保的方向发展。

3.3.1　作品概述

3.3.1.1　功能与特性

随着社会经济的发展，工业垃圾也随之增多，并暴露了许多亟待解决的问题。调查显示，传统的垃圾分类都靠人工分辨，垃圾的分类准确率极低，资源回收率相对低。如果工业有害垃圾处理不到位，则会对环境造成影响。另外，由于对垃圾桶的管理不及时，经常导致垃圾溢出现象。

对此，本作品围绕智能垃圾分类设计了相应解决方案，并在此基础上搭建管理系统，旨在运用物联网技术，充分响应"绿色智能垃圾分类"的号召，解决痛点问题。工业垃圾分类的现有问题如图 3.3-1 所示。

工业垃圾分类的五大问题	
垃圾分类问题	精准分类–准确性
垃圾管理问题	及时管理–便捷性
垃圾满载问题	满载处理–实时性
火情安全问题	火情隐患–安全性
分类宣传问题	分类宣传–推广性

图 3.3-1　工业垃圾分类的现有问题

3.3.1.2　应用领域

（1）各类工业场景：通过对废弃物进行智能分类和对垃圾

桶进行实时监测，可以减少废弃物对生产设备和环境的影响，同时促进资源的循环利用。

（2）工厂安全：可对火情进行监测，确保安全性。

（3）高效管理：通过对垃圾进行智能分类和对垃圾桶情况进行实时监测，可以方便工厂管理人员对垃圾区进行管理，减少垃圾对生产设备和环境的影响，同时促进资源的循环利用。

（4）公益宣传：宣传和引导人们正确地进行垃圾分类，践行绿色发展理念。

3.3.1.3　主要技术特点

（1）为了满足低功耗、高精度的需求，本作品使用 CH32V307 赤菟开发板作为主控板，该主控板实现了多个模块的通信，可以对传感数据进行处理和分析，并且上传到云服务器。

（2）通过 ES8388（音频解码器）模块接收音频后，CH32V307 赤菟开发板使用 FFT 算法对音频进行降噪，并对比降噪后的音频与训练模型，智能控制舵机旋转，以便投放对应垃圾。

（3）利用 ESP8266 无线模块，CH32V307 赤菟开发板将收集并处理后的数据通过 MQTT 协议发送给云服务器（本作品使用的是阿里云），云服务器将接收到数据转换为物理模型，最后将物理模型与前端页面的数据相关联。

（4）本作品集成了多个传感器，可以实时采集垃圾满载率，并对火情进行实时监测，同时还可以对光照情况进行监测（可实现光控功能）。

（5）通过与云服务器的通信，本作品使用物联网技术实现了对垃圾满载率和火情的实时监测，可实时上报智能垃圾分类系统的数据，为工作人员提供实时监控和预警服务，提高了安全性和管理效率。

3.3.1.4　主要性能指标

本作品的主要性能指标如表 3.3-1 所示。

表 3.3-1　本作品的主要性能指标

基 本 参 数	性 能 指 标	优 势
电池容量	12000 mAh，续航时间为 24～72 h	容量大、体积小、续航时间长
充电方式	支持有线充电、太阳能充电	有多种选择，可及时应对特殊情况
材料	铝合金	耐冲击能力强
抗压能力	≤5000 N	架构稳定
阻燃性能	燃烧持续时间不超过 5 s	阻燃速度快
数据更新	数据更新时间小于 10 μs	数据实时更新
定位误差	误差距离小于 1 m	定位精确
信噪比	20～30 dB，频谱保留性好	语音信号的清晰度和自然度高
传输距离	蓝牙模块的传输距离为 100 m	传输距离远，传输信号稳定
	Wi-Fi 模块传输距离为 300 m	
舵机性能	转速为 0.705262 rad/s	转速稳定
	工作扭矩为 25 kg/cm	动能大
分类识别	响应时间不超过 5 s	响应迅速
	准确率超过 97%	判断准确

3.3.1.5　主要创新点

（1）新能源供电：本作品使用新能源（太阳能）对 3.7 V 的电池充电，提高了设备的可持续性和环保性。

（2）计算机视觉：本作品在 TensorFlow Lite 平台上通过 MobileNets 预训练模型进行了高精度的深度学习，对 OpenMV 获取的视频数据流与数据集进行了对比。

（3）语音交互：本作品使用 FFT 算法对 ES8388 模块接收到音频进行了降噪处理，并对比了降噪后的音频与训练模型。

3.3.1.6　设计流程

本作品的设计流程如图 3.3-2 所示。

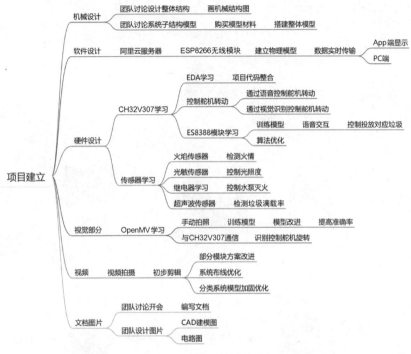

图 3.3-2　本作品的设计流程

3.3.2　系统组成及功能说明

3.3.2.1　整体介绍

本作品的整体框架如图 3.3-3 所示。

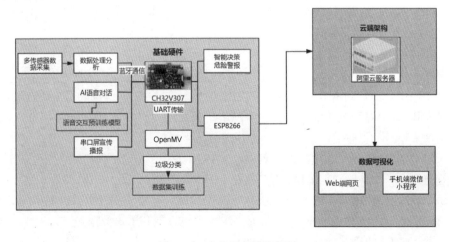

图 3.3-3　本作品的整体框架

3.3.2.2　硬件系统介绍

（1）硬件整体介绍。本作品首先通过对比 OpenMV 获取的视频流与数据集来识别工业垃圾的类型，并将识别结果通过串口传输到 CH32V307，将板载的光敏电阻、HC-SR04 超声波传感器和火焰传感器获取的数据通过蓝牙模块传输到 CH32V307；然后将这些数据通过 Wi-Fi 模块（ESP8266 无线模块）以 MQTT 协议传输到云服务器；最后在云服务器中将数据关联到客户端，采用低代码开发模式进行数据可视化页面显示，用户可以实时获取智能垃圾分类系统的信息。本作品的硬件框架如图 3.3-4 所示。

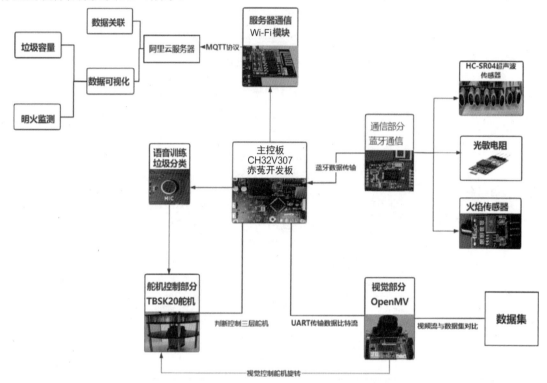

图 3.3-4　本作品的硬件框架

（2）机械设计介绍。本作品的机械设计如图 3.3-5 所示。本作品的机械设计具有以下特性：

- 高准确性：具备高准确性，能够准确检测和分类不同种类的垃圾。
- 高效率：具有较高的垃圾分类速度，可满足现场的垃圾处理需求。
- 安全性：不会对人员和环境造成危害。
- 可维护性：易于拆卸和保养。

（3）电路模块介绍。

① CH32V307。CH32V307 是一款采用 RISC-V 内核的 MCU，搭载的是沁恒自研 RISC-V 内核——青稞 V4F，最高主频为 144 MHz，支持单精度浮点运算（FPU），Flash 大小为 256 KB，SRAM 大小为 64 KB。

② OpenMV。OpenMV 模块使用了低功耗的 ARM Cortex-M 微控制器，配备了高性能图像传感器和相关的外设（如存储器、串口、I2C 接口和 SPI 接口等）。

③ ESP8266 无线模块（Wi-Fi 模块）。ESP8266 无线模块搭载了 32 位的 RISC 处理器（Tensilica L106），主频为 80 MHz，内置 1 MB 的 Flash（用于存放固件和用户数据）、512 KB 的 RAM（用于存储程序运行时的临时数据），支持 IEEE 802.11 b/g/n 标准，可以作为 Wi-Fi 客户端连接到 Wi-Fi

网络或作为 Wi-Fi 接入点供其他设备连接。

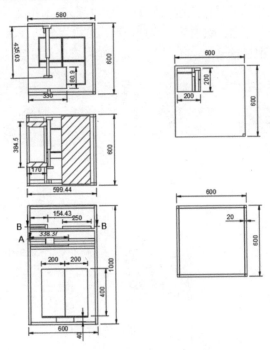

图 3.3-5　本作品的机械设计（图中单位为 mm）

④ 麦克风模块。麦克风模块采用的是 ES8388（一种高性能、低功耗、低成本的音频编解码器），它由 2 路 ADC、2 路 DAC、话筒放大器、耳机放大器组成，具有数字音效、模拟混合和增益功能。ES8388 模块采用多位 Δ-∑ 调制技术实现数字与模拟之间的数据转换，对时钟抖动和低带外噪声的灵敏度低，具有双路特性。

⑤ 稳压模块。本作品使用 12～24 V 的直流电源供电，稳压模块采用 MP2315 芯片，其电路原理图如图 3.3-6 所示。

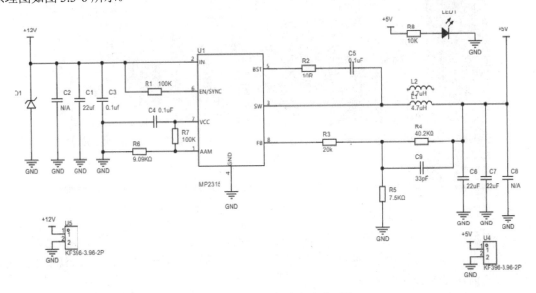

图 3.3-6　稳压模块的电路原理图

3.3.2.3 软件系统介绍

（1）软件整体介绍。本作品的软件系统框架如图3.3-7所示。本作品首先通过 IoT 网关和 MQTT 协议将数据传输至阿里云服务器；然后建立物理模型，对接收到的数据进行关联；最后在 Web 端页面和手机端微信小程序中进行显示，工作人员可以实时查看，方便设备管理。

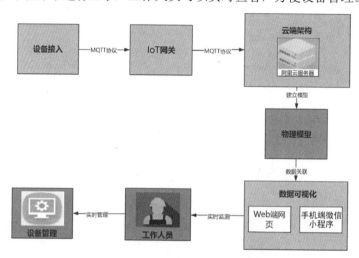

图 3.3-7　本作品的软件系统框架

（2）软件各模块介绍。

① Web 端。Web 端是通过 Spring Boot 实现前后端交互的，后端使用 Java 的 MyBatis 框架与 MySQL 进行数据操作，创建供前端查询数据库的接口；前端利用 axios 库每秒调用一次后端接口，并通过 Vue 框架中的 v-model 对前端数据与接口请求的数据进行绑定，实现实时数据显示。Web 端界面如图 3.3-8 所示。

图 3.3-8　Web 端界面

② 移动端（手机端）。手机端利用 wx.request 请求后端接口，将获取到的数据绑定到标签并显示在页面上。移动端采用的是前后端分离的交互模式，后端的 Spring Boot 和 Web 端在云服务器上运行，前端在微信小程序上运行。

③ 数据模型训练。本作品在 TensorFlow Lite 平台上通过 MobileNets 预训练模型来对数据集进行训练。训练数据集的界面如图 3.3-9 所示。

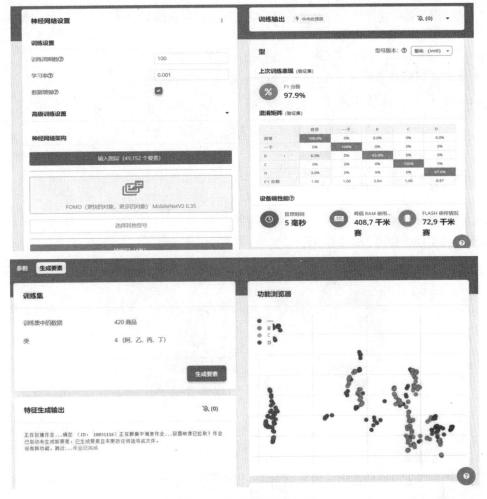

图 3.3-9　训练数据集的界面

本作品首先通过对比 OpenMV 实时捕获的视频流与数据集，可得到垃圾分类结果（见图 3.3-10），然后将分类结果通过 UART 发送到 CH32V307。

④ 智能语音交互。本作品在智能语音交互中使用 FFT 算法对音频进行降噪处理，步骤如下：

（a）采样和预处理：对音频信号进行采样，得到离散的音频信号 $x(n)$。

（b）分帧：将音频信号 $x(n)$ 分为短时域帧，通常长度为 N，得到帧序列 $x(i)$，其中 i 表示帧的索引。

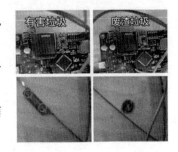

图 3.3-10　垃圾分类结果

（c）应用窗函数：将 $x(i)$ 乘以一个窗函数 $w(n)$，如汉宁窗，得到加窗后的信号 x_w(i)。

（d）进行快速傅里叶变换（FFT）：对加窗后的信号 x_w(i) 进行快速傅里叶变换，得到频域信号 $X(i,k)$，其中 k 表示频率的索引，$k=0,1,\cdots,N-1$。

（e）频谱处理：在频域上对信号进行处理，包括滤波和降噪操作。常见的处理包括：

⮑ 滤波：可以使用滤波器去除噪声频率成分。

⮑ 降噪：可以通过设置阈值，将低于阈值的频率成分置零，以去除能量较低的噪声。

上述这些处理可以直接在频域信号 $X(i,k)$ 上进行。

（f）进行快傅里叶逆变换：对处理后的频域信号进行快速傅里叶逆变换（IFFT），得到处理后的时域帧 x_denoised(i)。

（g）帧重叠和重组：由于帧之间有重叠，因此需要对处理后的时域帧 x_denoised(i) 进行叠加和重组，得到最终的音频信号 x_denoised(n)。

上述过程可用下面的公式概括：

$$x\_denoised(n) = \sum_{i=0}^{N-1}\{IFFT[X(i,k)] * w(n-iM)\}$$

3.3.3　完成情况及性能参数

3.3.3.1　整体介绍
本作品的实物图如图 3.3-11 所示。

图 3.3-11　本作品的实物图

3.3.3.2　工程成果
（1）机械成果。本作品的机械成果如图 3.3-12 所示。

图 3.3-12　本作品的机械成果

（2）电路成果。本作品的电路成果如图 3.3-13 所示。

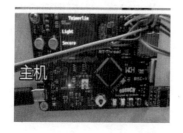

图 3.3-13　本作品的电路成果

（3）软件成果。

① Web 端的界面如图 3.3-14 所示。

② 移动端的界面如图 3.3-15 所示。

图 3.3-14　Web 端的界面　　　　　　　　　图 3.3-15　移动端的界面

3.3.3.3　特性成果

当垃圾和传感器的距离超过 8 cm 时，垃圾满载率为空，如图 3.3-16（a）所示；当垃圾和传感器的距离小于 8 cm 时，垃圾满载率为满载，如图 3.3-16（b）所示。图中的数字表示垃圾到传感器的距离，单位为 cm。

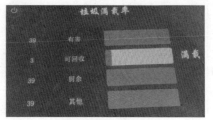

（a）垃圾满载率为空　　　　　　　　　　　（b）垃圾满载率为满载

图 3.3-16　垃圾满载率

在投放垃圾时，本作品会对垃圾进行分类，并显示垃圾的类型、名称和状态，如图 3.3-17 所示。

图 3.3-17　本作品显示的垃圾类型、名称和状态

3.3.4   总结

3.3.4.1   可扩展之处

（1）增加压缩功能，使可压缩垃圾的压缩率超过 70%。

（2）实现视觉与语音模块的交互，投放垃圾后播报垃圾的类别。

（3）优化主控板接收并处理完的数据精度，增加数据模型数量，对数据集进行改进。

3.3.4.2   心得体会

经过不断努力，团队从硬件设计、算法设计和每个模块之间的协调工作开始，到逐渐形成实物并不断进行完善，不断尝试和验证，虽然过程艰辛，但受益匪浅。在本作品的开发中，团队对 CH32V307 赤菟开发板有了更深入的了解，对人工智能及物联网有了更深刻的体会。

实践是最好的老师，在整个比赛中，团队从选题、功能设计、软件设计和硬件设计到最终搭建实物，并实现预期的功能，虽然遇到了许多困难和意外，但通过仔细的分析和多方面的调整，以及在沁恒工程师的悉心指导下，成功解决了困难。

通过这次比赛，我们深化了对本专业知识的理解和巩固，进一步提高了实践能力和独立思考的能力。我们也深刻体会到共同协作和团队精神的重要性。在团队中，每个人都一丝不苟地完成自己的任务，并在遇到问题时共同解决。这次比赛让我们学到了更多的知识，拓宽了视野，有效地提高了我们的综合能力。

以赛促学，是推进我们不断前进的动力。感谢主办方提供的平台，给予我们锻炼、学习并展现自己的机会。同时也非常感谢沁恒工程师的耐心解答。相信未来这项赛事会不断壮大，为更多的学习者提供学习和交流的机会。

3.3.5   参考文献

[1] 王凯. 基于 Kaldi 的语音识别研究[D]. 南京：南京邮电大学，2021.

[2] 李春雨. 基于 Kaldi 的语音识别系统构建与调优[D]. 长沙：湖南大学，2021.

[3] 张德良. 深度神经网络在中文语音识别系统中的实现[D]. 北京：北京交通大学，2015.

[4] 陈康宁. 基于深度学习的语音关键词检测技术研究[D]. 广州：华南农业大学，2019.

[5] 温登峰. 基于循环神经网络的语音识别声学建模研究[D]. 重庆：重庆邮电大学，2019.

[6] 王成. 基于深度学习的语音识别方法研究[D]. 西安：西安工程大学，2018.

[7] 袁翔. 基于 HMM 和 DNN 的语音识别算法研究与实现[D]. 赣州：江西理工大学，2017.

3.3.6   企业点评

本作品围绕垃圾分类，基于 CH32V307 赤菟开发板实现了可语音控制、图像识别的智能工业垃圾分类系统，并通过阿里云联网监测垃圾满载率和火情，实现了工业垃圾的高效、安全管理。

3.4 纸带八音盒自动打孔机

学校名称：东南大学成贤学院

团队成员：黄杨、李帅

指导老师：徐玉菁、刘丽丽

摘要

八音盒作为人们喜欢的一种音乐商品，陪伴了很多人的成长。传统的发条式滚针八音盒只能播放一首乐曲，如今有些爱好者开始使用手摇纸带八音盒配合专用的纸带播放自己喜欢的乐曲，但不管用什么样的途径将音符信息记录在纸带上，最终都脱离不了人工给纸带打孔的重复性劳动。一首常规的 3 分钟歌曲可能有近千个音符，也就意味着需要手动打孔近千次。

纸带八音盒自动打孔机（在本节中简称本作品）以 CH32V307 为主控芯片，配合周围电路组成的硬件架构，以自主开发的上位机软件进行通信，仿照机加工领域流行的 GCode，开发出了 MCode，实现了为纸带自动打孔功能，将八音盒爱好者从烦琐的打孔工作中解放出来，将更多的精力投入到音乐创作中。

经过实测，本作品的各项指标均满足预期目标，获得很好的打孔效果。利用本作品的进纸台，可以将纸带插入八音盒实现自动播放，实现一机两用的功能，具有很大的市场前景。

3.4.1　作品概述

3.4.1.1　功能与特性

传统的发条式滚针八音盒，只能通过定制好的滚柱来播放固定的曲子，而定制的价格会让很多人望而却步。手摇纸带八音盒（见图 3.4-1）则可以通过专用配套的纸带进行谱曲，通过给纸带标记音符位置，再用专用的纸带打孔器把标记的音符手动打出孔来，最后插入手摇纸带八音盒，在摇手柄时，内部的机芯可以通过一根带读孔齿的细轴转动，读出纸带上打好孔的音符，进而拨动音齿发声。

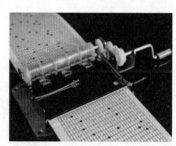

图 3.4-1　手摇纸带八音盒实物图

目前，制作一个纸带是相当费时费力的。现行的纸带打孔方法是人工打孔。本作品实现了机器自动打孔，避免了人工打孔的机械性、重复性工作，利用自主开发的软件导入 MIDI 文件即可生成相应的音符位置信息，通过自定义的 MCode 格式文件与单片机交互，控制自动打孔系统，实现了自动打孔。

3.4.1.2　应用领域

手摇纸带八音盒的使用背景多种多样，它既可以作为一种装饰品，也可以作为一种玩具或礼品。如今，虽然电子设备已经取代了手摇纸带八音盒的地位，但仍有不少人钟爱这种音乐盒。由于手工打孔的过程非常烦琐，因此本作品对这些爱好者而言具有重要的意义。

手工打孔的过程比较烦琐，限制了手摇纸带八音盒的生产量和种类。自动打孔机降低了制作纸带的成本和难度，可满足不同消费者的需求。

自动打孔机对手摇纸带八音盒的生产和应用具有重要的意义，不仅提高了生产效率、降低了生产成本，同时也拓展了手摇纸带八音盒的应用范围。

3.4.1.3　主要技术特点

（1）本作品采用沁恒 CH32V307 作为主控芯片，实现了高效、稳定的控制和计算，通过自研的电路板实现了打孔机上多个设备的互联互通、有序控制。

（2）实现了多电机联合控制结构。本作品包括三个电机，需要依次执行进纸、对位、打孔的任务，通过对纸带数据的解耦，实现了对电机的精准控制。

（3）自研了 MCode 命令。为了避免使用复杂的 GCode 命令，本作品设计了轻量的 MCode 命令。MCode 命令具有简洁高效、容易阅读的优点。下位机系统解析 MCode 命令后，可控制电机的运行。

（4）开发了 MusicBox Puncher 上位机软件。为了实现 MIDI 文件的解析、MCode 命令的生成和交互，本作品基于 Qt 开发了 MusicBox Puncher 上位机软件，该软件支持 MIDI 文件的导入、MCode 命令的生成、导入和交互等功能。

3.4.1.4　主要性能指标

本作品的主要性能指标如表 3.4-1 所示。

表 3.4-1　本作品的主要性能指标

基 本 参 数	性 能 指 标	优 势
尺寸	175 mm×115 mm×78 mm	体积小、集成度高、易于携带
P1 打孔速度	55 个/分钟	P1 追求速度
P2 打孔速度[①]	40 个/分钟	P2 追求质量
进纸宽度	35～73 mm	覆盖市面上 15、20、30 音的纸带
设备电压	12～15 V	常见设备电压
最大打孔个数	无限制	只要纸带够长，即可满足用户喜好
打孔尺寸	2.0 mm	符合纸带音位间隔
打孔间距	可调	不受八音盒物理限制，可调节

注：[①]PN 是指在某个点打孔 N 次，属于 MCode 命令。

3.4.1.5　主要创新点

（1）使用调音台推子作为移动电机位置反馈装置，实现了电机的闭环控制，降低了本作品的成本。

（2）使用干簧管与磁铁、利用定时器编码器模式实现了打孔位置和状态机位置的自动感应。

（3）使用波珠顶丝巧妙实现了进纸压力的调节。

（4）开发了 MCode 命令，用于上位机和下位机的交互。

3.4.1.6　设计要求

本作品可分为三大部分：机械部分、软件部分和硬件部分。

（1）机械部分：本作品是从需求侧的角度开发的，缺乏相关案例参考，机械部分的设计要求是尽量小型化。

（2）软件部分：上位机软件一方面要解决 MIDI 文件的解析问题，另一方面要实现与下位机的通信；下位机软件的设计涉及实时系统的开发，要求对上位机发送的各种命令做出及时、正确的响应。

（3）硬件部分：需要设计满足要求的 PCB，实现各个模块的电气连接。

3.4.2　系统组成及功能说明

3.4.2.1　整体介绍

本作品既要满足众多八音盒爱好者的需求，又要兼顾量产的优化问题，尽最大可能对用户友好，使他们能快速上手，并实现离线升级。另外，本作品为具有一定能力的爱好者提供了开发接口，可实现二次开发，以获得更好的打孔效果。

3.4.2.2　硬件系统介绍

（1）硬件整体介绍。本作品使用国产的立创 EDA 设计 PCB，由嘉立创公司进行 PCB 打样。本作品的 PCB 分为上下两层，下层板不仅是单片机的搭载板，也是最小系统板，可进行其他项目的开发，这种设计充分利用了芯片资源，避免了浪费；上层板主要包括电机驱动接口，以及所有的对外连接接口。本作品具有双电源自动切换功能，当使用主电源供电和 USB 双重供电时，电路选择主电源为芯片供电；当主电源掉电时，通过 USB 数据线进行供电，此时本作品的 PCB 可以作为一个最小系统板。

（2）机械部分介绍。考虑到纸带打孔的实际受力情况，经过手动打孔测试，打透专用纸带至少需要 50 N 以上的力。根据基本的机械传动原理，本作品机械部分的设计方案是：将一个大扭矩的 N20 直流减速电机固定在冲头电机座上，使用固定在减速输出轴端的偏心轮驱动薄壁滚珠轴承，实现了旋转运动，由此带动冲针方块上下移动，从而实现基本的打孔操作；另外，本作品使用两根限位冲针来降低冲头的自由度，保证冲头只能在垂直于纸面的方向上运动。经过多次实测，证明本方案是合理的，

本作品的机械结构如图 3.4-2 所示。

（3）各电路模块介绍。单片机最小系统电路原理图如图 3.4-3 所示，USB 下载电路原理图如图 3.4-4 所示，人机接口电路原理图如图 3.4-5 所示，串口-蓝牙切换电路原理图如图 3.4-6 所示，3.3 V 供电电路原理图如图 3.4-7 所示，推子接口电路原理图如图 3.4-8 所示，电机驱动电路原理图如图 3.4-9 所示，手柄接口电路原理图如图 3.4-10 所示，电源接口电路图原理图如图 3.4-11 所示，蓝牙接口电路原理图如图 3.4-12 所示，干簧管接口电路原理图如图 3.4-13 所示，OLED 接口电路原理图如图 3.4-14 所示，电流采样放大电路原理图如图 3.4-15 所示，USB 接口电路原理图如图 3.4-16 所示。

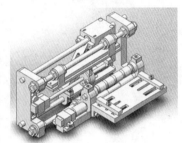

图 3.4-2　本作品的机械结构

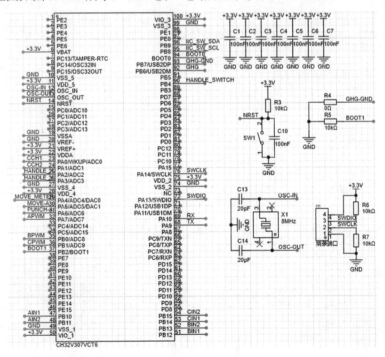

图 3.4-3　单片机最小系统电路原理图

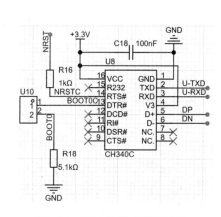

图 3.4-4　USB 下载电路原理图

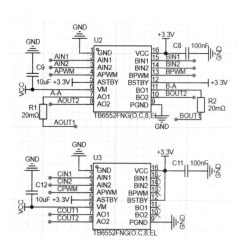

图 3.4-5　人机接口电路原理图

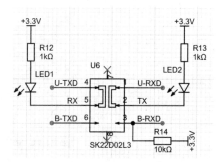

图 3.4-6　串口-蓝牙切换电路原理图

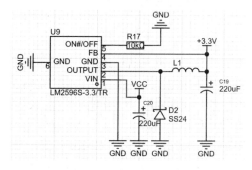

图 3.4-7　3.3 V 供电电路原理图

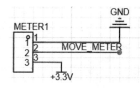

图 3.4-8　推子接口电路原理图

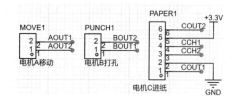

图 3.4-9　电机驱动电路原理图

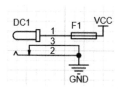

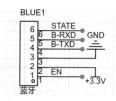

图 3.4-10　手柄接口电路原理图　　图 3.4-11　电源接口电路原理图　　图 3.4-12　蓝牙接口电路原理图

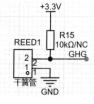

图 3.4-13　干簧管接口电路原理图

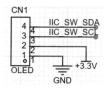

图 3.4-14　OLED 接口电路原理图

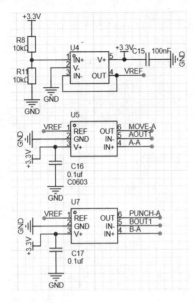

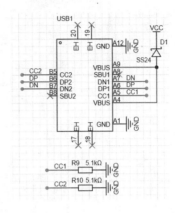

图 3.4-15　电流采样放大电路原理图　　　图 3.4-16　USB 接口电路原理图

3.4.2.3　软件系统介绍

（1）软件系统整体介绍。

① 下位机软件系统介绍。下位机软件系统的主体是一个裸机程序，依靠定时器每 10 ms 产生一次中断，在中断事件处理函数中完成 PID 的计算、打孔机系统标志位的置位和清除。软件系统主要包括上电初始化、主函数循环和中断事件处理等，其中与上位机的数据交互使用的是本作品自定义的 MCode 命令。

下位机需要使用的片上外设有 Timer、ADC、DMA、GPIO、UART、I2C、Flash 等。下位机具有掉电保存数据功能，支持人机交互，使用 OLED 与摇杆手柄与机器交互；通过蓝牙实现实时的数据传输；支持程序升级，用户可升级软件系统；支持开发者模式，可以进行二次开发。

下位机软件系统的结构如图 3.4-17 所示。

② 上位机软件系统介绍。上位机软件系统是基于 Qt Creator 开发的。Qt Creator 是 Qt 的一个跨平台的 C++开发库，主要用来开发图形用户界面程序。Qt 是完全用 C++开发的，支持 Windows、Linux、UNIX、Android、iOS 等操作系统。Qt 在 C++的基础上加入信号与槽机制，使得对象之间的交互变得更加简便。

由于本作品需要导入 MIDI 文件，因此需要解析 MIDI 文件并读取相应的信息。同时，由于八音盒的音高范围有限，需要合理分配音符，要求使用者具备一定的乐理知识。本作品舍弃了乐曲中的一些不太重要的音符，从而适应八音盒的配置。本作品在上位机软件系统的界面中显示解析出来的音符位置信息，通过算法得到各个位置的打孔顺序，生成本作品自定义的 MCode 命令文件，通过 MCode 命令与下位机进行数据交互。本作品的上位机软件系统主要包括 MIDI 文件处理、音符编辑、串口助手和程序升级等模块，可通过串口设置下位机的参数，方便用户对打孔机进行数据定义。

（2）软件系统模块介绍。

① 下位机软件系统的模块介绍。

（a）OLED 模块。下位机使用的屏幕是 128×64 像素的、具有 I2C 接口的 OLED 显示屏。OLED 模块根据驱动芯片 SSD1306 编写了相应的驱动程序，在驱动程序中定义了一个 8 行 128 列的无符号字符型数组，大小为 1 KB，用来充当 OLED 的显存。这样定义是因为 OLED 的显示相当于点亮一颗颗 LED，只不过这个屏幕有 1024 个 LED。

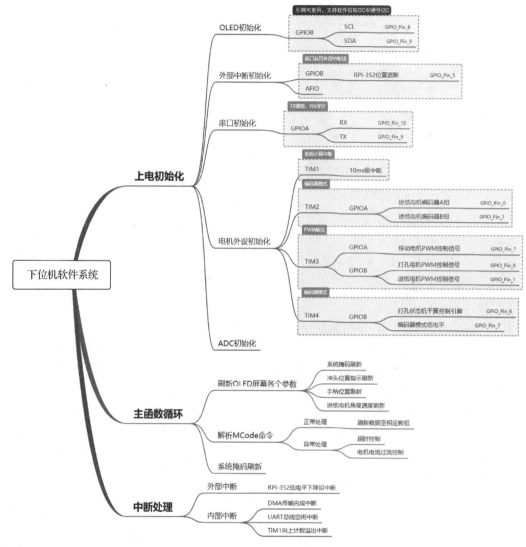

图 3.4-17　下位机软件系统的结构

（b）串口模块。本作品使用主控芯片（CH32V307）的 UART 接口与上位机进行数据交互，支持 USB 有线连接或蓝牙无线连接。其中，USB 有线连接通过 CH340 芯片将 USB 信号转换为主控芯片能读取的 TTL 电平信号；蓝牙无线连接使用 JDY-31 模块进行，只要配置正确就相当于扩展的 COM 口，可利用蓝牙收发数据。

（c）TIM1 模块。本作品使用到了 TIM1 的向上计数溢出中断，需要配置 NVIC，在主时钟频率为 72 MHz 时，TIM1 挂载在 APB2 总线上，时钟频率也默认是 72 MHz，所以要实现 10 ms 的中断，需要先将分频器配置为 7200-1，即 7199；再将溢出计数周期配置为 100-1，即 99；最后开启中断、使能 TIM1 即可。在 TIM1 的中断事件处理函数中可更新手柄按键和状态机的按键的状态。

在状态机编程前，首先根据要实现的功能，整理出一个对应的状态转换图（状态机图），然后根据状态转换图，套用状态机编程模板实现对应的状态机代码即可。

状态机编程的方法主要有 3 种：switch-case 法、表格驱动法、函数指针法。在手柄按键控制中，本作品利用状态机实现了单击、双击、长按三种状态的识别，也就是说，利用一个按键可以实现多个功能。

（d）TIM2 模块。在本作品中，主控芯片的 TIM2 工作在编码器模式。本作品使用的是基于霍尔感应的带编码器的 N20 电机，在电机后面有一个径向充磁的小磁环，配合霍尔传感器一圈可以产生 7 个脉冲，通过位置相差 90°的霍尔传感器便可实现等效脉冲数的翻倍。

（e）TIM3 模块。在本作品中，主控芯片的 TIM3 用来产生控制电机转速的 PWM 信号。

（f）TIM4 模块。在本作品中，主控芯片的 TIM4 被初始化为编码器模式，当一个信号端的电平不变，而另一个信号端的电平变化时，计数器会在重装载值的基础上增加或减少计数值。本作品利用这个特性巧妙地实现了冲头机构的四状态状态机或两状态状态机。

（g）ADC 模块。本作品使用 ADC 模块不仅可以获得推子的具体位置，作为移动电机的位置反馈，还可以获得外接手柄的 x 轴位置和 y 轴位置，用于设置保护电机的电流上限。为了加快采样速度并改善采样结果，本作品使用双 ADC 进行采样，每个通道先获取双 ADC 的平均值，再利用 DMA 将数据传输到指定位置，并在 DMA 传输完成中断事件处理函数中使用排序平均算法求得每个通道的 ADC 采样值。

排序平均算法的主要原理是：先把一组采样数据按照大小进行排序，然后取中间偶数个数据，最后除以个数即可得到较为平滑的采样值。由于线路中的噪声和其他干扰因素，如果不对采样值进行处理，则采样值会在真实值附近波动且波动较大，这对后续通过 PID 提供位置反馈是非常不利的。

（h）主函数的循环。在主函数的循环中，本作品主要更新一些值与系统掩码，供外部显示，方便用户了解本作品的实际运行状态，以及是否发生了故障。

本作品使用 MCode 命令来实现下位机与上位机的交互，主要的 MCode 命令如表 3.4-2 所示。

表 3.4-2　主要的 Mcode 命令

命 令 格 式	说　　明
M80	开始命令
M90	结束命令
M1～30	移动到某个音符的位置
YN	进纸机构进纸 N 个刻度（Tick）
PN	打孔机打孔 N 次
Sx	发送系统消息 x
Sx=y	设置系统消息 x 的值为 y

表中，S 是系统消息，常用的 S 指令如表 3.4-3 所示。

表 3.4-3　常用的 S 指令

指令号	指令设置值	指 令 含 义	备　　注
S99		复位系统掩码	在确认没有故障的情况下使用
S1	无	设置手动模式	在手动模式下可自定义设置各个音符的位置信息
S2		复位手动模式	清除累计的数据

指令号	指令设置值	指 令 含 义	备　注
S3	无	复位默认推子位置	当用户调乱数据时恢复出厂设置
S4		重新对手柄中间值进行采样	掉电存储，上电读取
S5	max	设置推子 ADC 最大值为 max	int 类型，一般在 2600 以上
S6	min	设置推子 ADC 最小值为 min	int 类型，一般在 100 以下
S7	r	反转进纸电机方向为 r	值为 0 或 1，掉电存储，上电读取
S8	r	反转打孔电机方向为 r	值为 0 或 1，掉电存储，上电读取
S9	r	反转移动电机方向为 r	值为 0 或 1，掉电存储，上电读取

　　理论上，系统消息可以设置无限种可能，为本作品的系统消息扩展留了足够的空间。
　　② 上位机软件系统模块介绍。
　　(a)串口通信软件。本作品利用 Qt 设计了上位机串口通信软件，标题是"MCode Sender & COM Assistant"（MCode 发送器与串口助手），如图 3.4-18 所示。左边第一个下拉框用于选择需要连接的串口，第二个下拉框用于设置波特率（默认设置为 115200），下面的两个按钮分别是"扫描串口"和"打开串口"。"快捷命令"菜单用于设置一些基本的系统命令，用于快速发送命令。

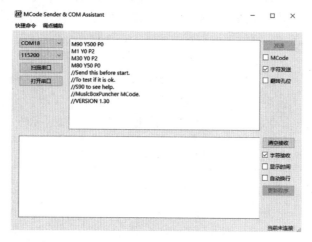

图 3.4-18　MCode Sender & COM Assistant

　　"扫描串口"按钮用于将新的串口添加到串口选择下拉框。当用户插入新的带有串口的设备时，需要单击"扫描串口"按钮来将该设备的串口添加到串口选择下拉框。单击"扫描串口"时才能解锁右边的"更新程序"按钮（未解锁时"更新程序"按钮是灰色的）。

　　当打开串口时，"打开串口"按钮会变成"关闭串口"按钮，实现了一个按钮两个功能。当串口打开时，"发送"按钮才能被解锁，才允许用户发送数据。

　　上面的小文本区为发送框，可以输入用户的数据，如系统消息等。在小文本区右侧，"MCode"选项专为 MCode 通信使用，当串口通信软件作为串口助手使用时，无须勾选"MCode"选项；"字符发送"选项是默认勾选的，该选项与发送的格式有关，当取消勾选"字符发送"选项时，发送的是 hex 格式的数据（十六进制的数据）。

　　下面的大文本区是接收框，用于接收下位机发送的各种信息。在大文本区右侧，"清空接收"按钮的功能是清除接收框内的所有内容；"字符接收"选项的功能同"字符发送"选项；"显示时间"选项和"自动换行"选项是串口通信软件作为串口助手使用时的辅助选项，勾选"MCode"

选项后将忽略将会忽略"显示时间"选项和"自动换行"选项的功能；单击"更新程序"按钮时，将弹出文件选择浏览框，允许用户选择 hex 格式的文件（需要烧录到主控芯片的文件）。

（b）主界面设计。上位机软件界面如图 3.4-19 所示，上位机生成的刀路如图 3.4-20 所示。

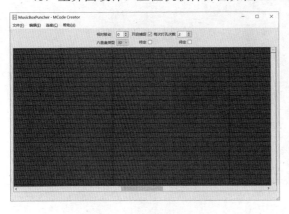

图 3.4-19　上位机软件界面

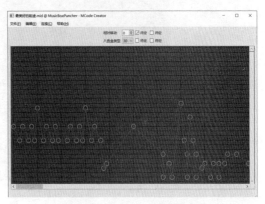

图 3.4-20　上位机生成的刀路

3.4.3　完成情况及性能参数

3.4.3.1　整体介绍

本作品的实物如图 3.4-21 所示。

3.4.3.2　工程成果

（1）机械成果。本作品的进纸机构如图 3.4-22 所示，打孔机构如图 3.4-23 所示。

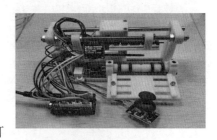

图 3.4-21　本作品的实物

图 3.4-22　进纸机构

图 3.4-23　打孔机构

（2）电路成果。本作品的电路成果如图 3.4-24 所示。

图 3.4-24　电路成果

（3）软件成果。本作品的上位机软件导入 MIDI 文件后的结果如图 3.4-25 所示。

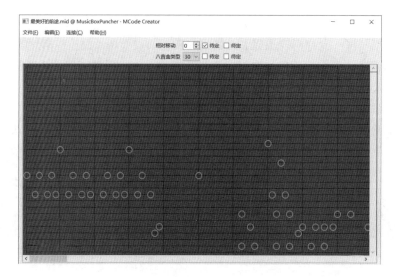

图 3.4-25　上位机软件导入 MIDI 文件后的结果

本作品上位机的调点助手如图 3.4-26 所示。

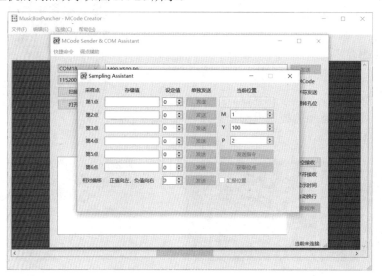

图 3.4-26　上位机的调点助手

3.4.3.3　特性成果

图 3.4-27 所示为本作品运行时的照片，图 3.4-28 所示为调试本作品时的照片。

图 3.4-27　本作品运行时的照片　　　　图 3.4-28　调试本产品时的照片

3.4.4　总结

3.4.4.1　可扩展之处

开发本作品的起因是为了满足一个八音盒爱好者的要求，该爱好者苦于手动打孔，并没有发现自动打孔机。目前，本作品已经出售若干台，还有陆续的新订单等待发货，开发的脚步不会停下，会一直完善本作品。

3.4.4.2　心得体会

回顾本作品的开发过程，失败和成功并存、沮丧和兴奋并存。从设计机械结构到第一次实物打印（第一代作品），因为结构强度问题导致打孔结构完全失败（见图 3.4-29）。

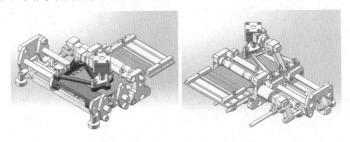

图 3.4-29　完全失败的打孔结构

图 3.4-29 中深灰色部分，在初次设计时已经考虑到强度的问题，使用了 4 个 M5 螺栓固定，但没有考虑到 3D 打印件的强度问题，以及这种结构的受力问题。正是因为第一代作品的失败，才有第二代作品以及后续版本的更新，一路走来，深刻地体会到了机械设计的不易。

软件开发的顺序是先开发上位机软件系统，等上位机软件系统开发完毕之后再开始开发下位机软件系统。在软件开发方面，团队在开发本作品时也走了一些弯路。一开始，上位机软件系统是使用 C#开发的，但考虑到平台移植性和就业前景，中途换成了 Qt。上位机软件系统需要解析 MIDI 文件，因此花费了相当长的时间分析 MIDI 文件的具体格式，直到能够读懂一个 MIDI 文件内部包含的信息，才开始分析上位机软件系统的结构。在寻找资料的过程中，团队幸运地发现了有人用 Qt 编写了 MIDI 库，又花了几天读懂这个库并将其移植到了本作品的上位机软件系统中。与此同时，我们发现了这个库的一个关键漏洞，在修复后反馈给了这个库的开发者。整个过程可谓曲折不断，最终还是开发出了一个能用的上位机软件系统。

下位机软件系统的更新是利用 FlyMCU 进行的，考虑到本作品的整体性和方便性，又花了一段时间研究单片机的 ISP 下载和 hex 格式的文件，最终在串口助手中添加了这个功能，实现了真正的功能俱全的串口助手。

3.4.5　参考文献

[1] QUANJIN M, REJAB M R M, SAHAT I M, etal. Design of portable 3-axis filament winding machine with inexpensive control system[J].Journal of Mechanical Engineering and Sciences (JMES). 2018, 12:3479-3493.

[2] MIDI Association. The Complete MIDI 1.0 Detailed Specification[EB/OL]. (2023-03-11). https://midi.org/?s=The+Complete+MIDI+1.0+Detailed+Specification.

[3] 刘永志. MIDI 技术应用基础[M]. 合肥：合肥工业大学出版社，2014.

3.4.6 企业点评

本作品实现了纸带八音盒自动打孔装置，代替了传统的人工打孔，提高了纸带的打孔效率，拓展了手摇纸带八音盒的应用范围。本作品的完成度较高，有很大的市场前景。

3.5 智能晾衣架

学校名称：华中科技大学
团队成员：祝科伟、牛天泽、王越瑶
指导老师：曾喻江、李娟

摘要

在快速发展的现代社会中，智能晾衣架（在本节中简称本作品）旨在满足快节奏生活背景下的晾衣需求。本作品在传统晾衣架的基础上，引入了创新性的设计理念，包括内、外环境的智能感应与自动调节功能，这不仅最大化了阳光的利用效率，还确保了衣物的快速干燥。此外，通过引入室内外自动转换机制、多种控制方式及天气感应功能，有效地预防了雨水对衣物的潜在损害。

考虑到都市白领和老年人群体的需求，本作品简化了操作流程，并提供了实用的信息提示和天气预测功能，从而为用户提供了更便捷和更高效的晾衣体验。本作品能够凸显其创新性，引领智能家居领域的新潮流，并为人们带来实际的益处，满足人们在日常生活中对便利性和舒适性的追求。

3.5.1 设计概述

3.5.1.1 功能与特性

本作品的设计初衷是应对现代快节奏生活及多变气候对晾衣需求的挑战，融合了机电技术与智能控制技术，成为适应不同天气和生活场景的理想设备。本作品通过自动调整位置，可充分利用阳光，从而提高晾衣效率，为人们带来更为便捷的生活体验。本作品配备了智能提醒系统、雨滴传感器、温度传感器等，使得晾衣过程更加智能化且符合人们的需求。通过简单操作即可使晾衣架根据天气条件进行智能调整，实现室内挂衣模式和室外晾衣模式的无缝切换，同时兼顾晾晒效果和衣物保护。本作品为都市白领和老年人提供了智能而便捷的晾衣解决方案。本作品的创新设计巧妙结合了科技与生活需求，预计将在市场上受到欢迎，可有效解决快节奏生活中的晾衣问题。

3.5.1.2 应用领域

（1）家庭生活便利：结合智能控制和感知技术，本作品可根据天气情况智能调整晾衣架的位置，提供更高效、便捷的晾衣体验，满足家庭日常的晾衣需求。

（2）都市白领生活：为繁忙的都市白领提供智能化的解决方案，本作品的自动化操作功能简化了晾衣过程，使得衣物管理更轻松。

（3）老年人居家领域：本作品具有智能特性，如自动收回和整理衣物，提高了老年人的居家生活质量。

（4）智能家居应用：作为智能家居的一部分，本作品可以和其他智能家居设备协作，实现自动化晾衣并空间节省，为人们打造智能舒适的居住环境。

（5）环保节能：本作品可根据天气条件来充分利用自然光，提高了晾衣效率，降低了电力消耗，符合环保和节能理念，适合广泛推广。

3.5.1.3　主要技术特点

（1）机械结构设计：本作品包括剪叉升降机构（保证强度和顺滑运动）、连杆伸缩机构（保证稳定性和准确性）、餐盘转动机构（保证稳定性和轴向载荷分担）和卡槽收衣机构。

（2）高度智能化功能：本作品使用 CH32V307 赤菟开发板作为主控板，通过麦克风输入和语音处理模块 ES8388，以及 I2C 总线和 I2S 总线实现了语音控制功能。

（3）网络连接部分：本作品的蓝牙模块通过串口连接主控芯片，实现了与手机蓝牙 App 的连接，人们可通过蓝牙发送虚拟的按键指令来远程控制晾衣架。本作品的 Wi-Fi 模块使用串口控制，可通过 AT 指令接入互联网来获取时间和天气状况。

（4）稳定的电路系统：本作品的主控芯片采用国产的沁恒 CH32V307，自制扩展板可支持多路串口通信、双路 CAN 通信、单路 RS-485 通信及多路采样。

3.5.1.4　主要性能指标

（1）晾衣架模式切换速度：室内挂衣模式和室外晾衣模式的切换时间在 5 s 内，能够迅速适应环境的变化；默认的收起模式与室内挂衣模式的切换时间在 2 s 内，能够提高使用效率。

（2）人机交互响应时间：本作品对用户命令的响应时间控制在 0.5 s 内，能够实现快速的实时交互。

（3）控制方式：本作品实现了语音控制、蓝牙 App 控制和按键控制，提供了多样的用户体验。

（4）天气感知：本作品对风速、温度、湿度和光照度的测量精度分别为 0.1 m/s、1 ℃、1% 和 0.01 lx，天气的误识别率低于 1.5%，优于市面上的全室内晾衣架。

（5）承重能力：本作品能承受 5 kg 的衣物，单位面积的承重超过了市场上的大部分同类产品。

3.5.1.5　主要创新点

（1）空间利用率高：本作品的设计紧凑，具有实现升降、旋转和伸缩功能，适用于小空间环境。

（2）智能化程度高：本作品支持人机交互、远程控制，包含多种控制方式，提升了用户便利性。

（3）可拓展性强：本作品可根据需求调节参数，搭载多种传感器监测天气状况，可引入其他先进智能技术和执行机构，可扩展性强。

3.5.1.6　设计流程

本作品是智能家居领域的机电产品，整体分为机械部分和控制部分。机械部分包括剪叉升降机构、连杆伸缩机构、餐盘转动机构、卡槽收衣机构等；控制部分包括动力源（如 RM3508 电机、RM2006 电机、PWM 舵机）、传感器（如光照温湿度传感器、风速传感器等）和通信模块（如蓝牙模块、Wi-Fi 模块）。

本作品的设计遵循逐个功能突破的原则，首先基于机械结构，逐步实现晾衣架功能；其次，基于软件需求（包括 CAN、UART、ADC 等外设），设计电路原理图并确保主控板的稳定运行；再次，在完成主控板的开发后，对各模块进行验证，逐步实现位置环闭环控制、电机调速器通信和传感器检测；接着，在所有模块能够正常运行后，编写代码并进行机械与电子系统的调试；最后，完成外观优化，确保本作品完整性。

本作品的设计流程如图 3.5-1 所示。

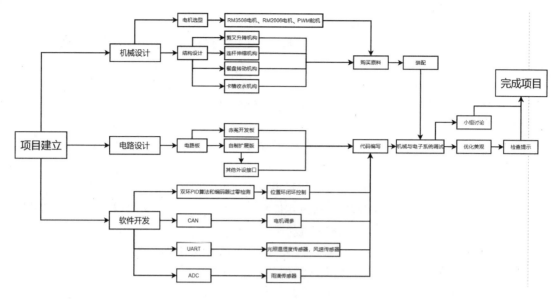

图 3.5-1　本作品的设计流程

3.5.2　系统组成及功能说明

3.5.2.1　整体介绍

本作品的控制系统实现了高度的智能化，包括精准的人机交互和远程控制功能，极大地简化了用户的操作。控制系统可根据温湿度、光照度和风速等智能判断晾晒条件，及时提醒用户打开窗户。在适合室外晾晒的情况下，本作品通过连杆伸缩机构伸展到窗外，可实现室外晾衣；在不适合室外晾晒的情况下，本作品能及时将晾衣架自动收回室内，可有效保护衣物。

本作品采用了多悬挂方案，包括可调节的卡槽圆柱挂杆和孔式挂板，其中卡槽圆柱挂杆可实现灵活的衣物悬挂距离，并具有自动收回的功能；孔式挂板特别适合悬挂小物品。本作品的整体设计在简洁性和新颖性之间实现了平衡。技术上的创新为本作品在智能家居市场的广泛应用奠定了基础，展现了其广阔的发展前景。本作品的整体框架如图 3.5-2 所示。

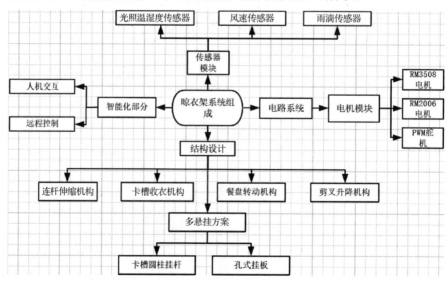

图 3.5-2　本作品的整体框架

3.5.2.2　硬件系统介绍

（1）硬件整体介绍，

① 主控板。本作品包含两个电路板，其中 CH32V307 赤菟开发板集成了耳机接口、LCD 显示屏、USB 接口、麦克风、陀螺仪等多种外设，功能全面，同时支持外接 Wi-Fi 模块进行功能扩展；考虑到 CH32V307 赤菟开发板引脚的有限性，特别设计了基于 CH32V307 的自制扩展板，可以支持 CAN 通信、RS-485 通信，并提供多串口和 ADC 接口以实现与传感器的互动。为了满足不同电路板和模块的供电需求，本作品设计了分电板和稳压模块，实现了高效的供电管理。

② 电机选型。在综合评估多方面因素后，本作品的抬升电机和前伸电机选用了 RM3508，以便在提供足够力矩的同时保持体积紧凑；转动电机选用了 M2006，考虑到通信的稳定性，采用 CAN 总线协议来实现更优的控制效果。RM3508 电机在连杆伸缩机构中作为驱动电机，通过 C620 电调形成闭环控制，在速度环和位置环的双环 PID 算法的控制下，确保了连杆伸缩机构的精确性和稳定性。此外，本作品还选择了由 PWM 信号控制的大扭矩舵机（PWM 舵机），利用其快速响应和高精度的特点，可以实现旋转角度的精确调整。

③ 外设模块。外设模块包括：

（a）风速传感器：选用了传统的机械式风速传感器，如图 3.5-3（a）所示，其工作原理是通过空气流动使风速传感器旋转，从而产生与风速成线性关系的脉冲信号。

（b）光照温湿度传感器：选用常见的 GY-39 光照温湿度传感器，如图 3.5-3（b）所示，该传感器通过串口与自制扩展板通信，实现了信息的收集和处理。

（c）雨滴传感器：采用了维芯的雨滴传感器，如图 3.5-3（c）所示，根据水位变化产生模拟电压，由自制扩展板上的 ADC 外设获取雨水信息。

上述三种传感器如图 3.5-3 所示。

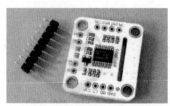

（a）风速传感器　　　　　　　　（b）光照温湿度传感器　　　　　　　　（c）雨滴传感器

图 3.5-3　风速传感器、光照温湿度传感器和雨滴传感器

（2）机械设计介绍。

① 剪叉升降机构。本作品的剪叉升降机构采用 RM3508 电机作为动力源，选用长度为 300 mm 的钢丝绳作为传动装置，后续可以考虑采用更大行程的电动推杆以满足高度需求。剪叉升降机构的主体材料为玻璃纤维板，每根连杆有三处铰接点，铰接部位内嵌法兰轴承并通过锁紧螺丝固定推力球轴承，以保证运动的顺滑和结构强度。在剪叉升降机构中，铰接部分的一端通过轴承座与底板相连，另一端则与滑轨滑块连接；直线滑轨与上下板通过螺栓固定；左右剪叉通过带螺纹的铝柱加工件连接，穿过连杆中的塞打螺栓直接拧入，以提高整体的稳定性并保持自由度。剪叉升降机构如图 3.5-4 所示。

② 餐盘转动机构。为实现室内挂衣模式和室外晾衣模式的切换，餐盘转动机构采用 RM2006 电机作为动力源，配备餐盘轴承以确保顺滑转动。餐盘转动机构去除了电滑环，电机定子固定在电机定子固定板上，通过联轴器和齿轮实现内外齿轮传动。电机定子固定板旨在提供稳定性和轴

向载荷分担。通过电机的正反转动，可实现室内挂衣模式和室外晾衣模式的切换。餐盘转动机构如图 3.5-5 所示。

图 3.5-4　剪叉抬升机构

图 3.5-5　餐盘转动机构

③ 连杆伸缩机构。相比剪叉升降机构或直线滑轨而言，连杆伸缩机构能够提供更强的承载力和稳定性，且易于调节转动角度和伸缩距离。连杆伸缩机构两侧的 RM3508 电机驱动连杆展开和收缩，连杆伸缩机构使用对锁螺丝夹紧推力球轴承，并通过铝管连接两侧，增强整体稳定性。卡槽圆柱挂杆采用中空碳管，孔式挂板采用玻璃纤维，通过四孔转接件使相互垂直的板材得到固定。当连杆展开时，间距增大，可确保阳光充足照射；当连杆收缩时，间距减小，可节省室内空间。连杆展开如图 3.5-6 所示，连杆收缩如图 3.5-7 所示。

图 3.5-6　连杆展开 　　　　　　　　　　图 3.5-7　连杆收缩

④ 卡槽收衣机构。卡槽收衣机构使用 PWM 舵机作为动力源，卡槽固定在舵盘上，舵盘的螺纹端与舵机配合作为动力输入，确保转动的流畅性。舵机在一定角度范围内转动，带动卡槽收衣机构开闭，保证晾晒衣物间距固定，自动收衣时衣物顺利滑下。卡槽收衣机构如图 3.5-8 所示。

图 3.5-8　卡槽收衣机构

（3）电路各模块介绍。本作品由 CH32V307 赤菟开发板、自制扩展板和系统外设构成，如图 3.5-9 所示。

与 CH32V307 赤菟开发板类似，自制扩展板也是基于沁恒 CH32V307 开发的。自制扩展板支持以下接口：

　　➲ PWM（脉冲宽度调制）：用于控制电机的转速和位置。

　　➲ CAN：一种高可靠性的网络协议，常用于微控制器之间的通信。

　　➲ UART：一种串行通信协议，常用于微控制器和计算机之间的通信。

● ADC：将模拟信号转换为数字信号。

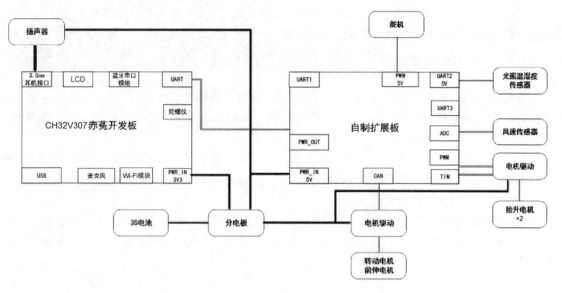

图 3.5-9　本作品的结构

通过自制扩展板的接口，本作品可以连接并控制光照温湿度传感器、风速传感器、抬升电机、转动电机、前伸电机等多种外设，实现了对晾衣环境的智能监测和响应。

3.5.2.3　软件系统介绍

（1）软件整体介绍。在开发软件系统时，本作品采用了自顶向下的策略。这种策略以端到端的用户需求为起点，通过反向工程确定功能定义，并进一步细化为具体的硬件选择和算法开发。软件系统的开发过程涉及两个关键的控制单元：CH32V307 赤菟开发板（负责高级智能控制功能）和自制扩展板（专注于执行基础任务和硬件直接交互）。本作品的软件系统框架如图 3.5-10 所示。

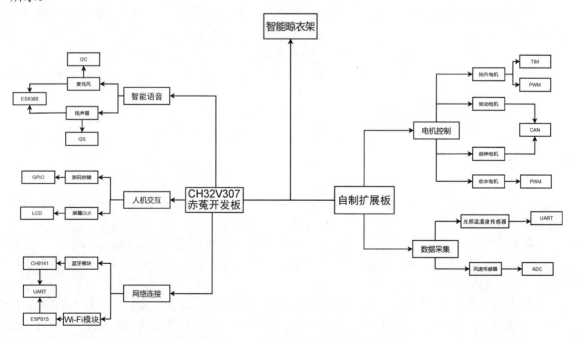

图 3.5-10　本作品的软件系统框架

（2）软件模块介绍。

① CH32V307 赤菟开发板。CH32V307 赤菟开发板充当了用户界面和智能语音识别的中枢，它通过集成的多向拨码按键和定制的 LCD，提供了一个交互式的用户界面，使用户能够直观输入指令并接收系统状态反馈。该用户界面基于先进的 LVGL 图形库构建，确保了一个流畅和用户友好的交互体验。

智能语音模块包括麦克风和扬声器，允许用户以自然语言与本作品通信。语音命令被麦克风捕获后，经由 ES8388 处理后进行分析和识别，最后通过 I2C 总线和 I2S 总线传输到主控单元，由主控单元执行相应的操作。

网络连接模块包括蓝牙模块和 Wi-Fi 模块，使得本作品能够接入家庭网络，实现远程监控和操作。通过蓝牙模块可连接智能手机和本作品，通过 Wi-Fi 模块可以获得外部数据（如气象信息），从而使本作品能够预测性地调整其操作。

② 自制扩展板。为了增强本作品的功能，本作品开发了一个自制扩展板来补充 CH32V307 赤菟开发板的功能。该自制扩展板扩大了电机控制的能力和传感器数据的采集范围。电机控制模块用于实时调整电机状态，响应用户指令和传感器反馈。

本作品采用了精确的双环 PID 算法，结合编码器反馈来实现精确的位置控制。通过双环 PID 算法实现了对电机的闭环稳定控制，PID 控制器是一种常用的反馈控制器，由比例（P）、积分（I）和微分（D）三个部分组成。其中，比例项用于响应当前误差，积分项用于积累过去误差并消除稳态误差，微分项用于响应误差变化。

在某些情况下，本作品的测量信号可能受到高频噪声的干扰，这些噪声可能会导致 PID 控制器产生不稳定或不准确的输出。为了解决这个问题，在 PID 控制器的输入信号上使用了低通滤波器，能够起到去除高频干扰信号成分、保留低频信号成分的作用，从而使 PID 控制器的输出结果更加平滑和稳定，提高了本作品的准确性和鲁棒性。

此外，本作品使用 FreeRTOS 进行线程（任务）控制。FreeRTOS 是一种小型的硬实时操作系统，能够组织和管理多个并行执行的线程，有效地利用微控制器的资源，满足实时性的要求。在 FreeRTOS 中，线程是并行执行的基本单位，每个线程都有自己的代码和数据空间，并且可以独立地运行、挂起、恢复和终止。以下是 FreeRTOS 线程的一些主要作用：

- ❥ 实现并发执行：FreeRTOS 允许多个线程同时运行，每个线程都可以执行不同的任务或功能。这种并发执行能力使得系统能够同时处理多个任务，提高了系统的效率和响应能力。

- ❥ 实时调度：FreeRTOS 提供了实时调度器，该调度器可以根据任务的优先级和调度策略合理地分配微控制器时间。实时调度器能够确保高优先级的任务及时得到执行，从而满足系统对实时性的要求。

- ❥ 资源管理：FreeRTOS 提供了一套机制来管理和共享系统资源，如内存、设备、信号量、队列等。线程可以使用这套机制来访问、同步和共享资源，以实现任务间的通信和协作。

- ❥ 任务同步和通信：线程可以使用 FreeRTOS 提供的同步机制（如信号量、互斥锁、消息队列等）进行数据传输和同步操作，这种任务间的通信和同步能力有助于实现复杂的系统功能和协作。

- ❥ 节省微控制器的资源：FreeRTOS 中的线程可以通过挂起和恢复操作来有效利用微控制器的资源，当一个线程暂时不需要执行时，可以将其挂起，让其他线程继续执行，从而最大程度地提高微控制器的利用率。

FreeRTOS 的线程实现了并发执行、实时调度、资源管理、任务同步和通信等功能，可构建高效、可靠且具有实时性要求的运行环境。

传感器数据采集是通过 UART 和 ADC 接口实现的，确保了本作品对环境变化的敏感度和反应速度。多通道 ADC 具有以下优势：

- 多通道采集：多通道 ADC 能够同时采集多个输入信号，这意味着它可以一次完成多个信号的采集，而不需要逐个采集每个信号。这对于需要同时监测多个信号的应用（如多传感器系统或多通道数据采集系统）来说是非常有用的。
- 简化设计：使用多通道 ADC 可以简化系统设计，相比于使用多个单通道 ADC，使用一个多通道 ADC 可以减少组件数量、减小电路板面积，并降低功耗和成本。此外，多通道 ADC 通常具有较高的集成度和更好的一致性，可以提供更稳定和准确的采集性能。
- 时间同步：多通道 ADC 能够在同一时刻采集多个通道的数据，可以保持多个信号之间的同步。这对于需要对多个信号进行时序分析或同步采集的应用（如音频处理或多通道控制系统）来说是非常重要的。
- 数据一致性：使用多通道 ADC 可以确保采集到的数据具有一致性。由于多通道 ADC 在同一时刻采集多个通道的数据，可以避免由于采样延时或不同采样速率引起的数据不一致性问题。这对于需要对多个信号进行比较或关联分析的应用来说是非常有利的。

多通道 ADC 具有同时采集多个信号、简化设计、保持时间同步和确保数据一致性等优势，这使得它在许多应用领域，特别是需要处理多个信号的系统中，成为首选。

基于不同传感器采集的数据，本作品能够在适当的时机自动收回或展开连杆，智能化地应对不同的天气，提供一个自动化、无忧的晾衣体验。

3.5.3　完成情况及性能参数

3.5.3.1　整体介绍

本作品的功能如图 3.5-11 所示。本作品的模式包括默认的收起模式、室内挂衣模式、室外晾衣模式和室内收衣模式，用户可通过操作界面实现多种模式之间的切换。此外，本作品还集成了一系列传感器，可用于实时监测天气状况，确保在恶劣天气条件下，如雨天、高风速或低光照度情况下，能自动从室外晾衣模式切换到室内挂衣模式，便于用户管理衣物。同时，本作品还可以播报天气状况。

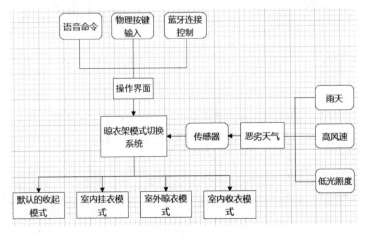

图 3.5-11　本作品的功能

本作品的实物如图 3.5-12 所示，安装位置如图 3.5-13 所示。

图 3.5-12　本作品的实物

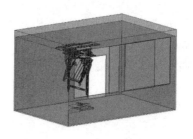

图 3.5-13　本作品的安装位置

默认的收起模式如图 3.5-14 所示，室内挂衣模式如图 3.5-15 所示，室外晾衣模式如图 3.5-16 所示，室内收衣模式如图 3.5-17 所示。

图 3.5-14　默认的收起模式

图 3.5-15　室内挂衣模式

图 3.5-16　室外晾衣模式

图 3.5-17　室内收衣模式

3.5.3.2　工程成果

（1）机械成果。本作品的机械成果如图 3.5-18 所示，主要体现其精密的结构设计与制造上，在机械稳定性和操作灵活性方面均展现出卓越性能。经过严格测试，本作品在实际应用中具有良好的可靠性和耐用性。

（2）电路成果。本作品的电路成果如图 3.5-19 所示。本作品利用自制扩展板集成了多个传感器和控制模块。这些电路板经过详细的集成测试，验证明其在执行复杂任务时的稳定性和效率。

图 3.5-18　本作品的机械成果

图 3.5-19　本作品的电路成果

3.5.4　总结

3.5.4.1　作品成果综合评估

本作品包括默认的收起模式、室内挂衣模式、室外晾衣模式和室内收衣模式，用户可通过语音指令、物理按键操作和蓝牙连接来轻松地控制晾衣架，实现不同模式的切换。此外，本作品集成的传感器能够监测天气变化，并在不利条件下（如雨天、强风或低光照度），自动从室外晾衣模式切换到室内挂衣模式。本作品还具备天气预报功能，通过 Wi-Fi 模块接收天气信息，用户可根据天气预报智能地设置晾衣和收衣时间。通过 Wi-Fi 模块后，本作品还可以接入物联网平台，实现远程控制，并与其他设备的协同工作。

尽管本作品已经全面地实现了晾衣功能，但尚未在特定场景下进行测试，需要进一步的实地测试以便继续改进。未来将在现有版本的基础上，生产与实际结构一致的产品，并增加安全防护措施来加强本作品的稳定性。同时，也将探索把 Wi-Fi 功能拓展到物联网平台，以便用户能够进行更灵活的远程控制。

3.5.4.2　可扩展之处

本作品不仅满足了家庭晾衣的日常需求，还为商业场所（如酒店或洗衣厂）提供了智能晾晒的解决方案。其潜在的扩展包括：

（1）智能家居集成：将本作品与智能温控系统、智能照明系统等其他智能家居设备整合在一起，提升智能家居的整体水平。

（2）远程监控功能：用户可通过手机应用或云平台随时随地地监控本作品，提升本作品的使用便利性和灵活性。

（3）智能排程：根据用户习惯和需求规划晾衣时间和模式，通过智能排程优化晾衣策略，节省能源和时间。

（4）智能折叠和存储：设计智能折叠和存储功能，以快速收起和节省空间，提高日常使用的便利性。

（5）与智能洗衣机配合：与智能洗衣机联动，将湿衣物自动转移到晾衣架，通过传感器自动控制晾衣模式。

上述的可扩展功能将进一步提高本作品的实用性和用户体验，满足市场的多样化需求。

3.5.4.3　心得体会

在本作品的设计过程中，我们深刻感受到了智能技术在日常生活中的广阔应用前景。以下是我们的反思和心得：

（1）团队协作：本作品是集体努力的跨学科成果，涉及机械设计、电子工程等多个领域，团队成员之间的密切合作和沟通是实现本作品的关键。

（2）对国产技术的信心：本作品使用的是国产的微控制器，我们见证了国产技术的进步和潜力，自制扩展板的多功能性证明了国产芯片在多种设备上的兼容性。

（3）用户体验的重要性：易用性和多样的交互方式是智能产品成功的关键。

（4）多模式设计的优势：本作品的多种模式让用户能够应对各种天气，提升了本作品的适应性和实用性。

（5）天气感知的智能化：实时天气信息的整合，确保了衣物在最佳条件下晾干。

（6）技术与安全的平衡：在设计中我们不仅追求技术创新，也高度重视安全性和节能性。

（7）面临挑战与未来发展：尽管我们实现了设计目标，但本作品距离市场化仍有一段路要走。我们将进一步优化机械结构，并进行实际环境测试，以确保本作品的稳定性和耐用性。

本次参赛强化了我们对智能家居的理解，期待通过持续努力，为社会带来更多的便利和舒适。

3.5.5　参考文献

[1] 曹天蕾. 电子线路多级过电压保护电路设计探究[J]. 电子世界，2017(09):121.

[2] 马奎，罗益民，刘伟. 基于电磁感应原理的定位跟踪系统电路设计[J]. 包装工程，2017(11):153-158.

[3] 严梓扬，苏成悦，张宏鑫. VHDL 在数字集成电路设计中的应用分析[J]. 自动化与仪器仪表，2017(05):131-133.

[4] 王彬，李健，肖姿逸. 一种低噪声前置放大器的电路设计[J]. 电子与封装，2017(05):24-27.

[5] 张静秋. 基于集成运算放大器的加减法运算电路的分析与设计[J]. 电子制作，2017(09):5-7.

[6] 唐明. 软核处理器 MicroBlaze 的 CAN 总线接口电路设计[J]. 单片机与嵌入式系统应用，2017(03):36-38, 43.

3.5.6　企业点评

本作品融合了机电技术与智能控制技术，实现了可以适应不同天气和生活场景的智能晾衣架。本作品巧妙结合了科技与生活需求，有效解决了快节奏生活中的晾衣问题，具有一定的市场前景。

3.6 智能充电桩

学校名称：邵阳学院

团队成员：黄睿、蒋嘉、陈超

指导老师：李优、许建明

摘要

根据国务院办公厅印发的《新能源汽车产业发展规划（2021—2035 年）》，发展新能源汽车是我国从汽车大国迈向汽车强国的必由之路，是应对气候变化、推动绿色发展的战略举措。随着全球科技革命和产业变革的蓬勃发展，汽车、能源、交通和信息通信等领域的技术正在加速融合，电动化、网联化和智能化已经成为汽车产业的不可逆趋势。

新能源汽车充电桩作为实现该战略的关键一环，其重要性不言而喻。截至 2023 年 6 月底，我国的各类充电桩已经超过 660 万台，形成了一定的规模，但智能充电服务却尚未全面普及。为解决这一问题，团队以沁恒的 CH32V307 为主控芯片，打造了一套基于机器视觉的智能充电桩（在本节中简称本作品）。本作品通过 ESP32 无线模块，以及基于 Android Studio 开发的 App，实现了与云服务器的通信，可充分利用物联网技术，实现充电状态的远程监控。

除了提供远程 App 控制，本作品还创新性地添加了语音控制和屏幕终端控制两种方式，以满足不同使用场景的需求。此外，本作品还引入了 SIM800C 智能报警、智能地锁、智能消防等模块，极大地提升了本作品的智能化程度和安全性。本作品为新能源汽车用户提供了更高质量的服务，将推动智能充电服务在新能源汽车产业中的广泛应用。

3.6.1　作品概述

3.6.1.1　功能与特性

当前，我国的新能源汽车已经进入高速发展期。2012 年，我国新能源汽车销量为 1.28 万辆；2023 年，新能源汽车的年产销量均突破 900 万辆，人们对与之配套的充电桩的需求急剧增长。经过调查，我们发现国内现有充电桩广泛存在以下问题：

- 信息更新不及时：地图显示有充电桩，但实际没有。
- 位置信息不准确：室外充电桩比较隐蔽，一些充电桩安装在偏僻的地方。
- 非新能源汽车占位：充电车位经常被非新能源汽车占用，新能源汽车主到达地点后无法充电。
- 后期维护困难：许多充电桩长期在户外，维护成本高。
- 充电可靠性得不到保障：无法在充电过程中实时获取汽车的充电状态，安全性得不到保障。
- 缺乏智能化和互联性：充电桩缺乏电动化、网联化和智能化，不能实现充电桩与车辆的智能互联。

在深入研究上述问题的基础上，我们借鉴了现有充电桩的设计，开发了本作品。本作品紧密关注行业痛点，充分运用物联网和人工智能技术，积极响应国家的政策，致力于为社会节能减排贡献力量。本作品不仅解决了充电基础设施不足、充电低效等问题，还满足了新能源汽车的智能化和互联性需求，为新能源汽车用户提供了更为便捷、高效、智能的充电服务。

3.6.1.2　应用领域

（1）个人家用：利用作品的 Wi-Fi 模块和摄像头模块，用户可随时随地实现智能充电，并实时监控充电状态，即使身处千里之外也能掌控充电过程。

（2）繁华市区：在市区游玩时，由于车流量巨大，常常出现非新能源汽车抢占充电车位的问题，本作品配备了智能地锁，能够智能识别车牌颜色，有效将非新能源汽车拒之车位之外，确保充电车位的合理使用。

（3）高速公路：高速公路服务区之间的距离较远，充电桩的状态排查十分困难且成本较高，本作品依托自检系统和物联网技术，能够实时上报充电桩的工作状态，降低维修难度，保障高速公路上的充电服务的可靠性。

（4）城郊地区：本作品采用高精度的 GPS 模块，结合 App 的自动路径规划和系统自动状态报备，可为城郊地区的新能源汽车充电提供高效且安全的解决方案，确保充电过程万无一失。

本作品旨在满足不同场景下的充电需求，提供全方位、智能化的充电服务。

3.6.1.3　主要技术特点

（1）智能充电：本作品引入了高精度摄像头和传感器等设备，使其在视觉感知和识别方面具备卓越的性能。通过先进的图像处理和机器学习算法，本作品能够精准感知车辆充电接口的位置以及对齐情况，实现自动对接充电，用户无须动手操作，提高了充电的便捷性和效率。

（2）安全监控和异常检测：本作品配备了摄像头、智能报警和智能消防等设备，可用于全面的安全监控和异常检测。本作品通过摄像头监测充电场景，用户可通过 App 随时查看充电桩周围是否有人员或物体靠近，可实现充电状况的远程实时监控。此外，本作品的火焰传感器、烟雾传感器和电量监测模块能够及时监测充电过程中的异常情况。例如，在车辆起火或充电异常时，可自动触发灭火和报警系统，确保用户和充电设备的安全。

这一系列智能安全功能使得本作品在提供高效便捷服务的同时，能为用户和设备提供全方位的安全保障。

3.6.1.4　主要性能指标

本作品的主要性能指标如表 3.6-1 所示。

表 3.6-1　本作品的主要性能指标

基 本 参 数	性 能 指 标	优 　 势
工作电压	3～5 V/12 V	主控区与机械区电源隔离，安全稳定
充电方式	直流充电桩	采用三相四线制的方式连接电网，输出的电压和电流调整范围大，充电速度快
充电电流	1～2 A	独立电源模块，各厂商可根据具体需求更改
输出功率	12～24 W	结合内部硬件电路，可实现慢充、快充、智能充电三种模式
是否有网络连接	是	采用云服务器，能够实现远程控制
是否有屏幕	是	搭载操作台，能够实现简易的人机交互
是否有语音控制	是	实现了语音控制，能够在特殊情况下为车主提供服务
是否有安全保护	是	包含过压保护、短接保护、过载保护等多重保护，保证充电安全

3.6.1.5　主要创新点

（1）智能报警系统：本作品配备了 SIM800C 模块，通过该模块可实现智能报警功能。当监测到充电桩或电池异常时，如火焰、烟雾、电池电压或电流异常，本作品将自动通过 SIM800C 模块报警，并及时通知用户。智能报警系统有效提升了本作品的安全性和用户的实时响应能力。

（2）智能机械臂：本作品通过 K210 模块实现了充电接口的智能识别和定位，通过 PID 算法和逆运动学分析实现了对舵机的精准控制，使得机械臂能够准确对准充电接口。这项技术创新极大地简化了用户的操作，实现了自动对接充电，提高了充电效率，为用户提供了更便捷的充电服务。

（3）智能地锁：通过引入 AI 芯片（V831）和舵机技术，本作品实现了车牌识别和智能地锁功能。通过自动辨识车辆，智能地锁能够自动抬杆放行新能源汽车，拒绝非新能源汽车，从而有效管理充电车位，提高充电效率。这一创新点在繁华市区的充电场景中发挥着重要作用，确保新能源汽车有序充电，提升了充电站的管理智能化水平。

3.6.1.6　设计流程

本作品的设计流程如图 3.6-1 所示。

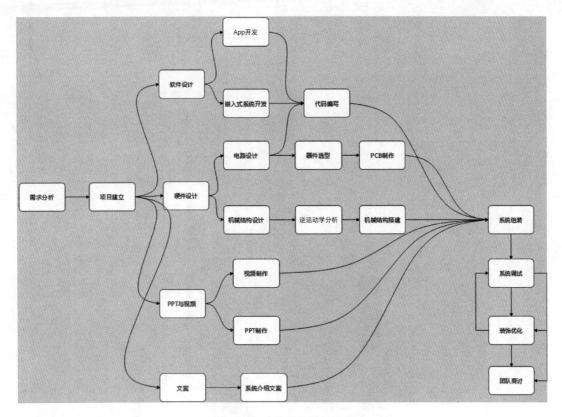

图 3.6-1　本作品的设计流程

3.6.2　系统组成及功能说明

3.6.2.1　整体介绍

本作品的整体框架如图 3.6-2 所示。用户登录 App 后可以向 ESP32 无线模块发送控制信息，并通过 ESP32 无线模块获取充电状态信息。ESP32 无线模块接收到 App 发送的控制信息后，通过串口将其传输到 CH32V307 进行处理，并在通过校验位检查无误后执行相应操作，如启动或停止充电。在启动充电后，CH32V307 利用 K210 传回的坐标数据，通过逆运动学算法解析目标位置状态，并生成相应 PWM 信号，该信号用于控制数字舵机，使其准确对准充电接口。同时，IP2326 充电模块开始对电池进行充电，MAX4080 电流检测模块将电池充电时的信息通过 ADC 发送给 CH32V307，由 CH32V307 计算出电流和电压后，将充电数据通过串口发送给 LCD 或通过 ESP32 无线模块发送给 App。在本作品中，用户可以通过 App 实现对充电桩的远程监控，充电桩可以在充电过程中实时监测充电状态，并调整充电接口的对准情况。

3.6.2.2　硬件系统介绍

（1）整体介绍。本作品的硬件系统主要由充电桩状态信息获取系统、火焰检测系统、动作执行系统、系统主控、ESP32 无线模块、控制系统组成，如图 3.6-3 所示。

（2）机械设计介绍。本作品的机械结构主要包括机械臂、充电探头、仿真小车。

① 机械臂：包含 4 个舵机，分别控制机械臂的左、右、上、下及水平角度等。在本作品的早期设计中，我们发现控制左、右的舵机存在重心太靠前的问题（见图 3.6-4），导致机械臂在对准充电接口的过程中存在大幅抖动。后来，我们借鉴了市面上现有的夹接式构造，将舵盘夹在上、下两个夹片之间，如图 3.6-5 所示（图中单位为 cm），成功地解决了抖动问题。

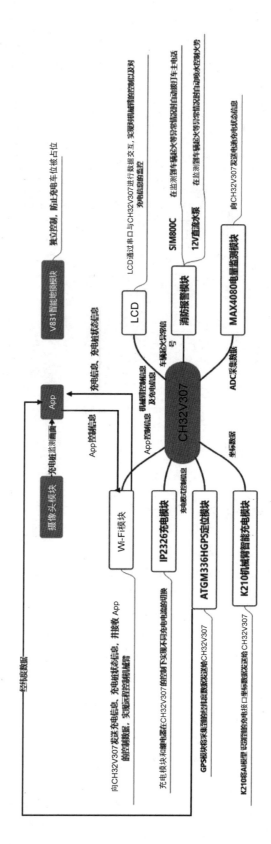

图 3.6-2　本作品的整体框架

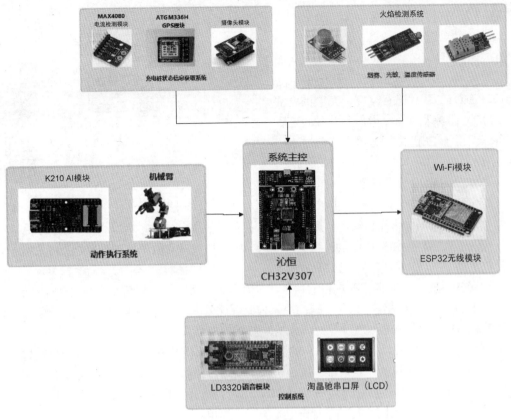

图 3.6-3 硬件整体框架

图 3.6-4 左、右舵机重心太靠前

图 3.6-5 将舵机固定在上、下两个夹片之间

② 充电探头：在本作品的调试过程中，舵机与充电探头之间的连杆因为长度不合适，导致舵机转动幅度过大时出现探头无法伸出的情况，在仔细研究探头的运动过程后，我们通过多次实验后找到了适合的长度，同时解决了探头和连杆脱落的问题。充电探头和连杆的结构如图 3.6-6 所示。

③ 仿真小车：为了展现充电桩的自动充电效果，本作品设计了一辆自动循迹的仿真小车，用来模拟新能源汽车充电的过程。

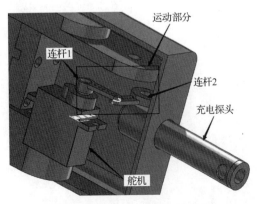

图 3.6-6 充电探头和连杆的结构

3.6.2.3 软件系统介绍

（1）软件系统介绍。

① 整体介绍。本作品的软件系统框架如图 3.6-7 所示，EMQX 服务器、移动端 App 之间通过 MQTT 协议进行交互，充电桩设备通过 EMQX 服务器发布充电信息，并通过后端服务器实现了 EMQX 服务器与移动端 App 的高效互联。

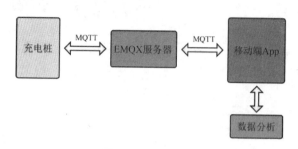

图 3.6-7　本作品的软件系统框架

在本作品中，后端服务器是承担数据收发的重要角色，其职责包括处理充电桩发布的充电信息，确保数据的可靠传输，并提供给移动端 App 使用。同时，本作品巧妙地整合了本地数据库，实现了数据存储和快速检索的功能。数据分析模块负责对收集到的数据进行深入分析，为用户提供更精准的充电信息和服务建议。

移动端 App 充当实时监控充电桩的角色，为用户提供充电数据和充电状态的直观显示。通过移动端 App 可以实时了解充电过程，提高用户体验。此外，本作品还通过数据大屏，以直观的方式呈现汇总信息，使用户能够更全面地了解充电桩的运行状况。

② 软件各模块介绍。当新能源汽车的充电接口进入摄像头视野时，本作品的机械臂将自动识别并精准对准充电接口。一旦对准完成，机械臂将通过语音播报确认对准状态，提示用户可以打开移动端 App 并登录账号。在移动端 App 中，用户可选择充电模式，启动充电过程。

在充电过程中，充电桩将实时监测充电电压、充电电流等关键数据，并将这些数据实时发布到 EMQX 服务器。在移动端 App 中，通过实时订阅 EMQX 服务器的数据流，用户可以及时获取充电桩的最新状态。这一数据流会经过数据分析模块，确保用户获得准确、有用的充电信息。

移动端 App 会以直观的方式显示数据分析的结果，为用户提供实时的充电数据、充电状态以及其他相关信息。这样的设计不仅提高了本作品的使用便利性，还确保了充电过程的高效性和可视化。本作品实现了自动化、实时性和数据分析的有机结合，为用户提供了全面且智能的充电服务。

本作品的软件流程如图 3.6-8 所示。

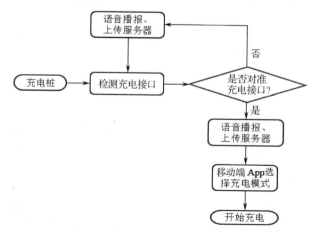

图 3.6-8　本作品的软件流程

3.6.3 完成情况及性能参数

3.6.3.1 整体介绍

本作品的实物如图 3.6-9 所示。

3.6.3.2 工程成果

（1）机械成果。本作品的机械部分主要包括机械臂和控制台，控制台采用滑接式结构连接底座和屏幕。本作品的机械成果如图 3.6-10 所示。

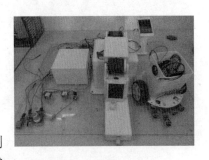

图 3.6-9 本作品的实物

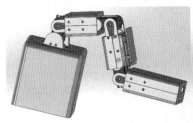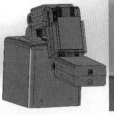

图 3.6-10 本作品的机械成果

（2）电路成果。本作品的系统主控由 CH32V307 主控板、扩展板和多个模块组成。CH32V307 主控板安装在扩展板下方，通过 4 个 27×1 的排座连接。扩展板上方可插入 LD3320、ESP32、MiniTFT 和 SIM800C 等模块，还可安装用于调试的自锁按钮与 LED。本作品的电路成果如图 3.6-11 所示。

（3）软件成果。移动端 App 的界面如图 3.6-12 所示。

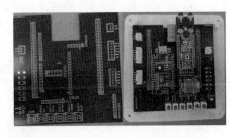

图 3.6-11 本作品的电路成果

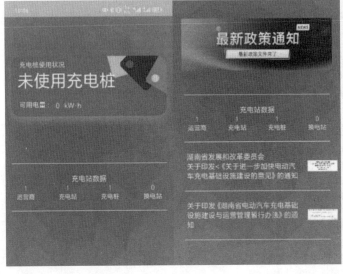

图 3.6-12 移动端 App 的界面

图 3.6-12　移动端 App 的界面（续）

3.6.3.3　特性成果

本作品的运行流程是：首先，当摄像头内出现充电接口时，摄像头会自动进行识别并将充电接口的坐标发送到主控芯片，主控芯片通过逆运动学算法求解对准充电接口所需的目标状态，并控制机械臂对准充电接口；然后在移动端 App 上选择充电模式（也可以通过屏幕选择）；接着开始充电；最后在充电结束后退出。本作品的实际运行界面如图 3.6-13 所示。

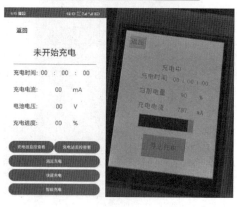

图 3.6-13　本作品的实际运行界面

3.6.4　总结

3.6.4.1　可扩展之处

本作品可在以下三个方面进行扩展：

（1）智慧城市和智慧交通：本作品可用于智慧城市和智慧交通系统，通过机器视觉技术对车辆进行识别和监控。充电桩可以通过图像识别技术来自动检测和识别车辆的类型、车牌号码和车辆状态等信息，实现智能化的车辆管理和充电服务。

（2）充电桩的安全监控：机器视觉技术可用于充电桩的安全监控，如通过摄像头监测周围环境，检测是否有人或物体靠近充电桩，并及时发送警报。此外，机器视觉技术还可以用于充电桩的故障检测和维护，通过分析图像数据，识别充电桩的异常情况，并及时通知维护人员进行修复。

（3）用户识别和支付：本作品可通过机器视觉技术对用户进行身份识别，如人脸识别或车牌识别，从而实现无感知的用户认证和支付服务。用户只需要在充电桩前进行身份验证，便可自动识别用户并完成支付，提高充电效率和用户体验。

3.6.4.2　心得体会

在开发的本作品的几个月中，团队成员共同协作，最终成功地实现了预期的目标。这是我们第一次完整地参与一个项目，由于经验不足，我们在一开始并没有明确的计划，错误地将最关键和最困难的机械臂模块放在最后制作，导致其他辅助模块都完成了而机械臂模块却没有，严重影响了项目进度，令我们面临着极大的压力，大家都感到非常紧张。尽管如此，这个过程让我们发现了自己的潜力，也让我们在面对新挑战时有了更强的信心。

在具体的开发中，我们遇到了一些挑战，但也获得了不小的成长：

（1）机器视觉模块：在使用 K210 时，由于之前未学习过 Python 语言，我们遇到了 MicroPython 不支持 char 数据类型的问题。通过自研的一个逆转码算法，我们成功解决了数据传输问题。这让我们第一次意识到数据类型的重要性，也让我们对算法有了更深一层的认识。

（2）串口通信模块：在与 CH32V307 进行数据通信时，最初采用串口中断接收数据，但这样会导致 PWM 输出断电等问题。通过团队的讨论并在互联网搜索相关资料，我们采用了更高效的串口中断+DMA 的方式，极大地优化了项目的运行速率。

（3）移动端 App：在配置高德地图 API 时，我们遇到了一些博客中介绍的方法已经被弃用的问题，这严重地拖延了项目开发进度。后来通过查阅官方文档，不断更换方法，最终解决了 GPS 无法正常工作的问题。这让我们学到了在参考网络博主的文章时需要注意时效性。

（4）整体调试：在所有模块单独调试完成后，还需要对本作品进行整体调试。在这个过程中，我们反反复复地对本作品进行了多次调试，在调试中，我们学到了有问题先检查硬件连接再去改代码的经验。

（5）规划与预防：在本作品完成整体调试后，我们仍然发现了一些存在的问题，如 K210 的高算力导致的发热问题，这让我们认识到在项目开始前应该做好规划，罗列可能存在的问题，而不是盲目行动。

虽然面临着很多挑战和问题，但通过解决这些问题，我们获得了丰富的知识，如 3D 建模、芯片的使用、AI 模型的训练及部署、App 的开发和服务器的连接、PCB 的绘制和焊接等。这次参赛让我们获得了宝贵的学习机会，增强了我们解决问题的能力。相信经过这次参赛，我们将创造出更为优秀的作品！

3.6.5　参考文献

[1] 李建行. 六自由度模块化机械臂的结构设计与控制算法开发[D]. 泰安：山东农业大学，2018.

[2] 于秋波，王颖，孙辰光，等. 基于视觉辨识的机械臂控制系统设计[J]. 科技与创新，2023,(20):102-104, 107.

[3] 徐鸿杰，曲博，薛今超，等. 电动汽车智慧共享充电系统的设计与探索[J]. 时代汽车，2024,(01):129-132.

[4] 沈建良. 电动自行车充电起火原因分析及新型智能充电站研究[C]//中国消防协会. 2022中国消防协会科学技术年会论文集. 卓领物联科技（杭州）有限公司，2022.

[5] 郑丽辉. 电动汽车充电桩电量远程监控系统设计与分析[J]. 农机使用与维修，2023(10):42-45.

[6] 王燕妮，贾瑞英. 基于改进 YOLOv3 的轻量级目标检测算法[J]. 探测与控制学报，2023,45(05):98-105.

3.6.6　企业点评

本作品基于 CH32V307 实现了基于机器视觉的智能充电桩系统。用户可通过语音命令控制本作品，也可通过移动端 App 和云服务器远程监控本作品。本作品可满足多种使用场景需求，有利于推动新能源汽车产业的发展。

第4章
龙芯赛题之精选案例

4.1 智慧校园多功能杆

学校名称：广西信息职业技术学院
团队成员：刘玉培、梁安详、方维广
指导老师：刘绍英、梁家辉

摘要

随着国产高性能芯片的发展，基于边缘计算的智慧校园多功能杆（在本节中简称本作品）与传统智能路灯相比，具有更高的综合性能，是建设"智慧校园"的理想选择。本作品以龙芯 2K1000 为主控核心，对传统智能路灯进行创新改造，通过对横幅标语、广告机、气象站、安防监控，以及车辆监测、行人监测、巡检、异常报告等功能的设计，同时基于 Spring Boot 与微信小程序对后台与手机端进行了设计，能够适应学校管理中的各种业务与运营场景的需要。在实际环境下的试运行情况表明，本作品部署灵活，具有很强的可扩展性，能够实现对校园的远程管理与监控，并将所处环境的变化以可视化统计信息的形式呈现给决策人员，使学校的管理更加方便高效，同时也证明了龙芯 2K1000 在智能化应用中的先进性和可靠性。

4.1.1 作品概述

4.1.1.1 功能与特性

（1）横幅标语、广告机：提供校园信息发布和广告展示的功能，实现了信息传输的即时性和灵活性。

（2）气象站、异常上报、故障报警：集成气象站功能，同时能够实时上报异常状况和故障，确保校园设施的正常运行。

（3）安防监控、车辆与行人监测：配备监控系统，通过车辆和行人检测技术提高校园的安全性，实现了对校园活动的实时监控。

（4）智能路灯调节：根据车辆和行人的活动情况，实现对路灯亮度的智能调节，提高了能源利用效率。

（5）后台管理系统、巡检小程序：具有可进行远程管理和监控的后台系统，以及巡检小程序，方便校园管理人员随时了解和掌控校园状况。

（6）传感器热部署：通过使用 RS-485 协议，实现传感器的热部署，方便更换和添加传感器，提高了本作品的灵活性和可维护性。

（7）环境趋势分析、数据可视化统计：提供环境趋势分析和数据可视化统计功能，为校园管理者提供全面、直观的运行数据，可辅助校园管理者做出科学的管理决策。

4.1.1.2 应用领域

（1）学校校园：用于学校内部的信息发布、安全监控、路灯智能调节等，提升校园管理的科学水平。

（2）社区公共空间：适用于社区广场、公园等公共空间，可用于发布社区活动信息、安全监控、智能照明等。

（3）商业区域：在商业街区、购物中心等地，作为广告展示、实时天气预报和环境监测的平台。

（4）交通枢纽：用于交通枢纽、车站、公交站等场所，实现车辆和行人监测、交通信息发布等功能。

（5）工业园区：用于工业园区内的环境监测、设备状态监控、异常报警等，提高工业园区的安全性和效率。

（6）城市绿化：用于公园、绿化带等场所，实现绿化信息发布、环境监测和灯光调整，提升城市绿化管理水平。

（7）活动场馆：在体育场馆、演艺场所等，可用于活动信息发布、安全监控、灯光控制等。

4.1.1.3 主要技术特点

（1）采用龙芯 2K1000 作为主控芯片：龙芯 2K1000 具备高性能和低功耗的特点，适用于多功能的智能应用场景。

（2）传感器热部署和 RS-485 协议：采用传感器热部署技术，通过 RS-485 协议实现传感器的统一控制和灵活更换，提高了本作品的可维护性和灵活性。

（3）多功能集成设计：融合横幅标语、广告机、气象站、异常上报、故障报警、安防监控、车辆与行人检测、路灯亮度智能调节等多项功能，实现了一根杆上的多重应用，简化了设备部署和管理。

（4）智能路灯控制：通过车辆和行人检测技术，实现了对路灯的智能调节，提高了能源的利用效率。

（5）后台管理系统和巡检小程序：提供远程管理和监控的后台系统，以及巡检小程序，方便校园管理者实时了解和掌控校园的各项情况。

（6）环境趋势分析和数据可视化统计：实现了环境趋势分析和数据可视化统计功能，为决策者提供全面、直观的运行数据，支持科学决策。

（7）安全监控与异常报警：集成监控系统，实时监测校园内的车辆和行人活动，能够及时上报异常情况和故障，提升了校园的安全性。

4.1.1.4 主要性能指标

本作品的主要性能指标如表 4.1-1 所示。

表 4.1-1 本作品的主要性能指标

模 块	性 能 指 标
龙芯 2K1000 开发板	处理器类型为龙芯 2K1000（64 位多核处理器），主频为 400 MHz，内存大小为 2 GB（DDR3），数据采集频率为 100 Hz（传感器数据采样频率），数据传输速率为 100 Mbps（通过 USB 接口传输数据）
TTL 转 RS-485 模块	支持风速、光照度温湿度和 PM2.5 等传感器，数据转换速率为每秒 100 条
风速传感器	范围为 0～30 m/s，精度为±0.1 m/s，采样频率为 10 Hz
光照度温湿度传感器	光照度测量范围为 0～1000 lx，分辨率为 1 lx；温度测量范围为-20～70 ℃，温度测量精度为±0.5 ℃；湿度测量范围为 0%RH～100%RH，湿度精度为±2%RH

续表

模　　块	性　能　指　标
PM2.5 传感器	测量范围为 0～500 µg/m³，分辨率为 1 µg/m³
USB 摄像头	分辨率为 1080P（Full HD），帧率为 30 FPS
USB 麦克风	采样频率为 44.1 kHz，位深度为 16 bit
Nctty 服务端	同时支持的最大连接数为 1000，数据传输速率为 1 Gbps
FileSystem 模块	视频分片存储时长为每分片 5 分钟，存储容量为 1 TB
数据库模块	最大并发连接数为 100，数据库写入速率为 1000 次/秒

4.1.1.5　主要创新点

（1）传感器热部署与 RS-485 协议：采用传感器热部署技术，通过 RS-485 协议实现传感器的统一控制和更换，使本作品具备更高的灵活性和可维护性，实现了传感器的即插即用。

（2）智能路灯调节与能源节约：通过车辆和行人检测技术实现对路灯亮度的智能调节，以及实时能源消耗监测，为校园提供了一种独特的能源管理策略，既提高了校园的安全性，又实现了节能环保。

（3）多功能集成设计：在一根灯杆上集成了多项功能，包括横幅标语、广告机、气象站、异常上报、故障报警、安防监控、车辆与行人检测等，实现了多个场景下的综合应用，简化了设备布置和管理，提高了空间利用效率。

（4）后台管理系统与巡检小程序：引入了后台管理系统和巡检小程序，实现了远程管理和监控，为校园管理者提供了更方便、实时的管理手段。

（5）环境趋势分析与数据可视化统计：提供环境趋势分析和数据可视化统计功能，为决策者提供全面、直观的运行数据，支持科学决策，提高了校园管理的智能水平。

4.1.1.6　设计流程

本作品的设计流程如图 4.1-1 所示。

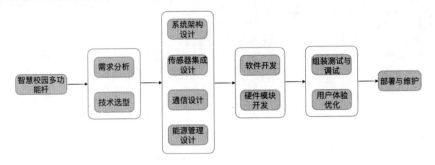

图 4.1-1　本作品的设计流程

（1）需求分析：确定具体需求，包括功能需求、性能需求、用户需求等，与校园管理者沟通，了解他们的期望和具体需求。

（2）技术选型：根据需求分析，选择合适的硬件平台、传感器、主控芯片、通信协议等技术，确保所选的技术能够满足本作品的性能要求。

（3）系统架构设计：设计系统框架，包括硬件和软件的模块划分，确定各个模块之间的交互关系和通信方式。

（4）传感器集成设计：针对本作品的各项功能，设计传感器的布局和集成方案，确保能够有效地获得并利用传感器采集的数据。

（5）通信设计：设计本作品的内部和外部通信方式，确保本作品能够与后台管理系统、监控中心等其他系统进行稳定、高效的通信。

（6）能源管理设计：针对路灯亮度智能调节功能，设计能源管理方案，确保本作品在保证功能的前提下实现能源的有效利用。

（7）软件开发和硬件模块开发：开发本作品的各个软件模块，包括嵌入式系统的程序、后台管理系统、巡检小程序等，确保软件与硬件协同工作，实现各项功能。

（8）组装测试与调试：对本作品进行全面的测试，包括功能测试、性能测试、稳定性测试，以及各模块之间的关系测试等，确保各个模块能够协同工作。

（9）用户体验优化：对用户界面、交互流程等进行优化，确保用户在使用本作品时有良好的体验。

（10）部署与维护：将本作品部署到实际的校园中，监测本作品的运行情况，确保本作品能够稳定运行；建立维护机制，及时处理本作品的故障和异常。

4.1.2　系统组成及功能说明

4.1.2.1　整体介绍

本作品系统包含硬件端、服务端和应用端，其框架如图 4.1-2 所示。

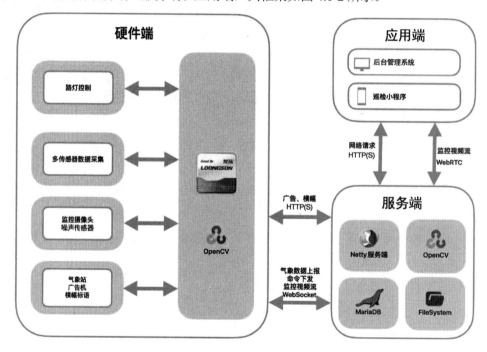

图 4.1-2　本作品的框架

4.1.2.2　硬件系统介绍

（1）硬件整体介绍。本作品的硬件框架如图 4.1-3 所示。

① 智能路灯。连接方式：通过 PWM（脉冲宽度调制）方式连接到龙芯 2K1000。功能：根据车辆和行人的活动情况进行智能调节，提高能源利用效率。

② 模块化环境监测系统。连接方式：通过 TTL 转 RS-485 模块连接到龙芯 2K1000。功能：集成多种环境监测传感器，通过 RS-485 协议实现数据的传输，为智慧校园提供实时环境数据。

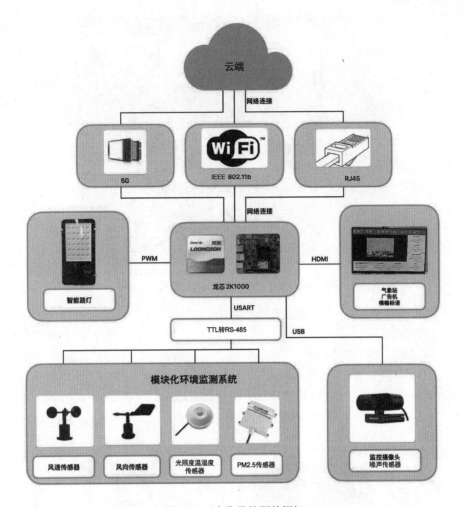

图 4.1-3　本作品的硬件框架

③ 监控摄像头、噪声传感器。连接方式：通过 USB 接口连接到龙芯 2K1000。功能：监控摄像头用于实时监测校园内活动，噪声传感器用于检测环境中的噪声，实现校园安全监控和噪声环境管理。

④ 气象站、广告机、横幅标语。连接方式：通过 HDMI 接口连接到龙芯 2K1000。功能：气象站用于实时监测天气情况，广告机和横幅标语用于信息发布和广告展示。

⑤ 龙芯 2K1000。连接方式：通过 5G、IEEE 802.11b（Wi-Fi）和 RJ45（以太网）方式连接到云端。功能：作为本作品的核心控制单元，龙芯 2K1000 负责整合和管理各个模块的数据和功能，同时通过多种网络连接方式实现与云端的通信。

通过这些硬件的整合，本作品实现了多种功能，包括路灯亮度智能调节、环境监测、安全监控、信息发布等，提升了校园管理的智能化水平。

（2）电路各模块介绍。

① 核心板功能。龙芯 2K1000 核心板（见图 4.1-4）是本作品的核心功能板，负责整合和控制各个模块的数据和功能。

② 广告机、气象站和横幅标语。连接方式：通过 HDMI 接口连接到龙芯 2K1000。广告机和横幅标语功能：用于信息发布和广告展示。气象站功能：实时监测天气情况，包括温度、湿度、光照度等。

图 4.1-4　龙芯 2K1000 核心板

③ 监控摄像头（见图 4.1-5）。连接方式：通过 USB 接口连接到龙芯 2K1000。功能：用于实时监测校园内的活动。

④ 噪声传感器。连接方式：通过 USART 接口连接到龙芯 2K1000。功能：监测环境中的噪声水平，提供噪声环境管理。

⑤ 风速传感器（见图 4.1-6）。连接方式：通过 TTL 转 RS-485 模块（见图 4.1-7）连接到龙芯 2K1000。功能：实时监测风速，将数据通过 RS-485 协议传输给龙芯 2K1000，为气象站提供详细的气象信息。

图 4.1-5　监控摄像头　　　　　　图 4.1-6　风速传感器

⑥ 光照度温湿度传感器（见图 4.1-8）。连接方式：通过 TTL 转 RS-485 模块连接到龙芯 2K1000。功能：实时监测温度、湿度和光照度，通过 RS-485 协议传输数据给龙芯 2K1000，为本作品提供全面的环境数据。

⑦ PM2.5 传感器（见图 4.1-9）。连接方式：通过 TTL 转 RS-485 模块连接到龙芯 2K1000。功能：实时监测大气中的 PM2.5 颗粒物浓度，通过 RS-485 协议将数据传输到龙芯 2K1000，为本作品提供空气质量数据。

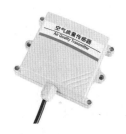

图 4.1-7　TTL 转 RS-485 模块　　　图 4.1-8　光照度温湿度传感器　　　图 4.1-9　PM2.5 传感器

4.1.2.3　软件系统介绍

（1）软件整体介绍。

本作品的软件系统框架如图 4.1-10 所示。本作品构建了一个高效而智能的校园管理体系，多功能灯杆通过 HTTP(S) 和 WebSocket 与云服务器建立连接，实现智能路灯的遥控和实时监测。后台管理系统通过 HTTP(s) 和 WebRTC 连接到云服务器，为校园管理者提供远程监控、数据分析和系统配置的功能。巡检小程序通过 HTTP(S) 和 WebRTC 与云服务器通信，为校园管理者和巡检人员提供桌面端和移动端服务，包括实时监测系统状态、提交巡检报告等。云服务器充当核心控制中心，通过调用 MariaDB（数据库）和 FileSystem（文件系统）实现了数据的高效管理和存储。本作品的软件系统具备高度的灵活性、实时性和智能化管理能力，为校园提供了安全、高效的智能化服务。

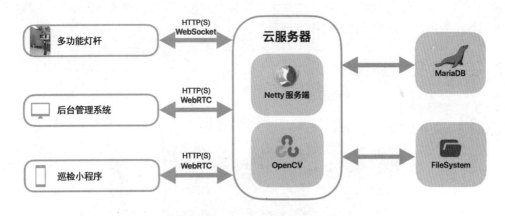

图 4.1-10　本作品的软件系统框架

（2）软件系统各模块介绍。软件系统的组成如图 4.1-11 所示。

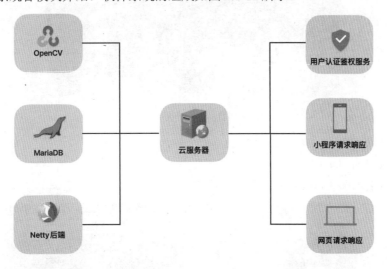

图 4.1-11　软件系统的组成

① OpenCV：用于处理监控摄像头拍摄的图像，支持目标检测、车辆和行人识别等功能，为安全监控提供了强大的图像处理和分析能力。

② MariaDB：用于存储本作品的数据，包括环境监测数据、监控摄像头录像、巡检报告等，提供了数据的持久化存储，支持后续的数据查询和分析。

③ Netty 后端：作为本作品的后端服务，使用 Netty 框架实现高性能的网络通信，处理来自硬件模块、云端服务和用户界面的请求，进行数据的传输和业务逻辑的处理。

④ 用户认证鉴权服务：负责对用户进行身份认证和鉴权，确保本作品的安全性，管理用户权限，控制不同用户对各功能的访问权限。

⑤ 小程序请求响应：处理巡检小程序发送的请求，如获取系统状态、提交巡检报告等，并提供相应的响应结果。

⑥ 网页请求响应：为后台管理系统网页提供服务，处理网页发送的请求，如实时监控、数据查询、配置管理等，并提供相应的响应结果。

本作品软件系统的各模块相互协作，OpenCV 模块用于图像处理，MariaDB 模块用于数据存储，Netty 后端模块用于网络通信，用户认证鉴权服务模块用于确保系统安全性，小程序请求响应模块和网页请求响应模块为用户提供了方便的操作界面。通过整合这些模块，本作品能够高效、安全地运行，为用户提供智能化的校园管理服务。

4.1.3　完成情况及性能参数

4.1.3.1　整体介绍

本作品的实物如图 4.1-12 所示。

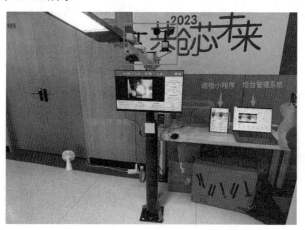

图 4.1-12　本作品的实物

4.1.3.2　工程成果

（1）机械成果如图 4.2-13 所示。

（2）电路成果如图 4.1-14 所示。

图 4.1-13　机械成果　　　　　　　　　　图 4.1-14　电路成果

（3）软件成果。本作品的后台管理系统界面如图 4.1-15 所示，巡检小程序界面如图 4.1-16 所示。

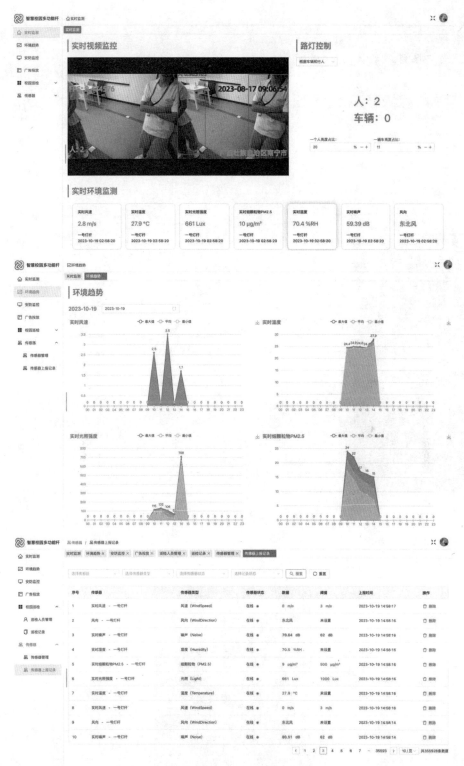

图 4.1-15　本作品的后台管理系统界面

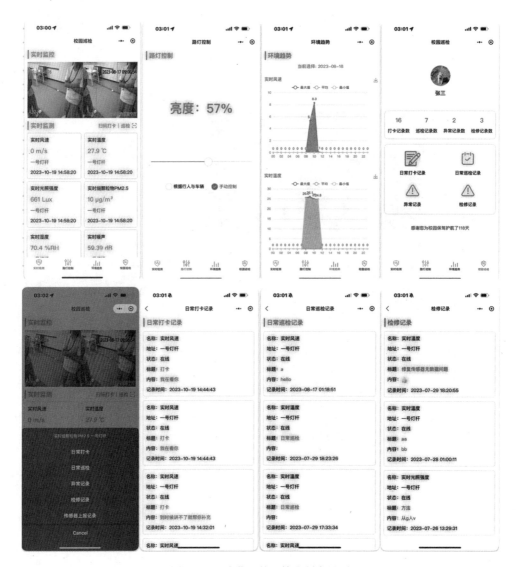

图 4.1-16　本作品的巡检小程序界面

4.1.3.3　特性成果

本作品的现场展示效果如图 4.1-17 所示。

图 4.1-17　本作品的现场展示效果

4.1.4　总结

4.1.4.1　可扩展之处

可扩展性是指系统能够方便地增加新功能或模块，以满足未来的需求。本作品可以考虑在以下方面扩展。

（1）支持更多传感器类型：目前本作品包含了风速传感器、光照度温湿度传感器和 PM2.5 传感器，未来可以根据需要添加其他类型的传感器，如 CO_2 浓度传感器等，以进一步监测校园环境。

（2）通信协议扩展：目前本作品通过 TTL 转 RS-485 模块实现了传感器数据的传输，但随着功能增加，需要支持更多通信协议，如 RS-232、Modbus 等，以适应更多设备的接入。

（3）外设接口扩展：考虑到未来可能需要连接更多的外设，如雷达传感器、摄像头阵列等，因此硬件端的接口设计应该具备足够的扩展性，以便支持更多的外设。

（4）多样化应用支持：本作品目前支持传感器数据展示、监测控制、巡检管理等功能，但未来可以考虑增加更多的应用场景，如智能停车管理、校园导览等，以满足不同学校的实际需求。

（5）跨平台支持：考虑应用端的跨平台实现，包括 Web、iOS 和 Android 等，以便用户在不同设备上都能方便地使用本作品。服务端可以考虑支持不同操作系统和云平台，以提供更大的灵活性。

（6）安全性增强：在数据传输和存储方面，应加密敏感数据，防止数据泄露和篡改。对于服务端的控制指令，应进行身份验证和权限管理，防止未经授权的访问和操作。

（7）优化性能：针对硬件端，可以优化传感器数据采集和传输的频率，以平衡数据精度和系统性能；优化服务端的数据处理和存储机制，以提高系统的响应速度和吞吐量。

（8）多样化数据展示：应用端可以进一步扩展图表统计功能，展示更多的环境参数趋势图、历史数据对比等，以提供更详细的数据分析和展示。

4.1.4.2　心得体会

（1）团队协作与沟通。团队合作是本作品成功的关键，我们充分发挥每个成员的优势，合理分工，确保任务高效完成。沟通是团队协作的基础，及时、清晰地沟通项目进展、问题和需求，有助于避免误解和冲突。

（2）角色定位与贡献：在团队中，每个成员都有自己的角色和责任，确保本作品整体推进。每个成员的贡献都非常重要，只有团队共同努力，才能取得好的结果。

（3）时间管理与任务规划：竞赛的时间是有限的，因此时间管理和任务规划至关重要。我们合理安排每个阶段的工作，确保按计划完成任务。遇到问题时，我们及时调整计划，灵活应对，以保证本作品的进度不受太大的影响。

（4）技术与知识分享：在开发本作品的过程中，我们充分运用所学的知识和技术，解决了很多技术难题。我们在团队内分享知识和技术，促进彼此的学习和成长。

（5）竞赛氛围与挑战：竞赛带来了一种紧张刺激的氛围，每个人都积极投入，迎接挑战。竞赛中遇到的问题和困难也是成长的机会，通过解决问题，我们不断提高了自己的能力。

4.1.5　参考文献

[1] 光大环境科技（中国）有限公司，光大环保技术研究院（深圳）有限公司，光大节能照明（深圳）有限公司，等 . 多功能智慧灯杆：CN202220758544.4[P] . 2022-08-16.

[2] 肖辉，李文超，朱应昶，等．多功能智慧灯杆系统应用研究[J]．照明工程学报，2019,30(04):1-5.

[3] 宋晓凤，刘光乾．基于龙芯嵌入式的 OpenCV 图像采集系统[C]//四川省电子学会，重庆市电子学会，四川省职业技能竞赛研究中心．2022 年川渝大学生"数智"作品设计应用技能大赛暨第八届四川省大学生智能硬件设计应用大赛会议论文集，2022.

[4] 景露霞．基于 OpenCV 的前方车辆识别与车距检测系统的设计与研究[D]．西安：长安大学，2020.

[5] 陈新府豪．基于 SpringBoot 和 Vue 框架的创新方法推理系统的设计与实现[D]．杭州：浙江理工大学，2023.

[6] 万建民．基于 Netty 和 Redis 应对高并发场景的研究和实现[D]．南京：南京邮电大学，2022.

[7] 胡洋洋．基于 WebSocket 的服务器推送技术的研究与实现[D].南京：南京邮电大学,2018.

[8] 周文强．基于 WebRTC 和人脸识别的在线项目评审系统设计与实现[D]．南京：南京邮电大学，2023.

4.1.6　企业点评

本作品使用的是龙芯 2K1000，该芯片的功能丰富，有较多的应用可能性，能够比较充分地利用龙芯平台资源，希望参赛团队后续能针对具体的应用场景，在硬件和软件层面协同优化，发挥龙芯自主技术体系的优势，不断扩大龙芯技术产品的应用场景。

4.2 国产数字示波器

学校名称：厦门大学
团队成员：李书琦、廖王韬、蔡文轩
指导老师：陈华宾

摘要

国产数字示波器是一种基于国内自主研发的技术和制造的仪器，用于测量和显示电信号的波形。数字示波器采用数字信号处理和高速采样技术，具有高精度、高带宽和多功能的特点，在电子、通信、自动化等领域具有广泛的应用，为工程师和技术人员提供了强大的工具，用于分析和排除电路与系统的故障。

国产数字示波器的研发和生产不仅会提升国内仪器设备制造业的水平，也可以减少对进口设备的依赖，推动国内科技创新和产业发展。随着技术的不断进步和创新，国产数字示波器将继续发展，为各行各业的技术人员提供更加先进和可靠的测量工具。

未来，随着国产数字示波器的发展，其将以更具竞争力的价格、更快的用户需求响应速度、更好的本土市场适应性，以及更完备的产业生态系统，为用户提供更便捷的服务。

本作品是以龙芯 2K1000 为主控芯片研发的一款数字示波器，结合安路 EG4S20 FPGA 实现了双主控芯片的国产化，并自行设计了前置预处理电路。本作品的带宽≥15 MHz，对小信号（V_{pp}≤80 mV）的处理精度高，拥有可拓展外部处理模块，可灵活适应多种场景，具有频谱分析功能，更利于信号分析。

4.2.1 作品概述

4.2.1.1 功能与特性

本作品能够检测并显示 10 Hz～10 MHz 的信号，显示屏的刻度为 8 div×10 div，垂直分辨率为 8 bit，水平显示分辨率≥20 点/div；垂直灵敏度有 1 V/div、0.1 V/div 和 20 mV/div 三挡；电压测量误差≤5%；水平灵敏度有 20 ms/div、2 μs/div、100 ns/div 三挡；波形周期测量误差≤5%。本作品规定为上升沿触发，触发电平可调。

本作品具有波形存储与文件读取功能、单步触发功能，并且能够提供稳定的 100 kHz、幅度为 0.3(1±5%) V（负载电阻≥1 MΩ 时）、频率误差≤5%的方波校准信号。

4.2.1.2 应用领域

（1）电子工程和电路设计、自动化和控制系统：观察和分析信号波形，帮助工程师设计产品、排除故障和优化性能。

（2）通信和无线电：观察和分析通信系统中的信号波形，帮助工程师进行通信系统的调试、优化和故障排除。

（3）医学和生物科学：观察和分析生物信号（如心电图、脑电图等）的波形和特征，帮助医生和研究人员进行医学诊断和研究。

（4）物理实验和科学研究：观察和分析物理实验中的信号波形，帮助研究人员进行物理实验和科学研究。

4.2.1.3 主要技术特点

（1）高精度测量：本作品具有高精度的测量能力，可以准确地测量和显示信号的幅值、频率、相位等参数。

（2）高带宽和高采样频率：本作品具有高带宽和高采样频率的特点，可对高频信号进行准确的测量和分析。

（3）多通道测量：本作品具有多个通道，可同时测量和显示多个信号，方便对多个信号进行比较和分析。

（4）实时显示和捕获：本作品能够实时显示和捕获信号的波形，可对信号进行实时观察和分析。

（5）自动测量和分析功能：本作品具有自动测量和分析功能，可自动识别和测量信号的特征，提供丰富的测量和分析结果。

（6）触发功能：本作品具有触发功能，可根据信号的特征进行触发，以便准确地捕获和显示信号的波形。

（7）数据存储和导出：本作品可以将测量数据存储在内部存储器或外部存储介质中，支持数据的导出和分析。

（8）用户界面和操作便捷性：本作品具有友好的用户界面和操作便捷性，方便用户进行测量和分析操作。

4.2.1.4 主要性能指标

（1）可测波形频率范围为 10 Hz～10 MHz。

（2）垂直灵敏度挡位有 1 V/div、0.1 V/div 和 2 mV/div，电压测量误差≤5%。

（3）水平灵敏度挡位有 20 ms/div、2 μs/div、100 ns/div，波形周期测量误差≤5%。

4.2.1.5　主要创新点

（1）高性能和高精度。

（2）更高的速度和更好的实时性，可满足对高速信号和实时信号的测量和分析需求。

（3）自动化和智能化，能自动识别和测量信号特征，自动调整测量参数和显示设置。

4.2.1.6　设计流程

本作品的设计流程如图 4.2-1 所示。

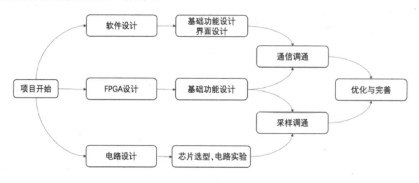

图 4.2-1　本作品的设计流程

4.2.2　系统组成及功能说明

4.2.2.1　整体介绍

本作品的框架如图 4.2-2 所示。本作品由信号处理模块、FPGA 信号采集模块、基于龙芯 2K1000 的控制显示模块三大部分构成。其中，信号处理模块对信号进行调幅、采样保持、垂直灵敏度的调整；FPGA 信号采集模块进行实时采样和等效采样；FPGA 与控制显示模块使用 SPI 总线进行通信。SPI 总线的数据传输速率快，示波器的波形传输需要较大的数据量，SPI 总线能满足本作品的需求。

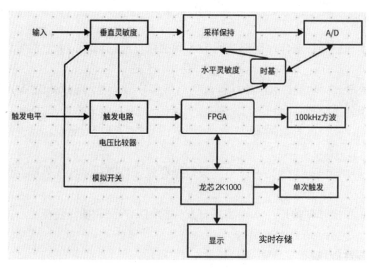

图 4.2-2　本作品的框架

4.2.2.2　硬件系统介绍

（1）FPGA 信号采集模块（其框架见图 4.2-3）：本作品选用国产 FPGA（安路 EG4S20）板卡

进行信号处理,驱动 10 位并行模/数转换芯片进行数据采集,并通过 SPI 总线与龙芯 2K1000 通信。

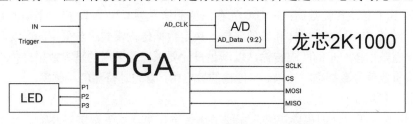

图 4.2-3　FPGA 信号采集模块的框架

本作品通过等精度频率计获取待测信号的频率，等精度频率计的工作波形如图 4.2-4 所示。等精度频率计的测量范围受基准时钟影响，基准时钟频率越高，等精度频率计的分辨率就越高。由于本作品需要测量 10 Hz～10 MHz 的信号，因此 FPGA 通过 PLL 产生的 300 MHz 时钟作为基准时钟 clk_fs。通过门限时间 GATE_TIME 内基准时钟的周期数 fs_cnt1 和待测信号的周期数 fx_cnt2 可以计算出待测信号的频率，即：

$$clk\_fx = clk\_fs \times \frac{fx\_cnt2}{fx\_cnt1} \tag{4.2-1}$$

FPGA 通过 SPI 总线将待测信号传输到龙芯 2K1000，并根据待测信号的频率确定时基挡位、A/D 采样频率和数据传递模式。

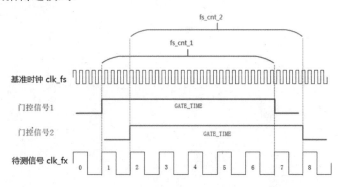

图 4.2-4　等精度频率计的工作波形

（2）通过 A/D 模块采集数据。根据赛题，A/D 模块的最高采样频率为 1 Msps，为了展示完整的不失真信号，当待测信号频率小于 50 kHz 时，采用实时采样；当待测信号频率大于 50 kHz 时，采用等效采样，其中当待测信号频率小于 1 MHz 时采用 10 Msps 的等效采样频率，当待测信号频率大于 1 MHz 时采用 200 Msps 的等效采样频率。连续等效采样的时序如图 4.2-5 所示。

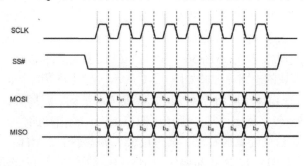

图 4.2-5　连续等效采样的时序

（3）时基挡位指示灯：根据待测信号频率确定时基挡位，并通过指示灯进行指示。

（4）通过 SPI 总线传输数据：FPGA 先存储待测信号频率和 A/D 模块采集的数据，再根据 A/D 模块的采样模式（即实时采样和等效采样）决定数据传输模式。若采用的是实时采样模式，则将采样的一组数据按一定的间隔传输，以满足设计要求。若采用的是等效采样模式，则将采样的一组数据按重建信号数据顺序传输。在传输的数据中，首先是待测信号频率，接着是采样数据。

（5）电路各模块简介。

① 调幅模块。在设计调幅模块时，需要考虑带宽、电压承受范围以及输入输出阻抗。在本作品中，调幅模块的关键芯片是 AD811 和 OPA637。

AD811 是一款宽带电流反馈型运算放大器，3 dB 带宽为 140 MHz（增益为+1）和 120 MHz（增益为+2），0.1 dB 带宽为 35 MHz（增益为+2），能够很好地满足本作品检测 10 Hz～10 MHz 信号的要求。OPA637 是一款功能强大的双路放大器，具有低噪声、低失真、高稳定性、低输入偏置电流等优点。调幅模块的电路原理图如图 4.2-6 所示。

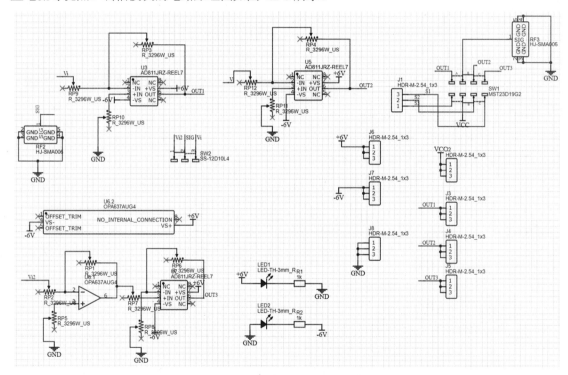

图 4.2-6　调幅模块的电路原理图

② 触发电路模块。在设计触发电路模块时，需要考虑带宽、输出电平、上升时间、下降时间，以及输入输出阻抗。在本作品中，触发电路模块采用了 AD8564。AD8564 具有 7 ns 的延时，成为定时电路和接收机的理想选择。AD8564 采用独立的模拟电源和数字电源，可防止电源引脚的相互影响。触发电路模块的电路原理图如图 4.2-7 所示，通过调节图中 RP1 可调节触发电平。

③ 校准信号模块。在设计校准信号模块时，需要考虑带宽、波形失真度和输入输出阻抗。NE555 具有体积小、重量轻、稳定可靠、操作电源范围大、输出端的供给电流能力强、计时精确度高、温度稳定度佳、价格便宜等特点，其理论最高频率小于 5 MHz，实际使用中一般认为最高频率为 500 kHz（经验参数）。本作品要生成 100 kHz 的信号，因此选用 NE555 作为方波信号发生器。对于由 NE555 构成的多谐振荡电路，加入 2 个二极管可以使其占空比在 0～100%可

调。校准信号模块的电路原理图如图 4.2-8 所示，调节图中 RP5 和 RP6 可以生成占空比为 50%的方波信号。校准信号模块先使用 7432 门电路进行整形再进行调幅，调节图中 RP4 可将电压幅度调节到目标范围。

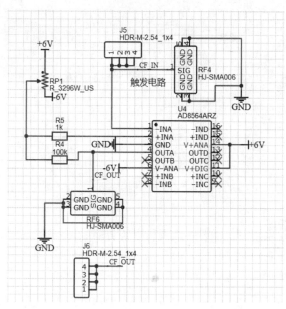

图 4.2-7　触发电路模块的电路原理图

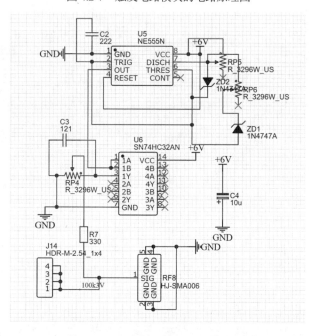

图 4.2-8　校准信号模块的电路原理图

　④ 采样保持电路模块。在设计采样保持电路模块时，需要考虑芯片的最高采样保持频率、允许的电压输入范围。本作品的采样保持电路模块使用的是 AD783。AD783 是高速单片采样保持放大器（SHA），典型的采样时间为 250 ns，在 KP_CLK 端输入 FPGA 提供的 1 MHz 信号即可实现采样保持。采样保持电路模块的电路原理图如图 4.2-9 所示。

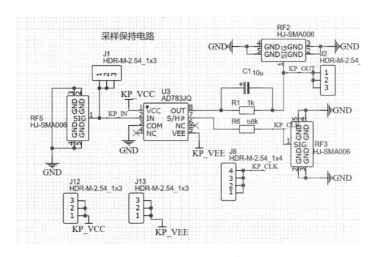

图 4.2-9　采样保持电路模块的电路原理图

4.2.2.3　软件系统介绍

在设计本作品的软件系统时，需要考虑人机交互界面的用户体验，并且界面的设计不能牺牲系统的性能。本作品使用 PyQt 编写控制与显示系统，其界面如图 4.2-10 所示。

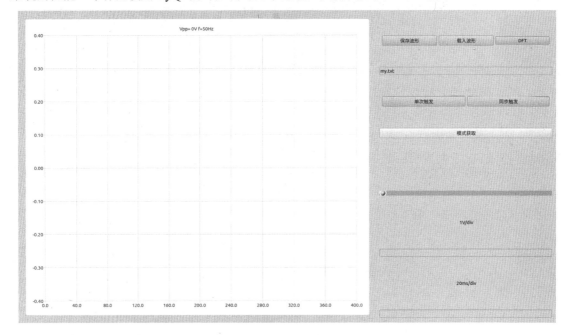

图 4.2-10　控制与显示系统的界面

本作品的软件系统具有以下特点：

（1）具有波形载入、保存功能。该功能可用于数据分析、故障排除、数据共享、波形回访和比较，以及检测、记录，提供了更大的灵活性和便利性，方便用户对测量结果做进一步的处理和分析。

（2）具有离散傅里叶变换（DFT）分析功能。DFT 在信号处理、频谱分析、滤波器设计、信号压缩和编码、信号重构和合成，以及信号分析方面有广泛的应用，是一种重要的数学工具。

（3）界面简洁美观，提升了用户体验和易用性。

（4）将频率和幅度直接显示在波形上端，监测更为方便、直观。

4.2.3　完成情况及性能参数

4.2.3.1　整体介绍
本作品的实物如图 4.2-11 所示。

4.2.3.2　工程成果
（1）电路成果。本作品的电路成果如图 4.2-12 所示。

图 4.2-11　本作品的实物　　　　　　　图 4.2-12　本作品的电路成果

（2）软件成果。本作品的软件运行界面如图 4.2-13 所示。

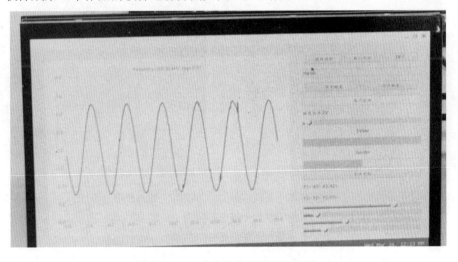

图 4.2-13　本作品的软件运行界面

4.2.3.3　特性成果
本作品的特性成果如表 4.2-1 所示。

表 4.2-1　本作品的特性成果

输 入 频 率	输入 V_{pp}	读取到的频率	读取到的 V_{pp}
3 MHz	4.0 V	3.000 MHz	3.89 V
1 MHz	4.0 V	1.000 MHz	4.66 V
100 kHz	7.0 V	100.942 kHz	7.03 V
50 kHz	7.0 V	50.471 kHz	7.00 V

输 入 频 率	输入 V_{pp}	读取到的频率	读取到的 V_{pp}
50 kHz	5.0 V	50.471 kHz	5.02 V
50 Hz	6.0 V	55.390 Hz	6.09 V
50 Hz	2.0 V	55.150 Hz	2.04 V
50 Hz	0.6 V	54.460 Hz	0.60 V
50 Hz	0.2 V	54.450 Hz	0.20 V
50 Hz	12 mV	48.290 Hz	12.24 mV
50 Hz	8 mV	48.290 Hz	8.16 mV

输入不同频率和峰峰值 V_{pp} 时的正弦波、方波或锯齿波信号如图 4.2-14 到图 4.2-18 所示。

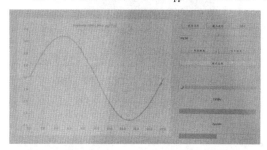

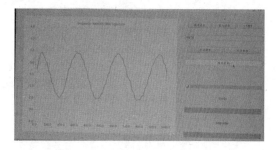

图 4.2-14　输入频率为 50 kHz、V_{pp}=7 V 时正弦波信号　　图 4.2-15　输入频率为 3 MHz、V_{pp}=4 V 时的正弦波信号

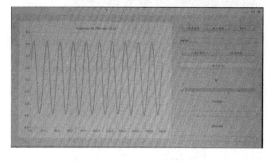

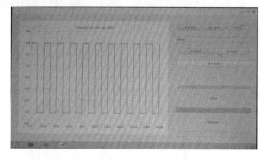

图 4.2-16　输入频率为 50 Hz、V_{pp}=12 mV 时正弦波信号　　图 4.2-17　输入频率为 50 Hz、V_{pp}=6 V 时的方波信号

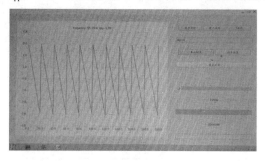

图 4.2-18　输入频率为 50 Hz、V_{pp}=6 V 时的锯齿波信号

4.2.4　总结

4.2.4.1　可扩展之处

（1）可选用精度更高的 A/D 模块，优化预处理电路，获得更高的精度。

（2）可添加多个输入通道，使用多路复用器，同时考虑软硬件的兼容性与适配性。

（3）可增加数据存储和远程云端访问服务，支持远程控制和操作，以及故障排除。

4.2.4.2　心得体会

李书琦：记得在大二上数电课时，老师跟我们提到过龙芯。幸运的是在这次比赛中真正接触到了采用 LA 架构龙芯 2K1000。在参赛过程中，我们除了对嵌入式系统有了更多的了解，也对通用 CPU 的体系结构有了更多的认识。本次赛题的挑战不小，我们既要通过模拟电路完成信号处理部分，还要使用 FPGA 进行信号采样、使用龙芯 2K1000 制作控制与显示界面。因为芯片系统和架构，可参考的资料不多，很多地方都需要合理的移植才能应用，这对我们来说无疑是个很大的挑战。记得比赛刚开始时，其他学校的同学在群里笑称这是"泥头车大赛"。尽管一次次的碰壁，但我们最终还是完成了本作品。过程是艰苦的，无数个调代码、调电路的深夜，一抽屉各种版本的 PCB，但在最后一挡波形出现的那一刻，这些辛苦都是值得的。

廖王韬：嵌入式比赛时间周期长，是一场持久战，对时间管理和压力承受能力的要求很高。在比赛中可能会遇到各种问题和挑战，需要保持冷静和应变能力，不被压力所困扰，保持良好的心态和工作状态。为了更契合赛题的要求，我们选用的是国产 FPGA，在使用中能明显感受到 IP 核、例程等资源受限，并且仿真和实际差别很大，给程序调试增加了不少困难。在我们设计的作品方案中，FPGA 作为系统的"交通要道"，对前端电路提供的信号要求高，这对外围电路参数设计来说是个挑战。在整个系统联合调通时，问题频出，经过无数次的努力，当本作品成功运作时真的很有成就感。

蔡文轩：设计前端预处理电路的目的是将输入的信号调整至符合 FPGA 所能传输的范围。根据相应的需求，选择不同的芯片、设计不同的电路。在本次前端电路的设计中，在选取符合实际条件的芯片时花费了大量的时间与精力。在进行芯片测试时，由于部分芯片质量比较差，测试所花费的时间较长，测试结果不稳定，在反复测试了不同批次的芯片后，才得到稳定的芯片。幅度调节挡位的设计使用的是用高速运放芯片，参考实际的示波器，利用开关实现挡位的切换并与龙芯 2K1000 实现挡位信息的交互。本次大赛，我们设计了一个完整的作品，经历了从前端到后端的完整过程，切实了解到一个作品的实现是多么不容易。

4.2.5　参考文献

[1] 丁聪，胡宇航，吴婷，等．等精度频率计的 Verilog 设计与仿真[J].电子制作，2020,403(17): 22-23, 43.

[2] 尹国应,毛立祥,程云华,等．一种基于 AD9851 的高精度等效采样系统:CN206726014U[P]. 2017-12-08.

[3] 曹勇．数字示波器的工作原理浅析[J]．智能城市，2016(07):287.

[4] 刘璐．基于等效采样原理的数字示波器[J]．仪器仪表用户，2011,18(04):85-87.

[5] 刘国林，殷贯西．电子测量［M］．北京：机械工业出版社，2003.

[6] 胡伟武．用"芯"探核：龙芯派开发实战[M]．北京：人民邮电出版社，2020.

[7] 陈华才．用"芯"探核：基龙芯的 Linux 内核探索解析[M]．北京：人民邮电出版社，2020.

4.2.6　企业点评

本作品是基于龙芯 2K1000、结合国产 FPGA 制作的数字示波器，性能指标达到了龙芯赛题的要求，比较充分地使用了龙芯的硬件平台资源。希望参赛团队能对本作品进一步完善，并且形成课程示例、实验资源、操作指导等，以赛促教，不断提升学生的实践能力和技术水平，培养越来越多的信息技术产业人才。

4.3 分布式地震监测及震源定位系统

学校名称：防灾科技学院
团队成员：高其航、李承训、刘人华
指导老师：刘春侠、贺秀玲

摘要

本作品（在本节中指分布式地震监测及震源定位系统）是面向学生、自然现象爱好者及普通民众打造的一套轻量便携、易于部署且功能丰富的地震监测系统。本作品由开发团队自主开发的极短周期地震仪和自研的配套上位机软件组成。

本作品产品克服了传统短周期地震仪笨重、不易部署、价格昂贵、软件难以操作等缺点，为用户提供了简易的操作界面，同时集成了丰富的功能，能即时将用户捕获到的地震波数据直观地展现出来，即便没有计算机和地震学基础的人也能轻松上手，具有较强的即时性和极大的科普意义。

4.3.1 作品概述

4.3.1.1 功能与特性

本作品上位机使用龙芯 2K1000，上位机软件使用 Go 语言开发。本作品支持多种数据库引擎，如 MySQL、PostgreSQL、SQL Server 和 SQLite 等，从而使用户能够根据实际情况进行选型。本作品提供了一个基于 Web 且用户友好的终端，UI 采用响应式设计，重点考虑了手机及平板电脑用户的操作便利性，以确保在各种设备上都能获得良好的体验。

在本作品的终端上，用户可以查看采集到的地震波形，以及计算出的烈度数据。本作品提供了多种地震烈度标准，如中国烈度标准、日本烈度标准等，用户可以根据需求自行切换。

另外，用户可以在指定时间范围或根据已知地震事件来查询地震波形数据，并将相关数据导出为地震台网专用的 SAC 或 MiniSEED 格式，使得专业人员能够方便地进行研究和分析。本作品的终端也具有生成分享链接的功能，用户可将地震事件分享给其他人。

本作品使用 SeedLink 协议推流，可接入地震台网，参与分布式测震，在必要时可以零成本启用。

4.3.1.2 应用领域

在地震灾害频发的今天，通过本作品可加深普通民众对地震的认知，提高更多人的灾害防范意识。本作品旨在使专业学者能够更容易地研究地震，使普通民众能够更深入地了解地震。

本团队对当前的地震仪市场进行了调研，发现面向 C 端的地震仪市场目前几乎是一片空白，只有一些基于低端 MEMS 加速度传感器研制的开源地震仪项目。

目前，普通民众对地震灾害的认知尚不深入，在许多通识概念上都存在理解上的错误，如将震级与烈度混淆。本作品能够帮助普通民众从根本上纠正这些错误认知，对于防灾科普有极大的意义。另外，普通民众往往无缘接触到实际的地震波形，及其能传播的距离，因此也难以认识到不同地震烈度等级可能对地面的破坏程度。通过本作品,普通民众也可以对地震的破坏力有更深层次的了解,对培养普通民众的防灾意识具有巨大贡献。

本作品的主要目标群体是教育工作者、学生和普通民众。

4.3.1.3　主要技术特点

(1)下位机传感器选型。本团队在调研市面上大量基于低端 MEMS 加速度传感器的开源地震仪后,发现其普遍存在以下痛点:

- ☞ 采样分辨率过低,不满足地震监测需求;
- ☞ 灵敏度过低,监测覆盖范围较小;
- ☞ 稳定性存在问题,如使用一段时间后会失灵;
- ☞ 采样频率太低,无法记录地震波的细节。

针对以上痛点,本作品在专业地震检波器的基础上,设计了信号调理电路,能够有效抑制杂波并捕获更远的地震波。

(2)下位机中地震检波器的信号调理电路。地震检波器的自然频率受限于机械特性,为了能够有效捕获低频的地震波,对地震检波器的自然频率提出了进一步的要求。但在机械结构层面上是难以做到的,因此本作品通过信号调理电路来改进地震检波器机械系统的等效特性,进而达到了改善频率特性和测量范围的目的。本作品使用了零极点配置补偿法实现了信号调理电路,从而使地震检波器能够覆盖更远的监测范围。

(3)下位机中主控模块和数据传输方案。地震检波器采集的数据可通过 RS-232 或 LoRa DTU 传输,便于用户将本作品部署在合理的位置,减少因布线问题所带来的困扰。

(4)上位机中的后端模块化。为了支持国产计算机平台的发展,本作品采用具有良好跨平台特性的 Go 语言开发上位机中的后端,同时结合面向对象及面向接口编程的理念,使代码结构更加清晰,实现了后端模块化,更加便于后续的维护工作。

(5)上位机中的前端功能。本作品上位机中的前端使用了 TypeScript + React.js 架构,实现了响应式设计,使用户能够在 PC、平板电脑、手机上无障碍使用。

4.3.1.4　主要性能指标

本作品的主要性能指标如表 4.3-1 所示。

表 4.3-1　本作品的主要性能指标

基 本 参 数	性 能 指 标	基 本 参 数	性 能 指 标
供电方式	DC 5V、200 mA	设备体积	160 mm×90 mm×90 mm
通道数量	EHZ、EHE、EHN	设备类型	极短周期地震仪
采样位数	27 bit	数据传输方式	有线传输、无线传输
采样频率	100 sps	—	—

4.3.1.5　主要创新点

(1)上位机采用 B/S 架构,兼容 PC、平板电脑、手机等设备。相对于传统的短周期地震仪,本作品更加便于普通民众上手操作。

(2)下位机的数据可采用有线传输或无线传输,用户可以根据实际场景灵活选择数据传输方式。相对于传统的短周期地震仪,用户可以更加简单和灵活地部署本作品;本作品既可以使用 5 V 的直流电源供电,也可以使用太阳能驱动,在阴雨环境下能够运行较长的时间。

(3)上位机软件提供了独创的根据地震台网已知地震事件反查波形功能,可方便科研人员在震后快速获取地震数据。本作品能够根据指定的地震事件和时间段，生成数据分享链接，便于他人调用数据。本作品能即时计算出地震烈度，提供包含中国烈度标准在内的其他多种烈度标准数据。

4.3.1.6　设计流程

本作品的设计流程如图 4.3-1 所示。

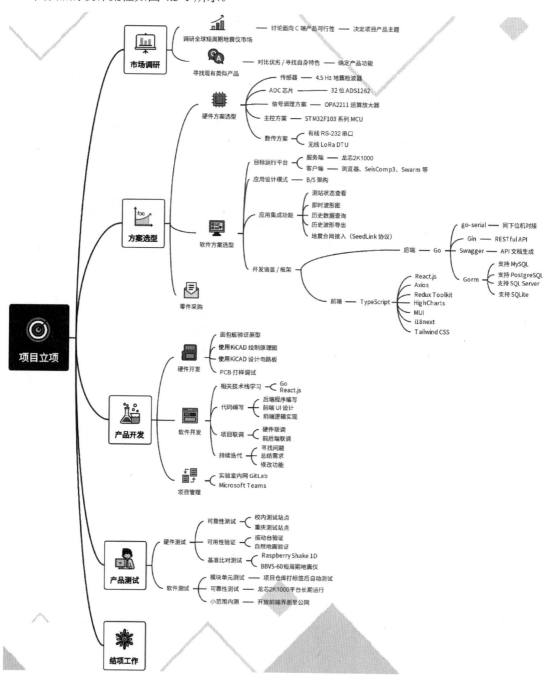

图 4.3-1　本作品的设计流程

4.3.2 系统组成及功能说明

4.3.2.1 整体介绍

本作品的整体框架如图 4.3-2 所示。硬件部分主要包含地震感知模块、信号调理模块、数据采集模块、主控模块和数据传输（数传）模块；软件部分主要是运行在龙芯 2K1000 上的上位机后端。本作品可以实时监测地震活动，并参与地震台网的震源测定。

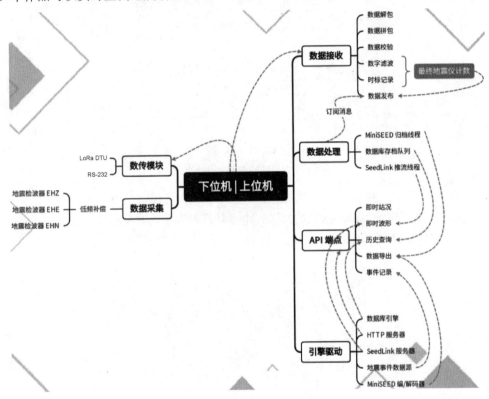

图 4.3-2 本作品的整体框架

4.3.2.2 硬件系统介绍

本作品中有三个地震检波器，分别在垂直方向、东西方向、南北方向上摆放，其自然频率均为 4.5 Hz、灵敏度均为 0.288 V/cm/s。

下位机的内部结构如图 4.3-3 所示。

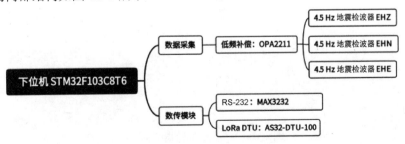

图 4.3-3 下位机的内部结构

地震检波器采集到的模拟信号以差分方式输入 ADC，从而抑制共模干扰，同时获得比单端方式更高的灵敏度，ADC 输出的数字信号会输入信号调理模块。本作品的信号调理模块是基于 OPA2211 运算放大器（运放）构建的，其电路原理图如图 4.3-4 所示。

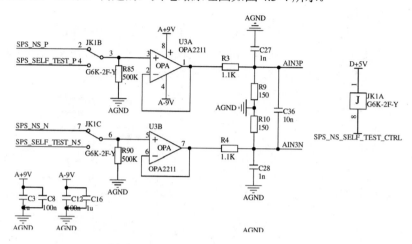

图 4.3-4　信号调理模块的电路原理图

下位机可以通过 RS-232 与上位机进行通信，但下位机主控模块的串口电平为 TTL 电平，因此需要使用电平转换芯片（如 MAX3232）进行电平转换。为了同时兼容 DB 公头（Male）或母头（Female），本作品引出了两路接口。电平转换电路的原理图如图 4.3-5 所示。

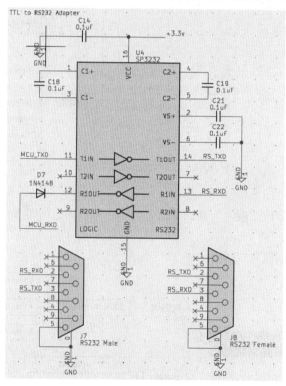

图 4.3-5　电平转换电路的原理图

4.3.2.3　软件系统介绍

（1）软件系统整体介绍。本作品在启动后，软件系统会先读取配置文件。用户可以在配置文件中指定站点资讯、NTP 服务器、数据库、MiniSEED 归档服务、SeedLink 等。配置文件的代码示例如图 4.3-6 所示。

```json
{} config.json ×
build > assets > {} config.json > ...
 1
 2        "station_settings": {
 3            "uuid": "a373e39c-8e15-44ae-a1ad-6fb622bc49e6",
 4            "name": "AnyShake Station",
 5            "station": "SHAKE",
 6            "network": "AS",
 7            "location": "00",
 8            "latitude": 39.9,
 9            "longitude": 116.3,
10            "elevation": 0
11        },
12        "geophone_settings": {
13            "ehz": {
14                "sensitivity": 0.288,
15                "damping": 0.56,
16                "frequency": 4.5
17            },
18            "ehe": {
19                "sensitivity": 0.288,
20                "damping": 0.56,
21                "frequency": 4.5
22            },
23            "ehn": {
24                "sensitivity": 0.288,
25                "damping": 0.56,
26                "frequency": 4.5
27            },
28        },
29        "adc_settings": {
30            "resolution": 27,
31            "fullscale": 5.0
32        },
```

```json
{} config.json ×
build > assets > {} config.json > ...
33        "serial_settings": {
34            "packet": 4,
35            "baud": 19200,
36            "device": "/dev/ttyUSB0"
37        },
38        "ntpclient_settings": {
39            "host": "0.pool.ntp.org",
40            "port": 123,
41            "timeout": 3,
42            "interval": 5
43        },
44        "archiver_settings": {
45            "enable": false,
46            "engine": "postgresql",
47            "host": "127.0.0.1",
48            "port": 5432,
49            "username": "postgres",
50            "password": "passw0rd",
51            "database": "observer"
52        },
53        "server_settings": {
54            "host": "0.0.0.0",
55            "port": 8073,
56            "cors": true,
57            "debug": false
58        },
59        "miniseed_settings": {
60            "enable": false,
61            "path": "/data/miniseed",
62            "lifecycle": 10
63        },
64        "seedlink_settings": {
65            "enable": false,
66            "host": "0.0.0.0",
67            "port": 18000
68        }
```

图 4.3-6　配置文件的代码示例

软件系统启动后，用户可通过指定的地址及端口访问上位机的前端及相关服务。

（2）软件各模块介绍。软件系统启动后，会依次调用各个功能模块的接口签名，从而实现基础业务注册。基础业务注册的代码示例如图 4.3-7 所示。

```go
// Initialize global status
var status publisher.Status
publisher.Initialize(&conf, &status)

// Register features
features := []feature.Feature{
    &ntpclient.NTPClient{},
    &geophone.Geophone{},
    &archiver.Archiver{},
    &miniseed.MiniSEED{},
    &seedlink.SeedLink{},
}

featureOptions := &feature.FeatureOptions{
    Config: &conf,
    Status: &status,
}

featureWaitGroup := new(sync.WaitGroup)
for _, s := range features {
    go s.Run(featureOptions, featureWaitGroup)
}
```

图 4.3-7　基础业务注册的代码示例

基础业务注册完成后，软件系统会启动 HTTP 服务并阻塞主线程，直到收到中断信号为止。启动 HTTP 服务的代码示例如图 4.3-8 所示。

下位机的数据处理模块依靠指定的同步码来判断一个数据帧的帧头。由于数据长度是固定的，因此不需要帧尾来指示数据帧的结束。在读取完一帧数据后，上位机会对数据的有效性进行校验。数据有效性校验的代码示例如图 4.3-9 所示。

```
// Start HTTP server
go server.StartDaemon(
    conf.Server.Host,
    conf.Server.Port,
    &app.ServerOptions{
        Gzip:           9,
        WebPrefix:      WEB_PREFIX,
        APIPrefix:      API_PREFIX,
        FeatureOptions: featureOptions,
        CORS:           conf.Server.CORS,
    })

// Receive interrupt signals
sigCh := make(chan os.Signal, 1)
signal.Notify(sigCh, os.Interrupt, syscall.SIGTERM)
<-sigCh

// Wait for all features to stop
logger.Print("main", "main daemon is shutting down", color.FgMagenta, true)
featureWaitGroup.Wait()
```

图 4.3-8　启动 HTTP 服务的代码示例

```
func (g *Geophone) Read(port io.ReadWriteCloser, conf *config.Conf, packet *Packet, packetLen int) error {
    // Filter frame header
    _, err := serial.Filter(port, SYNC_WORD[:], 128)
    if err != nil {
        return err
    }

    // Read data frame
    checksumLen := len(packet.Checksum)
    buf := make([]byte, g.getSize(packetLen, checksumLen))
    n, err := serial.Read(port, buf, TIMEOUT_THRESHOLD)
    if err != nil {
        return err
    }

    // Allocate memory for data frame
    packet.EHZ = make([]int32, packetLen)
    packet.EHE = make([]int32, packetLen)
    packet.EHN = make([]int32, packetLen)

    // Create reader for data frame
    reader := bytes.NewReader(buf[:n])

    // Parse EHZ channel
    err = binary.Read(reader, binary.LittleEndian, packet.EHZ)
    if err != nil {
        return err
    }

    // Parse EHE channel
    err = binary.Read(reader, binary.LittleEndian, packet.EHE)
    if err != nil {
        return err
    }

    // Parse EHN channel
    err = binary.Read(reader, binary.LittleEndian, packet.EHN)
    if err != nil {
        return err
    }

    // Parse checksum
    for i := 0; i < checksumLen; i++ {
        err = binary.Read(reader, binary.LittleEndian, &packet.Checksum[i])
        if err != nil {
            return err
        }
    }

    // Compare checksum
    err = g.isChecksumCorrect(packet)
    if err != nil {
        return err
    }

    return nil
}
```

图 4.3-9　数据有效性校验的代码示例

若用户在配置文件中使能了数据库归档模块，则会订阅来自数据处理模块的下位机数据。数据库归档的代码示例如图 4.3-10 所示。

```go
func (a *Archiver) Run(options *feature.FeatureOptions, waitGroup *sync.WaitGroup)
    if !options.Config.Archiver.Enable {
        a.OnStop(options, "service is disabled")
        return
    } else {
        waitGroup.Add(1)
        defer waitGroup.Done()
    }

    // Connect to database
    a.OnStart(options, "service has started")
    pdb, err := dao.Open(
        options.Config.Archiver.Host,
        options.Config.Archiver.Port,
        options.Config.Archiver.Engine,
        options.Config.Archiver.Username,
        options.Config.Archiver.Password,
        options.Config.Archiver.Database,
    )
    if err != nil {
        a.OnError(options, err)
        os.Exit(1)
    }

    // Migrate database
    err = dao.Migrate(pdb)
    if err != nil {
        a.OnError(options, err)
        os.Exit(1)
    }
    options.Database = pdb

    // Archive when new message arrived
    expressionForSubscribe := true
    go func() {
        publisher.Subscribe(
            &options.Status.Geophone,
            &expressionForSubscribe,
            func(gp *publisher.Geophone) error {
                return a.handleMessage(gp, options, pdb)
            },
        )

        err = fmt.Errorf("service exited with an error")
        a.OnError(options, err)
        os.Exit(1)
    }()

    // Receive interrupt signals
    sigCh := make(chan os.Signal, 1)
    signal.Notify(sigCh, os.Interrupt, syscall.SIGTERM)

    // Wait for interrupt signals
    <-sigCh
    logger.Print(MODULE, "closing database connection", color.FgBlue, true)
    dao.Close(pdb)
}
```

图 4.3-10　数据库存档的代码示例

若用户使能了 MiniSEED 归档模块，则会先寻找当天可能存在的记录，然后将其记录在上次记录后。若未发现以往的记录，则建立新的档案开始记录。MiniSEED 归档模块的代码示例如图 4.3-11 所示。

若用户使能了 SeedLink 模块，则需要在配置文件中指定的地址上启动 TCP 服务器，用于处理来自 SeedLink 客户端的请求。SeedLink 模块的代码示例如图 4.3-12 所示。

```
// Get sequence number if file exists
for i, v := range miniSEEDBuffer.ChannelBuffer {
    filePath := getFilePath(basePath, station, network, location, i, currentTime)
    _, err := os.Stat(filePath)
    if err == nil {
        // Get last sequence number
        logger.Print(MODULE, fmt.Sprintf("starting %s from last record", i), color.FgYellow, false)

        // Read MiniSEED file
        var ms mseedio.MiniSeedData
        err := ms.Read(filePath)
        if err != nil {
            m.OnError(options, err)
            return
        }

        // Get last sequence number
        recordLength := len(ms.Series)
        if recordLength > 0 {
            lastRecord := ms.Series[recordLength-1]
            lastSeqNum := lastRecord.FixedSection.SequenceNumber
            n, err := strconv.Atoi(lastSeqNum)
            if err != nil {
                m.OnError(options, err)
                return
            }
            // Set current sequence number
            v.SeqNum = int64(n)
        }
    } else {
        // Create new file with sequence number 0
        logger.Print(MODULE, fmt.Sprintf("starting %s from a new file", i), color.FgYellow, false)
    }
}
m.OnStart(options, "service has started")

// Append and write when new message arrived
expressionForSubscribe := true
publisher.Subscribe(
    &options.Status.Geophone,
    &expressionForSubscribe,
    func(gp *publisher.Geophone) error {
        return m.handleMessage(gp, options, miniSEEDBuffer)
    },
)

err := fmt.Errorf("service exited with an error")
m.OnError(options, err)
```

图 4.3-11 MiniSEED 归档模块的代码示例

```
// Create TCP server and listen
host, port := options.Config.SeedLink.Host, options.Config.SeedLink.Port
listener, err := net.Listen("tcp", fmt.Sprintf("%s:%d", host, port))
if err != nil {
    s.OnError(options, err)
    os.Exit(1)
}
defer listener.Close()

// Init SeedLink global state
var (
    currentTime = time.Now().UTC()
    station     = text.TruncateString(options.Config.Station.Station, 5)
    network     = text.TruncateString(options.Config.Station.Network, 2)
    location    = text.TruncateString(options.Config.Station.Location, 2)
)
var slGlobal seedlink.SeedLinkGlobal
s.InitGlobal(&slGlobal, currentTime, station, network, location)

// Accept incoming connections
s.OnStart(options, "service has started")
go func() {
    for {
        conn, err := listener.Accept()
        if err != nil {
            continue
        }
        // Handle seedlink from client
        var slClient seedlink.SeedLinkClient
        s.InitClient(&slClient)
        go s.handleCommand(options, &slGlobal, &slClient, conn)
    }
}()

// Receive interrupt signals
sigCh := make(chan os.Signal, 1)
signal.Notify(sigCh, os.Interrupt, syscall.SIGTERM)

// Wait for interrupt signals
<-sigCh
logger.Print(MODULE, "releasing TCP listener", color.FgBlue, true)
```

图 4.3-12 SeedLink 模块的代码示例

4.3.3　完成情况及性能参数

4.3.3.1　整体介绍

本作品的实物如图 4.3-13 所示。

图 4.3-13　本作品的实物

4.3.3.2　工程成果

上位机的软件系统启动后，系统日志中会即时增加从下位机收到的数据并进行校验。上位机的软件系统启动界面如图 4.3-14 所示。

图 4.3-14　上位机的软件系统启动界面

若软件系统成功启动，则可通过配置文件中指定的 URL 访问前端。软件系统启动后的首页是测站实况（见图 4.3-15），首页会显示当前测站的系统占用、解码消息的数量等信息。

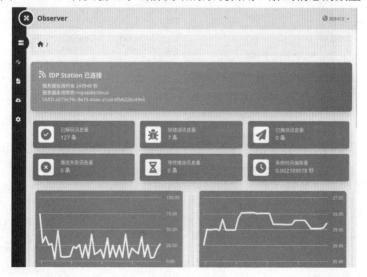

图 4.3-15　测站实况

在前端实时波形页面中，用户可以查看当前测站的三个通道的计数值。当发生地震时，地震波形会显示在前端实时波形页面中。前端实时波形页面中显示的地震波形示例如图 4.3-16 所示。

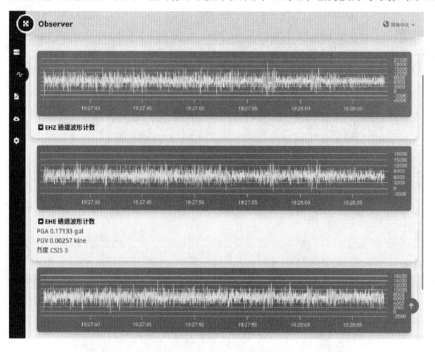

图 4.3-16　前端实时波形页面中显示的地震波形示例

在前端历史查询页面中，用户可以查询指定时间范围内的地震波，查询结果将展示在该页面下方图表之中。若用户有进阶需求（如滤波、查看频谱等），还可以单击"数据下载"按钮将查询结果保存为 SAC 格式的文件。前端历史查询页面的查询结果示例如图 4.3-17 所示。

图 4.3-17　前端历史查询页面的查询结果示例

本作品首创了事件反查功能，选择一个地震台网的数据源后，通过事件反查功能即可反推出 P 波和 S 波到站时间。事件反查功能示例如图 4.3-18 所示。

图 4.3-18　事件反查功能示例

在前端波形导出页面中，用户可以以天为单位导出 MiniSEED 格式数据。这对于需要做进阶分析的人员有很大的帮助。地震波形导出示例如图 4.3-19 所示。

图 4.3-19　地震波形导出示例

　　若用户使能了 SeedLink 模块，则软件系统会在默认的 18000 端口连接 SeedLink 服务器，从而可以接入地震台网并参与分布式测震，或者将数据串行推送到 SeisComp3、Swarm 等专业软件中进行即时分析。地震波形分析示例如图 4.3-20 所示。

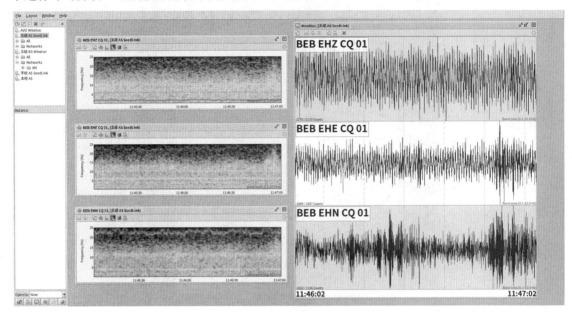

图 4.3-20　地震波形分析示例

4.3.3.2　特性成果

　　本作品捕获到的第一次地震波是 2023 年 7 月 23 日 9:00:27 发生在四川内江市威远县的地震波，震级为 M3.3，其地震波形如图 4.3-21 所示。

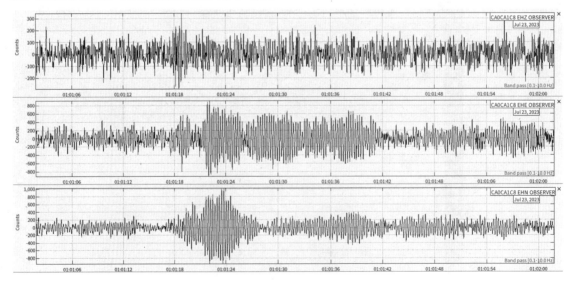

图 4.3-21　内江威远的地震波形

　　本作品于 2023 年 8 月 7 日 14:38:44 捕获到了发生在四川甘孜州泸定县的地震波，震级为 M3.2，其地震波形如图 4.3-22 所示。

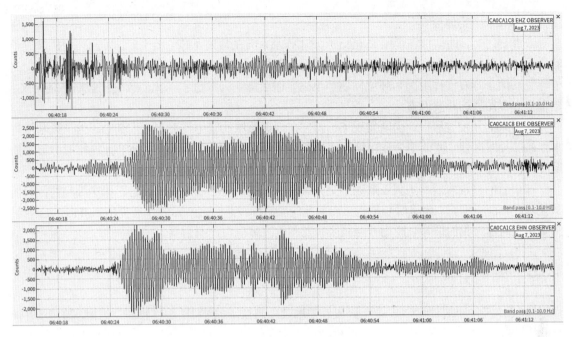

图 4.3-22　甘孜泸定的地震波形

团队不断优化本作品下位机采集前端参数，在 2023 年 8 月 29 日 3:55:32 捕获到了发生在印尼巴厘海的地震波，震级为 M7.1，其地震波形如图 4.3-23 所示。

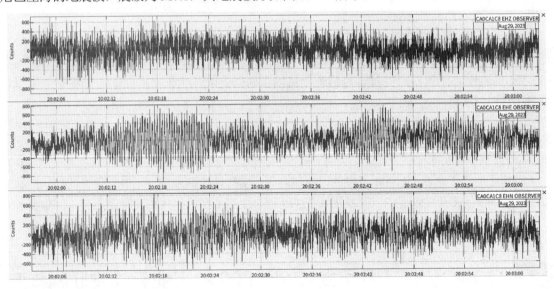

图 4.3-23　印尼巴厘海的地震波形

4.3.4　总结

4.3.4.1　可扩展之处

本作品的下位机目前仍然可以进行一系列优化，如通过 TCP/IP 协议接入上位机，这样既可以为用户提供更多的选择，也可以突破 RS-232 协议的传输距离限制。另外，目前下位机的 ADC 仍然有待改进，在顾及成本的情况下，可以选择动态范围更大的 DAC。

4.3.4.2　心得体会

在参赛之初，团队打算使用 Python 开发本作品，但在拿到龙芯的板卡后，发现环境搭建过于麻烦。考虑到 Go 语言具有良好的跨平台特性和简单的交叉编译方式，且原生支持龙芯生态，为了避免后续在开发过程中因为环境问题等不确定因素影响开发进程，团队改变了策略，使用 Go 语言作为本作品的开发语言。

在后来的开发过程中，团队发现 Go 语言在地震领域的应用几乎是一片空白。为了顺利推进本作品的开发进程，团队不舍昼夜地钻研相关行业标准，最后成功开发了两套地震行业中常用的地震数据格式处理库。

在最后的移植阶段，团队还遭遇了交叉编译不通过、龙芯芯片上无法运行程序等问题，但团队并未因此乱了阵脚，而是耐心地定位出问题的上游库，并向上游库的作者提出 Pull Request，最终解决了问题。我们很开心能为开源社区和龙芯生态献出自己的力量。

4.3.5　参考文献

[1] 赵博雄，王忠仁，刘瑞，等. 国内外微地震监测技术综述[J]. 地球物理学进展，2014, 29(4): 1882-1888.

[2] 邓起东，张培震，冉勇康，等. 中国活动构造与地震活动[J]. 中国科学（D 辑），2002, 32(12):1020-1030.

[3] 张晁军，陈会忠，李卫东，等. 大数据时代对地震监测预报问题的思考[J]. 地球物理学进展，2015, 30(4):1561-1568.

[4] 陈运泰. 地震预测——进展、困难与前景[J]. 地震地磁观测与研究，2007,28(2):1-24.

[5] 赵殿栋. 高精度地震勘探技术发展回顾与展望[J]. 石油物探，2009,48(5):425-435.

[6] 张永刚，王赟，王妙月. 目前多分量地震勘探中的几个关键问题[J]. 地球物理学报，2004,47(1):151-155.

4.3.6　企业点评

本作品是基于龙芯 2K1000 开发的，能较准确、实时地检测地震波，具有很好的创新性和实用性。在本作品的开发过程中，开发团队在 Go 语言生态上游社区中提交了龙芯补丁，丰富了龙芯生态，希望参赛团队再接再厉，为自主可控生态建设贡献更多的"芯"青年力量。

4.4 LOONGNET：基于龙芯 2K1000 的工业无线物联网传感系统

学校名称：西南大学
团队成员：张新科、林润泽、方承煜
指导老师：范子川、韩先锋

摘要

针对工业生产环境中的低温冷库、食品生产、防尘车间等众多应用场景，我们基于龙芯 2K1000

设计了一套工业无线物联网传感系统（在本节中简称本作品）。本作品分为传感器节点、终端、云端、客户端等部分，通过传感器节点，实现了分布式的温度、湿度、光照度、一氧化碳浓度等环境信息的采集；传感器节点与终端之间采用 LoRa 进行无线通信，并严格控制运行时的功耗；龙芯 2K1000 开发板作为显示和计算终端，对传感器节点的数据进行分析，对异常数据进行报警，支持图形化 GUI 操作；终端通过其上的 Wi-Fi 模块将传感器节点采集的数据上传到云端的 MQTT 服务器；用户可通过 Web 客户端和微信小程序查看相关数据，并通过邮件接收报警信息。

4.4.1　作品概述

4.4.1.1　功能与特性

本作品旨在设计制作一种工业无线物联网传感系统，以实现分布式的传感器信息采集和分析，包括温度、湿度、光照度、一氧化碳浓度等数据。本作品采用龙芯 2K1000 开发板作为显示和计算终端，并使用 STM32 系列 MCU 作为主控制器制作传感器节点，通过 LoRa 无线连接实现多传感器节点信息采集和数据分析等功能。本作品具有低成本、低功耗、高可扩展性和易操作等特点。

4.4.1.2　应用领域

本作品适用于工业生产环境中的低温冷库、食品生产、防尘车间等众多场景，可以实现分布式的传感器信息采集和分析，提高生产效率和安全性。

4.4.1.3　主要技术特点

本作品采用龙芯 2K1000 开发板作为显示和计算终端，以 STM32 系列 MCU 作为主控制器制作传感器节点，通过 LoRa 无线连接，实现多传感器节点的信息采集和数据分析等功能。本作品不仅具有低成本、低功耗、高可扩展性和易操作等特点，还具有传感器节点电量管理功能，通过对传感器节点电量进行监测和管理，可以实现对传感器节点的电量预警和智能管理。此外，本作品还支持数据导出功能，用户可以将传感器节点采集到的数据导出到 Excel 表格中，以便进行数据分析和处理。综上所述，本作品具有多种功能和优点，适用于多种场景。

4.4.1.4　主要性能指标

本作品的关键性能指标如下：

- ⮒ 数据上报的时间间隔不大于 3 s；
- ⮒ 掉线和上线测试的反应时间不超过 3 s；
- ⮒ 能够分别查看每个传感器节点中的每一项数据；
- ⮒ 能够生成每一项数据随时间变化的波形图；
- ⮒ 能对多传感器节点的数据进行分析；
- ⮒ 能够实时发现温度、湿度、光照度异常的传感器节点并报警，能够将传感器节点的数据上传到云端，用户能够通过手机或者计算机远程查看传感器节点的数据。

4.4.1.5　主要创新点

（1）采用龙芯 2K1000 开发板作为显示和计算终端，具有低成本、低功耗、高可扩展性和易操作等特点。

（2）本作品具有传感器节点电量管理功能、数据导出等特点，具有良好的可扩展性和实用性。

4.4.2 系统组成及功能说明

4.4.2.1 整体介绍

本作品的总体框架如图 4.4-1 所示。

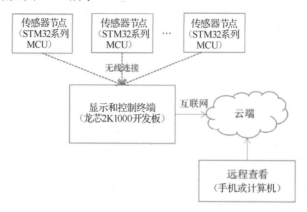

图 4.4-1 本作品的总体框架

本作品的各个模块如下：

（1）终端（显示和控制终端）：用于对传感器节点采集的数据进行处理和分析。

（2）传感器节点：用于采集环境温度、湿度、光照度等数据，并通过 LoRa 无线连接将数据上传到终端。

（3）无线模块：用于终端和传感器节点之间的无线通信。

（4）电源管理模块：用于管理传感器节点电量。

4.4.2.2 硬件系统介绍

（1）终端。终端采用龙芯 2K1000 开发板，该开发板配备了 USB 2.0 接口、OTG 接口、标准 HDMI 接口、千兆网接口、3.5 mm 接口和九针串口等，用于连接传感器节点，并实现数据处理和分析等功能。

（2）传感器节点。传感器节点采用一体化设计，是一块完整的电路板。传感器节点集成了 STM32 系列 MCU（本作品使用的是 STM32L051C8T6）、温湿度传感器（AHT20）、光照度传感器（TEMT6000）、一氧化碳浓度传感器（JND-104）、电源管理模块、无线模块等，可采集温度、湿度、光照度、一氧化碳浓度等环境信息，并通过 LoRa 无线连接将数据上传至终端，实现多传感器节点信息采集和数据分析等。

电源管理模块的电路原理图如图 4.4-2 所示。

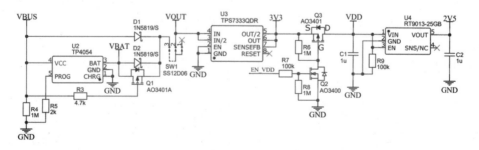

图 4.4-2 电源管理模块的电路原理图

传感器节点的电路原理图如图 4.4-3 所示。

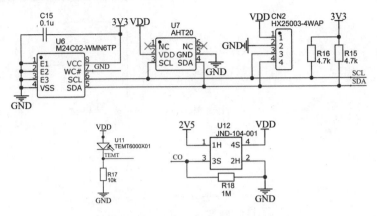

图 4.4-3　传感器节点的电路原理图

无线模块的电路原理图如图 4.4-4 所示。

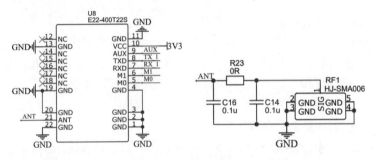

图 4.4-4　无线模块的电路原理图

STM32L051C8T6 的电路原理图如图 4.4-5 所示。

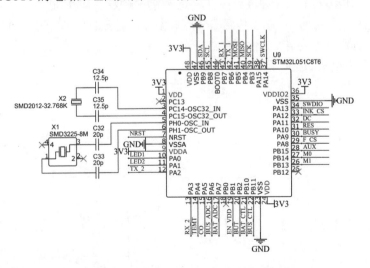

图 4.4-5　STM32L051C8T6 的电路原理图

4.4.2.3　软件系统介绍

本作品的软件系统框架如图 4.4-6 所示。

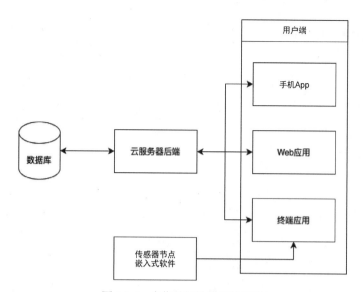

图 4.4-6　本作品的软件系统框架

传感器节点的嵌入式软件是采用 C 语言开发的，通过温湿度传感器、光照度传感器、一氧化碳浓度传感器等采集环境数据，并通过无线模块将数据上传至终端。

终端应用软件是采用 C++语言开发的，通过 Qt5 框架实现了界面设计和数据可视化，通过云端实现了数据的存储和远程访问。终端应用软件的功能包括以下几个方面：

- 数据的采集和处理：终端通过 LoRa 无线连接获取传感器节点上传的数据，并对数据进行处理和分析，包括数据的存储、分类和统计等。
- 数据可视化：终端通过 Qt5 框架实现了界面设计和数据可视化，可显示每个传感器节点的每项数据、生成每项数据随时间变化的波形图，用于对多传感器节点数据进行分析等。
- 报警功能：终端通过实时监测传感器节点数据，能够实时发现温度、湿度、光照度等数据出现异常的传感器节点，并进行报警，提醒用户采取相应的措施。
- 云端存储和远程访问：终端将传感器节点数据上传到云端存储，通过手机或者计算机可远程查看传感器节点数据，方便用户进行远程监控和管理。

终端应用软件的框架如图 4.4-7 所示。

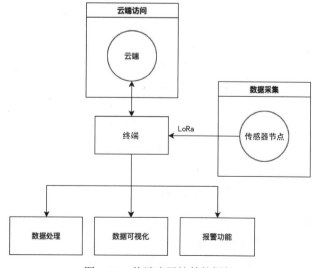

图 4.4-7　终端应用软件的框架

终端应用软件的运行界面如图 4.4-8 所示。

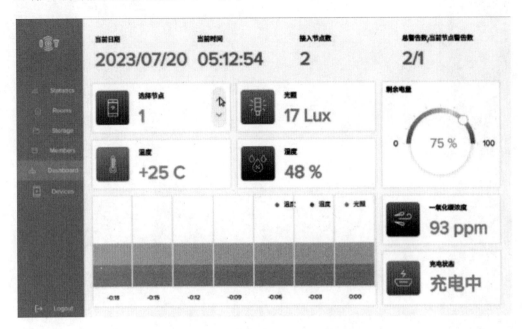

图 4.4-8　终端应用软件的运行界面

在远程进行监控时，选用的物联网传输协议是 MQTT。本作品在腾讯云服务器上部署了 EMQX 服务器（作为 MQTT 服务器）。Web 端的后端采用 Flask 架构，前端使用 jQuery+Bootstrap 架构，数据库使用的是 MySQL。用户在远程通过手机或计算机访问 Web 端，可以查看传感器节点上传的数据，方便用户进行远程监控和管理。Web 端的框架如图 4.4-9 所示。

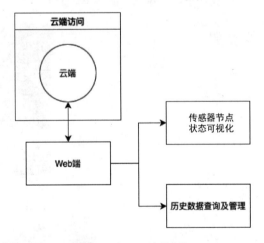

图 4.4-9　Web 端的框架

Web 端的软件运行界面如图 4.4-10 所示。

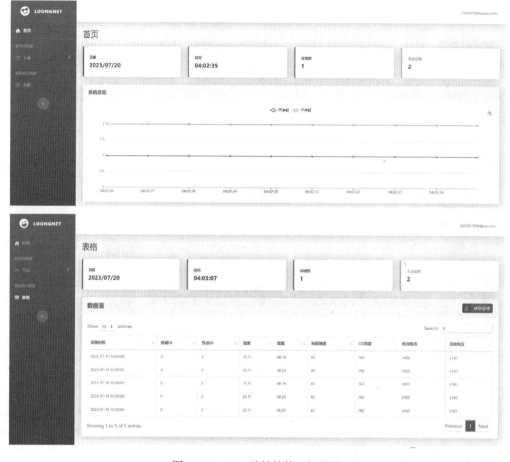

图 4.4-10　Web 端的软件运行界面

4.4.3　完成情况及性能参数

4.4.3.1　整体介绍
本作品的实物如图 4.4-11 所示。

4.4.3.2　工程成果
龙芯 2K1000 开发板实物如图 4.4-12 所示，传感器节点实物如图 4.4-13 所示。

终端应用软件的运行界面和 Web 端的软件运行界面见 4.4.2.3 节。

图 4.4-11　系统实物整体图

图 4.4-12　龙芯 2K1000 开发板实物

图 4.4-13　传感器节点实物

4.4.3.3 测试优化

本作品的测试优化主要包括以下几个方面：

（1）传感器节点的数据采集测试：测试传感器节点采集到的温度、湿度、光照度等数据是否准确可靠，数据上传是否稳定。

（2）终端数据处理测试：测试终端是否能够正确处理和分析传感器节点上传的数据，包括数据的存储、分类和统计等。

（3）报警功能测试：测试终端能否实时发现温度、湿度、光照度异常的传感器节点，并进行报警，提醒用户采取相应的措施。

（4）云端存储和远程访问测试：测试终端是否能将传感器节点数据上传到云端存储，测试用户是否能在远程通过手机或计算机查看传感器节点上传的数据。

（5）系统优化：对测试过程中发现的问题进行优化，提高本作品的稳定性和可靠性，确保本作品能够长期稳定运行。

4.4.4 总结

4.4.4.1 可扩展之处

本作品采用分布式的传感器节点网络，可以根据实际需求灵活扩展传感器节点的数量和类型，同时终端和云端的存储和计算资源也可以根据需求进行扩展，可以满足不同规模和复杂度的应用需求。此外，本作品后续可以通过添加更多的传感器节点和算法模块，实现更多的环境参数监测和分析功能。

4.4.4.2 心得体会

在本次参赛中，我们深入学习了物联网技术和传感器网络的相关知识，通过实际操作和调试，掌握了传感器网络的整体架构和设计流程。同时，我们还学习和掌握了在 LoongArch 架构平台进行 Qt 界面设计、MQTT 物联网协议、电路设计与制造、Web 页面设计等技能，这些技能将对我们未来的学习和工作产生重要的帮助。

在设计本作品的过程中，我们充分考虑了可扩展性和可靠性，对传感器节点数据的采集和处理、终端界面设计、云端存储和访问等方面进行了深入研究和测试，确保本作品能够长期稳定运行。通过本产品的设计，我们对龙芯 2K1000、物联网技术和传感器网络的应用和发展有了更深入的了解，对我们未来的学习和研究产生了积极的影响。龙芯处理器是我国自主研发的处理器，具有自主知识产权，展示了我国在处理器设计和芯片制造领域的重要进展和自主创新能力。龙芯芯片具有低功耗特性、优秀的性能和稳定性，使其成为物联网系统的理想选择。龙芯工程师的支持和合作为我们提供了宝贵的帮助和指导。

全国大学生嵌入式芯片与系统设计竞赛是一个重要的赛事，为大学生提供了一个展示和提升自己技术能力的平台。通过设计和开发嵌入式系统，参赛选手需要综合运用所学的知识和技术，解决实际问题，培养了大学生的创新思维和实践能力。同时，该比赛也促进了学术界和产业界的交流与合作，为大学生的职业发展和未来的科技创新奠定了坚实的基础。我们也会把大赛推荐给其他同学，让他们也能借助大赛提供的机会提高自身的综合素质。

4.4.5 参考文献

[1] 韩团军，尹继武，赵增群，等. 基于 LoRa 的远程分布式农业环境监测系统的设计[J]. 江苏农业科学，2019,47(19):236-240.

[2] 潘勇，汪指航，郑锐元，等．基于 Web 的生活用纸检测上位机系统[J]．建材世界，2017,38(06):79-82, 86.

[3] 于合龙，刘杰，马丽，等．基于Web 的设施农业物联网远程智能控制系统的设计与实现[J]．中国农机化学报，2014, 35(02):240-245.

4.4.6 企业点评

本作品是使用龙芯 2K1000 开发的，并基于 LoRa 无线连接实现了较远距离的通信。本作品实现了软硬结合，很好地完成了龙芯赛题的要求，希望本作品能继续优化完善，应用到工业场景中，解决无线物联网的实际场景应用问题，不断丰富龙芯产学生态的建设。

第5章
意法半导体赛题之精选案例

5.1 社区自助购物车

学校名称：天津职业技术师范大学
团队成员：胡亮、郭世杰、仓佳骐
指导老师：李猛、姬五胜

摘要

在智能化大背景下，"智能+"是大趋势，商业要与"智能"挂上钩，否则必然被淘汰。作为人们的主要消费场所，超市及商场亟须优化线下服务体系，改变传统的购物模式，将商场超市互联网化。实现且适用于未来商场及超市的智能导航车，可以将相关的应用设计为一体，为用户带来更好的购物体验，增强人与导航车的互动性，通过用户界面实现语音交互、自助支付等功能。

目前，国内外许多大型商场、超市的室内面积大、人流量大、收银台较少，常常出现消费者找不到自己想要的东西、花大量时间排队结账、无法及时全面了解优惠活动等问题。为此，我们设计了一款社区自助购物车（在本节中简称本作品），综合运用物联网、嵌入式、传感器等技术，实现了自助称重、语音助手、扫码支付等功能。另外，在使用本作品的过程中，消费者可以通过语音或者本作品的触摸屏来获得商品的布局位置，通过扫描商品二维码还可以显示（或通过语音播报）商品的价格、生产日期、生产厂家等信息。

本作品能有效地提高消费者的购物效率、结账效率、提升购物体验、增加消费者对实体商场的依赖性，可以更轻松、更方便地服务消费者，为商家减少人力成本、减少针对商品的人工干预及其错误的发生、降低商品被盗而造成的损失、增加销售、赢得忠诚客户，使商场和消费者实现共赢。

5.1.1 作品概述

5.1.1.1 功能与特性

目前，大型商场和超市的面积大、商品种类繁多，在高峰期间，消费者需要花大量时间排队结账。另外，购物车只具备载物功能，无法更好地满足消费者的需求。

本作品旨在运用物联网概念来解决上述问题。本作品以 STM32F7 为主控芯片，综合运用物联网、嵌入式、传感器等技术，实现了自助购物、自助称重打印、商品识别、助力推车、自助付款，可减少消费者的购物等待时间，为商家减少人力成本、增加销售，实现超市和消费者的共赢。

5.1.1.2 应用领域

互联网的普及对超市来说既是机遇也是挑战，超市未来发展的一个大趋势就是线上线下双管齐下。超市智能购物车（见图 5.1-1）以导航车为主要载体进行设计，将购物车和交互界面相结合，给消费者提供更人性化的购物体验，改变传统的购物模式，满足现代人对购物的需求，可广泛应用于大型商场和超市。

图 5.1-1　超市智能购物车

5.1.1.3　主要技术特点

（1）以 STM32F7 为主控芯片。STM32F7 采用高性能 ARM Cortex-M7 内核，工作频率高达 216 MHz。ARM Cortex-M7 内核不仅具有单浮点单元（SFPU）精度，支持 ARM 的所有单精度数据处理指令和数据类型，还实现了一整套 DSP 指令和一个增强应用程序安全性的内存保护单元（MPU）。STM32F7 开发板实现了多个模块的连通，可以对传感器数据和摄像头数据进行处理和分析。

（2）扫码枪采用 K210 人工智能摄像头。通过与常规的扫码枪进行对比，本作品的扫码枪选用了 K210 人工智能摄像头。K210 人工智能摄像头既可识别条码，也可通过深度学习对物品进行分类识别，具有速度快、灵敏度高、错误率低等优点。通过 YOLOv2 模型训练，K210 人工智能摄像头可快速识别商品条码，并通过 ZigBee 网络与 STM32F7 进行通信，将所扫描到的条码信息发送到 STM32F7 进行处理，并显示商品价格和购买数量。

本作品在传统的超市购物车上装配了一套智能电子系统，并对传统的超市购物车结构进行了改造。本作品以 STM32F7 为主控芯片，安装智能触摸屏、摄像头、小票打印机、标签打印机、压力传感器、语音模块、在线支付模块。

5.1.1.4　主要性能指标

本作品的主要性能指标如表 5.1-1 所示。

表 5.1-1　本作品的主要性能指标

基 本 参 数	性 能 指 标	技 术 优 势
电池容量	3000 mAh，续航时间为 24～36 h	容量大、体积小、续航时间长
质量	5 kg	结构稳定带驱动
材料	铝合金	适用范围广、耐冲击能力强
电绝缘性能	泄漏电流不超过 0.6 mA	符合相关国家标准

5.1.1.5　主要创新点

（1）集成化。本作品利用机器视觉技术，能够自动识别商品信息，无须手动操作，实现了自助扫码、自助称重、自助付款、自助打印小票、自助打印标签、商品信息显示等功能，大大提高了购物效率，是一个集多功能于一体的产品。

（2）便捷性。本作品具有造型灵巧、重量小、操作简易、方便移动等优点，消费者可以通过手机支付的方式直接进行结算，无须排队、无须人工操作，提升了购物的便捷性和效率。消费者可以通过本作品的触摸屏进行操作，不仅快捷时尚，更能满足商家宣传推广的需求。

（3）可靠性。本作品严格按照产品智能化进行设计，软硬件系统设计稳定、可靠，能够经受长时间运行和高负荷的工作条件，保证续航时间长且充电方便。

（4）实用性。本作品的用户界面友好，操作界面简单、直观、易于使用，配备了合理的指示灯、显示屏和声音提示等，可引导消费者进行正确的操作，满足了消费者的多种需求，为消费者提供更多的便捷服务。

（5）新颖性。本作品在传统购物车基础上进行改造创新，实现了智能化，符合时代发展要求。

5.1.1.6　设计流程

本作品的设计流程如图 5.1-2 所示。

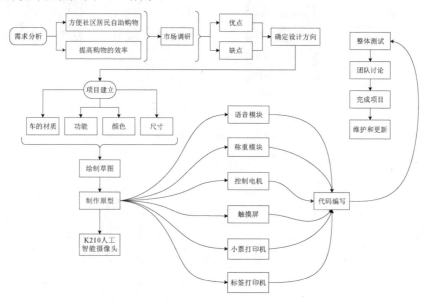

图 5.1-2　本作品的设计流程

5.1.2　系统组成及功能说明

5.1.2.1　整体介绍

本作品的整体框架如图 5.1-3 所示。

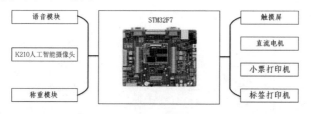

图 5.1-3　本作品的整体框架

5.1.2.2　硬件系统介绍

（1）硬件整体介绍。本作品的硬件框架如图 5.1-4 所示。

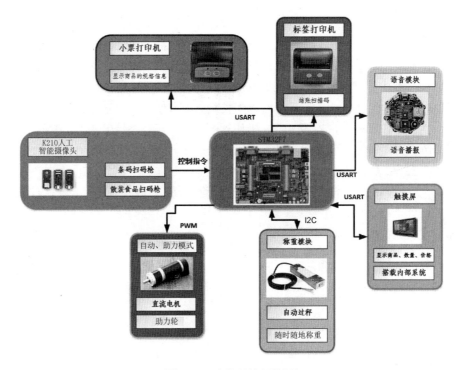

图 5.1-4　本作品的硬件框架

（2）电路各模块介绍。本作品的电路原理图如图 5.1-5 所示。

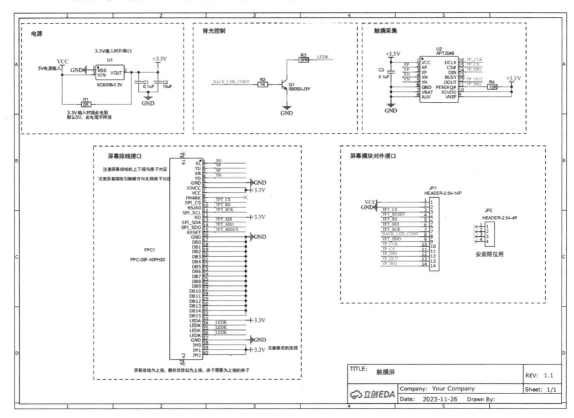

图 5.1-5　本作品的电路原理图

① 屏幕模块。在本作品的推手前方放置了一块触摸屏,该触摸屏作为超市的自助购物操作屏,接入超市内部系统,对商品进行分类,消费者单击"零购商品"或者"散装商品"按钮即可开始自助购物。触摸屏可以通过 STM32F7 与 K210 人工智能摄像头、小票/标签打印机、语音模块、助力轮等进行通信,并实时显示购物金额。

② 扫码枪模块(包括条码扫码枪和散装食品扫码枪)。扫码枪采用 K210 人工智能摄像头,通过 YOLOv2 模型训练后可以快速识别散装食品,识别速度快、准确率高。扫码枪通过 ZigBee 网络与 STM32F7 进行通信,将扫描到的条码信息发送到 STM32F7 进行处理。

③ 称重模块。称重模块采用了 HX711 称重传感器。HX711 称重传感器采用了 24 位 A/D 转换器芯片,可以准确获取重量,再通过微控制器处理 A/D 转换值即可获取此时物体的精确重量。消费者将散装商品放到本作品的称重秤上,即可得到商品的重量,并通过触摸屏显示商品名称、商品重量、商品价格,让消费者对购买的商品信息一目了然,提升购物幸福感。称重模块的电路原理图如图 5.1-6 所示。

④ 语音模块。语音模块采用了 ASR-M09C 语音识别模块(见图 5.1-7),通过词条训练,不仅可以识别关键词并做出相应的回答,还可以对商品信息进行语音播报。语音模块的电路原理图如图 5.1-8 所示。

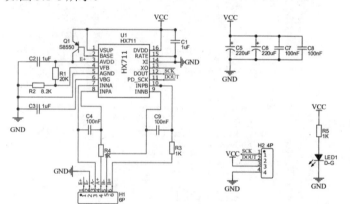

图 5.1-6　称重模块的电路原理图

图 5.1-7　ASR-M09C 语音识别模块

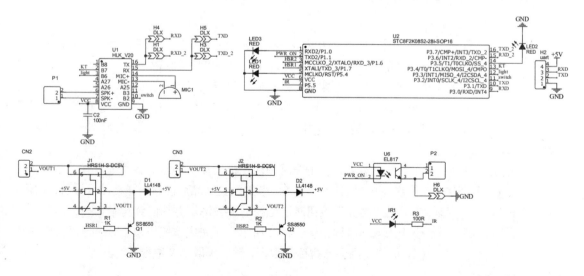

图 5.1-8　语音模块的电路原理图

5.1.2.3　软件系统介绍

本作品通过深度学习进行物品分类，商品的分类结果示例如图 5.1-9 所示。通过卷积神经网络（CNN）进行深度学习，K210 人工智能摄像头进行模型训练后，不仅可以识别条码，还可以通过商品包装判断商品的类别。

本作品是基于 FreeRTOS 开发的，创建了 4 个任务：

任务 1（优先级 3）：在成功获取位置信息后进行解算，并以 20 Hz 的频率刷新屏幕显示的内容。

任务 2（优先级 4）：当发生语音提问事件时，语音模块做出应答，并在屏幕标出相关位置。

任务 3（优先级 4）：当蓝牙收到解锁信息时，进行解锁并发出提示语音。

任务 4（优先级 2）：执行自动或助力模式。

当 4 个任务间涉及串口资源时，本作品通过互斥信号量防止优先级发生反转或任务死亡，并在每个任务中通过 vTaskDelay()函数进行任务调度。本作品的 4 个任务代码如图 5.1-10 所示。

```
18
19    #define START_TASK_PRIO    1    //创建任务函数
20    #define START_STK_SIZE    128
21    TaskHandle_t StartTask_Handler;
22    void start_task(void *pvParameters);
23
24
25
26    #define TASK1_TASK_PRIO    3//显示当前位置
27    #define TASK1_STK_SIZE    128
28    TaskHandle_t Task1Task_Handler;
29    void task1_task(void *pvParameters);
30
31    #define TASK2_TASK_PRIO    4//提示语音提问的位置
32    #define TASK2_STK_SIZE    128
33    TaskHandle_t Task2Task_Handler;
34    void task2_task(void *pvParameters);
35
36    #define TASK3_TASK_PRIO    4//开关锁语音提示
37    #define TASK3_STK_SIZE    128
38    TaskHandle_t Task3Task_Handler;
39    void task3_task(void *pvParameters);
40    SemaphoreHandle_t MutexSemaphore; //互斥信号量
41
42    #define TASK4_TASK_PRIO    2//自动与助力模式
43    #define TASK4_STK_SIZE    128
44    TaskHandle_t Task4Task_Handler;
45    void task4_task(void *pvParameters);
```

图 5.1-9　商品的分类结果示例　　　　　　图 5.1-10　本作品的 4 个任务代码

软件各模块简介如下：

（1）K210 人工智能摄像头模块。K210 人工智能摄像头模块的软件流程如图 5.1-11 所示。K210 人工智能摄像头通过内置的 CPU 和网络处理单元（NPU）加载神经网络模型，NPU 对神经网络模型有加速作用。神经网络模型加载完毕后，开启 K210 人工智能摄像头模块的进程，将视频流传输给神经网络模型，由神经网络模型对视频流进行采样，并对采集到的图像进行识别，将识别结果通过串口传输给 STM32F7，由 STM32F7 进行处理后将处理结果显示在触摸屏上。

（2）触摸屏模块。本作品上电后初始化触摸屏模块，但触摸屏显示的界面中没有识别结果，商品单价为 0、重量为 0、价钱为 0、累计价钱为 0。当识别到商品后，触摸屏会显示重量、单价、价钱、累计价钱等信息。当单击"结算"按钮时，触摸屏会被清屏并返回到初始状态。

（3）语音模块。语音模块的软件流程如图 5.1-12 所示，在完成系统初始化后进行语音模块初始化，判断是否询问"小白"，如果是则会寻找语音数据，然后提取语音数据并将其保存到缓冲区，最后进行语音播放。

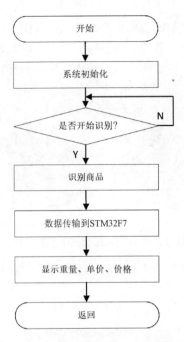

图 5.1-11　K210 人工智能摄像头模块的软件流程

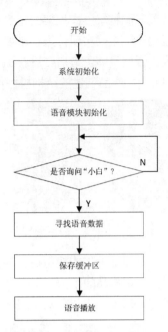

图 5.1-12　语音模块的软件流程

5.1.3　完成情况及性能参数

5.1.3.1　整体介绍

本作品实现了预期的功能。为了尽可能地找出本作品存在的漏洞及不足，提高稳定性，促进其超市中的应用，我们专门进行了功能测试。本作品的功能测试结果如表 5.1-2 所示。

表 5.1-2　本作品的功能测试结果

项　　目	测 试 结 果
自助称重	果蔬等商品的称重响应快，条码打印准确无误
条码扫码	扫码速度快，且无误
小票打印	小票打印机工作正常
助力轮	电机能带动助力轮，可以实现助力
触摸屏	触摸屏可以显示商品类别，能准确显示商品信息，能在相应的界面打印小票和标签，并进行结算
散装商品识别	能识别商品类别，速度快且准确
自动扎口机	使用流畅，体验效果好
语音模块	语言模块响应速度快，并能进行准确的语音播报

本作品的实物如图 5.1-13 所示。

5.1.3.2　工程成果

（1）机械成果。首先，本作品采用 Solidworks 对结构进行建模，使用基本的草图工具在装配文件中绘制本作品的主体框架，包括底盘、侧板和把手等；使用装配工具将各个零件组合到主体框架上；使用约束工具，如吸附、剪切、面对面等，确保零件的正确组装。其次，为本作品添加轮子和轴承，确保其能够平稳移动；使用零件工具创建轮子的 3D 实体，使用装配工具将轮子与购物车主体框架连接在一起；添加购物篮或货物承载区域，使用零件工具创建购物篮的 3D 实体，并将其放置在购物车主体框架的适当位置。接着,进行必要的装配调整和调试,确保零件之间的连接和运动得以正确实现;进行必要的分析和测试,如应力分析、碰撞检测等,以确保本作品的结构稳定、强度足够。最后,进行渲染并添加动画效果,使本作品的设计更加生动和真实。使用Solidworks 为本作品创建的结构模型如图 5.1-14 所示。

图 5.1-13　本作品的实物　　　　　　　　　图 5.1-14　本作品的结构模型

创建完本作品的结构模型后,导出 2D 制图文件或 3D 模型文件,以便购买、切割正确尺寸的铝型材搭建本作品的结构。本作品的底盘如图 5.1-15 所示。

(2)电路成果。本作品的电路成果如图 5.1-16 所示。

图 5.1-15　本作品的底盘　　　　　　　　　图 5.1-16　本作品的电路成果

(3)软件成果。本作品通过机器视觉技术来识别消费者放入其中的商品,并设计了一个直观友好的用户界面,使消费者能够轻松操作本作品的软件。触摸屏的显示界面如图 5.1-17 所示。

图 5.1-17　触摸屏的显示界面

本作品会不断采集环境参数信息以及每次订单的消费记录，并上传至阿里云物联网平台，以便超市管理者进行后台管理和市场分析。本作品的阿里云物联网平台界面如图 5.1-18 所示。

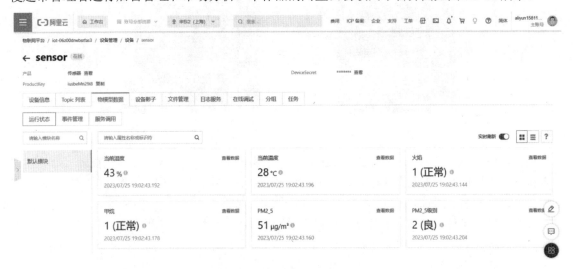

图 5.1-18　本作品的阿里云物联网平台界面

5.1.3.3　特性成果

（1）触摸屏。触摸屏的显示示例如图 5.1-19 所示。

图 5.1-19　触摸屏的显示示例

（2）扫码枪。条码识别示例如图 5.1-20 所示，商品识别结果示例如图 5.1-21 所示。

图 5.1-20　条码识别示例　　　　　图 5.1-21　商品识别结果示例

（3）小票打印机。消费者完成支付后，本作品会将商品信息发送到小票打印机打印购物小票。小票打印机如图 5.1-22 所示。

（4）标签打印机。当 K210 人工智能摄像头识别到商品类别以及智能电子秤的重量变化时，本作品会将商品信息发送到标签打印机打印标签。标签打印机如图 5.1-23 所示。

图 5.1-22　小票打印机

图 5.1-23　标签打印机

（5）电机。本作品的电机型号为 MD36P27（见图 5.1-24），适用于全向移动机器人底盘。消费者按下本作品把手上的助力按钮时，本作品将以一个安全的速度移动。本作品的前轮是两个万向轮，可控制购物车的转向。

（6）智能电子秤。本作品的智能电子秤采用的是 HX711 称重传感器，消费者将散装商品放上去后，智能电子秤会准确称量商品的重量，并在触摸屏上显示商品名称、商品重量、商品价格，让消费者对购买的商品信息一目了然，提升购物幸福感。

（7）自助扎口机。本作品设计了塑料袋的扎口机（见图 5.1-25），可以用来打包散装商品。

图 5.1-24　MD36P27 电机

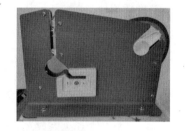

图 5.1-32　塑料袋的扎口机

（8）语音模块。本作品的语音模块采用的是 ASR-M09C 语音识别模块，通过词条训练，可以识别关键词并做出相应回答，并播报商品信息。

5.1.4　总结

5.1.4.1　可扩展之处

（1）定位与自动行驶。后续可为本作品增加定位与自动行驶功能。

（2）活动推荐。消费者在解锁本作品后，可在触摸屏上查看本日特惠。在选定楼层后，可显示该楼层当日活动商品的详细信息，包括餐饮折扣活动、超市特惠商品、热播电影及购物满减等一系列信息，消费者可以根据自己的需求前往指定商家。

（3）联网结算。消费者在购买商品时，本作品的 K210 人工智能摄像头会确认消费者购买的商品，利用传感器和无线数据传输，将购买的商品信息发送到消费者的手机 App 上，从而进行联网结算。

（4）实时库存更新。实现本作品与实际库存的同步，可避免消费者选择无货商品。

（5）反馈和改进。收集用户的反馈意见和建议，了解用户需求和痛点，不断优化本作品的功能、提升消费者的体验。

（6）扩展至其他领域。本作品的概念可扩展至其他领域，如在自助餐厅中，可以引入类似的自助点餐系统，使消费者能够自主选择他们想要的菜品。

5.1.4.2　心得体会

在开发本作品前，团队经过一系列调研、用户访谈，充分了解了消费者的需求和使用场景，同时与超市管理人员进行沟通，了解超市在这方面存在的不足。在开发本作品中，团队采用了人工智能、机器视觉等技术，将这些技术与创新思维结合起来，寻找解决方案。考虑到本作品使用者的年龄、认知等情况，为了能更好地服务消费者，团队设计了简洁明了的界面。界面设计是决定用户体验的关键因素之一，遵循简洁、直观和易用的界面设计原则，可帮助消费者轻松地完成购物流程。在装配助力轮时，团队事先充分了解了传统购物车的机械结构，并对其进行了改进，更方便消费者使用。

感谢本次大赛举办方提供给我们参赛的机会，感谢指导老师的辛勤指导。团队之间的密切配合，使团队行稳致远。

5.1.5　参考文献

[1] 叶少龙，刘建群，等. PIC 单片机在模具条码识别系统中的应用[J]. 广东工业大学学报，2009, 26(2): 94-97.

[2] 付亚男. 基于协同过滤的宠物用品在线购物系统的设计与实现[D]. 北京：北京交通大学，2022.

[3] 杜雨荃，王晓菊，田立勤. 基于微信小程序的网上购物系统的设计与实现[J]. 网络安全技术与应用，2022(4): 60-62.

[4] 罗乾，黎永强，陈俊豪，等. RapidCart 智能购物车[J]. 智能制造，2022(05): 70-73.

[5] 贾乐宾，葛秋，孙嘉棋. 服务设计思维下超市智能购物车人机交互设计实践[J]. 设计艺术研究，2022, 12(5): 64-68.

[6] 黄琴. 可折叠移动购物车的设计[J]. 当代农机，2022(9): 84-85.

5.1.6　企业点评

本作品采用 STM32F7，基于 FreeRTOS 操作系统，充分利用了外设资源，整合物联网、嵌入式、传感器、深度学习等技术，实现了自助购物、自助称重、商品识别、自助付款等功能，提升了购物效率和体验，降低了超市成本，有一定的商业应用价值，整体的设计完成度较高。

5.2 基于 STM32 的水果无损检测及分拣系统

学校名称：济南大学
团队成员：赵可洋、林森、张焱鸣
指导老师：童艳荣

摘要

根据相关数据显示，我国水果产量、水果总消费量、种植面积多年来居全球前列。果品产业已成为种植业中继粮食和蔬菜之后的第三大产业，同时智慧农业是国家发展战略的重要组成部分。但目前，我国在果品产业上仍存在着新技术应用投入少、设施设备过于昂贵或者不配套等问题。

例如，对于水果的检测分级来说，我国大部分的果制品加工厂往往通过人工分拣来判断水果成熟度、表面缺陷等情况，面临着诸多问题：一是人工分拣费时费力，效率低，难以满足规模化的高速流水线生产需求，而工业摄像头和配套的流水线价格昂贵；二是工人的拿捏触碰容易损伤水果；三是工人的主观性判断和测量方法差异难以保证检测结果的一致性和准确性，分拣的品质参差不齐，难以保障后续产品的品质。

鉴于上述问题，我们基于 STM32 开发了水果无损检测及分拣系统（在本节中简称本作品），利用机器视觉技术在无损状态下快速准确地识别水果表面缺陷、成熟度，并利用分拣装置与传输装置完成水果的一次性分拣。

本作品利用物联网技术实现了数据的实时传输，切实解决了中小型水果采后处理企业、个体农户在水果品质检测过程中所面临的诸多难题，如人工费时费力、检测正确率低、现有的检测设备价格昂贵等问题，可促进我国的水果采后处理技术的进步，加速我国农业实现现代化和智能化，顺应国家农业发展新格局。

5.2.1 作品概述

5.2.1.1 功能与特性

本作品利用机器视觉技术，可在无损状态下快速准确地识别水果表面缺陷、成熟度，能够利用分拣装置与传输装置完成水果的一次性分拣，切实解决了中小型水果采后处理企业、个体农户在水果品质检测过程中所面临的诸多难题。

5.2.1.2 应用领域

本作品可应用于中小型水果采后处理企业、个体农户的水果分拣过程，或者在大型储藏仓库中进行定期质检、出货质检，具有省时省力、正检率高、造价低等特点，顺应人工智能的大潮流，响应国家提出的乡村振兴战略，应用前景广阔。传统水果分拣示例如图 5.2-1 所示，本作品的应用示例如图 5.2-2 所示。

图 5.2-1　传统水果分拣示例　　　　图 5.2-2　本作品的应用示例

5.2.1.3 主要技术特点

（1）使用 OpenMV 4plus（处理器为 STM32H7）实现了对水果（本作品以分拣苹果为例）的目标检测与表面缺陷检测。本作品使用的目标检测模型为 MobileNetV2 0.35，使用区域生长算法对表面缺陷进行量化。

（2）本作品以 STM32F7 为主控芯片，可采集环境温湿度信息，并通过摄像头模块实现管理人员人脸检测登录、员工拍照打卡。

（3）本作品基于 STM32F7 开发了 LVGL（Light and Versatile Graphics Library，一个开源的嵌入式图形库）界面，可通过 RGB LCD 显示生产统计信息。

（4）本作品通过 ESP8266 无线模块将数据实时更新到手机端或计算机端。

（5）本作品使用由 ToF 光学测距模块组成的光电门，可减轻 OpenMV 4plus 的检测负担。

5.2.1.4 主要性能指标

本作品使用 MobileNetV2 0.35 模型进行水果的目标检测。MobileNetV2 0.35 模型具有轻量级的特点，兼具较好的准确性和稳定性，适合部署在资源受限的嵌入式系统。本作品校验集的误差矩阵（也称混淆矩阵）如表 5.2-1 所示。

表 5.2-1 校验集的误差矩阵

误 差 矩 阵	背　　景	苹　　果
背景	100.0%	0.0%
苹果	1.8%	98.2%
F1 得分	1.00	0.99

本作品对每个类别的苹果进行 250 轮测试的结果如表 5.2-2 所示。

表 5.2-2 对每个类别的苹果进行 250 轮测试的结果

苹果类别	检 测 正 确		检 测 错 误				
	落入本类的次数	真正（FP）次数	落入其他类的次数		未分类的次数		漏检次数
A 类	230	4	B 类	8	B 类	1	2
			C 类	4	C 类	1	
B 类	224	6	A 类	7	A 类	2	8
			C 类	3	C 类	0	
C 类	232	2	A 类	9	A 类	1	4
			B 类	2	B 类	0	

三类苹果的正检率、真正检率、漏检率和特征如表 5.2-3 所示。

表 5.2-3 三类苹果的正检率、真正检率、漏检率和特征

	正 检 率	真 正 检 率	漏 检 率	特　　征
A 类苹果	93.60%	92.00%	0.80%	无缺陷, 成熟
B 类苹果	92.00%	89.60%	3.20%	无缺陷、不成熟
C 类苹果	93.60%	92.80	1.60%	有缺陷

5.2.1.5 主要创新点

（1）本作品将机器视觉技术与农作物生产紧密结合，为个体农户提供了功能强大、小型化和造价低廉的水果无损分拣解决方案。

（2）通过由 ToF 光学测距模块组成的光电门及温湿度传感器，可以判断传送带的堵塞情况和环境的温湿度，在出现异常时可以报警；通过皮带式传送带系统完成对水果的分级与分拣，提高了作业线效率。

本作品不仅响应了国家乡村振兴战略，还有效优化了水果表面缺陷和成熟度检测的实际问题。这种融合新技术的设施为个体农户提供了具有实际价值的解决方案，有助于推进农业现代化和智能化的进程。

5.2.1.6 设计流程

本作品的设计流程如下：

（1）需求分析：解决中小型水果采后处理企业、个体农户在水果品质检测中的问题，如费时费力、检测正确率低等。

（2）概念设计：使用基于嵌入式设备的机器视觉和物联网技术，结合分拣和传输装置，实现水果表面缺陷和成熟度的快速准确检测，并采用嵌入式系统进行实时的数据传输。

（3）详细设计：选择 OpenMV 4plus 作为视觉模块，选择 MobileNetV2 0.35 作为目标检测模型，选择 STM32F7 作为主控芯片，通过 LVGL 界面显示生产统计信息，选择 ESP8266 无线模块传输数据。

（4）原型测试：制作原始模型（见图 5.2-3），通过由 ToF 光学测距模块组成的光电门实时检测水果，不仅减轻 OpenMV 4plus 的检测负担，还很好地确保本作品的稳定性。原型测试结果证实本作品在水果检测方面有良好的表现。

（5）生产制造：选用或制造符合设计要求的机械组件，并整合 OpenMV 4plus、STM32F7、ESP8266 等模块，完成最终物理系统的搭建。最终模型如图 5.2-4 所示。

（6）测试和验证：进行系统测试，验证 MobileNetV2 0.35 模型的目标检测与区域生长算法的量化性能，确保本作品在各方面指标符合预期。

图 5.2-3　原始模型　　　　　图 5.2-4　最终模型

5.2.2　系统组成及功能说明

5.2.2.1　整体介绍

本作品的整体结构如图 5.2-5 所示，通道选择控制区如图 5.2-6 所示，水果分级通道如图 5.2-7 所示。

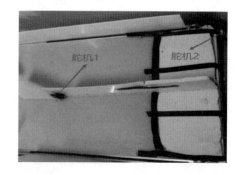

图 5.2-5　本作品的整体结构　　　　　图 5.2-6　通道选择控制区

本作品使用 OpenMV 4plus 对水果进行无损检测，将两个 OpenMV 4plus 放置在识别检测区两侧，实现对水果的全角度检测。同时，为了保持检测效果，在识别检测区上方放置一个补光板，当系统工作时可以由 OpenMV 4plus 控制补光板进行补光。本作品的通信与控制流程如图 5.2-8 所示。

图 5.2-7 水果分级通道

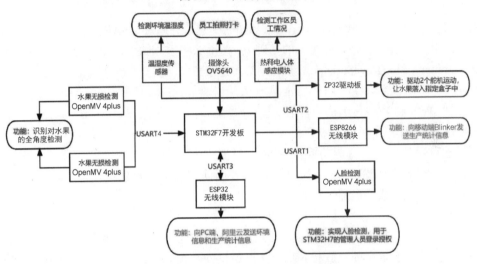

图 5.2-8 本作品的通信与控制流程

本作品利用机器视觉技术对水果进行无损检测,包括表面缺陷检测和成熟度检测,根据检测结果进行自动分级和分拣,并通过 ESP8266 无线模块在移动端和 PC 端显示实时的生产统计信息。

为了完成水果的全角度检测,本作品使用了两个 OpenMV 4plus,识别结果由 STM32F7 进行处理并通过 LVGL 界面显示。本作品根据识别结果,通过 ZP32 驱动板控制舵机实现水果分级。此外,为了贴近实际应用场景并增加本作品的实际意义,本作品采用 OV5640 和 OpenMV 4plus 来实现员工拍照打卡功能。

本作品采用 OpenMV 4plus 对水果进行无损检测,通过串口将检测结果发送到 STM32F7 开发板(主控板);由 STM32F7 开发板对检测结果进行处理后通过串口将处理结果发送给 ZP32 驱动板和 ESP8266 无线模块,从而控制舵机转动并发送生产统计信息。STM32F7 开发板同时还负责与 LVGL 界面进行交互,不仅可以实时显示生产统计信息,还可以通过摄像头模块实现员工拍照打卡和人脸检测登录等功能。

为了贴近实际的应用场景,本作品可以实现异常检测。通过温湿度传感器与热释电人体感应模块,配合由 ToF 光学测距模块组成的光电门,本作品可检测传送带通道的堵塞情况、环境温湿度信息,并在发现异常时报警。

5.2.2.2 硬件系统介绍

(1)硬件整体介绍。

① STM32F7 开发板。STM32F7 开发板如图 5.2-9 所示,7 英寸的 RGB LCD 触摸屏如图 5.2-10 所示。

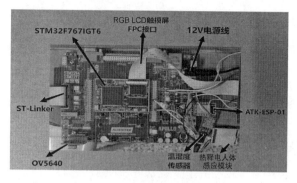

图 5.2-9　STM32F7 开发板

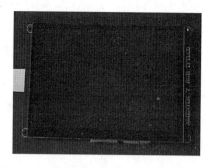

图 5.2-10　7 英寸的 RGB LCD 触摸屏

本作品通过 STM32F7 开发板与 LVGL 界面的交互，并通过 USART 与其他模块进行通信、控制。STM32F7 开发板在 HAL 库函数的基础上，使用 Keil、CodeBlocksSTM32、STM32CubeMX、CubeProgrammer、SingTownSerialport 等软件工具进行开发，主要实现了以下功能：

- ⊃ 通过 USART 控制 OpenMV 4plus 实现人脸检测，并进入管理界面；
- ⊃ 控制 OV5640 实现员工拍照打卡功能；
- ⊃ 通过 USART 接收水果的检测结果；
- ⊃ 通过 USART 向 ZP32 驱动板、ESP8266 发送处理结果；
- ⊃ 通过 USART 与 ESP32 无线模块向 PC 端、阿里云发送生产统计信息；
- ⊃ 读取温湿度传感器采集的数据；
- ⊃ 读取热释电人体感应模块采集的数据。

② ZP32 驱动板。ZP32 驱动板如图 5.2-11 所示。ZP32 驱动板根据 STM32F7 开发板发送的水果等级信息，控制 2 个舵机旋转到指定角度值，使水果落入相应的分拣箱（盒子）中。ZP32 驱动板是使用 Keil、SingTownSerialport 等软件工具开发的，主要功能是根据水果等级信息控制舵机旋转。舵机控制通道的示意图如图 5.2-12 所示，水果等级对应的舵机角度如表 5.2-4 所示（这里以苹果为例）。

图 5.2-11　ZP32 驱动板

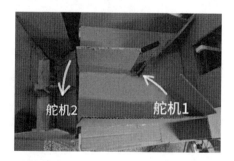

图 5.2-12　舵机控制通道的示意图

表 5.2-4　苹果等级对应的舵机角度

苹 果 等 级	苹 果 特 征	舵机 1 角度	舵机 2 角度
A 类苹果	无缺陷、成熟	0°	45°
B 类苹果	无缺陷、不成熟	90°	45°
C 类苹果	有缺陷	90°	90°

③ OpenMV 4plus。OpenMV 4plus+ToF 光学测距模块如图 5.2-13 所示，由 PWM 信号控制的补光板如图 5.2-14 所示。

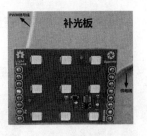

图 5.2-13　OpenMV 4plus+ToF 光学测距模块　　　　图 5.2-14　由 PWM 信号控制的补光板

OpenMV 4plus 是使用 OpenMV 4plus IDE、Edge Impulse、SingTownSerialport 等软件工具开发的，主要实现了以下功能：

- 使用 Edge Impulse 平台对 MobileNetV2 0.35 模型进行训练，实现对水果的检测；
- 使用边缘检测对水果图像进行二值化处理；
- 设计并实现区域生长算法，对二值化图像中的缺陷部分进行量化，本作品对水果表面是否有缺陷的判断是根据量化结果是否大于设定的缺陷阈值决定的；
- 通过对水果的颜色检测（LAB 色彩空间），实现成熟度检测；
- 通过 USART 向 STM32F7 开发板发送检测结果。

OpenMV 4plus 检测水果（苹果）通过通道、数据发送与舵机控制逻辑流程如图 5.2-15 所示。

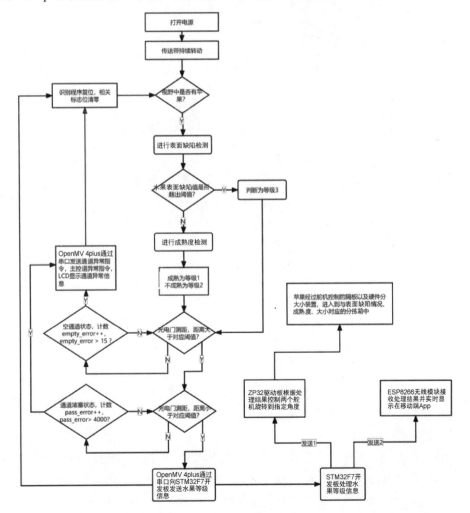

图 5.2-15　OpenMV 4plus 检测水果通过通道、数据发送与舵机控制逻辑流程图

④ ESP8266 无线模块和 ESP32 无线模块（见图 5.2-16 和图 5.2-17）。根据 STM32F7 开发板发送的水果等级信息，向手机 App 与 PC 端、阿里云发送生产统计信息。这两个无线模块是使用 Arduino、SingTownSerialport 等软件工具进行开发的。

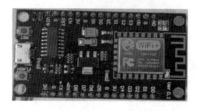
图 5.2-16　ESP8266 无线模块

图 5.2-17　ESP32 无线模块

（2）机械设计介绍。本作品的总体机械结构如图 5.2-18 所示，一级分拣部分的机械设计如图 5.2-19 所示。

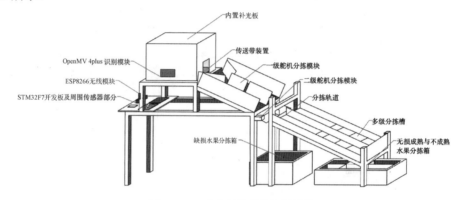
图 5.2-18　本作品的总体机械结构

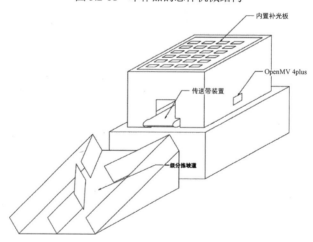
图 5.2-19　一级分拣部分的机械设计

（3）电路各模块介绍。本作品各模块的电路原理图如图 5.2-20 所示。

5.2.2.3　软件系统介绍

（1）软件整体介绍。本作品通过嵌入式与云端协同工作，用户可在 PC 端或移动端 App 通过直观的界面与本作品进行交互。云端负责数据的存储、处理和远程访问，嵌入式端实时监测环境与生产统计信息，通过触摸屏可以轻松地实现人机交互。触摸屏的界面如图 5.2-21 所示，阿里云的数据监控界面如图 5.2-22 所示。

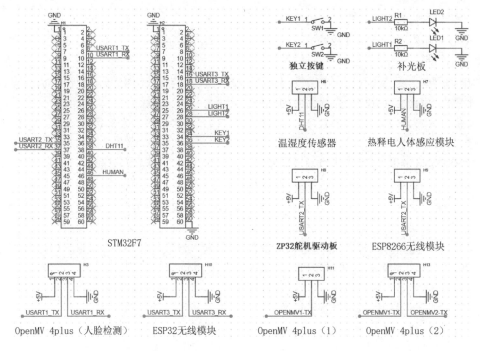

图 5.2-20 本作品各模块的电路原理图

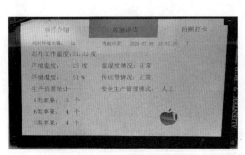

图 5.2-21 触摸屏的界面

图 5.2-22 阿里云的数据监控界面

① 无线模块程序。本作品通过 ESP8266 无线模块向移动端 App 发送水果等级信息,通过 ESP32 无线模块向 PC 端、阿里云发送生产统计信息。

② OpenMV 4plus 的图像处理程序主要实现以下功能:

➾ 水果检测:使用 MobileNetV2 0.35 检测画面中是否有水果,若检测到水果,则将 get_apple 设置为 1。

➾ 水果表面缺陷和成熟度检测:进行边缘检测后,使用区域生长算法量化表面缺陷;通过颜色信息判断水果的成熟度,根据检测结果设置 surface 和 maturity。

➾ 通道状态检测:通过测距传感器检测水果离开状态,若超过阈值,则认为水果已经离开通道;若水果没有离开通道,则等待水果离开通道;若水果在规定时间内未离开通道,则认为通道堵塞,并进行报警。

➾ 异常处理:如果出现空通道、通道堵塞等异常,则根据条件设置 send_sign 标志位,并进行报警。

➾ 水果等级信息发送:当检测到门信号为 1 时,通过串口发送水果等级信息;发送完毕后,清零相关标志位，准备下一轮检测。

③ 图形界面程序。设置非抢占式定时器 my_timer，在定时器的控制下实时更新的数据。主要包括以下模块：

- ➲ 循环逻辑模块（while 循环内部）。输入：触摸屏触点坐标、温湿度、传感器状态等。输出：根据触点坐标的不同，执行相应的操作。
- ➲ 数据显示模块（LCD_Clear、Show_Str 等）。输入：字符串、坐标等。输出：在 LCD 上显示的内容。
- ➲ 传感器数据读取模块（DHT11_Read_Data、AP3216C_ReadData 等）。输入：无。输出：温湿度、光照度等。
- ➲ 异常处理模块（error_temp、error_pass 等）。输入：温湿度异常标志、传送带状态。输出：风扇状态、LED 状态。

④ ZP32 驱动板的控制程序。通过 USART2 接口输入水果等级信息 grade，ZP32 驱动板将其转换为角度值，驱动舵机转动相应角度（angle1 和 angle2）。

5.2.3 完成情况及性能参数

5.2.3.1 整体介绍

本作品的实物如图 5.2-23 所示。

5.2.3.2 工程成果

（1）机械成果。本作品的机械结构如图 5.2-24 所示。

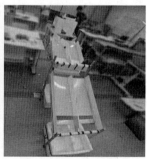
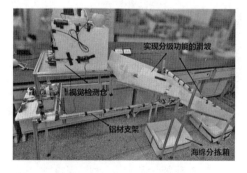

图 5.2-23　本作品的实物　　　　　　　　　　图 5.2-24　本作品的机械结构

（2）电路成果。本作品的关键电路板如图 5.2-25 所示。

图 5.2-25　本作品的关键电路板

（3）软件成果。水果无损检测流程图及边缘检测程序如图 5.2-26 所示，区域生长算法及水果目标检测模型如图 5.2-27 所示，阿里云 Web 可视化界面如图 5.2-28 所示，手机 App 界面如图 5.2-29 所示。

图 5.2-26　水果无损检测流程图及边缘检测程序

图 5.2-27　区域生长算法及水果目标检测模型

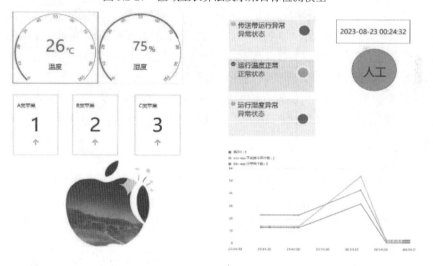

图 5.2-28　阿里云 Web 可视化界面

5.2.3.3　特性成果

（1）本作品使用轻量级神经网络模型 MobileNetV2 0.35 对水果进行检测，数据集共 657 幅图片，进行 60 轮训练，模型的训练结果如图 5.2-30 所示。

根据模型训练结果参数可知，模型最终推理时间为 4 ms，内存使用的峰值为 413.6 KB，使用的 Flash 大小为 73.5 KB，训练总得分为 98.5%。这些指标表明该模型在推理过程中具有较快的响应速度和较低的资源占用，同时在训练结果方面获得了较好的性能评分，能够高效地进行推理任务，并具备较好的泛化能力。

	BACKGROUND	APPLE
BACKGROUND	100.0%	0.0%
APPLE	1.8%	98.2%
F1 SCORE	1.00	0.99

图 5.2-29　手机 App 界面　　　　　图 5.2-30　模型的训练结果

（2）本作品对苹果进行检测的数据如表 5.2-3 所示。

5.2.4　总结

5.2.4.1　可扩展之处

从实测结果来看，对于 B 类苹果，即无缺陷、不成熟的苹果，本作品的分拣效果较其他两类苹果差一些，会出现漏检的情况。经过分析，得出的原因是目标检测模型训练集中的不成熟的绿苹果图像较少，以及通道狭窄导致摄像头距离苹果过近导致 A 类与 B 类苹果通过水果大小分拣通道滚落时，进入了旁边通道或分拣箱中。这两点将在后续改进。

本作品的无损检测以及分拣系统有较好的普适性，对类似苹果的水果，如橙子、葡萄柚、梨子、桃子等，训练对应的目标检测算法即可以实现无损检测与分级分拣，后续将对此进行扩展。

5.2.4.2　心得体会

在本作品中，团队致力于开发一款适用于水果采后处理领域的智能化系统，通过机器视觉技术与嵌入式系统的融合，成功实现了对水果表面缺陷和成熟度的快速准确识别，以及自动分拣功能。在本作品的开发过程中，团队遇到了一系列挑战，但通过合作与努力，成功地克服了这些难题，并取得了显著的成果。

首先，团队设定了本作品的设计目标，明确了本作品的发展方向。团队意识到机器视觉技术在水果采后处理领域潜在的广阔应用前景，能够有效解决传统人工检测的不足，提高水果检测的准确性和效率，为中小型水果采后处理企业和个体农户带来更大的价值。这种技术的推广应用将有助于推动我国农业的现代化和智能化发展。

其次，本作品采用了多种关键技术，通过 OpenMV 4plus 与 STM32F7 实现了对水果的目标检测和表面缺陷量化，同时结合区域生长算法使检测结果更加准确。本作品还借助嵌入式系统，收集了环境温湿度信息，并实现了人脸检测登录和员工拍照打卡功能。这些技术的有机融合为本作品的成功提供了有力支持。

在本作品的开发过程中，团队成员密切合作，各自发挥专长，共同解决了技术和设计上的难题。在本项目初期，团队遇到了机器视觉模型优化的问题，在多次迭代和调整参数后，成功提高了目标检测的准确率。嵌入式系统的开发和传感器的整合也带来了一定挑战，但通过不断的学习和测试，最终成功实现了各模块的整合。

同时，在本作品的开发过程中，团队也尝试使用 CubeAI 和 TouchGFX 等工具来优化本作品，但并没有取得预期的效果。这一经历虽然是惨痛的，但为我们提供了宝贵的学习机会。我们认识到，在嵌入式系统开发中工具的选择和使用并非只有一种途径。失败并不可怕，关键在于如何从失败中吸取经验教训，不断进步。

最后，团队对本作品取得的成果感到非常满意。本作品能够在无损的情况下迅速而准确地检测水果的表面缺陷和成熟度，并实现自动分拣功能，大大提高了水果采后处理的效率和质量。本作品已经成功应用到了中小型水果采后处理企业和个体农户的苹果分级分拣中，并在大型储藏仓库中用于进行定期质检和出货质检。在现代农业和智能化发展的大趋势下，本作品与国家的乡村振兴战略相契合，具有广阔的应用前景。

总而言之，本作品的成功实施得益于团队的共同努力和对技术的不断探索。尽管在本作品的开发过程中未能成功应用 CubeAI 和 TouchGFX 等工具，但这并没有使我们气馁，反而让我们变得更加谦虚和坚韧。我们将继续坚持不懈地探索和努力，相信本作品将变得更加出色和成功。团队成员的共同努力、合作与奉献让本作品充满了意义和价值。感谢在开发本作品中的失败经历，这些失败经历更加坚定了我们面对挑战和困难时的信心，也让我们在技术开发的道路上变得更加成熟和坚韧。感谢本次大赛让我们有这样一次深入实践所学知识的机会！

5.2.5　参考文献

[1] 赵炜杰，王丹. 基于 OpenMV 的元件质量在线检测控制系统研究[J]. 现代信息科技，2021，5(15): 182-184.

[2] 聂衍文，徐建. 基于 YOLOv5s 的移动端轻量化芒果果面缺陷检测应用设计[J]. 武汉轻工大学学报，2022, 41(5): 89-95, 103.

[3] 高辉，马国峰，刘伟杰. 基于机器视觉的苹果缺陷快速检测方法研究[J]. 食品与机械，2020, 36(10): 125-129, 148.

[4] 周国栋. 一种基于机器视觉的表面缺陷快速检测方法[J]. 机电工程技术，2021, 50(8): 42-44.

[5] 廖继水. 基于机器视觉的鲜枣检测分级方法研究[D]. 天津：天津工业大学，2021.

[6] 王玉伟，徐洪志，朱浩杰，等. 基于相移算法的苹果果梗/花萼检测方法[J]. 农业工程学报，2023, 39(2): 134-141.

5.2.6　企业点评

本作品结合了机器视觉技术与人工智能技术，使用 STM32F7 及 MobileNetV2 0.35 模型实现了目标检测和表面缺陷量化，并提供了详细的测试报告。本作品提高了水果采后企业的分拣效率，节省了成本。本作品可以进一步提高硬件设计的集成度。

5.3 天行者：两栖智能搜救无人机

学校名称：哈尔滨工业大学

团队成员：黄一、陈瑶、朱骐

指导老师：李鸿志

摘要

为了提升多旋翼无人机的适用范围和灾后搜救能力，我们基于 STM32H7 设计了两栖智能搜救无人机（在本节中简称本作品）。本作品以 STM32H7 为主控芯片，通过主控芯片实现了数据读取和分析、姿态解算、输出控制和视觉识别；通过 PID 控制系统，提高了两栖无人机控制系统的稳定性和控制精度。本作品在原有的四旋翼无人机上增加了被动轮，共用无人机四个旋翼的动力，实现了陆空两栖能力，通过增加的光流传感器实现了无人机定高定点控制，在地面上通过传感器实现了无人机的稳定和全向行驶。本作品具备地面行驶和空中飞行双重能力，使其能在复杂的灾害环境下发挥作用。本作品通过摄像头和图像传输系统，能够远程实时地将图像传输到搭载 STM32H7 的设备上，通过 MobileNetV2 目标检测模型在 STM32H7 上进行边缘计算，实现人体检测，从而为搜救工作提供支持。在本作品采集到被困人员的相关信息后，救援人员可以根据这些信息制订救援计划，提高搜救工作的效率和准确性。

5.3.1 作品概述

5.3.1.1 功能与特性

两栖智能搜救无人机是指既能够在地面行驶，又能够在空中飞行的无人机系统，可用于进行灾后搜救任务，具有以下功能与特性：

（1）灾后的快速应急响应能力。本作品的飞行速度快、响应快、准备时间短，可以在短时间内迅速响应、快速定位、迅速升空、快速成像。本作品搭载的高精度摄像头能在短时间内传回现场状况。

（2）紧急状况下的强大作业能力。在路况恶劣的情况下，采用传统的搜救方法，人员和物资往往难以到达或接近救援现场，无人机则可以直接到达指定的位置，直接投放医疗急救物品。但是在遇到空间狭窄、路径复杂、不利于无人机飞行的情况时，本作品会自动选择最优位置降落，此时可转为双轮小车，深入救援现场。

（3）协同救援的综合保障能力。本作品结合了无人机与地面小车的特点，提供了两种不同的救援模式，能够在多种情况下提供救援帮助，实现最有效、及时的救援。

（4）无视地形障碍的灵活能力。本作品利用上帝视角，可实现大面积、快速搜救；凭借空中优势，以及变焦、广角等超强感知能力，通过实时图像传输，可实现灾情的整体评估。同时，本作品还可以在道路崎岖的灾区进行近距离的搜救。

5.3.1.2 应用领域

近年来，不断出现的极端天气为灾后搜救提出了新的挑战。灾后搜救是在自然灾害（如地震、洪水、飓风等）或人为灾害（如火灾、爆炸等）发生后进行的救援行动。在发生灾害后，往往存在被困人员，需要迅速进行搜救并提供援助。

传统的搜救方法通常依赖于人力，但在某些情况下，如地形复杂、环境恶劣或时间紧迫等，传统的搜救方法会受到限制或无法进行有效的救援。利用无人机进行灾后搜救成为一种越来越受关注的解决方案。无人机可在空中全景拍摄灾情全貌，通过目标检测技术快速搜寻被困人员。

随着通信技术、人工智能的发展，以多旋翼无人机为代表的智能救援逐渐出现在灾害救援的第一线，取代了以直升飞机和运输飞机等有人飞行器进行航空救援。相对于有人飞行器，无人机具有制造成本低、便于救援人员操作、灵活性高等特点。

5.3.1.3　主要技术特点

本作品通过控制算法和先进的传感器实现了精确的自主飞行，利用边缘计算提升了系统的智能，能够对指定目标进行主动监测和跟踪。本作品充分结合了控制、传感和计算三方面技术，实现一个功能强大、可靠的智能无人机平台。本作品通过 PID 控制算法实现了精确的悬停、自稳定和陆地航行；通过惯性导航单元（IMU）和气压计获取飞行状态信息，依靠运动学模型计算无人机姿态，进行自主导航；通过摄像头实时获取视频流，并传输到 STM32H7，使用 MobileNetV2 神经网络模型、依靠边缘计算进行人体检测，能够在信号极差的灾区辅助人工救援。本作品的海报如图 5.3-1 所示。

5.3.1.4　主要性能指标

（1）地空自主转换。本作品可以自主实现无人机和地面小车的互相转化，实现地面行驶和空中飞行的切换，提升多地形搜寻能力。地空转换如图 5.3-2 所示。

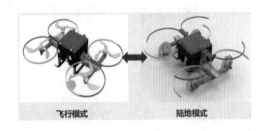

图 5.3-1　本作品的海报　　　　　　　　　图 5.3-2　地空转换

（2）两栖状态下的避障能力。

① 陆地避障：本作品依靠底盘传感器检测障碍物的高度，并通过调整底盘的高低来改变上、下方向；依靠前端的距离传感器检测自身到障碍物的距离，实现转向或前、后方向的调整。陆地避障如图 5.3-3 所示。

② 空中避障：本作品通过处理惯性测量单元的数据来获取姿态和位置信息，使用控制器实现平稳悬停，同时根据避障模块测得的自身到障碍物距离实现实时的避障。空中避障如图 5.3-4 所示。

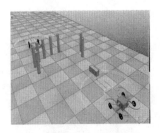

图 5.3-3　陆地避障　　　　　　　　　图 5.3-4　空中避障

（3）自主规划路径的能力。为满足灾后搜救需求，本作品集成了 RRT（Rapidly-Exploring

Random Trees）路径规划算法，使无人机和地面小车均能够具备自主规划路径的能力，自主规划的路径具有可行性，并可以实现避障。路径规划如图 5.3-5 所示，RRT 算法的模型训练如图 5.3-6 所示。

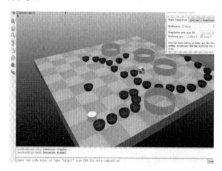

图 5.3-5　路径规划　　　　　　　　　　图 5.3-6　RRT 算法的模型训练

（4）视觉识别系统。本作品建立了一个基于 MobileNetV2 的图像分类模型，使用 COCO 数据集对模型进行了训练和评估。经实验检测，本作品的图像分类模型识别精准且速度极快，在 STM32H7 上平均推理时间为 125.465 ms，处理图像速度平均为 7.8 fps。本作品实现了受困人员识别的高准确性和快速处理能力。本作品的视觉识别系统具有可扩展性和鲁棒性，这对识别其他物体来说是至关重要的，并且该系统还能够应对光照度变化、噪声和遮挡。

（5）图像传输系统。本作品实现了实时的图像传输，图像采集和接收端显示之间的延时小。图像传输系统不仅具有高稳定性，可在不同的条件下可靠工作；还具有较大的带宽，可确保图像质量和实时性的平衡。

5.3.1.5　主要创新点

（1）本作品采用了轻量化被动轮结构设计，迭代优化了轮系，并实现较好的应力分配，通过算法实现了四旋翼无人机的空地一体化控制，实现了无人机模式和小车模式的无缝切换。本作品在陆地上具备一定的越障能力，可在运行过程中根据多传感器信号实现模式的切换控制。

（2）本作品采用光流传感器实现无人机位置信号处理反馈，并巧妙应用于小车模式，实现了精确地面控制和空中的定高定点控制。

（3）本作品具有陆空两栖能力，可用于复杂地形的灾后搜救场景。本作品携带双轮，在陆地依靠飞控即可保持平衡，实现向前、向后、转弯。这使得本作品可以在复杂的地形中执行搜救任务，增强了适应性。

5.3.1.6　整体框架

本作品的整体框架如图 5.3-7 所示。

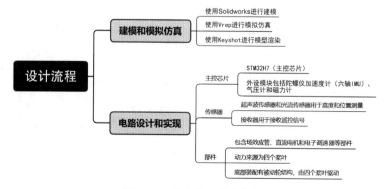

图 5.3-7　本作品的整体框架

首先,进行建模和模拟仿真,使用 Solidworks 进行建模,使用 Vrep 进行模拟仿真,使用 Keyshot 进行模型渲染。

其次,进行电路设计和实现,本作品的主控芯片为 STM32H7,在该芯片外设模块中搭载了六轴 IMU、气压计和磁力计,超声波传感器和光流传感器用于高度和位置测量,接收器用于接收遥控信号。四旋翼无人机机体包含场效应管、直流电机和电调等部件。四旋翼无人机的动力来源是四个桨叶,底部装配的被动轮结构同样由四个桨叶驱动。

接着,在 STM32H7 上部署了神经网络模型,利用 COCO 数据集对基于 MobileNetV2 的图像分类模型进行训练和评估,并将模型格式由 MobileNetV2 格式转换为 TensorFlow Lite 格式。本作品使用 STM32CubeMX 工具进行初始化和配置,在 STM32CubeMX 的扩展包 X-CUBE-AI 中导入 TensorFlow Lite 模型。

最后,将 STM32CubeMX 生成项目代码编译到 STM32H7 上运行,并进行测试。

5.3.2　系统组成及功能说明

5.3.2.1　整体介绍

本作品的实物图如图 5.3-8 所示,整机渲染图如图 5.3-9 所示。

图 5.3-8　无人机实物图

图 5.3-9　整机渲染图

5.3.2.2　硬件系统介绍

(1)无人机机架。本作品的无人机机架采用的是格普 Mrk5 机架,并做了轻量化设计以及更好的气动学改进,同时采用 7075 铝合金侧板,坚固耐用,可有效保护 FPV 镜头。本作品采用 X 形机臂设计,可减小涡流和扰动,并且保证重心在机架中心。在减振方面,本作品采用了独特的减振设计,减小了由振动引起的各类传感器的零值漂移,使电子系统的运行环境安全、稳定。本作品的无人机机架如图 5.3-10 所示。

(2)无人机轮系设计。无人机轮系采用双轮的结构,可以由无人机的桨叶实现差速转向,既考虑了重量问题,也兼顾了无人机的机动性。本作品的无人机轮系设计及有限元分析如图 5.3-11 所示。

图 5.3-10　本作品的无人机机架

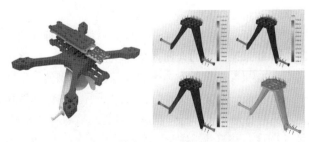

图 5.3-11　本作品的无人机轮系设计及有限元分析

（3）无人机飞控。本作品主要由机架、飞控、60A 电调、接收机、无刷电机、桨叶和电池组成。飞控是无人机的"大脑"，通过 MPU6500 陀螺仪来获取各轴的加速度，然后进行姿态解算。本作品的无人机飞控电路板如图 5.3-12 所示。

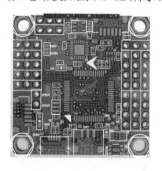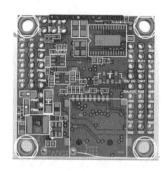

图 5.3-12　本作品无人机飞控电路板的正面（左图）和反面（右图）

（4）无人机的光流传感器。本作品增加了光流传感器，用于实现定位。本作品首先借助无人机底部的摄像头采集图像，然后采用光流算法计算两帧图像的位移，从而实现无人机的定位。这种定位方式配合 GPS 信号，可在室外实现对无人机的精准控制，即使在没有 GPS 信号的场合，也可以实现对无人机的高精度定位，以及更加平稳的控制。无人机的光流传感器及其数据如图 5.3-13 所示。

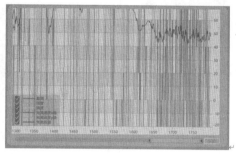

图 5.3-13　无人机的光流传感器及其数据

5.3.2.3　软件系统介绍

（1）视觉识别系统。

① 数据集。本作品采用 COCO 数据集对图像分类模型进行训练和评估，COCO 数据集是一个广泛使用的计算机视觉数据集，用于目标检测、图像分类、关键点检测等任务，包含了各种常见对象的图像及其对应的标注信息。

② 数据集处理。针对 COCO 数据集进行人体区域的筛选，并重新组织数据集。具体操作如下：

（a）遍历 COCO 数据集的标签文件；

（b）对于每个标签文件，根据人体标签（标签值为 0），计算人体区域的面积；

（c）如果某图像的人体区域面积大于阈值，则输出该图像，并将标签设为 person；

（d）如果某图像的人体区域面积都小于阈值，则跳过该图像；

（e）生成一个文本文件，包含过滤后的图像文件名和相应的标签信息，分别对训练集和验证集进行人体区域过滤，将过滤后的数据保存在不同的输出目录中。从 COCO 数据集中提取出包含人体的图像，并重新组织为一个新的数据集，以便于后续的人体相关任务的训练和评估。

③ 模型训练。本作品训练了一个基于 MobileNetV2 的图像分类模型，使用 COCO 数据集进

行训练和评估。主要的训练流程如下：

（a）定义一些常量和参数，图像大小为 128×128×3 像素，采用 RGB 色彩空间。

（b）损失函数使用的是类别交叉熵（Categorical Crossentropy）损失函数。该函数是一种用于多分类问题的损失函数，可以衡量模型的预测结果与真实标签之间的差异，并通过计算交叉熵来量化损失的程度。对于每个样本，该函数首先将模型的输出概率分布与真实标签进行比较，然后将其转化为对数概率，接着计算真实标签对应的对数概率的负值，并将平均值作为最终的损失值。

（c）对图像数据进行归一化和类型转换，对输入的张量进行预处理，将像素值归一化到[-1, 1]，并将数据类型转换为 np.float32。

（d）构建基于 MobileNetV2 模型的图像分类模型，包括顶部结构的设置。MobileNetV2 是一种轻量级的卷积神经网络模型，用于图像分类和特征提取，是 MobileNet 系列的第二个版本，可在保持高精度的同时减少模型的计算量和参数量。MobileNetV2 模型可在资源受限的移动设备上实现高效的图像分类和特征提取，在一些计算和存储资源受限的场景中表现出色，如移动端、嵌入式设备和边缘设备等。

（e）将已训练好的 Keras 模型转换为 TensorFlow Lite 模型，并使用量化（Quantization）技术将模型参数压缩为 8 位整数格式。8 位整数量化（8-bit Quantization）是一种常用的模型压缩技术，用于减小深度学习模型的存储需求和推断计算量，同时保持较高的模型精度。8 位整数量化是通过将模型参数和激活值从浮点数格式转换为 8 位整数格式来实现的，虽然牺牲了一定的精度，但通过合适的缩放因子和量化策略，可以在保持模型准确性的同时，大大减小模型的存储空间和推断计算量，从而适用于资源受限的场景。

（2）无人机程序设计。本作品采用开源 INAV 飞控固件验证样机可行性，同时增加了光流算法代码和地空切换代码。软件部分的主要作用是通过接收器接收遥控器给出的油门大小、俯仰角等命令，并将其发送到飞控中的 PID 控制器；六轴 IMU、气压计、磁力计测量无人机当前姿态，由飞控进行姿态解算后将结果发送到 PID 控制器，并向电调发送 4 路 PWM 信号，供电调控制 4 个旋翼。另外，软件部分对传感器回传的数据进行了卡尔曼滤波，以消去杂波，使光流数据拟合得更好。无人机程序框架如图 5.3-14 所示，无人机光流端的程序代码如图 5.3-15 所示，光流数据的拟合示例如图 5.3-16 所示。

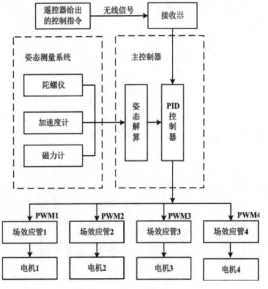

图 5.3-14　无人机程序框架

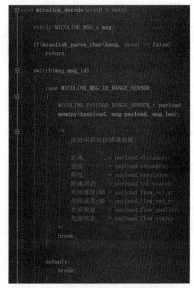

图 5.3-15　无人机光流端的程序代码

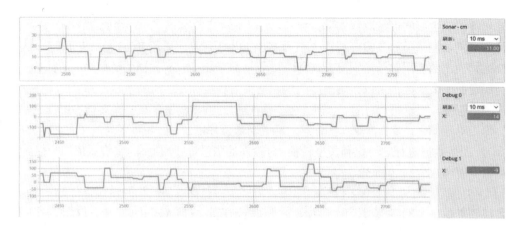

图 5.3-16　光流数据的拟合示例

5.3.3　完成情况及性能参数

5.3.3.1　整体介绍

首先，团队对本作品做了平衡测试（见图 5.3-17），即在只有四旋翼的情况下本作品能够保持平衡，通过俯仰操作使无人机获得直线行走能力（见图 5.3-18）。

图 5.3-17　平衡测试

图 5.3-18　无人机直线行走

然后，通过串级 PID 控制器实现无人机的稳定（见图 5.3-19），即在没有径向外力的帮助下保持稳定，同时在稳定后增加油门使本作品从小车模式切换为无人机模式，即起飞（见图 5.3-20）。

图 5.3-19　无人机保持稳定

图 5.3-20　起飞测试

最后，进行一些综合测试，以及在本作品动平衡时进行高速自转。自转要求本作品有极好的动平衡，以及对 4 个桨叶的精确控制。无人机在不同地面的光流定高如图 5.3-21 所示，无人机的摆动如图 5.3-22 所示，无人机的自转如图 5.3-23 所示。

为了更好地展示本作品的运动能力，进行了上下坡实验（上坡实验如图 5.3-24 所示），以及无人机上下楼梯的实验（下楼梯实验如图 5.3-25 所示）。

图 5.3-21　无人机不同地面下的光流定高　　　　图 5.3-22　无人机的摆动

图 5.3-23　无人机的自转

图 5.3-24　无人机上坡实验　　　　　图 5.3-25　无人机下楼梯实验

5.3.3.2　工程成果

（1）模型准确率。本作品的模型准确率如表 5.3-1 所示。

表 5.3-1　模型准确率

Output	ACC	RMSE	MAE	L2R	MEAN	STD	NSE
x86c-model	0.9364	0.2207182	0.0938471	0.3274944	0.0006472	0.2207192	0.8051375
original model	0.9363	0.2206188	0.0937553	0.3273313	0.0006518	0.2206198	0.8053129
X-cross	0.9895	0.0284608	0.0114619	0.0422291	-4.59E-06	0.028461	0.9960472

表中，x86c-model 表示将原始模型转换成 x86 平台可执行的 C 语言模型，用于和原始模型进行比较；original model 表示原始模型，用于提供基准的验证结果；X-cross 表示使用原始模型的输出作为基准真实值（Ground Truth），使用 x86c-model 的输出进行交叉验证，可以检查转换后的 C 语言模型是否保持了数值精度；ACC 表示准确率；RMSE 表示均方根误差（Root Mean Squared Error）；MAE 表示平均绝对误差（Mean Absolute Error）；L2R 表示 L2 相对误差；MEAN 表示平均值；STD 表示标准差（Standard Deviation）；NSE 表示纳什-苏特克利夫效率系数（Nash-Sutcliffe Efficiency Coefficient）。

（2）内存消耗。本作品的模型共 85 层，包括卷积层、池化层、全连接层等，占用的内存如下：

① 权重内存。权重的总大小是 412776 B，约 403 KB，仅有 1 个 segment，即一个连续的内存块，主要分布在卷积层和全连接层。

② 激活内存。激活的总大小是 229888 B，约 224 KB，同样只有 1 个 segment，主要分布在池化层。

综上，总的占用内存为权重内存+激活内存，约 627 KB。本作品的权重内存和激活内存都比较小，模型结构和量化使用的内存也较小，STM32H7 可满足部署的需求。本作品的资源开销如图 5.3-26 所示。

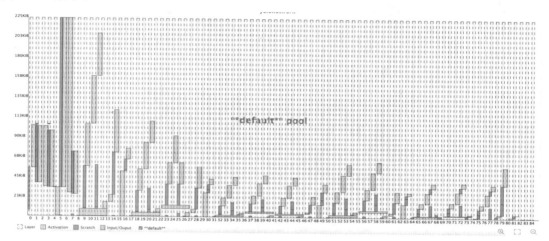

图 5.3-26　本作品的资源开销

（3）运行速度。本作品的模型参数共 391650 个，计算量为 19095976 MACC。本作品使用 100 个样本进行推理，验证模型在 STM32H7 上的平均推理时间为 125.465 ms，实际处理图像的平均速度为 7.8 fps。本作品的图像处理平台及运行效果如图 5.3-27 所示。

图 5.3-27　本作品的图像处理平台及运行效果

5.3.4　总结

5.3.4.1　可扩展之处

本作品可以有效提高灾后搜救效率，减少人员的危险和救援的延误，能在一定程度上实现救援的智能化、信息化。本作品的可扩展之处主要在于陆上轮式结构的越障能力和地形适应能力较为一般，图像传输的传输距离和画质相对比较受限，在极端环境下图像传输的稳定性还有待提升。后续本作品将在传统图像传输系统的基础上，增加无线控制和体感控制等功能，并继续提升越障能力和地形适应能力。

5.3.4.2　心得体会

通过三个多月的嵌入式系统学习，团队成功地完成了本作品，感受到了 STM32H7 在整个设计过程中的强大性能和高效性。

建立模块化的思想：核心思想就是所有的东西都是由零部件构成的，随着团队成员储备的标准模块越来越多，对更高层次的理解也越来越深。

压力管理与团队合作：团队成员学会了分工合作，学会了如何有效地与他人沟通和合作。

希望每一个热爱嵌入式开发的同学都能学有所成！

5.3.5　参考文献

[1] 郭磊. 小型陆空两栖无人系统动力转换机构设计[D]. 太原：中北大学，2022.

[2] 钟地长. 陆空两栖无人机控制系统设计与实现[D]. 南昌：南昌大学，2020.

[3] 湛柏明，冯浩文，黄海波，等. 小型室内四旋翼飞行器悬停及避障系统设计[J]. 自动化仪表，2023, 44(01): 42-48, 54.

[4] 钟鹏，张彪，陈冲. 水空两栖多旋翼无人机研究和设计[J]. 现代电子技术，2021, 44(20): 127-132.

[5] QUAN Q. Introduction to multicopter design and control[M]. Berlin: Springer, 2017.

[6] QUAN L, HAN L, ZHOU B, et al. Survey of UAV motion planning[J]. IET Cyber-systems and Robotics, 2020, 2(1): 14-21.

5.3.6　企业点评

本作品是基于 STM32H7 实现的，具有多地形适应性和高效搜救的特点。本作品采用 PID 控制器，提高了稳定性，结合路径规划，使其具备地形适应能力和避障能力。本作品的设计集成度高，从现场测试效果来看，其稳定性仍有待进一步提升。

5.4　物尽其用：双碳目标的探索者

学校名称：泰山学院

团队成员：田伟烨、于成义、由俊康

指导老师：丁晓明、王昱丁

摘要

智能垃圾分类积分电子秤（在本节中简称本作品）主要应用在垃圾分类回收与环保领域，不仅可以准确地测量垃圾的重量，还具有垃圾分类的功能。当不同种类的垃圾在秤上称重时，本作品会根据重量自动计算相应的碳积分，并将碳积分显示在液晶屏上，让用户轻松了解垃圾分类情况。在设计本作品的过程中，团队成员特别考虑了垃圾分类的具体情况，将垃圾分为有害垃圾、可回收物、湿垃圾、干垃圾四个种类，并对每类垃圾设置了不同的碳积分奖励机制。本作品可以有效提高垃圾分类的效率，鼓励人们积极参与垃圾分类，创造清洁、美丽的环境，实现双碳目标。本作品开发了基于 4G 的 DTU（一种无线模块）与手机 App，用户在进行垃圾分类时，本作品会根据垃圾的种类和重量计算相应的碳积分，用户可将垃圾相应的碳积分存储到积分卡中。用户的碳积分信息在刷卡时将实时传输到手机 App 及云平台中。

5.4.1　作品概述

5.4.1.1　功能与特性

随着经济社会的发展以及城乡一体化的推进，我国的城镇化进程在逐渐加快，伴随而来的是城市生活垃圾量的迅速增加，给城市生活垃圾的处理带来了压力。如何使这些垃圾变废为宝，从而实现垃圾的资源化？垃圾分类回收是最好出路。习近平主席在第七十五届联合国大会一般性辩论上宣布："中国将提高国家自主贡献力度，采取更加有力的政策和措施，二氧化碳排放力争于2030年前达到峰值，努力争取2060年前实现碳中和。"为了响应国家政策，为减少碳排放做出相应的贡献，保护环境，团队设计了一款新型的智能垃圾分类积分电子秤。

5.4.1.2 应用领域

图 5.4-1 本作品的应用场景示例

本作品主要应用在垃圾分类回收与环保领域，其应用场景示例如图 5.4-1 所示。

在整个设计过程中，特别考虑到了垃圾分类的具体情况。将各类垃圾分为了有害垃圾、可回收物、湿垃圾、干垃圾四个种类，并对每个种类设置了不同的碳积分奖励机制。智能垃圾分类积分电子秤的发明可以有效地提高垃圾分类的效率，鼓励人们积极参与垃圾分类，创造清洁、美丽的城市环境，实现双碳目标。

5.4.1.3 主要技术特点

本作品以 STM32G070 为主控芯片，搭配了液晶屏和 RFID 模块。本作品首先通过 RFID 模块识别垃圾袋上的标签，自动判断垃圾种类，然后通过称重模块获取垃圾重量，并将重量直接显示在液晶屏上。本作品还开发了一个碳积分系统，该系统可根据垃圾的种类和重量，自动计算相应的碳积分，并将碳积分保存在积分卡中。另外，本作品还具备数据上传功能，可以将收集到的垃圾重量、碳积分等信息上传到云平台，为城市规划和废物处理提供数据支持，真正实现智能化的垃圾分类管理。

5.4.1.4 主要性能指标

本作品的称重传感器的误差保持在 ±0.01 g，符合国家计量标准，且称重传感器的最大称重为 50 kg，可以准确地测量垃圾重量。读卡器模块可以将垃圾对应的碳积分存储到积分卡中，碳积分的读取准确率高达 98%。在读卡的过程中，本作品设计了防止多次读卡的操作，避免了在操作过程中由于数据重复读写而导致的错误。本作品采用 220 V 的交流电压或容量为 4000 mA·h 的电池。本作品的数据上传时间间隔为 1 s。

5.4.1.5 主要创新点

（1）本作品实现了垃圾的智能分类和称重，可计算不同垃圾对应的碳积分，同时把相关数据推送至服务器，经过处理分析后发送到相关工作人员手机及云端大屏，实现了数据的可视化处理。

（2）本作品将垃圾排放与"碳达峰""碳中和"相结合，调动了居民垃圾分类的积极性，鼓励并引导居民进行垃圾分类，不乱扔垃圾。

（3）本作品采用蓄电池与外接电源相结合的供电方式，极大地保障了设备的稳定性。

5.4.1.6 工作流程

本作品的工作流程如图 5.4-2 所示。

图 5.4-2 本作品的工作流程

5.4.2 系统组成及功能说明

本作品采用了自主设计的电路板,为了保证每个模块之间的连接性与便捷性,所有模块都采用直插方式进行连接。

5.4.2.1 整体介绍

本作品的主控芯片是 STM32G070,该芯片是一款性价比较高、性能稳定、功耗低的微控制器。本作品的 PCB 如图 5.4-3 所示。

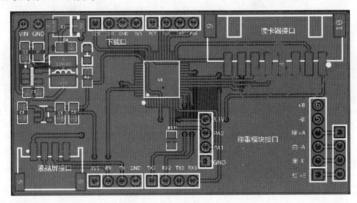

图 5.4-3 本作品的 PCB

5.4.2.2 硬件系统介绍

(1)硬件整体介绍。

① MCU 模块。MCU 模块采用的是 STM32G070。STM32G070 是由 ST 公司推出的 32 位 MCU,采用 Cortex-M0+内核,主频高达 64 MHz,内置了 64 KB 的 Flash 和 8 KB 的 SRAM,具备丰富的通信接口和外设资源,适用于多种嵌入式应用场景。

② 串口液晶屏。本作品的串口液晶屏采用串口通信的方式与 MCU 进行数据传输,指令结构由字符串指令加十六进制的结束符构成,使用方便、维护轻松。该串口液晶屏自带在线开发工具,可以实现在线调试。本作品的串口液晶屏及其在线开发工具如图 5.4-4 所示。

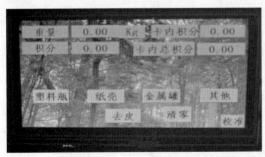

图 5.4-4 本作品的串口液晶屏及其在线开发工具

③ RFID 模块。本作品采用的是 RFID-RC522 模块,该模块内置了低电压、低成本、小型的非接触式读卡器芯片,通过该模块可将垃圾对应的碳积分存储到卡上。该模块与 MCU 通过 SPI 总线进行较长距离的通信,使用方便、可靠性高、体积小,可减少布线、减小 PCB 尺寸、降低成本。

④ 4G 通信模块。本作品的 4G 通信模块采用的是 USR-G771 模块,该模块是高可靠性的 4G

全网通 DTU，具备高速率、低延时，不仅支持三大运营商的 4G Cat-1 网络接入，还支持移动和联通的 2G 网络接入，并且提供了 RS-232 和 RS-485 接口，适用性更强。本作品的 4G 通信模块结构如图 5.4-5 所示。

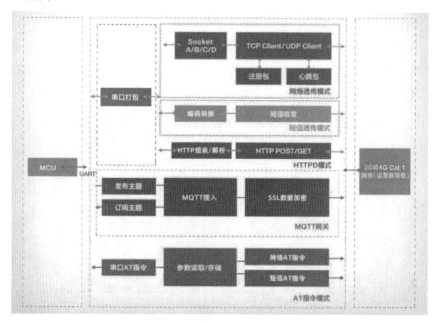

图 5.4-5　本作品的 4G 通信模块结构

⑤ 云端大屏。本作品的云端大屏主要用于显示收集到的垃圾重量和碳积分信息，为城市规划和废物处理提供数据支持。同时，云平台也可以将垃圾分类信息实时反馈给居民，让居民更清晰地了解自己的垃圾分类行为。本作品的云端大屏显示界面如图 5.4-6 所示。

图 5.4-6　本作品的云端大屏显示界面

（2）电路各模块介绍。本作品的电路原理图如图 5.4-7 所示，本作品内的部结构及主要模块如图 5.4-8 所示。

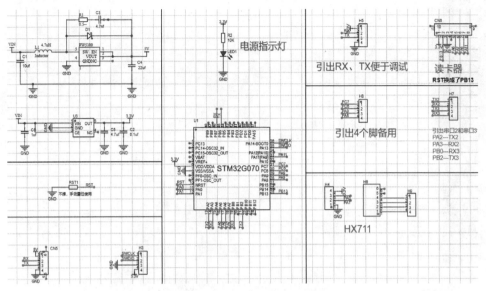

图 5.4-7　本作品的电路原理图

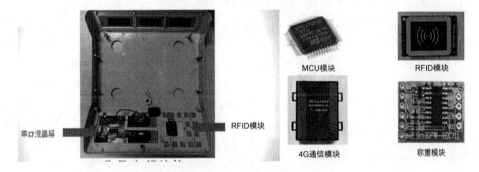

图 5.4-8　本作品的内部结构及主要模块

5.4.2.3　软件系统介绍

（1）软件整体介绍。当用户进行碳积分刷卡时，存储的碳积分和垃圾重量信息将实时上传并保存到服务器。本作品通过 USR-G771 模块（4G 全网通 DTU）向云端大屏传输信息，该模块采用先进的无线通信技术，其优点是数据传输延时低，在数据传输过程中不会影响数据的透明性和完整性，可极大地降低传输成本。另外，USR-G771 模块还具有强大的自定义组态功能，可以全程在线进行自定义配置，用户可以根据实际需求灵活进行组态，实现数据的精准监测和分析。云端大屏的工作流程如图 5.4-9 所示，USR-G771 模块的配置如图 5.4-10 所示。

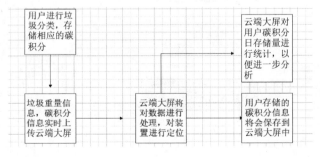

图 5.4-9　云端大屏的工作流程

图 5.4-10　USR-G771 模块的配置

（2）手机 App 介绍。通过手机 App，本作品可以实时记录每位居民的垃圾重量及其相应的碳积分。手机 App 具有历史查询功能，可以准确地记录每位居民的碳积分信息。本作品的手机 App 是基于 App Inventor 开发的，App Inventor 是一个完全在线的 Android 编程环境，实现了 App 的可视化编程。本作品的手机 App 工作流程如图 5.4-11 所示，开发界面如图 5.4-12 所示。

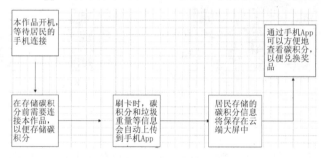

图 5.4-11　手机 App 的工作流程

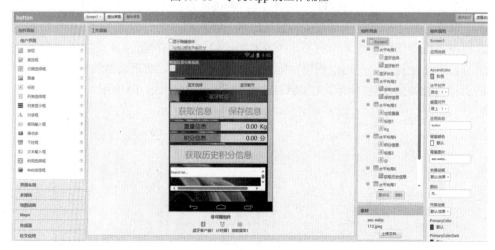

图 5.4-12　手机 App 的开发界面

5.4.3　完成情况及性能参数

5.4.3.1　整体介绍

本作品的实物如图 5.4-13 所示，其内部构造如图 5.4-14 所示。

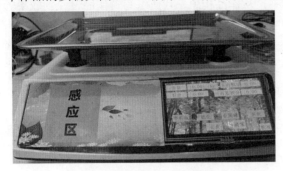

图 5.4-13　本作品的实物

图 5.4-14　本作品的内部构造

　　本作品首先通过 RFID 模块识别垃圾袋上的标签，自动判断垃圾种类；然后通过称重模块测量垃圾重量并显示在串口液晶屏上，同时根据垃圾的重量自动计算相应的碳积分并将碳积分信息保存在卡片中。本作品具备数据上传功能，可以将垃圾重量、碳积分信息上传到云端大屏处理，为城市规划和废物处理提供数据支持，实现智能化的垃圾分类管理。

5.4.3.2　工程成果

（1）电路成果。本作品的电路板如图 5.4-15 所示。

（2）软件成果。本作品的云端大屏显示界面如图 5.4-6 所示，手机 App 界面如图 5.4-16 所示。

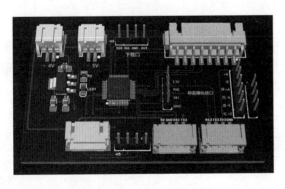

图 5.4-15　本作品的电路板

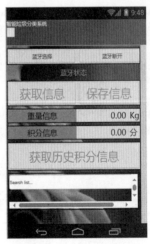

图 5.4-16　手机 App 界面

5.4.4　总结

5.4.4.1　可扩展之处

（1）本作品的使用受到了自身重量的限制，可进一步提高本作品的便携性。

（2）受垃圾形状、袋装垃圾等因素的影响，本作品无法十分准确地对垃圾进行识别分类，可进一步在垃圾识别分类方面加强研究。

5.4.4.2 心得体会

本作品从构思到制作完成，历时一年。在这期间，得到了指导老师的悉心指导，在团队成员团结协作的基础上，克服了本作品制作过程中遇到的问题。

参加竞赛的目的是加深对所学知识的理解，进一步了解所学的专业，系统地将我们所学的知识连贯起来，并应用于实践中。在本次竞赛中，从作品构思、代码编写、作品设计到成果验证，都要自己完成。一开始有些无从下手，开始的几个月都在查资料，设计作品方案。通过这次竞赛，我们清楚地明白一项研究往往不是一次就能成功的，通常要经过无数次的试验，让我们知道了什么叫屡败屡战、坚持不懈、永不放弃。文献上的实验方法与操作步骤，在实际中往往需要尝试许多次，这让我们明白了一个作品往往会受到很多因素的影响。

通过本次竞赛，我们深刻地体会到了科研工作者的艰辛与探索精神，同时也培养了独立思考、动手操作的能力。更为重要的是，在本次竞赛中，我们掌握了很多学习方法，令我们受益匪浅。

5.4.5 参考文献

[1] 刘建国. 我国生活垃圾处理热点问题分析[J]. 环境卫生工程，2016, 24(1): 1-3.

[2] 曲睿晶. 对普遍推行垃圾分类制度的再思考[J]. 智慧中国，2019(1): 52-54.

[3] 陈路安，周泓. 新型可分类垃圾桶的设计研究[J]. 科技创新导报，2017, 14(32): 87-88.

[4] 汪磊. 人工智能在计算机网络技术中的应用[J]. 电子技术，2021, 50(11): 31-33.

[5] 孟稳，翼凯洋. 基于 Arduino 的家用智能垃圾桶设计[J]. 工业控制计算机，2020.33(04): 121-135.

[6] ZHANG B, LAI K, WANG B, et al. From intentionto action: how do personal attitudes, facilities ac-cessibility, and government stimulus matter forhousehold, waste sorting?[J]. Journal of Environmental Management,2019, 233:447-458.

5.4.6 企业点评

本作品通过低成本的 STM32G070 和 RFID 模块实现了垃圾的分类，通过称重传感器准确测量垃圾的重量，主要的技术点包括数据上传、准确称重和碳积分系统。本作品的使用限制仍然较多，需进一步优化。

5.5 水下蛙人作战指挥控制系统

学校名称：厦门大学
团队成员：彭婧雯、周德理、翟树盛
指导老师：解永军、王德清

摘要

蛙人是指在水下侦察或作战时执行特殊任务的战士，所执行任务的特点是极其隐蔽和危险。随着水下特种作战的不断发展，蛙人部队已成为近海水域战斗主力。蛙人部队面临的突出问题是蛙人如何在水下实时获得自身及其周围环境情况，如心率、血氧饱和度、水深、水压，以及留给自己作业的时间等；同时还面临着队长如何在水声通信系统多径衰落严重、速率低等情况下获得队员的实时状况并下达指令的问题。水下蛙人作战指挥控制系统（在本节中简称本作品）立足于蛙人作战的应用场景，以保证蛙人在水下作业时通信顺畅，能及时获取自身情况并将信息发送给队长，队长得以快速下达指令。

本作品以 STM32H7 为主控芯片，以腕表为通信设备，设备小巧、易于佩戴，不仅可以完成队员之间的信息交互与实时通信，还可以测量心率、血氧饱和度、水深、水压，并预测可作业的时间。本作品可以应用于蛙人团队进行水下作业或团战，如侦察登陆场水文、地形、抗登陆设防情况，担负水下和陆上爆破、突袭、攻击等任务。

本作品的调制解调采用正交频分复用（OFDM）技术，通过快速傅里叶变换（FFT）和数字滤波实现水下双工通信。腕表上的传感器可监测蛙人的心率、血氧饱和度，及其所处位置的水深、水压，并实时显示在显示屏上，同时可通过按键将这些信息发送给队长。队长可通过腕表向队员发送指令，协同完成水下作战任务。本作品通过 STM32CUBE.AI 工具部署机器学习和神经网络，用来预测电池电量，再结合心率、血氧饱和度、水深、水压和氧气瓶剩余氧量等数据，预测水下作业的剩余时间，便于蛙人把控时间，按时安全返回。

本作品旨在通过设计蛙人的水下通信系统，使蛙人能够在水下作战时实时获取自身及周围环境的情况，实现队员之间的实时高效通信，从而使蛙人的水下作战指挥控制能力得到提升。本作品的应用场景示意图如图 5.5-1 所示。

图 5.5-1　本作品的应用场景示意图

5.5.1　作品概述

5.5.1.1　功能与特性

本作品围绕水下通信腕表这一硬件设备设计了相应的解决方案，旨在通过设计蛙人的水下通信系统，实现队员之间的实时高效通信，提升蛙人的实战能力。本作品的主要功能如图 5.5-2 所示。

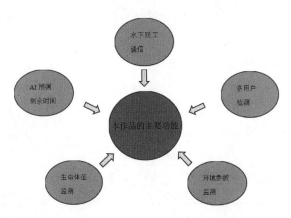

图 5.5-2　本作品的主要功能

5.5.1.2　应用领域

（1）水下蛙人团队作战（团战）：这是本作品设计的出发点，蛙人不仅可以通过本作品与其他队员进行实时的信息交互，还可以随时了解自己的生命体征与周围环境状况，能够极大地提升蛙人的应变能力与团队协作能力,提高作战效率。

(2)水下勘探和作业:本作品可用于水下勘探和作业,如海洋石油和天然气开发、水下管道维修和安装、水下考古、海底采矿等。潜水员可以通过本作品与指挥中心或其他潜水员进行高效的沟通、协同作业。

(3)海洋救援和搜救:本作品可在海洋救援和搜救中起到关键作用,不仅可以使潜水员与救援队伍、潜水器械、潜水船只等保持紧密的联系,还可以提供指导、传输重要信息,以便更好地组织救援行动并提高成功率。

(4)海洋科研和探索:本作品对海洋科研和探索工作而言也具有重要意义,科学家、潜水员和研究人员可以通过本作品进行信息交流,共享观测数据,讨论研究成果,推动海洋科学的发展,并支持海底生物、地质和水文学的研究。

(5)水下运动和娱乐:本作品可以用于水下运动和娱乐。例如,潜水员可以通过本作品与其他潜水员或潜水教练进行实时交流;水下摄影师可以通过本作品调整拍摄角度和构图;水下游戏玩家可以通过本作品与队友进行战术配合等。

5.5.1.3 主要技术特点

(1)采用 STM32H7 作为主控芯片。由于水声通信系统的多径衰落严重、传输速率低,因此本作品采用 STM32H7 作为主控芯片。STM32H7 具备处理能力强、外设接口丰富、功耗低和抗干扰能力强、稳定性高等特点,这些特点使它能够在水声通信系统中满足复杂算法的处理需求,实现可靠的数据传输和通信连接。

(2)调制解调采用 OFDM 技术。本作品采用 OFDM 技术,通过快速傅里叶变换(FFT)和数字滤波实现水下双工通信,将高速数据流分成多个较低速的子流,并用不同的频率进行传输,能够克服多径衰落,提供较高的频谱效率和抗干扰性能。

(3)采用频分复用、分时处理技术,实现了多用户检测。本作品具备多通道处理能力,能够实现多通道的前置放大、滤波和数/模转换功能,同时采集和处理多个频带的信号,最多可支持 8 用户同时使用,便于蛙人团队协作。

(4)通过 STM32CUBE.AI 工具部署机器学习和神经网络,实现了实时预测。本作品通过 STM32CUBE.AI 工具部署机器学习和神经网络,用于预测电池电量,结合心率、血氧饱和度、水深、水压和剩余氧量等数据,预测水下作业的剩余时间,便于蛙人把控时间,按时安全返回。

5.5.1.4 主要性能指标

本作品的主要性能指标如表 5.5-1 所示。

表 5.5-1 本作品的主要性能指标

基 本 参 数	性 能 指 标	优 势
电池容量	2000 mAh	容量大、体积小、续航时间长
腕表尺寸	15 cm×12 cm×7 cm	小型化,易于佩戴
外壳材料	类 ABS 防水材料	刚性足够且防水
通信速率	1.28 kbps	通信稳定,数据传输速率高
通信距离	在开阔海域中可达 100 m	通信距离远
工作深度	100 m	下潜深度能满足实际需求
可用带宽	40～60 kHz	带宽大
单个用户带宽	2 kHz	支持多用户检测
支持用户个数	8	可满足协作需求

5.5.1.5　主要创新点

（1）高鲁棒性的解调算法，适应低信噪比移动工作场景。本作品通过自动增益控制、多普勒因子估计和补偿等算法，对采集到的信号进行高精度处理。除了常用的 1/2 卷积码纠错，本作品还增加了信源扰码（用于防止 OFDM 峰均比太高）和五重分集合并（用于进一步提高纠错能力）等功能。

（2）轻量级的神经网络，易部署在边缘设备。相对于传统的神经网络，本作品部署了对模型规模和计算资源需求均比较小的神经网络，资源消耗较低，响应速度加快，能够更好地适应边缘设备，不仅降低了资源消耗，还减少了计算量和延时，从而使边缘智能系统能够快速进行实时决策和处理。

（3）集成多包接收算法，可扩展至非同步系统。在本作品中，每个用户的频带是分离的，互相之间干扰小。从用户识别（粗同步）到 OFDM 数据解调定位（细同步），本作品为每个用户分配不同的频带。传统的数据接收算法只能逐个接收和处理数据包，本作品采用可以并行接收多个数据包的多包接收算法。该算法可以在不同的系统配置或环境下进行灵活的扩展和应用，可适用于非同步系统，即可以在没有统一的时钟或时间同步的系统中处理不同节点之间的数据。

5.5.1.6　设计流程

本作品的设计流程如图 5.5-3 所示。

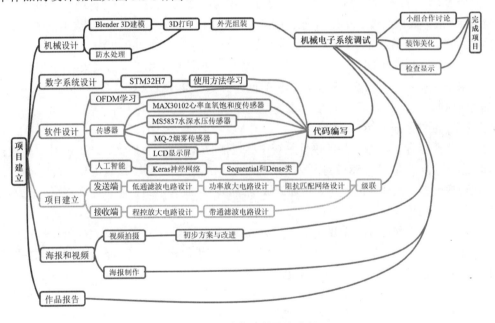

图 5.5-3　本作品的设计流程

5.5.2　系统组成及功能说明

5.5.2.1　整体介绍

本作品的整体框架如图 5.5-4 所示。

在本作品中，传感器将测得的数据（如心率、血氧饱和度、水深、水压等）通过 ADC、SPI、I2C 等接口传输给主控 MCU。

当发送端按下相应的按键时，本作品可将测得的数据和相关指令转换为十六进制数据并进行 OFDM 调制。调制后的数据经 D/A 转换后输出，通过低通滤波电路、功率放大电路、阻抗匹配网络和水声换能器后发送到其他腕表。本作品会在 LCD 显示屏上显示发送的数据。发送的数据帧包括用户 ID 和通信数据。

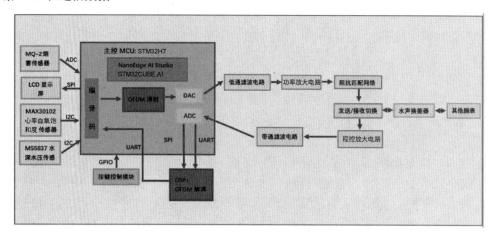

图 5.5-4　整体系统框图

在接收端中，水声换能器接收到的信号经过程控放大电路、带通滤波电路处理后，通过 ADC 传输给主控 MCU。接收端的 MCU 在检测到用户 ID 后，首先通过 UART 将用户 ID 传输给 DSP，然后将 ADC 采样数据通过 SPI 接口交由 DSP 进行解调，接着通过 UART 传输给主控 MCU，最后将接收到的数据和指令显示在 LCD 显示屏上。

本作品通过 STM32CUBE.AI 工具部署了机器学习和神经网络，可对采集到的数据进行分析，预测蛙人水下作业时间与预留给蛙人的返回时间，并实时显示在 LCD 显示屏上，同时可将相关数据发送给队长。

5.5.2.2　硬件系统介绍

（1）硬件整体介绍。本作品的硬件系统主要包括 STM32H7 主控板、DSP 芯片、按键控制模块、MQ-2 烟雾传感器、MS5837 水深水压传感器、MAX30102 心率血氧饱和度传感器、LCD 显示屏、水声换能器、低通滤波电路、带通滤波电路、功率放大电路、阻抗匹配网络、发送/接收切换、程控放大电路等模块。

（2）机械设计介绍。本作品的外壳厚度为 6 mm，在上、下外壳接口处挖出 4 mm 宽的 U 形槽，使用 4 mm 的丁晴塑胶垫圈保证外壳连接处的水密性。水声换能器也是通过丁晴塑胶垫圈来保证其与外壳的水密性的。LCD 显示屏通过外壳的开口处嵌入，并在 LCD 显示屏上面覆盖亚克力板，利用亚克力胶密封，保证水密性。本作品使用的按钮是防水按钮，通过打孔并使用防水油密封。本作品的外壳外侧用六颗 M6 螺钉固定。

本作品的外壳使用 Blender 进行 3D 建模，并将 3D 模型交付商家使用类 ABS 防水材料进行 3D 打印。经测试，本作品的外壳具有良好的水密性，能满足水下工作的需要。本作品的外壳如图 5.5-5 所示（图中数值的单位为 mm），使用的丁晴塑胶垫圈如图 5.5-6 所示。

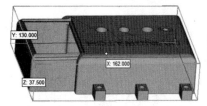 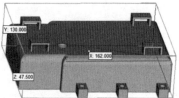 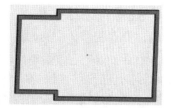

图 5.5-5　本作品的外壳　　　　　　　　　　　图 5.5-6　本作品使用的丁晴塑胶垫圈

（3）硬件模块介绍。低通滤波电路的原理图如图 5.5-7 所示，功率放大电路的原理图如图 5.5-8 所示，供电模块的电路原理图如图 5.5-9 所示，主控 MCU 供电模块的电路原理图如图 5.5-10 所示，DSP 供电模块的电路原理图如图 5.5-11 所示，模拟部分供电模块的电路原理图如图 5.5-12 所示，程控放大电路的原理图如图 5.5-13 所示，带通滤波电路的原理图如图 5.5-14 所示。

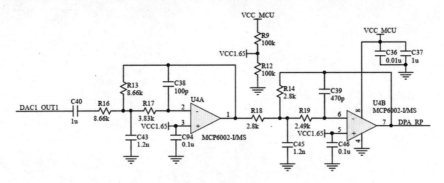

图 5.5-7　低通滤波电路的原理图

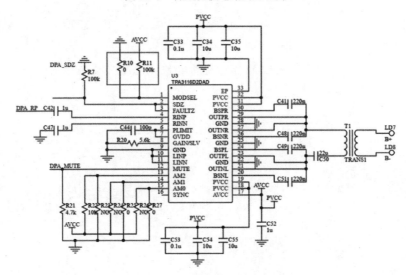

图 5.5-8　功率放大电路的原理图

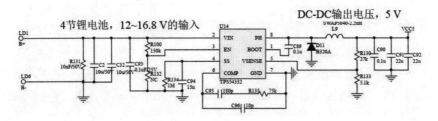

图 5.5-9　供电模块的电路原理图

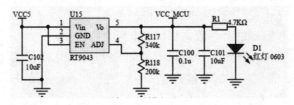

图 5.5-10　主控 MCU 供电模块的电路原理图

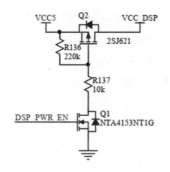

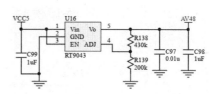

图 5.5-11　DSP 供电模块的电路原理图　　　　　图 5.5-12　模拟部分供电模块的电路原理图

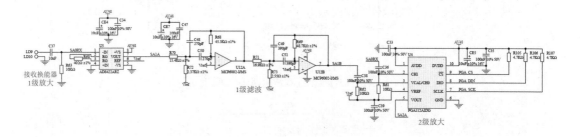

图 5.5-13　程控放大电路的原理图

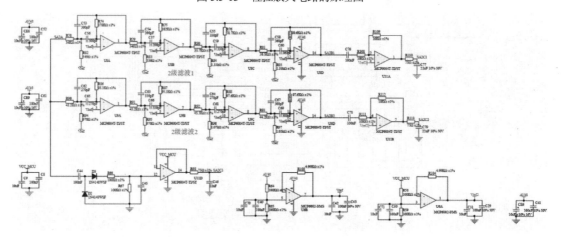

图 5.5-14　带通滤波电路的原理图

（4）传感器及 LCD 显示屏介绍。

① MAX30102 心率血氧饱和度传感器（见图 5.5-15）。MAX30102 是一个整合了心率监测和血氧饱和度监测功能的生物传感器，内置了发光二极管、光电探测器，以及抑制环境光的低噪声电子设备。该传感器具有以下优点：

➲ 尺寸小，易于集成到各种移动设备中。

➲ 低功耗，可以在低电量情况下长时间工作。

➲ 精度高，可以提供准确的心率数据和血氧饱和度数据。

② MS5837 水深水压传感器（见图 5.5-16）。MS5837 水深水压传感器是 TE 公司的新一代高分辨率传感器，采用 I2C 接口，水深测量的分辨率可达到 2 mm，是进行高精度水深测量的理想选择。该传感器具有以下特点：

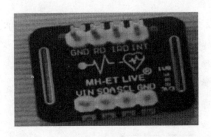

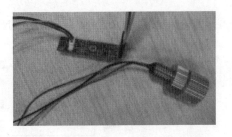

图 5.5-15　MAX30102 心率血氧饱和度传感器　　　　图 5.5-16　MS5837 水深水压传感器

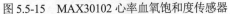

- ☉ MS5837 水深水压传感器包括高线性度的压力传感元件和超低功耗的 24 位的 ADC，内部还具有工厂校准系数。
- ☉ MS5837 水深水压传感器可提供高精度的 24 位水压输出，并可以根据应用的需求配置转换速度和功耗。
- ☉ MS5837 水深水压传感器具有高分辨率的温度输出，可同时实现温度计的功能。
- ☉ MS5837 水深水压传感器可以与多种微控制器配合使用，通信协议非常简单，无须修改内部的寄存器。

③ MQ-2 烟雾传感器（见图 5.5-17）。MQ-2 烟雾传感器对液化气、丙烷、氢气、烟雾的灵敏度较高，是一个多种气体探测器，其特点是灵敏度高、响应快、稳定性好、寿命长、驱动电路简单和性价比高，可输出模拟信号和数字信号，非常适合在本作品中检测氧气剩余量。

④ LCD 显示屏介绍。本作品的 LCD 显示屏由 ST7789 驱动，分辨率为 240×320，可显示 65000 种颜色，可完全满足实际需求。

图 5.5-17　MQ-2 烟雾传感器

5.5.2.3　软件系统介绍

（1）软件整体介绍。本作品的软件系统框架如图 5.5-18 所示，主要包括 OFDM 调制、OFDM 解调、神经网络、传感器与显示模块，这些模块通过 STM32H7 进行交互。

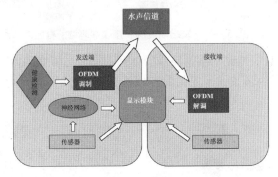

图 5.5-18　本作品的软件系统框架

（2）软件系统的主要模块介绍。

① OFDM 调制/解调。在本作品的水声通信系统中，第一个 OFDM 符号为参考符号，后一个 OFDM 符号的子载波与前一个符号的子载波采用 QPSK 调制，每个用户使用 160 个子载波，按 QPSK 调制方式，每个子载波承载 2 bit 的数据，经过 1/2 卷积码（纠错）后，相当于每个子载波承载 1 bit 的数据，160 个子载波可承载 160 bit 的数据，通过 5 重分集合并技术可在低信噪比的情况下进一步提高纠错能力，因此实际承载了 32 bit 的数据（160/5=32）。本作品采用参考符号加 3 个数据

符号的方式传输数据，160 个子载波可 96 bit 的数据（32×3）。OFDM 的原理如图 5.5-19 所示。

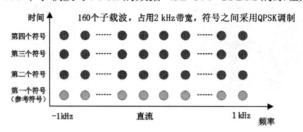

图 5.5-19　OFDM 原理

在传输数据时，开始的 30.72 ms（粗同步信号）用来区分 8 个不同的用户，接收端识别到不同的用户后，从后续 OFDM 符号中提取对应用户的数据进行解调。当多个用户的数据同时到达时，接收端的 DSP 能从不同频带叠加的信号中识别并提取对应的用户数据。本作品的数据帧结构如图 5.5-20 所示，发送端调制和接收端解调的框图如图 5.5-21 所示。

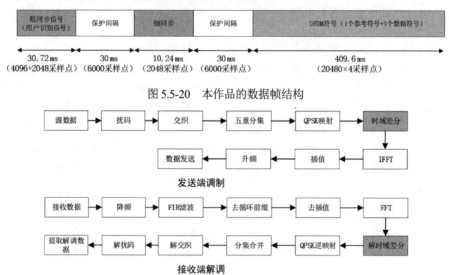

图 5.5-20　本作品的数据帧结构

图 5.5-21　发送端调制和接收端解调的框图

② 神经网络。本作品的神经网络模块用于处理心率、血氧饱和度、水深、氧气剩余量、电池电量等数据，预测蛙人的最长水下工作时间以及预留工作时间。神经网络的结构如图 5.5-22 所示。

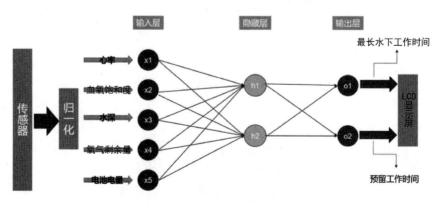

图 5.5-22　神经网络的结构

本作品的神经网络包括 5 个输入层、2 个隐藏层和 2 个输出层。传感器采集到的心率、血氧饱和度、水深、氧气剩余量、电池电量经过归一化处理后输入到神经网络的输入层，由神经网络输出最长水下工作时间和预留工作时间。经测试，本作品的神经网络具有以下特点：

⊃ 高速率：推理速度非常快，每秒可处理超过 1000 个预测请求，满足实际需求。

⊃ 低误差：在交叉验证或测试数据集上的平均误差率低于 5%。

⊃ 高鲁棒性：对噪声和异常输入具有很强的鲁棒性，即使存在干扰，预测结果也能保持稳定，可以面对复杂的水下作业场景。

⊃ 可扩展性：能够轻松应对大规模数据，在增加训练样本数量后，性能得到了明显提升。

水下蛙人的工作环境复杂，包括深海水域的高压、低温、强流等特殊条件，高速率和低误差的神经网络可以帮助蛙人及时感知环境变化，预测预留工作时间，提高任务执行效率，确保蛙人按时安全返回。

5.5.3　完成情况及性能参数

5.5.3.1　整体介绍

本作品的实物如图 5.5-23 所示，其特点如下：

（1）多通道处理能力：本作品能够实现多通道的前置放大、滤波和模/数转换功能，同时采集和处理多个频带的信号，适合蛙人团战。

（2）抗干扰性强：本作品采用低噪声前置放大器、带通滤波和程控放大器，通过差分传输方式传输信号，抗共模干扰能力强，能有效抑制电磁干扰。

图 5.5-23　本作品的实物

（3）灵活性：本作品可与上层的调制解调模块进行数据交互，并通过 SPI 接口连接多个模块，实现数据的交互和控制，便于系统的扩展和调整。轻量级的神经网络进一步提升了本作品的灵活性和响应速度，边缘智能系统可以快速地进行实时决策和处理。

（4）高精度信号处理：本作品通过自动增益控制、多普勒因子估计和补偿等算法，可以对采集到的信号进行高精度的处理。

5.5.3.2　工程成果

（1）电路成果。本作品的电路板如图 5.5-24 所示。

（2）软件成果。本作品的显示界面如图 5.5-25 所示。

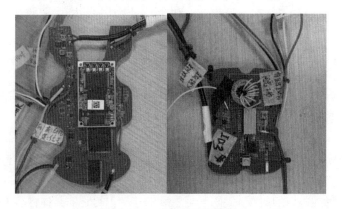

图 5.5-24　本作品的电路板

图 5.5-25　本作品的显示界面

5.5.4 总结

5.5.4.1 可扩展之处

（1）进一步实现小型化。虽然相较于传统的水声通信系统而言，本作品已经十分轻巧，但对于水下蛙人来说还是比较笨重的，后期可以进一步简化电路，优化结构，进一步缩小本作品的体积与重量。

（2）水下陆上跨界通信。目前本作品只实现了多设备之间的水下通信，可以很好地应用于蛙人团战等场景。但在实际应用中，经常还存在水下陆上跨界通信的需求，如水下蛙人与陆上指挥中心进行信息交流。本作品后期可以进一步改进，实现水下陆上跨界通信。

5.5.4.2 心得体会

彭婧雯：

我在本次参赛中主要负责水声通信系统。在了解水声通信、学习 OFDM 调制/解调原理、FFT 算法、数字滤波算法时，我体会到了水声通信系统的难度与复杂性。在电路设计过程中，更是感叹各种滤波电路、放大电路、阻抗匹配网络的复杂与精妙。

相较于传统的无线通信，水声通信系统的实现要难得多，其信号传播环境十分复杂，存在水温、盐度、压力等物理因素，水的流动、散射、吸收等环境因素，以及生物声和人为噪声等其他干扰。这些因素使得水声信号的传播损耗和传输特性难以准确建模和预测，增加了水声通信系统的设计和调试难度。此外，水声信号受到传输通道的影响，会遭受各种信号失真、降噪、多径传播等问题。若要实现多个节点的通信，还涉及多通道的数据传输和协调。各个节点之间的位置、传输距离、传输延时等因素都会对水声通信系统的性能产生影响。最重要的是，要保持水声通信系统的稳定，还面临系统鲁棒性和可靠性的挑战。

在正式推进本作品的开发工作前，我先系统地学习和掌握了一定的理论知识，了解水声传播的特性和原理等，然后根据具体的应用场景和水声通信系统的特性，精心挑选了合适的主控 MCU，接着便开始尝试水声通信系统的实现。

在实现水声通信系统的过程中，频率选择是至关重要的一步。不同的频率在水中的传播特性有所不同，需要根据具体情况进行选择。通过尝试不同的频率并进行比较，本作品选取了效果较好的频率，并设计各个用户的频带来实现多用户检测，保证了多设备水下的稳定通信。

一个行之有效的调制/解调方案，可以大幅提升通信系统的速率、容量和稳定性。通过比较不同调制/解调方案的误码率、误比特率等，本作品选择了基于 QPSK 的 OFDM 调制/解调方案，并取得了良好的效果。

在水声通信系统的调试过程中，遇到了很多故障情况，如信号弱、传输中断、通信乱码等。水声通信系统的调试是在复杂的水下环境中进行的，为了提高信号传输的可靠性，本作品采取了很多优化措施，如添加扰码、五重分集合并等技术来进行纠错、减少多径效应。

这次参赛让我收获了宝贵的知识，不仅提高了专业素养和能力，还提升了团队协作能力，增进了与队友、指导老师的友谊与感情。在这里要感谢我的指导老师、队友，更要感谢我自己。

总之，很高兴能够参加本次大赛！

周德理：

在本次竞赛中，我主要负责传感器、LCD 显示屏等的开发。在开发过程中，我学到了许多关于嵌入式的知识，同时也有很大的感触。

首先，就是代码的移植。刚开始我移植传感器代码只是生硬的移植，对它的具体内容并未深究，但这样有很明显的弊端，那就是一旦出现问题就无从下手。后来，我发现在搞懂基本原理的基础上再对代码进行移植、改写，才是正确的方式，只有这样才能应对调试过程中遇到的各种问题。例如，在移植 LCD 显示屏的代码时，由于时钟线和数据线连接不稳定，LCD 显示屏一直没有显示，即便使用厂家的代码也不行，后来通过测时钟线、数据线波形才发现问题所在。在开发 MS5837 水深水压传感器时，在成功测量到数据后，发现测量数据和实际数据有很大的偏差，通过认真研究代码，发现问题原因是所处地区不同，导致一些标准的参数不同，最终结果也就不同，修改大气压、重力加速度等参数后再经过微调，成功测到了准确的数据。

其次，让我印象最为深刻的东西就是时钟。这次比赛让我对时钟的认知加深了许多，一开始由于时钟线和数据线连接不稳定导致 LCD 显示屏无法显示，后来在通信时出现的乱码也是由于时钟问题造成的。通过测试，我对 RC 振荡和晶振的区别有了很直观的理解，同时也明白了时钟对于通信的重要意义。

总之，此次比赛让我受益匪浅，也让我对于嵌入式设计更加感兴趣，也想设计出更多出色的产品！

翟树盛：

在本次竞赛中，我负责在 STM32H7 开发板上的搭建和部署神经网络、本作品外壳的 3D 建模和打印，以及水密性等工作。在这个过程中，我遇到了一些挑战，但也取得了很多收获。

首先，在神经网络的搭建和部署方面，我学到了很多关于深度学习和神经网络的知识，了解了神经网络的基本原理和算法，学会了如何使用 Python 语言和常用的深度学习框架来构建和训练神经网络模型。在将神经网络迁移到 STM32H7 开发板上时，我遇到了一些资源和性能限制的挑战，但通过优化算法和模型结构，最终成功地将神经网络部署到了 STM32H7 开发板上，并实现了较好的性能。

其次，在本作品外壳的设计和制作方面，我学会了使用 CAD 软件进行 3D 建模，并且熟悉了 3D 打印的流程。通过对本作品外壳的精确建模和 3D 打印，我成功地制作出了符合需求的外壳，并且确保了其水密性，保证了内部电路和元件的安全。

最后，本作品给我带来了很多宝贵的经验和教训。我意识到了深度学习和神经网络在嵌入式系统上的挑战和局限性，以及如何通过合理的算法设计和优化来克服这些挑战。此外，我还认识到了团队协作和项目管理的重要性，在与团队成员的交流和合作中提高了自己的沟通和协调能力。

总而言之，本作品让我获得了技术上的提高和知识上的拓展，提升了团队合作和问题解决的能力，同时也意识到自己还有很多需要提升的地方，我期待未来有更多的机会来挑战自己。

5.5.5　参考文献

[1] HU Z J, BAO Y. Underwater acoustical signal detection based on information frame[C]. Conference Proceedings of the 7th International Conference on Electronic Measurement & Instruments, 2005.

[2] DISSANAYAKE S D, ARMSTRONG J. Comparison of ACO-OFDM, DCO-OFDM and ADO-OFDM in IM/DD systems[J]. Journal of Lightwave Technology, 2013, 31(I7): 1063-1072.

[3] 张梦. 基于 OFDM 的水声通信系统符号定时同步算法研究[D]. 上海：东华大学，2023.

[4] 孙秋实. 水声通信的自适应调制编码方法研究[D]. 杭州：浙江大学，2023.

[5] 吴浩晨. 一种时分复用 OFDM 水声通信机的设计与实现[D]. 哈尔滨：哈尔滨工程大学，2020.

5.5.6 企业点评

本作品在 STM32H7 的基础上，以小型化腕表为通信设备，集成了心率血氧饱和度、水深水压等多种传感器，通过 OFDM 技术实现水下双工通信，提高了水下通信的效率和可靠性。本作品还通过 STM32CUBE.AI 工具将机器学习和神经网络用于预测电池电量和水下作业时间，确保蛙人安全返回。本作品具有较高的扩展性，可应用于其他水下作业。本作品的整体设计集成度较高，未来可在小型化方向上努力。

5.6 基于 NB-IoT 的无人水质监测船

学校名称：厦门理工学院
团队成员：吴佳骏、林德康、林少东
指导老师：林峰、陈路遥

摘要

水质监测是生态环境保护的重要内容。《"十四五"生态环境监测规划》明确提出要开展自动为主、手动为辅的融合监测，支撑全国水环境质量评价。由固定监测点组成的水质监测系统，存在成本高、覆盖面不足等缺陷。为提高水质监测的智能化和灵活性，响应产业发展需求和政策，我们基于 NB-IoT 设计了一款无人水质监测船（在本节中简称本作品）。

本作品以 STM32F4 为主控芯片。感知层通过 TDS 传感器、浊度传感器、水温传感器、pH 值传感器等设备采集相应水质数据，通过 QMC5883L 获取无人船的航向角，可配合 NB-IoT 模块（型号为 BC20）、北斗/GPS 定位模块实现航线控制与自动巡航。传输层采用 NB-IoT 技术与基站连接，通过 MQTT 协议实现本作品与华为云平台及微信小程序之间的数据传输。本作品采用 FreeRTOS 实时操作系统，通过控制航向角的 PID 算法和抑制 GPS 漂移的卡尔曼滤波算法实现了自动导航和返航，并基于贪心算法规划多点水质采集的最短路径。

5.6.1 作品概述

5.6.1.1 功能与特性

无人船具有布放灵活、成本经济等特点，可在一些特定的工作区域进行自动测量。本作品以无人船作为工作平台，将无人船应用到水质监测领域，具有以下几个重要的特点：

（1）自动化与智能化：本作品利用先进的自动化和智能化技术，自主完成了水质监测任务。本作品配备了各种传感器和仪器，可以实时收集水质数据，并通过无人船上的 MCU 进行数据处理和分析，具有自动化与智能化等特点，使得水质监测更加高效、准确和可靠。

（2）提高监测范围和频率：传统水质监测通常需要人工采集水样，在时间和空间上限制了监测范围和频率，本作品可以覆盖更广泛的水域，实现全天候、连续性的监测。本作品可以自主巡航，按需进行监测，大大扩大了监测范围、提高了监测频率，可为水质管理提供更为全面和精确的数据支持。

（3）减少人力和成本投入：传统水质监测需要大量的人力和时间成本，本作品具有自动化操作和无人值守的特点，减少了人力需求，节约了时间和成本，使水质监测更具经济性和可持续性，特别是在大规模监测和远程监测方面，具有重要的应用潜力。

（4）实时数据和预警功能：本作品能够实时采集和传输水质数据，与数据中心或监测中心实时联网。本作品通过即时的数据分析和处理，可以及时进行预警，及早发现水质问题并采取相应措施，以保护水环境。

（5）适应复杂环境和应急情况：本作品具备较强的适应性，能够监测不同水域（如湖泊、河流、海洋等）的水质，在一些人工无法进入的区域或存在安全隐患的区域，本作品可以发挥重要作用。另外，本作品可以在应急情况下快速部署，提供迅速的数据支持。

综上所述，本作品在自动化、智能化、高效、经济节约方面具有巨大的潜力，有望成为水质监测领域的重要技术手段，在水资源管理、环境保护和健康安全领域提供更好的支持和保障，具有非常良好的应用前景。

5.6.1.2　应用领域

（1）河湖水域治理。

（2）安全监管、流域排污排查。

（3）水产养殖区域的水质采集。

5.6.1.3　主要技术特点

（1）通过北斗（BDS）和 GPS 双模定位，可获取实时的经纬度信息。

（2）通过电子罗盘和北斗/GPS、配合 PID 算法和贪心算法实现了自主巡航。

（3）可监测多种水质与气象信息，包括水温、pH 值、浊度、总溶解性固体物质（Total Dissolved Solids，TDS）、气压、海拔、环境湿度、温度、光照度等。

（4）使用 NB-IoT 实现数据的远程传输与交互。

（5）可使用 2.4 GHz 模块或微信小程序进行无线遥控，两种遥控方式可随意切换。

（6）可使用 4G 网络实时传输摄像头采集的视频图像。

（8）具有显示当前电量、提示船体当前状态、在低电量时报警等功能。

5.6.1.4　主要性能指标

本作品的主要性能指标如表 5.6-1 所示。

表 5.6-1　本作品的主要性能指标

基 本 参 数	性 能 指 标
质量	1.3 kg
巡航速度	1～3 m/s
航行时间	≥30 min
尺寸	60 cm×20 cm
通信方式	2.4 GHz、NB-IoT、4G
电池容量	5400 mAh
工作温度范围	0～+70℃

5.6.1.5　主要创新点

（1）本作品采用低功耗设计，并带有太阳能板，可长时间在水上待机。

（2）本作品通过 NB-IoT 将采集到的数据上传到云端，实现了水质数据物联网。

（3）本作品使用微信小程序和 2.4 GHz 模块两种遥控方式，可在多种终端设备上以多种方式控制船体，可确保行驶的安全性。

（4）本作品在自动巡航中通过北斗/GPS模块结合电子罗盘进行引导，可确保船体准确地到达目标监测区域。

5.6.1.6 设计流程

本作品的设计流程如图5.6-1所示。

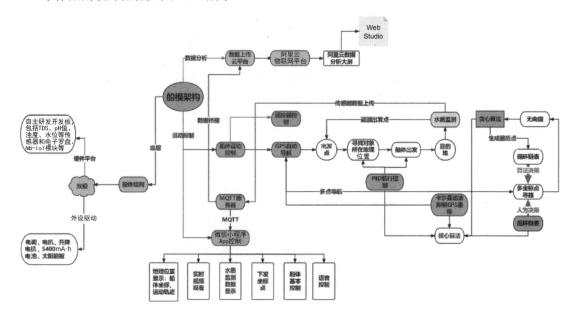

图5.6-1　本作品的设计流程

5.6.2　系统组成及功能说明

5.6.2.1　整体介绍

本作品的框架如图5.6-2所示，包含了感知层、传输层、控制层和云应用相关技术，功能比较完整。

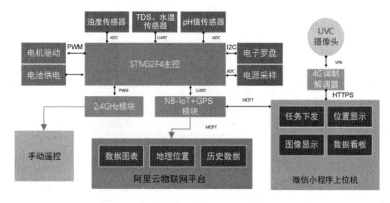

图5.6-2　本作品的框架

5.6.2.2　硬件系统介绍

（1）硬件整体介绍。本作品的硬件系统主要包括微控制器、各种传感器和定位模块等，实现了各个部分之间的通信与控制。本作品的主控芯片是STM32F4，通过I2C、UART和ADC等接口获取各个传感器采集的水质数据，以及电子罗盘和BD/GPS模块的姿态与位置信息，通过数据处理对舵机进行控制，实现自动巡航。同时，本作品基于 STM32F4 构建了 FreeRTOS，可以多线程并行地处理任务，使得系统的运行更加高效。

（2）机械设计介绍。本作品的主控板及接口如图 5.6-3 所示，按照本作品的电路原理图进行焊接，将主控板放入船舱内并连接电源和各种线缆，在盖好船体上方的盖子后再下水。

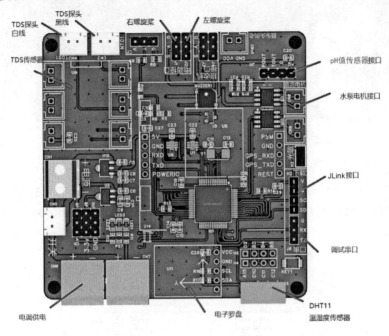

图 5.6-3　本作品的主控板及接口

电子罗盘容易受到电磁干扰，在安装时需要通过观察电子罗盘数据来调整其位置，建议将接线引出来，在船尾中部安装电子罗盘。电子罗盘的安装位置示意图如图 5.6-4 所示。

传感器需要放置在采样盒子中。本作品在采样盒子上打孔后，将 pH 值传感器、浊度传感器、TDS 传感器等黏在孔上，不会漏水即可。采样盒子的抽水系统由两个水泵组成，一个是将水抽到采样盒子的水泵，另一个是将水排出采样盒子的水泵。采样盒子不能完全封闭，否则就难以抽/排水，所以本作品在采样盒子上方开了两个孔并连接了管道，防止采样盒子密闭空间的空气不流通。抽水水泵的电机正负极不能接反，否则无法抽/排水。本作品采样盒子的安装示意图如图 5.6-5 所示。

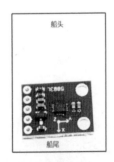

图 5.6-4　电子罗盘的安装位置示意图

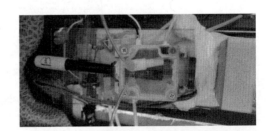

图 5.6-5　本作品采样盒子的安装示意图

如果抽水水泵无法抽水，可能是因为抽水水泵被水中的杂物卡住了，需要拆卸螺丝，用水冲洗螺丝上的白色薄膜。抽水水泵的固定螺丝如图 5.6-6 所示。

电源开关放在船体尾部。本作品在下水前，务必盖好船体上方的盖子。如果下水后需开盖，则需要防止水溅到主控板或者电路上。电源开关的安装位置示意图如图 5.6-7 所示。

图 5.6-6　抽水水泵的固定螺丝

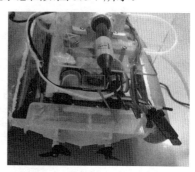

图 5.6-7　电源开关的安装位置示意图

（3）电路各模块介绍。

① STM32F4 最小硬件系统（见图 5.6-8）。本作品的主控芯片是 STM32F4，该芯片采用 32 位的高性能 ARM Cortex-M4 内核，工作频率高达 168 MHz。ARM Cortex-M4 内核具有浮点单元（FPU），不仅支持 ARM 的单精度数据处理指令和数据类型，还实现了 DSP 指令和用于增强应用安全性的存储器保护单元（MPU）。

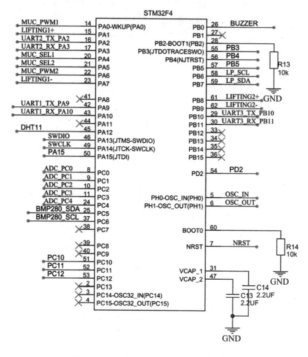

图 5.6-8　STM32F4 最小硬件系统

② 电机驱动电路。本作品的电机驱动电路和 N20 电机组如图 5.6-9 所示。本作品采用两路 PWM 信号控制有刷双向电调，从而精确控制电机的转速。当 PWM 信号的脉冲宽度增加时，电机的转速会增加；当 PWM 信号的脉冲宽度减小时，电机的转速会减小。电机驱动电路通过两通道选择器 CH443 来切换控制设备的 PWM 信号，其中一路 PWM 信号来自遥控器接收机，另外一路 PWM 信号来自单片机的定时器，当 CH443 的 SEL=0 时，控制有刷双向电调的是遥控器接收机的 PWM 信号，否则是 MCU 定时器的 CH0 上的 PWM 信号。

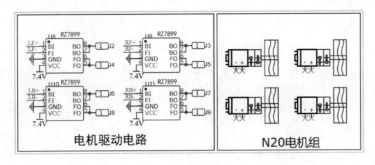

图 5.6-9　电机驱动电路和 N20 电机组

③ 供电模块。供电模块的输入电压为 6～12 V，输入电压通过 78L05 稳压芯片后输出 5 V 的电压，供传感器模块使用；通过 AMS1117-3.3V 将 5 V 的电压转 3.3 V 的电压，供 MCU 和其他电路使用。供电模块的电路原理图如图 5.6-10 所示。

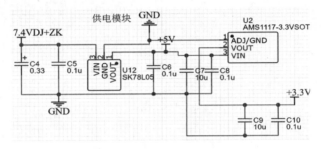

图 5.6-10　供电模块的电路原理图

④ 其他电路。

（a）pH 值传感器模块与 TDS 传感器模块：采用模块化设计，先对 pH 值传感器的输出电压进行分压，最大电压为 2.5 V，再接入 MCU 的 ADC 通道；TDS 传感器连接到 STM32F4 的 USART2 接口。pH 值传感器模块与 TDS 传感器模块的电路原理图如图 5.6-11 所示。

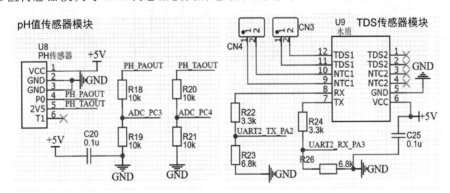

图 5.6-11　pH 值传感器模块与 TDS 传感器模块的电路原理图

（b）NB-IoT 模块与电子罗盘模块：也采用模块化设计，NB-IoT 模块具有 4G 与 GPS 功能，连接在 STM32F4 的 USART3 接口；电子罗盘用于测量地球磁场方向，可用来确定物体的方向和位置，采用 I2C 接口与 MCU 通信。NB-IoT 模块与电子罗盘模块的电路原理图如图 5.6-12 所示。

（c）浊度传感器模块：通过 LM393 芯片读取浊度传感器的电压，最大电压是 5 V，采用分压的形式将 5 V 降至 2.5 V 左右后再接入 STM32F4 的 ADC，这样 STM32F4 可以读取所有的浊度。浊度传感器模块的电路原理图如图 5.6-13 所示。

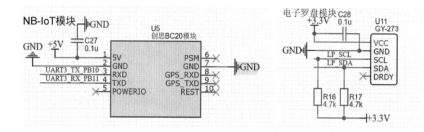

图 5.6-12　NB-IoT 模块与电子罗盘模块的电路原理图

（d）升降电机模块：用于将传感器升降到水的表面进行水质采集。该模块采用的是 RZ7888，控制简单，分别将两个信号引脚设置为高电平和低电平即可实现电机的正转和反转，两个信号引脚同时为低电平时电机停止转动。升降电机模块的电路原理图如图 5.6-14 所示。

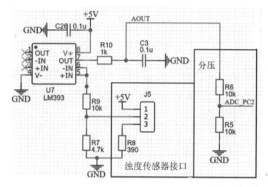

图 5.6-13　浊度传感器模块的电路原理图

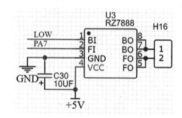

图 5.6-14　升降电机模块的电路原理图

5.6.2.3　软件系统介绍

（1）软件整体介绍。软件系统的控制流程如图 5.6-15 所示。本作品的软件系统涉及船体控制、微信小程序软件、云平台界面设计，还包括了贪心算法、卡尔曼滤波算法、PID 算法等模块。

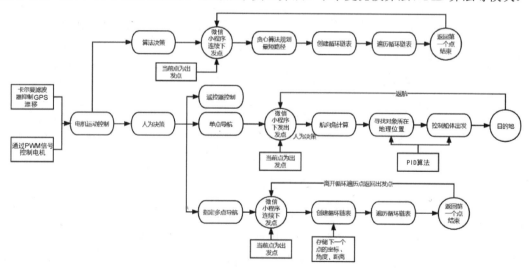

图 5.6-15　本作品软件系统的控制流程

（2）船体控制算法。

① 通过 PID 算法实现角度控制。本作品的 PID 算法框架如图 5.6-16 所示。

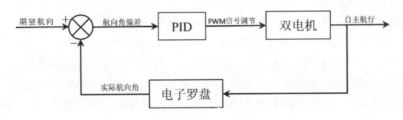

图 5.6-16　本作品的 PID 算法框架

② 通过卡尔曼滤波算法抑制 GPS 漂移。卡尔曼滤波算法包括时间更新和状态更新两个部分。时间更新方程为：

$$\hat{x}_{\bar{k}} = A\hat{x}_{k-1} + B\hat{u}_{k-1}, \qquad P_{\bar{k}} = AP_{k-1}A^{\mathrm{T}} + Q \tag{5.6-1}$$

状态更新方程为：

$$K_k = P_{\bar{k}}H^{\mathrm{T}}(HP_{\bar{k}}H^{\mathrm{T}} + R)^{-1}$$
$$\hat{x}_k = \hat{x}_{\bar{k}} + K_k(z_k + H\hat{x}_{\bar{k}}) \tag{5.6-2}$$
$$P_k = (I - K_kH)P_{\bar{k}}$$

③ 巡航路径优化。在多点目标航行中，如果选择固定的坐标进行巡航，就会增加时间成本和巡航资源消耗，降低巡航效率。本作品通过贪心算法规划路径，选择最优的巡航路径，可以节省时间成本，降低巡航资源消耗，提高巡航效率。

随机输入 5 个坐标点（见表 5.6-2）后，贪心算法的模拟结果如图 5.6-17 所示，虚线为非最优路径，实线为最优路径，其上的数字单位为 s。

表 5.6-2　随机输入的 5 个坐标点

坐　　标	经度/°	纬度/°
1	118.086474	24.623113
2	118.086706	24.623186
3	118.087044	24.622879
4	118.086985	24.622737
5	118.086752	24.622955

（3）微信小程序的实现。本作品使用微信小程序来控制船体，微信小程序的开发语言是 JavaScript、WXML 和 WXSS，开发环境是微信开发者平台。WXML 和 WXSS 是一种由微信团队开发的超文本标记语言，WXML 旨在对标 Web 开发中 HTML 语言，WXSS 旨在对标 CSS。通过 WXML 和 WXSS 即可设计出微信小程序的页面结构，通过 JavaScript 可以使页面具有交互能力。

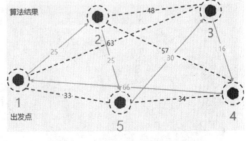

图 5.6-17　贪心算法的模拟结果

① 通过 MQTT 实现数据的收发。微信小程序需要通过 MQTT 传输数据与指令，从而控制船体工作，但原生的微信小程序并不具备处理 MQTT 信息的能力，因此本作品首先通过调用 mqtt.min 的 js 函数库让微信小程序具备处理 MQTT 消息的能力，然后通过 WebSocket 网络传输协议连接 MQTT 服务器，订阅主题后即可具有数据的收发功能。本作品在微信小程序的首页设计了简易的调试界面，通过这个界面可以加快开发进度。

② 经纬度信息的读取。微信小程序自带 map 组件，通过 map 组件即可在微信小程序界面上

绘制地图。当用户需要设置目标监测地点时，可以在地图上精确选中目标点。当用户单击地图时，微信小程序会获取单击点处的经纬度信息并通过 MQTT 链路上报给服务器，驱动船体自动巡航。本作品的微信小程序中具有智能语音识别功能，用户可以通过语音来控制船体。

（4）云应用。本作品使用的是华为云物联网平台，通过华为云物联网平台的 Web 界面实现了用户数据监控，即船体能通过 MQTT 链路将数据发送至华为云物联网平台，华为云物联网平台通过华为云 Astro 大屏幕显示在 Web 上并对数据进行基本分析。华为云物联网平台功能框架如图 5.6-18 所示。

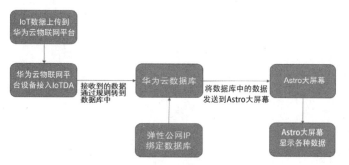

图 5.6-18　华为云物联网平台功能框架

华为云物联网平台设备接入 IoTDA 的规则是在数据库与弹性公网 IP 完成绑定后设置的，创建规则的目的是连接数据库，向数据库发送数据。规则设置完成后，数据可以从华为云物联网平台的设备发送到华为云数据库。Astro 大屏幕通过华为云数据库可以获取指定类型的数据，并显示出来。

5.6.3　完成情况及性能参数

5.6.3.1　整体介绍
本作品的实物图如图 5.6-19 所示。

5.6.3.2　工程成果
（1）机械成果。本作品的机械结构如图 5.6-20 所示。

图 5.6-19　本作品的实物图　　　　　　　图 5.6-20　本作品的机械结构

（2）电路成果。本作品的电路原理图如图 5.6-21 所示，本作品的 PCB 如图 5.6-22 所示，电路板实物如图 5.6-23 所示。

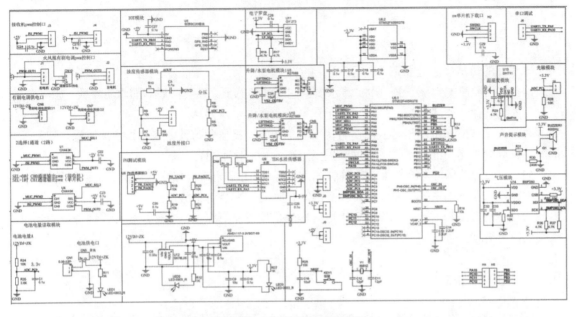

图 5.6-21　本作品的电路原理图

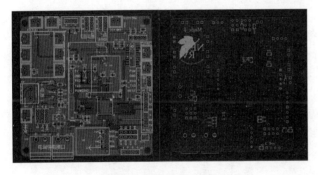

图 5.6-22　本作品的 PCB

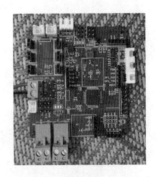

图 5.6-23　本作品的电路板实物

（3）软件成果。Astro 大屏幕界面如图 5.6-24 所示。

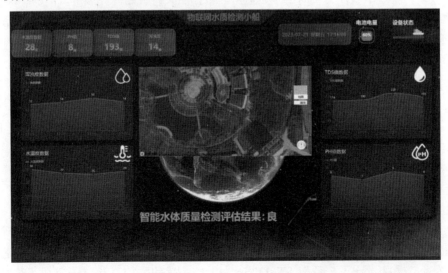

图 5.6-24　Astro 大屏幕界面

5.6.4　总结

本作品的可扩展之处如下：

（1）扩展监测能力：可进一步扩展水质监测船的传感器，以监测更多的水质参数，如溶解氧、氨氮、亚硝酸盐、硝酸盐等，这将有助于获得更全面的水质信息。

（2）人工智能和机器学习应用：可使用人工智能和机器学习技术来分析水质数据，识别异常情况，并进行预测性维护，这将有助于提高监测的智能化水平。

（3）能源管理和可持续性：考虑到本作品的能源需求，未来可以集成更高效的能源管理模块，如太阳能或风能充电系统，以延长本作品的运行时间，减少对常规电源的依赖。

通过不断改进和创新，本作品可以更好地满足水质监测需求，为环境保护、资源管理和可持续发展做出贡献。

5.6.5　参考文献

[1] 温巧艳，黄肖凤，林发媚，等. 水质分析过程中采样与保存的质量控制[J]. 云南化工，2022, 49(10): 57-58.

[2] 宋德敬，陈庆生，薛正锐，等. 海水工厂化养鱼多点在线水质监测系统的研究[J]. 渔业科学进展，2002, 23(004): 56-60.

[3] 陈永泽，舒军勇，王真亮，等. 基于 GPS 定位的无人艇自主导航[J]. 重庆理工大学学报：自然科学，2016, 30(8): 5.

[4] 杨观止，陈鹏飞，崔新凯，等. NB-IoT 综述及性能测试[J]. 计算机工程，2020, 46(1): 14.

5.6.6　企业点评

本作品以 STM32F4 为主控芯片，结合 TDS、浊度、水温、pH 值等传感器，以及电子罗盘和北斗/GPS 模块，实现了全面、实时的水质监测。本作品具有较高的完成度，能够扩大监测范围、提高监测频率、降低人力成本，实现实时数据监测和预警功能。本作品的应用领域广泛，考虑到了低功耗设计，但在算法和智能化方面还需要进一步加强。

5.7 数控直流电子负载

学校名称：闽南师范大学
团队成员：郑佳伟、林赏来
指导老师：周锦荣

摘要

电子负载是一种消耗电能的设备，主要用于测试电源。如今，电子负载应用广泛，但市面上的部分电子负载，不仅价格高昂，而且设备简陋、功能单一，甚至有些还缺乏关键的保护功能。为此，团队设计了一款以 STM32F4 为主控芯片的数控直流电子负载（在本节中简称本作品）。

本作品使用数字信号进行控制，功能丰富、扩充简单，在参数调节上更为直观，可实现测试的自动化。本作品能够准确检测负载的电压和输出功率，精确调整负载电流，能够更为真实地模拟实际工作中电源带载的各种工作情况。除此之外，本作品内置了多种保护功能，如过载保护、过热保护和过压保护等，以保护被测电源设备和负载的安全。

5.7.1 作品概述

5.7.1.1 功能与特性

本作品的最大测试电压为 32 V，最大测试电流为 10 A，最大测试功率为 120 W，具有较大的使用范围和较小的测量误差（可精确至±0.1%）。在参数值调节方面，本作品采用 EC11 旋转编码器模块，调节参数更加方便、精密。

5.7.1.2 应用领域

本作品可用于测试和调试各种电源设备，如直流电源、电池充放电等。在电源设备的研发、生产和维护中，本作品可以模拟真实负载、检测电源设备的性能、可靠性和稳定性，为电源设备的研发和优化提供重要的支持和保障。同时，本作品在医疗、电信、航空、航天等领域也可被广泛应用。

5.7.1.3 主要技术特性

（1）以 STM32F4 为主控芯片，该芯片具有 512 KB 的 ROM 和 256 KB 的 SRAM，是流畅运行图形库的基础。在外设方面上，该芯片拥有高达 50 MHz 的硬件 SPI，支持 DMA，能够以极高的速度驱动薄膜晶体管（Thin Film Transistor，TFT）显示屏，与 ADC、DAC 等的通信也可以使用纯硬件 I2C 进行，以达到最高的运行效率。

（2）恒流功能的实现。电流经过采样电阻后会产生压降，当该压降小于参考电压时，由运放开启 MOS 管，此时流经采样电阻的电流开始上升；当该压降大于参考电压时，由运放关闭 MOS 管，流经采样电阻的电流开始减小。负反馈使得 MOS 管工作在线性区的某个位置，从而实现恒流控制。

（3）恒功率功能的实现。恒功率电子负载功能是通过软件实现的，本作品不停地采样当前的电压，根据设定的功率计算对应的电流，通过恒流控制功能重新设定负载电流，实现恒功率负载功能，但该功能无法应付电压高频变动的情况。

（4）电池容量测量功能的实现。本作品通过定时器每隔 100 ms 采样一次电流和功率，从而测量电池的容量（$I×t$）和能量（$P×t$）。这些数据被实时地存储在 EEPROM 中，可防止在意外断电时丢失测试数据。

5.7.1.4 主要性能指标

本作品的主要性能指标如表 5.7-1 所示。

表 5.7-1 主要性能指标

基 本 参 数	性 能 指 标	产 品 优 势
最大测试电压	32 V	
最大测试电流	10 A	
最大测试功率	120 W	适用的范围广，控制精度高，测量误差小，工作性能稳定
电流控制范围	0.1～10 A	
电流控制精度	0.1 A	

续表

基本参数	性能指标	产品优势
电流测量精度	0.01 A	适用的范围广，控制精度高，测量误差小，工作性能稳定
电压测量精度	0.01 V	
电压/电流输入测量误差	≤0.1%	

5.7.1.5　主要创新点

（1）高精度和高稳定性：本作品具备高精度和高稳定性的特点，可以提供精确的负载，确保测试的准确性和可靠性。

（2）宽范围的负载能力：本作品具备较大的负载能力范围，可以满足不同电源或设备的负载需求。同时，本作品还能够提供可调的负载特性，以适应不同负载条件下的测试和模拟需求。

（3）快速响应和高速调节：本作品能够快速响应输入信号的变化，具备高速调节功能，使其能适应快速变化的负载情况。

（4）多种负载模式：本作品支持多种负载模式，如恒流、恒功率、电池容量测试、设备校准等，可满足不同测试和调试的需求。

（5）多种保护功能：本作品内置多种保护功能，如过载保护、过热保护和过压保护等，可保护被测电源设备和负载的安全。

（6）显示和数据记录：本作品具备 TFT 显示屏，可实时显示电流、电压、功率和其他参数。

5.7.1.6　设计流程

本作品的设计流程如图 5.7-1 所示。

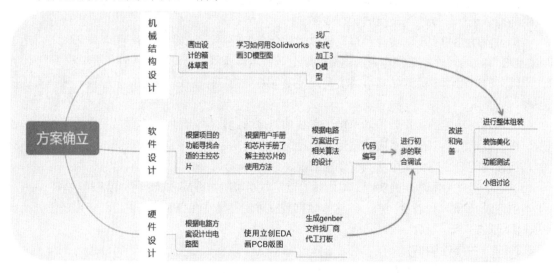

图 5.7-1　本作品的设计流程

5.7.2　系统组成及功能说明

5.7.2.1　整体介绍

本作品的硬件部分主要包括以 STM32F4 为主控芯片的电流电压采样电路、显示电路、恒流恒功率模式的控制电路，以及由运放、MOS 管、采样电阻、参考电压构成的负反馈控制电路等模块。本作品的主要工作模式有恒流模式、恒功率模式、电池容量测试模式。本作品通过 ADS1115

实现电压的采样；通过 MCP4725 产生参考电压，该参考电压与采样电阻配合实现电流采样以及恒流控制；通过 NTC 电阻监测板载温度，并将温度发送到主控芯片，从而控制风扇的状态；通过 2.4 寸的 TFT 显示屏实时显示测试数据；通过 EC11 旋转编码器模块在不同模式之间进行切换，以及设定相关的测试数值；通过 NOR-Flash 存储校准数据；通过 EEPROM 实现电路数据的快速存储。

5.7.2.2　硬件系统介绍

（1）硬件整体介绍。本作品的硬件框架如图 5.7-2 所示。

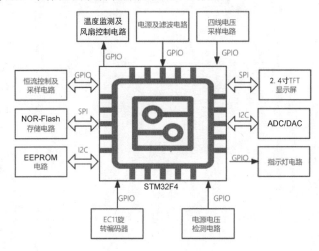

图 5.7-2　本作品的硬件框架

（2）机械设计介绍。本作品箱体的正视图如图 5.7-3 所示，箱体的后视图如图 5.7-4 所示。

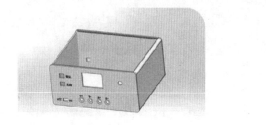

图 5.7-3　箱体的正视图

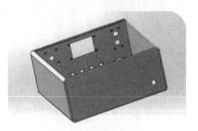

图 5.7-4　箱体的后视图

（3）电路各模块介绍。

① STM32F4 主控板如图 5.7-5 所示。

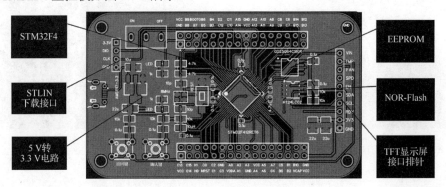

图 5.7-5　STM32F4 主控板

② 模拟板。模拟板电路是本作品的核心部分，包含了 775 散热器控制及驱动电路、电源电路、电流采样电路、ADC/DAC、比较器，以及由 MOS 管、防反接二极管、采样电阻组成的核心电路。模拟板通过 I2C 接口将 ADC 采样值发送到主控芯片，主控芯片对 ADC 采样值与设定值进行比较，根据比较结果设置一个更合适的 DAC 输出值，实现负反馈闭环控制方法。模拟板 PCB 版图如图 5.7-6 所示。

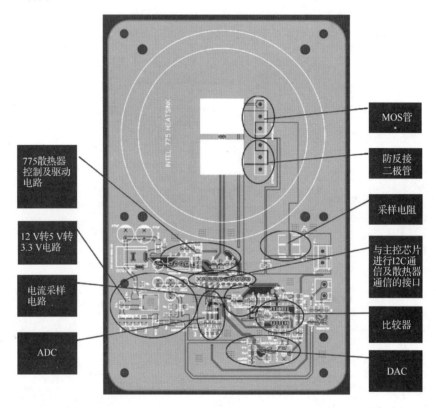

图 5.7-6　模拟板 PCB 版图

③ 用户控制部分。用户控制部分使用一个带中心按键的 EC11 旋转编码器（见图 5.7-7）和两个独立按键（见图 5.7-8），EC11 旋转编码器用于快速选择选项或者设定数值，两个独立按键中的一个用于进行控制，另一个作为功能按键使用。

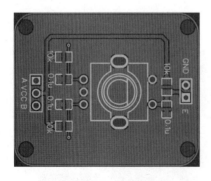

图 5.7-7　EC11 旋转编码器

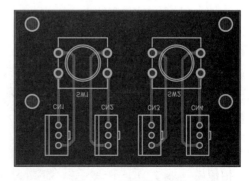

图 5.7-8　两个独立按键

5.7.2.3　软件系统介绍

（1）软件整体介绍。本作品的软件系统运行在 STM32F4 上，主要工作是接收两个独立按键及 EC11 旋转编码器的动作信号，根据动作信号进行模式切换并设定参数，同时通过 I2C 接口与模拟板进行数据传输，从而控制模拟板实现出相应的功能。模式切换和参数设定的信息通过 SPI 接口传输到 TFT 显示屏上进行显示。本作品的软件系统框架如图 5.7-9 所示。

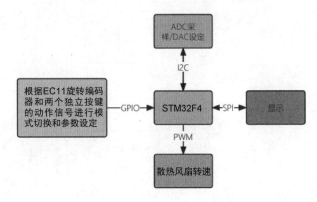

图 5.7-9　本作品的软件系统框架

（2）软件各模块介绍。根据软件系统框架，下面简要介绍各模块，从顶层到底层逐层给出各函数的流程图及其关键输入、输出变量。

① 根据 EC11 旋转编码器和两个独立按键的动作信号进行模式切换和参数设定的流程如图 5.7-10 所示。

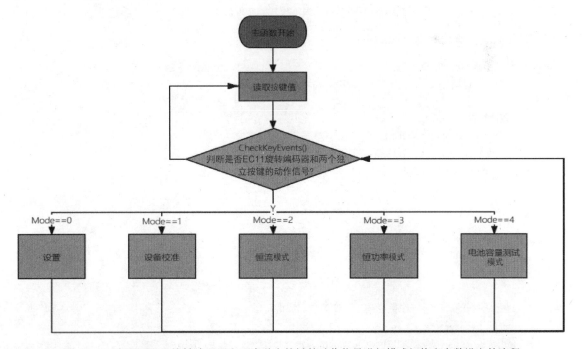

图 5.7-10　根据 EC11 旋转编码器和两个独立按键的动作信号进行模式切换和参数设定的流程

② 恒流模式的实现流程如图 5.7-11 所示。

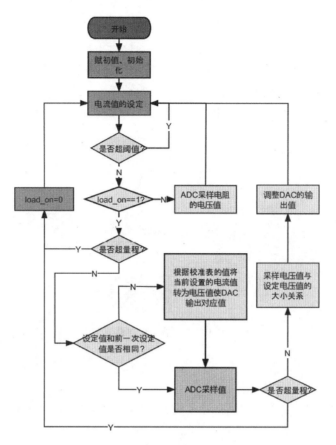

图 5.7-11　恒流模式的实现流程

③ 获取电压值的关键代码如下：

```
uint16_t GetTestInputVoltage(){
    uint16_t value = GetTestInputVoltageRawValue();

    //校准数据不存在的情况
    if(voltageCalData == NULL){
        double volPerBit = 1.379282892314428;
        return value*volPerBit;
    }

    //ADC 采样值小于零的情况
    if(value <= voltageCalData->data[0]){
        return 0;
    }

    //找到对应的区段进行线性插值，并计算实际的电压值
    uint16_t voltage = 0;
    for(int i = 1; i < voltageCalData->stepCounts; i++){
        if(value <= voltageCalData->data[i]){
            voltage = (voltageCalData->stepVoltage) * (i - 1) +
                    (value - voltageCalData->data[i - 1]) *
                    (voltageCalData->stepVoltage) / (voltageCalData->data[i] -
```

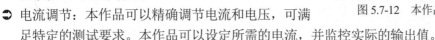

```
                          voltageCalData->data[i - 1]);
                return voltage;
            }
        }

        voltage = (voltageCalData->stepCounts - 1) * voltageCalData->stepVoltage * value /
                voltageCalData->data[voltageCalData->stepCounts - 1];

        return voltage;
    }
```

5.7.3　完成情况及性能参数

5.7.3.1　整体介绍

（1）本作品的实物图如图 5.7-12 所示。

（2）本作品实现的功能如下：

图 5.7-12　本作品的实物图

- ➲ 负载模拟：本作品可以模拟不同的负载条件，如恒定电流、恒定功率等，以测试被测电源设备在不同工作负载下的性能和稳定性。

- ➲ 电池容量测试：在设置截止电压、放电电流等参数后，本作品可以测试电池容量和所消耗的能量，并显示在 TFT 显示屏上。

- ➲ 电流调节：本作品可以精确调节电流和电压，可满足特定的测试要求。本作品可以设定所需的电流，并监控实际的输出值。

- ➲ 功率调节：本作品可以控制输出功率来模拟不同功率条件下被测电源设备的工作情况。

- ➲ 过载保护：本作品可以监测负载和输入电源的状态，并在超出设定的限制时自动断开电路，以保护被测电源设备和负载。

- ➲ 设备校准：本作品具有电压表校准、四线电压表校准、电流表校准、负载电流自动校准等功能。

- ➲ 亮度设置：本作品可以设置 TFT 显示屏的亮度。

5.7.3.2　工程成果

（1）机械成果。本作品的外壳如图 5.7-13 所示。

（2）电路成果。本作品的硬件实物如图 5.7-14 所示。

图 5.7-13　本作品的外壳

图 5.7-14　本作品的硬件实物

（3）软件成果。本作品的部分程序如图 5.7-15 所示。

```
120    MX_SPI1_Init();
121    MX_ADC1_Init();
122    MX_TIM2_Init();
123    MX_TIM9_Init();
124    MX_TIM6_Init();
125    /* USER CODE BEGIN 2 */
126    lv_init();
127    lv_port_disp_init();
128
129    InitViewCommon();
130    InitTopContainer();
131
132    lv_task_handler();
133    lv_task_handler();
134
135    InitStorageDevice();
136    InitControlDevice();
137    InitObserverPeripherals();
138
139    SetElecLoadEnable(false);
140    SetElecLoadCurrentLimit(0);
141
142    CheckStorage(true);
143    if (!CheckCalibrationSector()) {
144        FormatCalDataSector();
145    }
146
147    ReadCalibrationData();
148    if (CheckCalibrationData(VOLTAGE_CAL_DATA_MASK)) {
149        CalibrateVoltageMeter(GetVolCalData());
150    }
151    if (CheckCalibrationData(CURRENT_CAL_DATA_MASK)) {
152        CalibrateCurrentMeter(GetCurrentCalData());
153    }
154    if (CheckCalibrationData(CURRENT_SET_CAL_DATA_MASK)) {
155        CalibrateCurrentSet(GetCurrentSetCalData());
156    }
157    if (CheckCalibrationData(VOLTAGE_L4_CAL_DATA_MASK)) {
158        CalibrateL4VoltageMeter(GetVolL4CalData());
159    }
160
161    if (CheckSettings(true)) {
162        ReadSettings();
163    }
164    SetScreenBrightness(settings.screenBrightness, fal
```

图 5.7-15　本作品的部分程序

5.7.3.3　特性成果

（1）恒流电子负载测试（见图 5.7-16）。DAC 输出值和最终的恒流值之间存在一定的误差，由于采样电阻的温漂原因，误差会不停地变化。考虑到代码实现的复杂度和功能需求，本作品使用软件校准法，即在使用前进行一次校准，记录不同的恒流值对应的 DAC 输出值，在设定电流时，根据记录查找对应的 DAC 输出值即可。在实际测试中，DAC 输出值和最终的恒流值之间的误差在±2%以内，基本满足使用需求。

图 5.7-16　恒流电子负载测试

（2）恒功率电子负载测试（见图 5.7-17）。恒功率电子负载通过不停地采样当前电压，并根据设定的功率计算出应该设定的电流，然后通过恒流控制功能重新设定负载电流，以此来实现恒功率电子负载。

图 5.7-17　恒功率电子负载测试

（3）电池容量测试如图 5.7-18 所示。

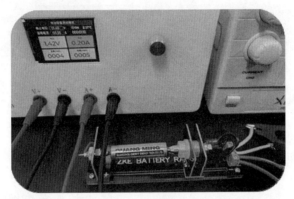

图 5.7-18　电池容量测试

（4）设备校准模式。设备校准模式分为电压表校准、四线电压表校准、电流表校准、负载电流校准。设备校准界面如图 5.7-19 所示。

图 5.7-19　设备校准界面

① 电压表校准如图 5.7-20 所示。

图 5.7-20　电压表校准

② 四线电压表校准如图 5.7-21 所示。

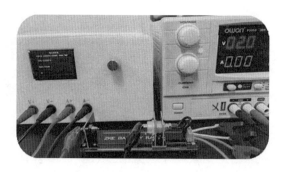

图 5.7-21　四线电压表校准

③ 电流表校准如图 5.7-22 所示。

图 5.7-22　电流表校准

④ 负载电流校准如图 5.7-23 所示。

图 5.7-23　负载电流校准

（5）亮度设置（见图 5.7-24）。通过 EC11 旋转编码器可改变 TFT 显示屏的亮度。

图 5.7-24　亮度设置

5.7.4　总结

5.7.4.1　可扩展之处

（1）多通道扩展：本作品可以改成多通道配置，允许同时测试多个通道的电源设备，用户可以根据需要扩展通道数量，以提高测试效率和灵活性。

（2）并联或串联操作：本作品可以加入并联或串联操作功能，使用户可以将多个负载连接在一起，以增加负载能力或模拟特定的电源配置。

（3）扩展接口：本作品可以扩展多种接口，如 GPIO、USB、LAN 等，以便与其他电源设备或计算机进行连接。用户可以利用这些接口与外部系统集成，实现更多的功能。

（4）模块化设计：本作品采用模块化设计，使用户可以根据需要自行添加或更换功能模块。例如，可以添加额外的测量模块、通信模块，以实现更多的功能或适应不同的应用需求。

（5）恒流控制功能：本作品可以使用 PID 控制，达到更加精细的电流控制。

5.7.4.2　心得体会

这次竞赛经历是我们在大学生涯中一次难得的学术挑战和实践机会。从本作品的构思到最终的制作，整个过程充满了挑战和收获。以下是我们在竞赛中的一些心得体会。

（1）本作品的背景与构思。在竞赛初期，我们对本作品进行了调研和讨论，深入了解了相关技术和市场需求，明确了本作品的目标和意义。在构思阶段，首先明确了本作品的框架，并将框架划分为硬件、软件和机械设计三个主要部分。这有助于更好地分工协作，提高实施效率。同时，我们也非常注重可行性分析，确保所选择的技术和方案在有限的时间内是可以实现的。

（2）研发过程。

在硬件设计方面，我们追求高性能、高精度、低功耗，选择 STM32F4 作为主控芯片。在电路设计中，我们注重信号稳定性和功耗控制，在电路芯片选择以及 PCB 版图设计上有较多的思考，如 EEPROM 和 NOR-Flash 的容量大小与价格的权衡、DAC 的精度选择、PCB 版图不同走线宽度的设计、供电系统的设计搭建等。在电路设计过程中，我们不断通过仿真和实验验证电路，并优化电路结构。

在软件代码编写方面，首先根据需要实现的功能画出了软件系统框架，然后对芯片资源进行了合理分配，利用了 TrueSTUDIO 对控制程序进行编程。我们非常注重代码的可维护性和可扩展性，在设计中通过状态机实现模式切换，采用模块化的编程方式，以便后期对作品进行扩展和优化，确保软件系统能在后期的升级和改进中更好地适应需求变化。

在系统集成测试方面，我们在硬件和软件开发完成后进行了系统集成测试。这一阶段的主要工作包括硬件与软件的协同工作测试、接口兼容性测试、采样精度测试和整体性能评估。通过反复的测试和调试，解决了一些潜在的问题，确保了本作品的稳定性和可靠性。

在整体组装及美化方面，我们在系统集成测试完成后将设计的 3D 机械外壳打印出来，对作品的硬件电路和 3D 外壳进行了组装测试，并对细节进行了修整和美化，使本作品更具实用性和安全性，也更加方便使用。

（3）团队协作。在整个竞赛过程中，团队协作起到了至关重要的作用。每个成员都有自己的专业领域，但我们通过定期的会议和沟通，确保了信息的畅通和任务的协同。在分工上，我们注重团队的整体效能，充分发挥每个成员的特长。

团队的凝聚力在困难面前得到了充分体现。在遇到技术难题和时间紧迫的情况下，我们能够相互支持，主动与指导老师交流探讨，共同解决问题。这种协作精神不仅使我们在竞赛中取得了好成绩，也为未来的团队协作奠定了坚实的基础。

（4）收获与反思。这次参赛是我们在大学生涯中的一段宝贵经历，通过这次竞赛我们深刻体会到了团队协作的力量和嵌入式系统的复杂性。在本作品的实施过程中，我们学到了很多理论知识之外的实际技能，包括团队管理、沟通协调、问题解决等。这次经历也让我们更深入地理解了嵌入式系统的开发流程和关键技术。在竞赛结束后，我们进行了全面的总结和反思，分析了本作品存在的问题和不足，提出了改进方案。这种反思不仅有助于更好地理解本作品，也为今后的学习和实践提供了有益的经验。

5.7.5 参考文献

[1] 梁建豪，穆平安．基于 STM32 的直流电子负载设计[J]．电子测量技术，2018, 41(22): 116-120.

[2] 王鑫鑫．智能直流电子负载的研制[D]．南京：南京林业大学，2015.

[3] 周杨，潘三博．1kW 直流电子负载的设计与仿真[J]．上海电机学院学报，2019, 22(5): 283-289.

[4] 才滢．一种大功率恒流电子负载的设计[J]．计量与测试技术，2016, 43(3): 20-22.

[5] 何建，翟战场．基于 STM32 的简易电子负载装置[J]．西安航空学院学报，2017, 35(5): 51-56.

[6] 邓云，卢善勇，李显圣．直流电子负载的设计与实现[J]．通信电源技术，2017, 34(2): 60-61.

[7] 胡继明，夏路生，文海明，等．一种数控恒流电子负载的设计[J]．电子测试，2016(12): 8, 24.

5.7.6 企业点评

本作品以 STM32F4 为主控芯片，主要功能包括恒流、恒功率、电池容量测试。本作品考虑到了多种保护功能，确保被测设备和负载的安全。本作品的软、硬件和机械结构设计基础扎实，整体设计较为完整、美观，人机界面操作友好。本作品可进一步扩展电子负载的通道、测试功率，以适应更多的市场需求。

5.8 车底危险物侦察机器人

学校名称：南京信息工程大学
团队成员：金鑫、吴晓慧
指导老师：庄建军
摘要

汽车携带危险物的问题屡见不鲜，已成为公共领域的重要危害之一。尤其是车底，由于其隐秘性极强，很容易被不法分子用来隐藏危险物，给人民群众的生命财产安全造成了很大威胁，因此设计一种针对车底危险物的侦察机器人尤为重要。

本作品（在本节中指车底危险物侦察机器人）主要完成了以下工作：

（1）设计了一种适用于车底环境的移动机器人。本作品的整体结构由阿克曼结构的车轮与底盘，以及锂电池组成，搭载了以 STM32F4 为主控芯片的运动控制平台和 AI 边缘计算平台 Jetson Xavier NX。本作品的高度不超过 120 mm，小于大多数汽车底盘距离地面的高度，可进行车底危险物的检测。

（2）提出了一种轻量化的车底危险物检测模型 SG-YOLOv5s。该模型以 YOLOv5s 模型为基础，引入 ShuffleNet V2 和 Ghost 卷积模块来改进骨干（Backbone）和颈部（Neck），相较于 YOLOv5s 模型，SG-YOLOv5s 模型的参数量减少了 71.27%，权重大小缩小了 71.28%，精确率提升了 1.26%，检测时间在 100 ms 左右，画面清晰流畅，能够很好地实时检测藏匿在车底的危险物。

（3）采用 AutoStitch 算法完成车底图像的自动拼接。该算法在原始图像拼接素材上，需要多幅图像之间有较大的重合区域,通过提取特征点、匹配、光束平差法、水平矫正法等步骤完成图像的拼接。

(4)自建了车底模拟危险物数据集,解决了深度学习模型训练数据集缺失问题。该数据集是由 30000 多幅碎片化的车底图像拼接出的 2716 幅完整的车底图像,来自 10 辆不同车型的车底,共 9 类模拟危险物。

本作品能更好地适应车底危险物现场检测需求,为边防检查、军事管理区、监狱、大型活动等提供安全且智能化的检测识别工具。

5.8.1 作品概述

5.8.1.1 功能与特性

考虑到现有车底检测方式较为落后,本作品针对检测装置机动性、检测精度与速度、主控装置组成等与检测相关的指标,设计了一款快速、准确、智能的车底危险物侦察机器人。通过App 可控制本作品移动,并实时显示检测画面。本作品的实物如图 5.8-1 所示。

图 5.8-1　本作品的实物

5.8.1.2 应用领域

近年来,利用车辆藏匿危险品、违禁品等高危物品的犯罪行为呈上升趋势,对人民群众的生命财产安全构成了严重威胁,因此对车辆的安全检查需引起进一步重视。本作品能够精确地检测识别出藏匿在车底的危险物,更好地适应车底危险物现场检测需求,可为监狱、机场、边防、军事管理区等安检场景的初步筛查工作提供安全且智能化的检测识别工具。

5.8.1.3 主要技术特点

(1)本作品的高度不超过 120 mm,小于大多数汽车底盘距离地面的高度,完全适合车底危险物的检测场景。

(2)本作品提出了一种轻量化的车底危险物检测模型 SG-YOLOv5s,相较于 YOLOv5s 模型,其参数量和权重大小均大幅缩小,精确率略有提升,检测速度快,画面清晰流畅,实时性高。

(3)完成了车底图像的自动拼接。

(4)自建了 9 类车底模拟危险物数据集。

5.8.1.4 主要性能指标

为了实现精确且高效的车底危险物检测,方便边缘设备部署,本作品提出了一种轻量化的车底危险物检测模型 SG-YOLOv5s,该模型的大小仅为 7.7 MB,易于部署在边缘设备,能够很好地实时检测出藏匿在车底的危险物。

5.8.1.5 主要创新点

本作品的主要创新点如下:

(1)采用 AutoStitch 算法完成了车底图像的自动拼接。针对车底模拟危险物图像不足的现状,以及车底图像难以获取的问题,本作品采用高清相机拍摄了大量的车底碎片化图像,利用AutoStitch 算法对碎片化图像进行拼接,最终得到了完整的车底图像。

(2)提出了一种适用于端侧的轻量化车底危险物检测模型 SG-YOLOv5s。本作品提出了SG-YOLOv5s 模型,采用 ShuffleNet V2 中的轻量化模块代替 CBS 模块和 CSP1_X 模块,从而重新构建 Backbone；采用 Ghost 模型和自主设计的 GhostBottleneck 替换原 Neck 中的 CBS 模块；采用轻量化模块替换原来的模块，减少了许多冗余分支，极大地降低模型的参数量和计算量；将定位损失函数 CIoU 替换成 SIoU，使目标框回归变得更加稳定，提升了预测准确度。

（3）设计了一种适用于车底特殊环境的机器人移动小车。本作品的硬件主要由 STM32F4 和 Jetson Xavier NX 构成，软件主要由 AutoStitch 算法和 SG-YOLOv5s 模型构成，通过人机交互实现了数据的高效传输。

本作品能够在不同车底结构和低暗环境中很好地检测出不同的模拟危险物，满足了车底危险物的现场检测需求。

5.8.2　系统组成及功能说明

5.8.2.1　整体介绍

本作品是基于 STM32F4 和 Jetson Xavier NX 构建的，总体设计可分为硬件设计与软件设计两部分。本作品的硬件框架如图 5.8-2 所示，主要包括 Jetson Xavier NX、STM32F4、电机驱动，带编码器的电机、蓝牙、OLED 显示屏、Gemini Pro 相机、LED 等。STM32F4 的主要作用是控制本作品移动、蓝牙通信、OLED 显示屏，以及 Jetson Xavier NX 的运行。Jetson Xavier NX 主要负责与 STM32、虚拟机通信，控制 Gemini Pro 相机和 LED。

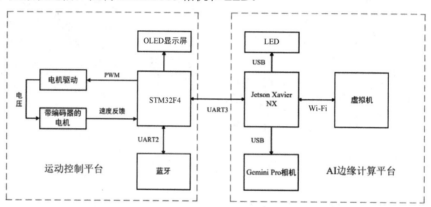

图 5.8-2　本作品的硬件框架

本作品的软件部分主要是 STM32 主控程序，采用任务调度的设计方式，将各模块的执行代码用任务的方式封装起来，完美地管理了不同模块在不同时间需要执行的任务，同时也大大减少了程序的冗余度。此外，在 Jetson Xavier NX 中采用了轻量化的 SG-YOLOv5s 模型，该模型可在上位机上实时地检测车底危险物。

图 5.8-3　STM32F4 主控板

5.8.2.2　硬件设计与流程

（1）微控制器。本作品采用 STM32F4 作为主控芯片，STM32F4 主控板如图 5.8-3 所示，其电路原理图如图 5.8-4 所示。在本作品中，STM32F4 通过 PWM 信号控制电机的旋转方向和速度，通过 UART、蓝牙模块和 Jetson Xavier NX 通信。

（2）蓝牙模块及 App 控制。本作品采用的蓝牙模块是 BT04 模块，如图 5.8-5 所示，BT04 模块可以作为从设备，与蓝牙主设备（如手机、计算机等）进行蓝牙通信，并通过串口将数据传输到另一个串口设备上，通过这种方式可以实现无线串口通信，适用于需要无线传输数据的应用场景。

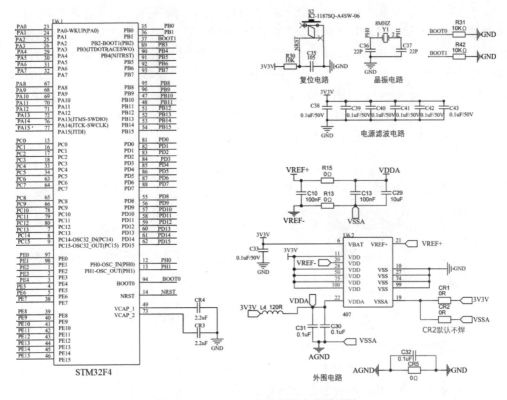

图 5.8-4　STM32F4 主控板的电路原理图

本作品采用 App 控制模式，App 控制界面如图 5.8-6 所示。App 在控制本作品的同时，本作品会通过蓝牙向手机端发送数据，在 App 的 Debug 栏里面可以看到发送的数据。App 控制模式是通过蓝牙实现串口通信的，本作品使用的是串口 2，波特率为 9600，控制指令在串口 2 的接收中断服务函数中处理。在 App 控制模式中，直接使用摇杆控制本作品的移动，移动速度的单位是 mm/s，每单击一次"加速"或"减速"按钮，本作品的移动速度会增加或降低 100 mm/s。

图 5.8-5　BT04 模块

图 5.8-6　App 控制界面

（3）电机驱动。本作品采用的是双通道直流有刷电机驱动器 D50A，每个通道具有持续输出 12 A 电流的能力，可驱动 290 W 的直流电机。驱动器对内部器件的时序进行了高度优化，允许 PWM 信号的最小脉宽低至 2 μs，可充分保证 PWM 信号的动态调节范围，提高电机控制品质。D50A 的板载保护电路可以降低其在异常工作条件下受损的可能，保护状态由指示灯实时输出；全电气隔离输入增强了主控 MCU 电路的安全性，可显著提高电磁兼容性能。D50A 的实物图与原理框图如图 5.8-7 和图 5.8-8 所示，VCC 是隔离正电源输入，兼容 3.3 V、5 V 的电源；PWM1 信号和 PWM2 信号分别是电机 1（M1）和电机 2（M2）通道占空比调制输入，带宽为 50 MHz；INA1 是 M1 通道控制逻辑输入 M1_A，INB1 是 M1 通道控制逻辑输入 M1_B；INA2 是 M2 通道控制逻辑输入 M2_A；INB2 是 M2 通道控制逻辑输入 M2_B。

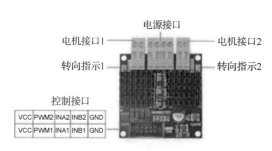

图 5.8-7　D50A 的实物图

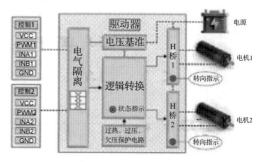

图 5.8-8　D50A 的原理框图

电机驱动的逻辑如表 5.8-1 所示，INAx、INBx、PWMx、Mx_A、Mx_B 中 x 为通道号，可为 1 或 2；H 表示高电平，L 表示低电平，X 表示与电平无关，Z 表示高阻态。在进行大能量正反转切换时，应先通过 PWMx 信号将电机转速调至 0，再进行切换。

表 5.8-1　电机驱动的逻辑

信 号 输 入			功 率 输 出		
INAx	INBx	PWMx	Mx_A	Mx_B	电机状态
L	L	X	L	L	制动
L	H	PWM	PWM	L	正转
H	L	PWM	L	PWM	反转
H	H	X	Z	Z	脱机
驱动器发生过/欠压保护、过热保护			Z	Z	脱机

图 5.8-9　MD36NP27P 电机

（4）带编码器的电机。本作品采用的是 MD36NP27P 电机（见图 5.8-9），该电机与侧向支座，以及直径为 125 mm 承重轮相连，装配在本作品的两个后轮上，从而驱动本作品前进或后退。该电机采用高精度的 GMR 编码器，是霍尔编码器精度的 38 倍。

本作品的电机控制流程如图 5.8-10 所示，电机目标速度经过运动学分析后可得到每个电机的实际输出，由速度 PID 控制器（速度 PID 控制函数）来控制电机的转速。在本作品的前面两个轮子上配有 S20F 数字舵机，用于控制转向。本作品采用共轴摆式悬挂，可以适应不平整的地面。

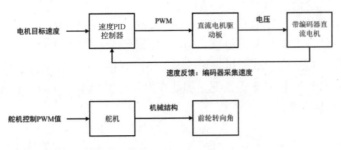

图 5.8-10　本作品的电机控制流程

（5）OLED 显示屏。STM32 主控板上配备了一块分辨率为 128×64 像素的 0.96 英寸 OLED 显示屏。OLED 显示屏具有高对比度、宽视角、快速响应和极高的色彩鲜艳度，可以呈现出更加真实和生动的图像。OLED 显示屏上集成了 SSD1306 显示驱动芯片。图 5.8-11 所示为 OLED 显示屏及其控制电路。

（6）供电模块。本作品采用输出电压为 22.2 V、容量为 5000 mAh 的电池为整个机器人供电。由于 STM32F4 采用的是 3.3 V 的电源，因此在电池与 STM32F4 之间连接了 LM2596 稳压模块，使电压降为 3.3 V。STM32F4 中有稳压电路，可转换成不同的电压，为 Type-C 接口、Jetson Xavier NX 等模块供电。

（7）Jetson Xavier NX。本作品采用的 AI 边缘计算平台是 Jetson Xavier NX（见图 5.8-12），它是由 NVIDIA 设计的先进系统级模块（SoM），用于边缘设备。

图 5.8-11　OLED 显示屏及其控制电路

图 5.8-12　Jetson Xavier NX 实物

Jetson Xavier NX 适用于机器人、自主车辆、智能视频分析，以及其他具有高要求的 AI 和计算任务的应用程序。图 5.8-13 所示为 Jetson Xavier NX 的功能结构，从图中可以看出，Jetson Xavier NX 通过 USB 接口与 LED、Gemini Pro 相机、无线网卡进行连接，既简单又方便。本作品使用 Jetson Xavier NX 来完成 SG-YOLOv5s 模型的嵌入式部署，并实时检测车底是否藏匿了危险物。

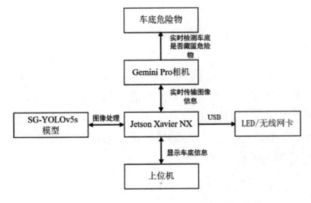

图 5.8-13　Jetson Xavier NX 的功能结构

（8）Gemini Pro 相机。本作品采用的相机是 Gemini Pro 相机，如图 5.8-14 所示（图中数值的单位为 mm）。该相机的分辨率可达 1920 像素×1080 像素，最高帧率为 60 fps，图场视角为 71.0°（水平）和 56.7°（垂直）。Gemini Pro 相机采用的是 USB 3.0 接口，能够很方便地和 Jetson Xavier NX 连接。由于本作品需要实时检测车底情况，因此在设计时把 Gemini Pro 相机水平向上安装，可满足实时检测车底情况的要求。

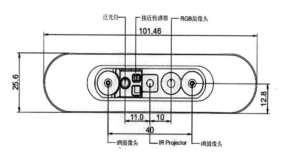

图 5.8-14　Gemini Pro 相机

（9）无线网卡。本作品采用的无线网卡如图 5.8-15 所示，该无线网卡插在 Jetson Xavier NX 上，通过驱动程序配置和启用 Jetson Xavier NX 的 Wi-Fi 功能。

（10）LED。为了解决车底的低暗环境问题，以便更好地检测车底危险物，本作品配备了采用 USB 接口的移动 LED，如图 5.8-16 所示，该 LED 采用 5 V 的电压供电，配有 3 个小灯，可产生强烈的正白光，能够很好地为车底低暗环境提供照明。

图 5.8-15　无线网卡　　　　　　　　　图 5.8-16　移动 LED

5.8.2.3　本作品的结构设计与装配

（1）功能要求。本作品具有移动、实时检测车底危险物、识别危险物种类、Wi-Fi 网络通信、重力感应控制等功能。在实际应用场景中，可通过 App 控制本作品的移动。

（2）外形尺寸要求。本作品的外形尺寸不宜过大，要求方便携带并保证整体结构的强度与刚度。本作品要求其在垂直方向上的投影在边长为 450 mm 的正方形内，高度不超过 120 mm。

（3）环境适应性要求。为了适应车底的低暗环境，本作品增加了照明模块，以便更好地检测车底危险物。

（4）车轮与底盘。为了满足安防场景的现实需求，需要从稳定性、承载性、机动性、操纵性、越障性、通过性、耐久性等多个维度来考虑本作品的结构。表 5.8-2 所示为常见移动机器人结构的应用场景和主要性能对比。本作品采用阿克曼式的移动机器人结构，驱动轮和从动轮均是直径为 125 mm 的实心承重轮，两个后轮作为驱动轮提供动力，两个前轮作为转向轮控制方向，且两个前轮的转角通过阿克曼转向机构关联。

表 5.8-2　常见移动机器人的应用场景和主要性能对比

移动机器人结构	应用场景	机　动　性	承　载　性	越　障　性
双轮差速式	室内、轻载	中	弱	弱
四轮驱动式	室外、中载	弱	中	弱
四轮驱动转向式	室内/外、中载	强	中	中
阿克曼式	室内/外、中载	中	中	中
全向式	室内、轻载	强	弱	弱
双履带式	室外、重载	中	强	强

由于亚克力板会产生形变，故选用强度高且重量合适的全金属阿克曼式底盘。本作品的应用场景主要是室外，搭载了共轴摆式悬挂，可以适应不平的地面。阿克曼式底盘通过前轮的机械转向，能够在底盘中的 4 个车轮基本不发生侧滑的情况下顺畅地转弯。在直线行驶时，4 个车轮的轴线互相平行。底盘采用后驱方式，利用后轮提供动力来驱动底盘移动。同样，由于在转弯过程中，左后驱动轮和右后驱动轮的转速不同，需要用差速器将动力按不同的比例分配给两个驱动轮。本作品采用两个独立的电机驱动两个后轮，并配合电机驱动板调速程序来替代纯机械式的差速器，控制前轮转向的阿克曼式结构由舵机带动来实现转向。

阿克曼式底盘的运动学模型是一个全驱动模型，其示意图如图 5.8-17 所示。

（5）锂电池。根据 MD36NP27P 电机的额定电压和额定功率，以及底盘负载等因素，本作品采用输出电压为 22.2 V、容量为 5000 mAh 的锂电池，该电池的续航时间可达 7 h。

（6）整体设计与装配。为了适应安防场景中的应用，本作品采用金属框架，增加了抗损坏能力；采用阿克曼式底盘、共轴摆式悬挂和橡胶轮，增强了地形适应性；以 STM32F4 作为主控芯片，主要控制本作品的移动，以及各模块之间的连接；采用双通道直流有刷电机驱动器 D50A 和 MD36NP27P 电机，提高了负载能力和转向能力；采用 S20F 数字舵机控制转向；以 Jetson Xavier NX 作为 AI 边缘计算平台，可对车底危险物进行识别；安装了 Gemini Pro 相机，用于进行实时识别与检测；辅以 LED，增强了环境适应性。本作品的 3D 渲染图如图 5.8-18 所示。

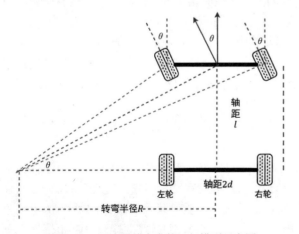

图 5.8-17　阿克曼式底盘的运行模型示意图

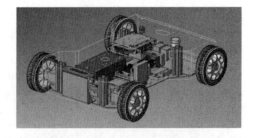

图 5.8-18　本作品的 3D 渲染图

5.8.2.4　软件设计与流程

（1）STM32 主控程序设计。STM32 主控程序是使用 C 语言、MDK5 和 IAR8 集成开发环境开发的，其流程如图 5.8-19 所示，首先对 STM32F4 进行初始化，然后创建多个 RTOS 任务。

任务调度器会根据任务的优先级来决定任务的执行顺序，但每个任务执行的时间非常短，因此任务可以看作是同时执行的，这种任务调度方式可以使系统更加高效、稳定。串口 2 中断用于 App 控制。

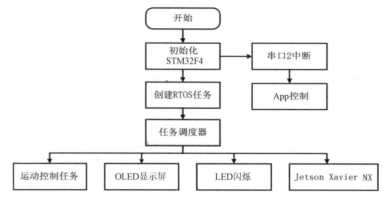

图 5.8-19　STM32 的软件逻辑

（2）蓝牙模块与 App 控制软件设计。本作品的蓝牙模块是 BT04 模块，该模块可通过 UART 与 STM32F4 通信，可通过蓝牙与 App 进行通信。以下是通信的具体步骤：

① 配置 BT04 模块的电气特性，如波特率、数据位、停止位、校验位等。

② 将 BT04 模块的 TX 引脚连接到 STM32F4 的 RX 引脚，将 BT04 模块的 RX 引脚连接到 STM32F4 的 TX 引脚。

③ 配置 STM32F4 的 UART 的波特率、数据位、停止位、校验位和流控制，以便与 BT04 模块通信。

④ 编写代码控制 UART，使其能够与 BT04 模块通信。

⑤ 在 BT04 模块上配置蓝牙连接参数，如蓝牙名称、蓝牙地址、连接模式等。通过 AT+NAME 指令可设置 BT04 模块的名称，通过 AT+ROLE 指令可设置 BT04 模块的角色。

⑥ 编写代码来控制 BT04 模块的蓝牙连接，以及处理来自 App 的数据。

（3）电机驱动 PWM 控制程序设计。电机驱动 PWM 控制是一种广泛应用于电机驱动领域的技术。PWM 信号是一种数字信号，可以通过改变信号的脉冲宽度来控制电机的转速、旋转方向、电流等参数。通过控制 PWM 信号的占空比，可以控制电机的平均电压和平均电流。当 PWM 信号的占空比较小时，电机的平均电压和电流也较小，电机的转速也相应较慢；反之，当 PWM 信号的占空比较大时，电机的平均电压和电流也较大，电机的转速也相应较快。PWM 信号还可以控制电机的旋转方向。在单相电机中，通过改变 PWM 信号的相位可以控制电机的旋转方向，将 PWM 信号延迟一定的时间再输出，可以使电机顺时针旋转或逆时针旋转。电机驱动 PWM 控制程序的部分代码如图 5.8-20 所示。

从图 5.8-20 所示的代码可得出，电机接口的初始化就是对 IN1A、IN1B 这两个接口进行初始化，使它们输出高电平或低电平，从而控制电机的旋转方向。PWM 信号使用的是定时器 4，如果定时器的频率在 10 kHz 以下，调速效果会更平滑。这里的转向控制代码和表 5.8-1 所示的电机驱动逻辑是一致的，IN1A、IN1B 必须是一个高电平、一个低电平，并且需要输入 PWM 信号，电机才会旋转。当 IN1A 为 0、IN1B 为 1 时电机正转，当 IN1A 为 1、IN1B 为 0 时为电机反转。当 PWM 信号的占空比为 7200 时，电机的旋转速度最大，即满转。

```
void Gpio_Init(void)
{
    GPIO_InitTypeDef GPIO_InitStructure;
    RCC_APB2PeriphClockCmd(RCC_APB2Periph_GPIOB, ENABLE);
    GPIO_InitStructure.GPIO_Pin=GPIO_Pin_7|GPIO_Pin_8;
    GPIO_InitStructure.GPIO_Mode=GPIO_Mode_Out_PP;
    GPIO_InitStructure.GPIO_Speed=GPIO_Speed_50MHz;
    GPIO_Init(GPIOB, &GPIO_InitStructure);
}
```

（a）电机接口初始化代码

```
void pwm_init(void)
{
    GPIO_InitTypeDef GPIO_InitStructure;
    TIM_TimeBaseInitTypeDef TIM_TimeBaseStructure;
    TIM_OCInitTypeDef TIM_OCInitStructure;
    RCC_APB1PeriphClockCmd(RCC_APB1Periph_TIM4,ENABLE);
    RCC_APB2PeriphClockCmd(RCC_APB2Periph_GPIOB,ENABLE);
    GPIOB_InitStructure.GPIO_Pin=GPIO_Pin_6;
    GPIOB_InitStructure.GPIO_Speed=GPIO_Speed_50MHz;
    GPIOB_InitStructure.GPIO_Mode=GPIO_Mode_AF_PP;
    GPIO_Init(GPIOB, &GPIO_InitStructure);
    TIM_TimeBaseStructure.TIM_Period=7199;
    TIM_TimeBaseStructure.TIM_Prescaler=0;
    TIM_TimeBaseStructure.TIM_ClockDivision=0;
    TIM_TimeBaseStructure.TIM_CounterMode =TIM_CounterMode_Up;
    TIM_TimeBaseInit(TIM4, &TIM_TimeBaseStructure);
    TIM_OCInitStructure.TIM_OCMode=TIM_OCMode_PWM1;
    TIM_OCInitStructure.TIM_Pluse =0;
    TIM_OCInitStructure.TIM_OCPolarity= TIM_OCPolarity_High;
    TIM_OCInitStructure.TIM_OutputState=TIM_OutputState_Enable;
    TIM_CtrlPWMOutputs(TIM4,ENABLE);
    TIM_OC1PreloadConfig(TIM4,TIM_OCPreload_Enable);
    TIM_ARRPreloadConfig(TIM4,ENABLE);
    TIM_Cmd(TIM4,ENABLE);
}
```

（b）PWM 初始化代码

```
void moto(int mode)
{
    if(mode==1)
    {
        GPIO_SetBits (GPIOB,GPIO_Pin_7);
        GPIO_ResetBits(GPIOB,GPIO_Pin_8);
        TIM_SetCompare1(TIM4,3000);
    }
    if(mode==0)
    {
        GPIO_SetBits (GPIOB, GPIO_Pin_8);
        GPIO_ResetBits (GPIOB,GPIO_Pin_7);
        TIM_SetCompare1(TIM4,4000);
    }
}
```

（c）控制电机旋转方向的代码

图 5.8-20　电机驱动 PWM 控制程序的部分代码

（4）电机与舵机程序设计。

① 电机程序设计。本作品采用的是具有高精度 GMR 编码器的电机。编码器输出的波形如图 5.8-21 所示，该编码器通过四倍频的数据处理方法提升编码器的精度。一般的处理方法是通过 A 相计数，通过 B 相判断电机的旋转方向，例如，A 相的上升沿计数或者下降沿计数，同时在 A 相的上升沿或者下降沿期间，根据 B 相的电平状态来判断电机旋转方向。四倍频的数据处理方法同时计算 A、B 两相的每个跳变沿，在 A 相计数的一个脉冲周期内实现了四次计数，从而提升了编码器的精度。

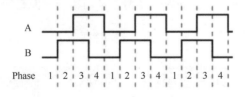

图 5.8-21　编码器输出的波形

本作品通过 PID 算法来对电机的转速进行控制。PID 算法是一种闭环控制算法，因此需要通过传感器测量需要控制的参数，并反馈到 PID 算法中参与控制。电机 PID 算法的结构如图 5.8-22 所示，通过按键或者开关等方式可以改变图中的目标速度，测量速度是通过 MCU 定时采集编码器数据获得的。目标速度和测量速度之间的差就是系统的偏差，该偏差输入 PID 算法进行计算，计算结果通过电机驱动模块来控制电机的转速，从而减小偏差，最终使电机转速达到目标速度。

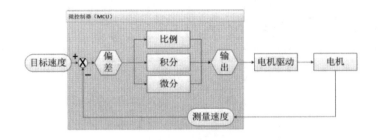

图 5.8-22   电机 PID 算法的结构

电机 PID 算法的部分实现代码如图 5.8-23 所示。

```
int Incremental_Pl (int Encoder,int Target)
{
    static float Bias,Pwm,Last_bias;
    Bias=Encoder-Target;
    Pwm+=Velocity_KP*(Bias-Last_bias)+Velocity_Kl*Bias; Last_bias=Bias;
    return Pwm;
}
```

图 5.8-23   电机 PID 算法的部分实现代码

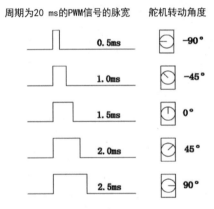

图 5.8-24   周期为 20 ms 的 PWM 信号的
脉宽和舵机转动角度的关系

② 舵机程序设计。本作品使用的舵机是 S20F 数字舵机，该舵机需要一个外部控制器（STM32F4）产生 PWM 信号来告诉舵机转动角度，脉冲宽度（脉宽）是舵机所需的编码信息。舵机的控制脉冲周期为 20 ms，脉宽为 0.5～2.5 ms，分别对应-90°～+90° 的位置。周期为 20 ms 的 PWM 信号的脉宽和舵机转动角度的关系如图 5.8-24 所示。

舵机 PID 控制框图如图 5.8-25 所示。舵机首先根据外部的控制信号获取目标位置，并根据上一个周期的输出计算上一个周期已经到达的位置；然后将目标位置和已到达位置送入位置 PID 控制器中；接着根据目标速度对输出进行限幅，并对限幅后的输出进行积分；最后通过 MCU 输出 PWM 信号，从而实现对舵机的控制。

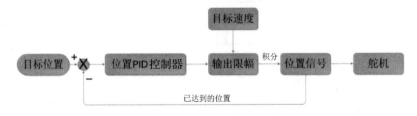

图 5.8-25   舵机 PID 控制框图

舵机 PID 控制器的部分实现代码如图 5.8-26 所示。

（5）OLED 显示屏驱动程序。SSD1306 是一种常用的显示驱动芯片，支持串行通信协议，被广泛应用于 OLED 显示屏。SSD1306 可采用 SPI 协议与微控制器通信，SPI 协议是一种同步通信协议，使用一根时钟线、一根片选线和两根单向串行数据传输线（两根单向串行数据传输线相互独立，具有全双工的特性）。由于 SPI 协议只使用 4 根线，占用的芯片引脚少，PCB 布线方便，已被大量芯片集成为通信接口。本作品是依据 SSD1306 数据手册提供的串行通信时序编写 OLED

显示屏驱动程序的。

```
Key();//按键控制目标值
Moto=Position_PID(Position,Target_Position);//位置PID控制器
Moto=Xianfu(Moto, Target_Velocity);//输出按照设定速度限幅
Position+=moto;//输出积分得到位置
if(Position>1250)Position=1250;//位置限幅避免超出范围异常
if(Position<250)Position=250;//位置限幅避免超出范围异常
TIM_SetCompare1(TIM2,Position);//输出 PWM
```

图 5.8-26　舵机 PID 控制器的部分实现代码

（6）STM32F4 与 Jetson Xavier NX 通信。串口通信简单易用，只需要几根线就可以实现，并且代码比较简单，容易上手；实时性好，数据传输的速率高，而且延时比较小；稳定可靠，传输过程中信号稳定，不容易出现传输错误或丢失数据情况。本作品通过 USART 将 STM32F4 和 Jetson Xavier NX 连接起来，USART 支持双向通信，可以在没有外部时钟源的情况下实现数据传输。

通过 USART 实现 STM32F4 和 Jetson Xavier NX 通信的步骤如下：

①　初始化 STM32F4 的 USART，设置波特率、数据位、校验位和停止位等，确保与 Jetson Xavier NX 的设置一致。

②　在 Jetson Xavier NX 中初始化与 STM32F4 连接的串口。

③　在 STM32F4 中使用库函数将需要传输的数据写入 USART 的数据寄存器中。

④　在 Jetson Xavier NX 中通过串口接收函数接收 STM32F4 发送的数据，并进行处理。

⑤　在 Jetson Xavier NX 中使用库函数将需要传输的数据写入串口的数据寄存器中。

⑥　在 STM32F4 中通过串口接收函数接收 Jetson Xavier NX 发送的数据，并进行处理。

STM32F4 与 Jetson Xavier NX 的部分通信代码如图 5.8-27 所示。

```
#include <stdio.h>
#include <fcntl.h>
#include <termios.h>

int main(void)
{
// 打开串口
    int fd = open("/dev/ttyS0", O_RDWR | O_NOCTTY | O_NONBLOCK);
    if (fd < 0) {
        printf("Error opening serial port\n");
        return -1;
    }
// 配置串口
    struct termios tty;
    tcgetattr(fd, &tty);
    tty.c_cflag &= ~CBAUD;
    tty.c_cflag |= B115200;
    tty.c_cflag |= CS8;
    tty.c_cflag |= CREAD;
    tty.c_cflag &= ~CSTOPB;
    tcsetattr(fd, TCSANOW, &tty);
    while (1) {
    // 等待从STM32F407VET6接收数据
        char buf[256];
        int len = read(fd, buf, sizeof(buf));
        if (len > 0) {
        // 处理接收到的数据
        // ...
        }
    }
// 关闭串口
    close(fd);
    return 0;
}
```

（a）Jetson Xavier NX 的部分通信代码

```
#include "stm32f4xx.h"
void USART2_Init(void)
{
    // 使能GPIOA时钟
    RCC_AHB1PeriphClockCmd(RCC_AHB1Periph_GPIOA, ENABLE);
    // 使能USART2时钟
    RCC_APB1PeriphClockCmd(RCC_APB1Periph_USART2, ENABLE);
    // 配置PA2为USART2的Tx引脚
    GPIO_PinAFConfig(GPIOA, GPIO_PinSource2, GPIO_AF_USART2);
    GPIO_InitTypeDef GPIO_InitStructure;
    GPIO_InitStructure.GPIO_Pin = GPIO_Pin_2;
    GPIO_InitStructure.GPIO_Mode = GPIO_Mode_AF;
    GPIO_InitStructure.GPIO_Speed = GPIO_Speed_50MHz;
    GPIO_InitStructure.GPIO_OType = GPIO_OType_PP;
    GPIO_InitStructure.GPIO_PuPd = GPIO_PuPd_UP;
    GPIO_Init(GPIOA, &GPIO_InitStructure);
    // 配置USART2
    USART_InitTypeDef USART_InitStructure;
    USART_InitStructure.USART_BaudRate = 115200;
    USART_InitStructure.USART_WordLength = USART_WordLength_8b;
    USART_InitStructure.USART_StopBits = USART_StopBits_1;
    USART_InitStructure.USART_Parity = USART_Parity_No;
    USART_InitStructure.USART_HardwareFlowControl = USART_HardwareFlowControl_None;
    USART_InitStructure.USART_Mode = USART_Mode_Rx | USART_Mode_Tx;
    USART_Init(USART2, &USART_InitStructure);
    // 使能USART2
    USART_Cmd(USART2, ENABLE);
}
```

（b）STM32F4 的部分通信代码

图 5.8-27　STM32F4 与 Jetson Xavier NX 的部分通信代码

（7）Jetson Xavier NX 主控程序设计逻辑。在 Windows 系统中选用 PyCharm 来编写、训练和调试车底危险物检测模型，在 Jetson Xavier NX 上的 Ubuntu 系统中选用 VS Code 来运行程序，全程均使用 Python 语言。Jetson Xavier NX 主控程序的流程如图 5.8-28 所示。

图5.8-28　Jetson Xavier NX主控程序的流程

（8）图像拼接与车底危险物数据集的建立。鉴于车底危险物的图像较少，且目前没有公开的相关数据集，因此本作品使用的是自建的车底危险物数据集。针对车底空间狭小且不易拍摄到完整车底图像的困难，本作品首先将汽车停在起降台上，使其升高一小段距离后在车底放入不同的模拟危险物；其次，使用智能小车搭载1080P的超清相机进入车底拍摄；最后，采用AutoStitch将拍摄的碎片化图像拼接成一张完整的车底图像。AutoStitch算法是目前广泛使用的图像拼接算法，该算法需要原始图像之间有较大的重合区域。通过AutoStitch算法完成图像拼接的步骤如下：

① 输入不同的图像。

② 从不同的输入图像中提取特征点。

③ 根据提取到的特征点进行匹配。

④ 将单应性矩阵转换为相机的内外参数。

⑤ 采用光束平差法处理图像。

⑥ 用水平矫正法解决波纹问题。

⑦ 寻找图像中最相似的地方。

⑧ 进行图像融合。

⑨ 完成图像拼接。

智能小车上装有Wi-Fi模块，能与手机App进行交互。在智能小车进入车底前，调整相机位置，使其水平向上，通过手机App能看到车底的情况，这时按下拍摄按键，就能成功拍摄一幅车底的碎片化图像。由于需要操控智能小车进行拍摄，因此在拍摄过程中的相机角度略有变化，这样会导致拼接出的图像产生轻微的边缘畸变，但产生边缘畸变的图像数量不多且不会影响模拟危险物的清晰度。根据车长的不同，每辆汽车一般需要拍摄10~14幅车底的碎片化图像。由于本作品是在白天拍摄图像的，因此阳光照射的强度会影响拍摄碎片化图像的亮暗，但拼接出的完整车底图像中的模拟危险物依旧清晰可见。车底的碎片化图像如图5.8-29所示，完整的车底危险物图像如图5.8-30所示。

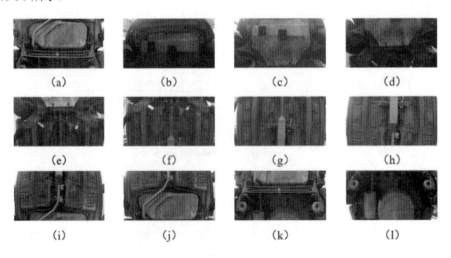

图5.8-29　车底的碎片化图像

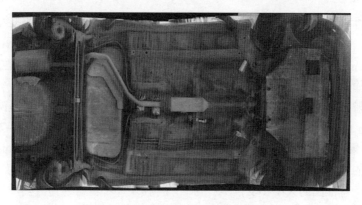

图 5.8-30　完整的车底危险物图像

在建立车底危险物数据集期间，共拍摄了 30000 多幅碎片化图像，拼接出了 2716 幅完整车底图像，这些图像来自 10 辆不同车型的车底，共 9 类模拟危险物，分别为手套（Glove）、剪刀（Scissors）、老虎钳（Pliers）、塑料瓶（Plastic Bottle）、刀（Knife）、袋子（Bag）、棍子（Stick）、滚筒（Drum）、螺丝刀（Screwdriver），其中剪刀、刀、螺丝刀用于模拟管制刀具危险物，塑料瓶、袋子用于模拟瓶中或袋中装有不明物体的危险物。本作品使用 LabelImg 对完整的车底图像进行了标注，并随机划分为训练集、验证集和测试集，这三个数据集分别包含 2199 幅、245 幅和 272 幅图像。

（9）SG-YOLOv5s 模型。为了精确且高效地对车底危险物进行检测，本作品提出了一种轻量化的 SG-YOLOv5s 模型，其结构如图 5.8-31 所示。

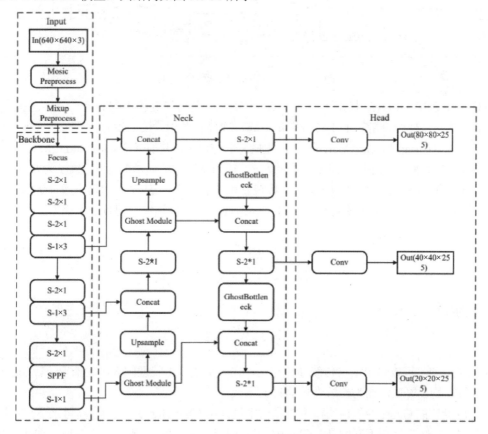

图 5.8-31　SG-YOLOv5s 模型的结构

本作品在 SG-YOLOv5s 模型中引入了 ShuffleNet V2 模型。ShuffleNet V2 模型的结构如图 5.8-32 所示，主要包括通道分割（Channel Split）、逐通道卷积（Depthwise Convolution，DWConv）和通道混洗（Channel Shuffle）。通道分割是 ShuffleNet V2 中引入的新的运算。在进行通道分割时，ShuffleNet V2 将输入特征图在通道维度分成上下两个分支，通道数分别是 c_1 和 c_2，在实际中 $c_1=c_2$，下分支做同等映射。上分支包含连续的三个卷积，输入和输出通道相同，并且两个 1×1 卷积不再是组卷积（Group Convolution）。上、下分支的输出不再进行 Add 运算，而是 Concat 运算，然后对 Concat 运算结果进行通道混洗，以保证两个分支的信息交流。Concat 和 Channel Shuffle 可以和下一个模块单元的 Channel Split 合成一个元素级运算。图 5.8-32 中的 S-1 是为了提取输入特征图的特征，并且保持特征图的大小不变；S-2 为下采样模块，不再有通道分割，而是每个分支直接复制一份特征图，都进行步长（Stride）为 2 的下采样，最后经过 Concat 运算后，特征空间的大小减半，但通道数量增加一倍。本作品使用 S-1 和 S-2 来替换原来 Backbone 中的对应模块，可改变原模块中残差结构带来的冗余计算，从而大幅减少计算量，有利于在边缘设备上进行部署。

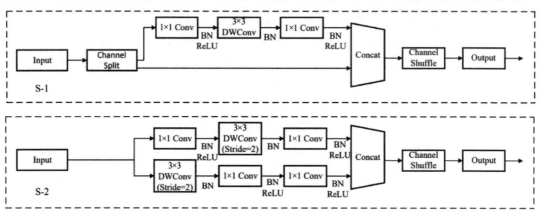

图 5.8-32　Shufflenet V2 模型的结构

本作品在 SG-YOLOv5s 模型中引入了 Ghost 卷积。与传统卷积不同的是，Ghost 卷积分两个步骤执行。第一步使用少量的 1×1 传统卷积生成 m 个特征映射，第二步对特征映射进行一系列廉价的线性操作（Cheap Linear Operations），生成 s 个幻影特征映射（Ghost Feature Map），最终获得 $n=m\times s$ 个特征映射。假设卷积核的数量为 n，输入特征图的通道数为 c、大小为 $h\times w\times c$，则输出特征图的大小为 $h'\times w'\times c$，$k\times k$ 表示传统卷积核的大小，$d\times d$ 表示每个线性运算的平均内核大小，Ghost 模块具有恒等映射和 $m(s-1)=n(s-1)/s$ 个线性运算。记传统卷积的计算量为 f_1，Ghost 卷积的计算量为 f_2：

$$f_1 = n\times h'\times w'\times c \tag{5.8-1}$$

$$f_2 = \frac{n}{s}\times h'\times w'\times c\times k^2 + (s-1)\times\frac{n}{s}\times h'\times w'\times d^2 \tag{5.8-2}$$

二者的计算量之比为：

$$\frac{f_1}{f_2} \approx \frac{s\times c}{s+c-1} \approx s \tag{5.8-3}$$

从式（5.8-3）可以看出，与传统卷积相比，在不更改输出特征图大小的情况下，Ghost 卷积所需的计算量均已降低，约为传统卷积的 $1/s$。

依据轻量化的 Ghost 卷积模块，本作品自主设计出 GhostBottleneck 模型，其结构如图 5.8-33 所示。与 Bottleneck 模型不同的是，GhostBottleneck 模型的两条分支均包含 Ghost 卷积模块和步长为 2 的逐通道卷积，这种设计方式不但能满足 Neck 模型中特征图空间减半的需求，还能大大减少传统卷积过程中的运算量和模型参数数量。

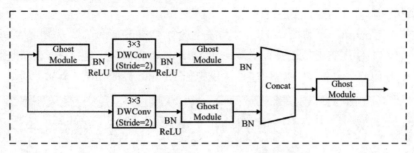

图 5.8-33　GhostBottleneck 模型的结构

虽然损失函数 CIoU 解决了损失函数 GIoU 在训练中存在的发散问题，但边界框（Bounding Box）纵横比描述的是相对值，存在一定的模糊，没有考虑难易样本的平衡。针对损失函数 CIoU 存在的问题，以及在识别车底危险物时预测框可能在训练过程中无法正确匹配边界框的问题，本作品对损失函数进行了改进，引入了一种新的边界框回归损失函数 SIoU，在损失函数的代价中引入了方向性。与损失函数 CIoU 相比，损失函数 SIoU 获得了更好的推理性能。损失函数 SIoU 由四个成本函数组成：角度成本（Angle Cost）函数、距离成本（Distance Cost）函数、形状成本（Shape Cost）函数和 IoU 成本（IoU Cost）函数。损失函数 SIoU 的公式为：

$$L_{\text{box}} = 1 - \text{IoU} + \frac{\Delta + \Omega}{2} \tag{5.8-4}$$

本作品还对 Backbone 网络进行了改进，改进后的 Backbone 网络参数如表 5.8-3 所示，将模块按其序号从小到大依次堆叠起来，中间层的特征兼容性更好。为了加强对中间层的特征提取，本作品在改进 Backbone 网络时，在序号 4 和 6 的模块处，将 S-1 模块的重复次数设置为 3，这种设计既能有效保证网络的深度，又能很好地降低网络的参数量，提高网络训练速度。

表 5.8-3　改进后的 Backbone 网络参数

序　号	模块重复次数	模　块　名	参　数　配　置	输出特征图的大小
0	1	Focus	[3,32,3]	32×320×320
1	1	S-2	[32,64,2]	64×160×160
2	1	S-1	[64,64,1]	64×160×160
3	1	S-2	[64,128,2]	128×80×80
4	3	S-1	[128,128,1]	128×80×80
5	1	S-2	[128,256,2]	256×40×40
6	3	S-1	[256,256,1]	256×40×40
7	1	S-2	[256,512,2]	512×20×20
8	1	SPPF	[512,512,[5,5,5]]	512×20×20
9	1	S-1	[512,512,1]	512×20×20

参数配置中第一个参数表示输入的通道数，第二个参数表示输出的通道数，第三个参数表示卷积核的步长。SPPF 模块的参数配置稍有不同，第一个参数和第二个参数依旧是表示输入的通道数和输出的通道数，但第三个参数表示池化核的大小均为 5×5。与 SPP 模块不同，SPPF 模块先将输入特征图依次串行地通过大小为 5×5 的池化核进行最大池化，然后将输入的特征图和依次进行

最大池化后输出的特征图进行拼接,从而提高运行效率,降低计算量。假设输入特征图的大小为640×640×3,从表5.8-3中的输出特征图大小看出,经过这一系列处理后,特征图的长宽逐渐缩小,通道数量逐渐扩张,特征将由浅入深地一步一步被表达出来。

(10)虚拟机Ubuntu。要想在Windows系统上运行Ubuntu系统,首先要在Windows系统上安装虚拟机。本作品使用的虚拟机是VMware Workstation Pro16.0;然后在虚拟机上安装Ubuntu 18.0.4,同时使用ROS官方提供的镜像文件。虚拟机Ubuntu界面如图5.8-34所示。

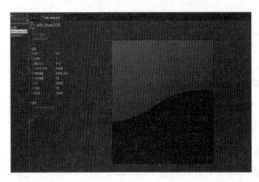

图5.8-34　虚拟机Ubuntu界面

① 在Jetson Xavier NX的Ubuntu中配置Wi-Fi和静态IP地址。Jetson Xavier NX的Ubuntu和虚拟机Ubuntu进行通信时需要用到同一个网络,这时就需要在Jetson Xavier NX的Ubuntu设置Wi-Fi网络,由虚拟机Ubuntu连接Wi-Fi,这样就能实现同网络通信。在通信过程中,需要用到双方的IP地址,但默认的IP地址是自动分配的动态IP地址,因此需要设置一个静态的IP地址。设置Wi-Fi和静态IP地址的步骤如下:

(a)将Jetson Xavier NX连接一台显示器,显示Jetson Xavier NX中的Ubuntu系统内容,找到并单击"网络"按钮。

(b)在创建网络连接的界面中新建Wi-Fi网络,进入Wi-Fi网络设置界面,此时可以设置Wi-Fi的名称和密码,设置好后保存相关信息。

(c)在Wi-Fi网络设置界面中设置静态IP地址,单击"IPV4_Setting",新增静态IP地址,分别输入静态IP地址、子网掩码和网关,保存后退出。

② SSH远程登录与客户端远程登录。在调试Jetson Xavier NX时,给Jetson Xavier NX连接显示屏、键鼠等设备是非常不方便的,尤其是在本作品移动的情况下,因此可以通过远程控制的方式来进行调试。通常使用SSH登录的方式来进行远程控制。SSH是专为远程登录会话和其他网络服务提供安全性的协议。下面给出了安装、启用、登录SSH的命令:

➲ 安装SSH的命令:sudo apt-get install openssh*。

➲ 启用SSH的命令:sudo/etc/init.d/ssh start。

➲ 登录SSH的命令:ssh-Y jinxin@192.168.0.100,这里的"-Y"表示远程运行图形应用。

客户端远程登录是指在Jetson Xavier NX中配置好虚拟网络控制台(Virtual Network Console,VNC),在虚拟机Ubuntu中打开Remmina软件,选用VNC模式,输入设置的静态IP地址并登录,登录后即可在虚拟机Ubuntu中实时查看Jetson Xavier NX的Ubuntu内容。

5.8.3　完成情况及性能参数

5.8.3.1　SG-YOLOv5s模型测试

(1)开发环境:在SG-YOLOv5s模型测试中,操作系统为Window11,CPU为AMD Ryzen 7

5800H with Radeon Graphics 3.20 GHz，内存大小为 16 GB；GPU 为 Nvidia GeForce RTX 3070Ti，深度学习框架为 PyTorch 1.11.0，CUDA 版本为 11.5。本作品在进行图像预处理时采用 Mosaic 数据增强和 Mixup 数据增强，输入的模型大小为 640×640×3，优化器采用 Adam，batch_size 设置为 8，初始学习率设置为 0.001，动量（Momentum）设置为 0.937，总训练轮数设置为 400 轮。

（2）评价指标：本作品使用的评价指标有准确率 P、召回率 R、平均精度 AP、平均精度均值 mAP、参数量、权重大小、每秒传输帧数。准确率 P 和召回率 R 的计算公式为：

$$P = \frac{TP}{TP+FP} \tag{5.8-5}$$

$$R = \frac{TP}{TP+FN} \tag{5.8-6}$$

式中，TP 表示实际为正且被预测为正的样本数量；FP 表示实际为负但被预测为正的样本数量；FN 表示实际为正但被预测为负的样本数量。

（3）车底危险物识别：本作品使用 SG-YOLOv5s 模型对 9 类车底危险物进行检测和识别，得到的平均精度如表 5.8-4 所示，不同类型车底、不同种类的车底危险物的检测效果如图 5.8-35 所示。

表 5.8-4　9 类车底危险物识别的平均精度

类　别	平均精度/%	类　别	平均精度/%
手套	99.76	袋子	99.33
剪刀	94.69	棍子	98.16
老虎钳	100.00	滚筒	97.05
塑料瓶	98.28	螺丝刀	99.19
刀	92.18	—	—

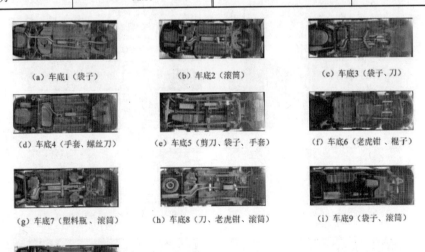

（a）车底1（袋子）　　（b）车底2（滚筒）　　（c）车底3（袋子、刀）

（d）车底4（手套、螺丝刀）　（e）车底5（剪刀、袋子、手套）　（f）车底6（老虎钳、棍子）

（g）车底7（塑料瓶、滚筒）　（h）车底8（刀、老虎钳、滚筒）　（i）车底9（袋子、滚筒）

（j）车底10（刀、塑料瓶）

图 5.8-35　不同类型车底、不同种类的车底危险物的检测效果

SG-YOLOv5s 模型对 9 类车底危险物的识别平均精度均在 90%以上，对老虎钳的识别平均精度达到 100%，检测效果较好。SG-YOLOv5s 模型能够在 10 种车底下检测 9 类车底危险物，且识别的平均精度较高。

为了比较 SG-YOLOv5s 模型的检测识别效果，这里与常用的目标检测模型（如 Faster R-CNN、YOLOv3、YOLOv4、YOLOv5s、YOLOx、YOLOv7）进行了对比，对比结果如表 5.8-5 所示。

表 5.8-5　常用目标检测模型的检测识别效果对比

目标检测模型	准　确　率	召　回　率	模型参数大小/MB	权重大小/MB	速率/fps	IoU 阈值为 0.5 时的平均精度
Faster R-CNN	71.51%	85.61%	137.10	522.99	13.18	87.88%
YOLOv3	93.63%	87.39%	61.53	234.74	39.63	92.11%
YOLOv4	93.82%	91.22%	63.95	243.94	30.97	93.97%
YOLOv5s	97.74%	97.21%	8.94	34.10	42.89	97.15%
YOLOv7	96.75%	94.97%	37.21	141.93	33.14	97.03%
YOLOv5s	96.59%	94.08%	7.03	26.81	47.39	96.37%
SG-YOLOv5s	96.80%	97.96%	2.02	7.70	50.39	97.63%

为了更加直观地评价 SG-YOLOv5s 模型的检测识别效果，图 5.8-36 给出了 SG-YOLOv5s 模型与 YOLOv5s 模型对部分车底危险物的检测识别效果。从图中可以看出，第一行的对比图表明，SG-YOLOV5s 模型对于车底危险物的检测精度更高；第二行和第三行的对比图表明，YOLOv5s 的检测存在漏检的问题，而 SG-YOLOV5s 模型均检测出藏匿在车底的危险物；第四行的对比图表明，YOLOv5s 模型存在检测目标的预测框定位不精准的问题，而 SG-YOLOv5s 模型则将两个危险物精确框出。总体结果表明，SG-YOLOV5s 模型对车底危险物的检测识别效果更好。

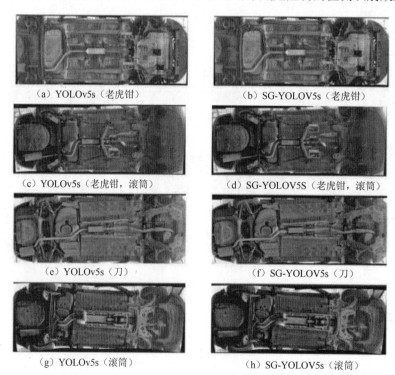

（a）YOLOv5s（老虎钳）　　　　　　　（b）SG-YOLOV5s（老虎钳）

（c）YOLOv5s（老虎钳，滚筒）　　　　（d）SG-YOLOV5S（老虎钳，滚筒）

（e）YOLOv5s（刀）　　　　　　　　　（f）SG-YOLOV5s（刀）

（g）YOLOv5s（滚筒）　　　　　　　　（h）SG-YOLOV5s（滚筒）

图 5.8-36　SG-YOLOv5s 模型与 YOLOv5s 模型对部分车底危险物的检测识别效果

5.8.3.2　本作品的测试

在对本作品进行测试时，选择了普通的 SUV，其底盘距地面相对较高，能更高效地检测识别出车底危险物；选择不太平整的坑洼路面，可测试本作品的路面适应能力。本作品的测试场景如图 5.8-37 所示，与 App 的通信如图 5.8-38 所示，与上位机的通信如图 5.8-39 所示。

图 5.8-37　本作品的测试场景

图 5.8-38　本作品与 App 的通信

图 5.8-39　本作品与上位机的通信

本作品检测识别不同类型车底、不同车底危险物的效果如图 5.8-40 所示。从上图中可以看出，在不同的车底低暗环境下，使用 LED 照明，本作品可以检测识别出剪刀、滚筒、包、刀、塑料瓶、螺丝刀，且预测框框出的车底危险物的位置准确，平均精度较高。在实时检测画面中可以看出，SG-YOLOv5s 模型在 Jetson Xavier NX 上的检测时间在 100 ms 左右，画面清晰流畅，能够很好地实时检测识别出藏匿的车底危险物。

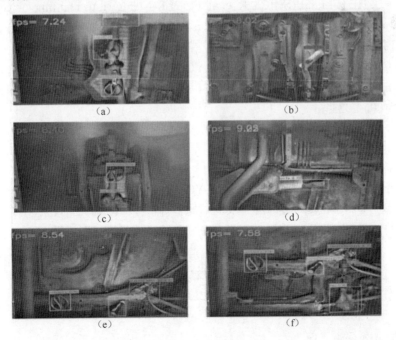

图 5.8-40　本作品检测识别不同类型车底、不同车底危险物的效果

5.8.4　总结

5.8.4.1　可扩展之处

（1）可进一步改进目标检测模型，提升检测的精度和速度。

（2）可使用 ROS，实现 SLAM 功能。

（3）可增加车底危险物检测管理系统，获取对应车辆的车牌号和危险物种类。

（4）可对本作品的性能进行全方面检验并进行实地测试，为后续产业化打好基础。

5.8.4.2　心得体会

本作品针对国内现有的一些车底危险物检测技术的不足，特别是便携性差、检测精度低、速度慢等问题，以 STM32F4 为主控芯片，采用 AI 边缘计算平台 Jetson Xavier NX，通过 AutoStitch 算法和 SG-YOLOv5s 模型，实现了车底危险物的快速、高效、智能检测。

考虑到车底的隐蔽性强、检查难度大、漏检情况多等因素，车底危险物容易造成重大伤害，团队通过分析研究，重点突出机动性、适应性，设计并实现了本作品。本作品采用了一种轻量化 SG-YOLOv5s 模型，并部署在 Jetson Xavier NX 上，能够精确地检测识别出车底危险物，可满足现场检测需求，为边防检查、军事管理区、监狱、大型活动等提供了一种安全且智能化的检测识别工具。

5.8.5　参考文献

[1] 黄锦波. 基于 AutoStitch 的无人机航拍图像拼接技术研究[D]. 西安：西安电子科技大学，2020.

[2] REN S Q, HE K M, GIRSHICK R, et al. Faster R-NN: towards real-time object detection with region proposal networks[J]. IEEE Transactions on Pattern Analysis and Machine Intelligence, 2017, 39(6)：1137-1149.

[3] Wang C Y, Bochkovskiy A, Liao H Y M. YOLOv7: Trainable bag-of-freebies sets new state-of-the-art for real-time object detectors[C]. 2023 IEEE/CVF Conference on Computer Vision and Pattern Recognition (CVPR), 2023.

5.8.6　企业点评

本作品基于 STM32F4，采用轻量化的 SG-YOLOv5s 模型，在保持高精度的同时大幅减小了模型参数和权重，提高了检测速度。经过实验对比多种目标检测模型的效果，SG-YOLOv5s 模型具有较大的优势，但仍可以进一步提升对不同车底危险物的检测识别效果。

5.9 面向二次事故预警的智慧三角架设计

学校名称：南京工业大学

团队成员：詹海洋、王成杰、艾以琳

指导老师：孙冬梅

摘要

现有的大多数三角架设计落后、做工粗糙，在发生安全故障时，人们往往注意不到安全警示，造成了不必要的损失。本作品（在本节中指面向二次事故预警的智慧三角架）通过物联网技术实现了自动部署，解决了现有三角架存在的问题，可有效减少二次事故的发生。

首先，本作品以 STM32F4 为主控芯片，设计了基于六轴姿态传感器的碰撞检测系统；其次，在 LCD 触摸屏、按键和状态指示灯的基础上设计了交互性强、调整可参数、状态可监控的人机交互系统；然后，在机械结构方面，本作品设计了基于 V 形槽轮和铰链机构的释放和驶出系统，实现了三角架的自动部署；最后，基于广和通 L610 模组和华为云平台设计了云端数据的实时上报和远程控制系统，为现场数据的处理和存储提供了便利，提高了本作品的智能化水平和远程管理能力。

本作品采用自主设计的折叠机构和紧凑型设计，便于用户将其收纳于车内。这种设计使得本作品易于携带和存储，方便驾驶员在需要时进行部署；此外，考虑到各种天气条件下的使用需求，本作品采用防水设计和红色反射面，可确保在雨天和夜间提供稳定可靠的警示功能，提高了可见性和安全性。

通过嵌入式应用技术、自动控制技术和物联网技术的综合应用，本作品实现了自动部署、碰撞检测、人机交互和数据上云等功能。测试结果表明，本作品运行稳定，可自动部署，并通过物联网自动报警和申请救援。

5.9.1　作品概述

5.9.1.1　功能与特性

随着人们生活水平的不断提高，汽车保有量保持迅猛增长的趋势，人均汽车保有量不断提高，但汽车故障率和交通事故的发生率也与日俱增。在汽车故障或发生交通事故时，三角架是必须放置的，但当前市面上常用的三角架多为手动式的，在高速公路上部署时容易发生二次事故，并且往往由于部署方式不正确等问题，无法起到安全警示作用。现有三角架在部署时存在的问题如图 5.9-1 所示。

本作品旨在解决现有三角架在部署时存在的问题，减少二次事故的发生。本作品通过嵌入式应用技术、自动控制技术和物联网技术的综合应用，具有自动部署、碰撞检测、人机交互和数据上云等功能。

5.9.1.2　应用领域

（1）交通安全：旨在提高交通事故处理效率和安全性，广泛应用于交通事故处理现场，减少二次事故的发生，并在交通密集区域和恶劣环境下提升安全水平，有助于车主和道路使用者的安全。

（2）车主人群：专为车主设计，通过高效、智能的交通事故处理，保障车主及其车辆的安全。

（3）紧急救援：为紧急救援提供了更有效的工具和信息，通过降低交通事故处理的时间和风险，有助于紧急救援人员更快速、安全地响应和处理交通事故。

5.9.1.3　主要技术特点

（1）采用 STM32F4 微控制器。本作品以 STM32F4 作为主控芯片，通过自动释放装置、低功耗唤醒装置实现了智能部署。本作品的 STM32F4 主控板搭载了碰撞检测传感器、按键、状态指示灯等设备，通过 V 形槽轮和铰链机构实现了自动释放和自动驶出，提高了自动部署的效率。

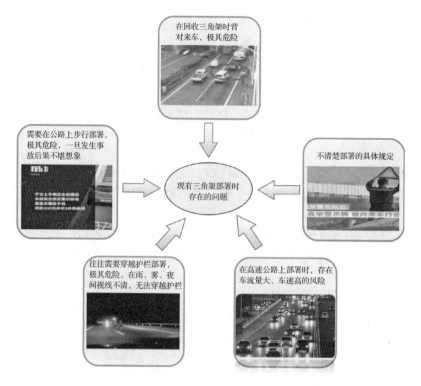

图 5.9-1　现有三角架在部署时存在的问题

（2）基于广和通 L610 模组实现了 4G 联网。本作品通过广和通 L610 模组与华为云平台连接，实现了 4G 联网功能，能够实时地将数据上传到云端，可获得强大的数据处理和存储能力。此外，通过云功能和微信小程序，用户能够进行远程控制，进一步提高了本作品的智能化水平和远程管理能力。

（3）人性化的交互操作。通过高效的人机交互界面，如微信小程序或 LCD 触摸屏，用户可以轻松与本作品进行交互，从而提升用户体验和操作便利性。

（4）云端数据上报与管理。通过广和通 L610 模组和华为云平台的连接，实现了云端数据的实时上报和远程控制，为现场数据的处理和存储提供了便利，同时也强化了本作品的智能化水平和远程管理能力。

（5）自主设计可折叠机构。本作品采用自主设计的折叠机构和紧凑型设计，便于用户将其收纳于车内，易于携带和存储，方便在需要时进行部署。此外，在考虑各种天气情况下的使用需求时，本作品采用防水设计和红色反射面，确保在雨天和夜间提供稳定可靠的警示功能，提高了可见性和安全性。

5.9.1.4　主要性能指标

（1）部署速度。本作品的最高移动速度为 1.2 m/s，在 50 m 处的部署时间约 42 s。

（2）远程控制延时。经实测，蓝牙遥控的延时在 100 ms 内，可以满足正常的需求；物联网云平台的数据上报时间在 2 s 内。

5.9.1.5　主要创新点

（1）低功耗唤醒装置。考虑到本作品绝大部分时间都处于闲置状态，采用常规供电方式，如 7.4 V 的锂电池供电，很容易导致电池欠压，影响正常工作，这在事故发生时是极其危险的，因此本作品设计了低功耗唤醒装置，用以保障本作品始终处于待命状态。

低功耗唤醒装置包括 STM32F4、继电器、微动开关和充放电一体电源模块，其中微动开关在待机状态时与自动释放装置的顶板相接触,使本作品处于低功耗状态;当自动释放装置被激活后,微动开关脱离顶板,继电器被激活,使本作品由低功耗状态进入工作状态。

(2)自动释放装置。通过车载电源(12 V)供电的自动释放装置以 STM32F4 为主控芯片,集成了继电器、电磁铁、碰撞检测传感器、按键、状态指示灯、舵机、V 形槽轮和铰链机构等设备。当自动释放装置检测到碰撞或者按键信号时,主控制器将启动,系统解锁,同时舵机通过 V 形槽轮和铰链机构将自动释放装置的出口打开,将低功耗唤醒装置激活,本作品进入工作状态并自动驶出,从而实现自动部署。

(3)环境适应性强。考虑不同天气条件下的使用需求,本作品采用防水设计和红色反射面,确保即使在雨天和夜间也能提供稳定可靠的警示功能,提高本作品的可见性和安全性。

5.9.1.6 设计流程

本作品的设计流程如图 5.9-2 所示。

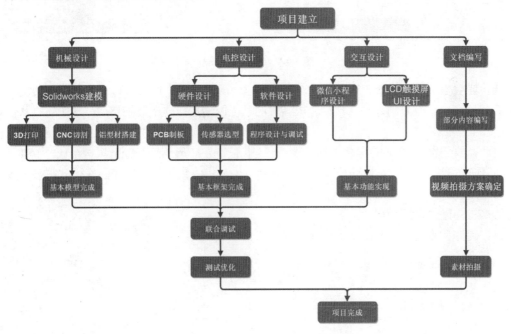

图 5.9-2 本作品的设计流程

5.9.2 系统组成及功能说明

5.9.2.1 整体介绍

本作品的框架如图 5.9-3 所示,主要包括主体系统、低功耗唤醒装置和自动释放装置。云平台采用华为云平台,基于 MQTT 协议设计了微信小程序,用于控制和部署本作品。

主体系统采用一体化外壳,使用 3D 打印机打印,保证了硬度与强度。可折叠三角架是通过舵机传动的,可以方便地展开与回收三角架。在硬件设计方面,主体系统通过一块电路板将电机驱动、电源模块、IMU、编码器、LCD 触摸屏、L610 模组连接在一起,保证了可靠性与稳定性。在软件设计方面,主体系统采用 PID 算法对电机进行闭环控制,保证了本作品在行进过程中与设定值相吻合;使用 RT-Thread 操作系统来保证各个模块有条不紊地运行。另外,用户可通过微信小程序来远程自动释放本作品,相关数据将上传至云平台,给微信小程序赋予了更多可能的操作。

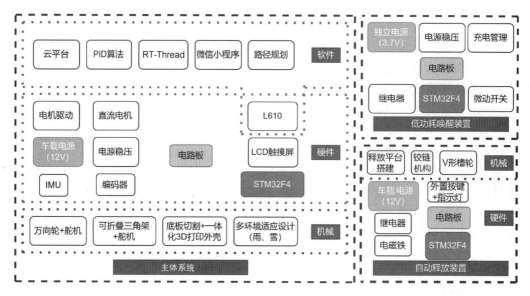

图 5.9-3　本作品的框架

低功耗唤醒装置由一个 3.7 V 的独立电源供电，同时通过充电管理模块来方便地使用板载的 Type-C 接口充电。当微动开关从自动释放装置的顶板脱离后，继电器将导通，本作品将从低功耗状态进入工作状态。

自动释放装置由 12 V 的车载电源供电，其机械部分由 V 形槽轮和铰链机构组成。当 STM32F4 检测到碰撞与按键信号时，自动释放装置将解锁，由舵机将铰链结构连接的底板放下来，本作品将顺利地释放出来。

5.9.2.2　硬件系统介绍

（1）硬件整体介绍。本作品的硬件框架如图 5.9-4 所示。

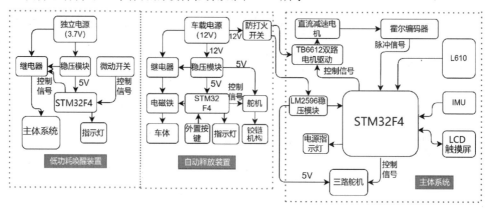

图 5.9-4　本作品的硬件框架

（2）机械设计介绍。在机械设计方面，本作品由一块使用 CNC 切割的 PVC 板、警示反光板、3D 打印的外壳、前置舵轮组、后置两轮驱动、4.3 寸的 LCD 触摸屏及多块 PCB 组成。

① 外观。本作品的外壳采用 3D 打印机打印，整体为方壳形状，边缘处做圆角处理，分两半进行打印，中间连接处采用铆接。为保证结构稳定，采用对插式结构，下方对应 PVC 板上的孔位由四个螺丝固定。外壳留有 LCD 触摸屏位置，位置符合人体工程学，方便用户操作；两端制作警示符号造型，外壳上留有整机控制开关，便于控制电源及充电。三角架的外观如图 5.9-5 所示，本作品的外壳如图 5.9-6 所示。

图 5.9-5　三角架的外观

图 5.9-6　本作品的外壳

② 折叠三角架设计。在反光板展开部分，本作品创新性地设计了一款三段式折叠机构，如图 5.9-7 所示，整体采用 3D 打印机打印，内部采用凸起结构设计限位，连接方式采用铆接，保证活动的连贯性，警示杆中留有凹陷，方便布置灯条。

图 5.9-7　三段式折叠机构

③ 嵌入式底板设计。本作品的底板（见图 5.9-8）部分采用 CNC 切割的 PVC 板，留有 PCB 孔位以便固定 PCB，并留有自适应槽位，方便后期添加 PCB。

在动力系统方面，本作品采用双轮双驱，前轮设计为舵轮组，使转动更加丝滑柔顺，前后轮联动控制，可以实现原地圆周转动，使控制更加精准。舵轮组如图 5.9-9 所示。

图 5.9-8　本作品的底板

图 5.9-9　本作品的舵轮组

④ 自动释放装置。本作品创新性地采用卷扬机构来实现三角架的释放与回收。自动释放装置外观如图 5.9-10 所示，卷扬机构如图 5.9-11 所示。

图 5.9-10　自动释放装置外观

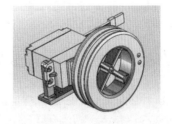

图 5.9-11　卷扬机构

⑤ 防水结构。为了适应户外工作环境，本作品的防水性至关重要。本作品采用封闭式的外壳，并对各 PCB 进行了防水处理，开孔处使用热熔胶进行防水密封处理，使本作品可以在雨天正

常工作。

（3）电路各模块介绍。

① 主体系统的硬件设计。本作品的主体系统以 STM32F4 为主控芯片，电机控制使用 TB6612 双路电机驱动器，其具有 12 V 及 1.2 A 的承受能力，具备良好的稳定性，可以很好地满足实际使用的需求。为了更好地掌握本作品的状态和运行情况，在直流减速电机上安装了霍尔编码器，同

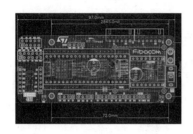

图 5.9-12　主体系统的 PCB

时加入了 IMU。除了电机控制，本作品使用舵机来控制三角架的展开与回收；使用了 L610 模组与 STM32F4 芯片进行通信，实现了数据上传与下载；通过串口与 LCD 触摸屏通信，实现了人性化的操作。在电源部分，本作品使用 7.4 V 的锂电池供电，通过 MOS 管实现电路通断；通过 LM2596-5V 这一 DC 降压芯片输出 5 V 的电压，为核心板的各个模块供电。在打开开关后，本作品并不会直接进入工作状态，只有低功耗唤醒装置被激活后才会进入工作状态。主体系统的 PCB 如图 5.9-12 所示，主体系统的电路原理图如图 5.9-13 所示。

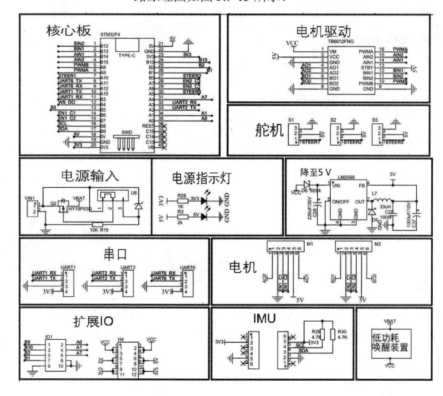

图 5.9-13　主体系统的电路原理图

② 自动释放装置的硬件设计。自动释放装置以 STM32F4 为主控芯片，为了尽可能地缩减尺寸，自动释放装置使用裸片加外围电路的方式进行硬件设计，电源部分选用 7.4 V 的锂电池供电，通过开关控制 MOS 管实现电路通断，通过 LM2596-5V 这一 DC 降压芯片输出 5 V 的电压，通过 RT9013-33G 输出 3.3 V 的电压。当检测到碰撞与按键信号时，继电器导通，电磁铁消磁，同时使舵机工作，释放三角架。自动释放装置 PCB 如图 5.9-14 所示，自动释放装置

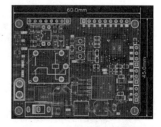

图 5.9-14　自动释放装置 PCB

的电路原理图如图 5.9-15 所示。

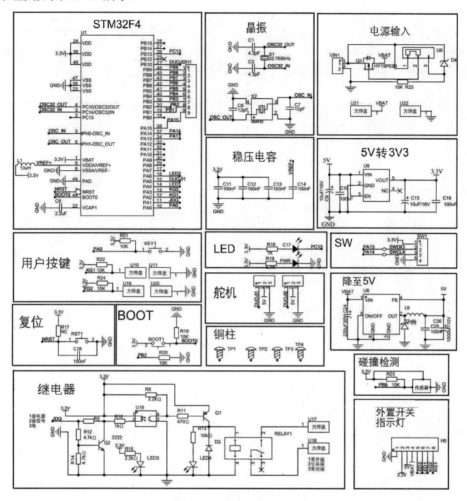

图 5.9-15　自动释放装置的电路原理图

③ 低功耗唤醒装置的硬件设计。低功耗唤醒装置以 STM32F4 为主控芯片，同样使用裸片加外围电路的方式进行硬件设计。在电源部分，低功耗唤醒装置使用 3.7 V 的锂电池供电，通过锂电池升压模块输出 5 V 的电压。为了方便充电，低功耗唤醒装置使用锂电池充电管理芯片，当微动开关发送信号给主控芯片时，控制继电器导通，使本作品从低功耗状态进入工作状态。低功耗唤醒装置 PCB 如图 5.9-16 所示，低功耗唤醒装置的电路原理图如图 5.9-17 所示。

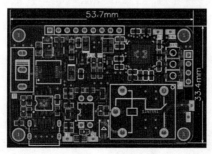

图 5.9-16　低功耗唤醒装置 PCB

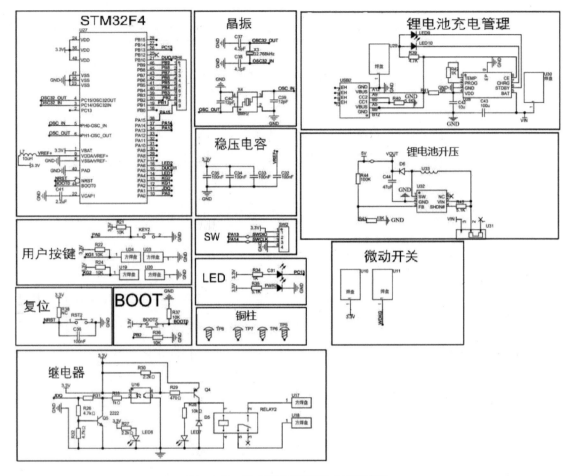

图 5.9-17　低功耗唤醒装置的电路原理图

5.9.2.3　软件系统介绍

（1）软件整体介绍。本作品的软件系统是采用 STM32CubeMX+MDK5 开发的，使用图形配置工具 STM32CubeMX 生成 STM32F4 的硬件抽象层 API 及 MDK 工程，并在此基础上使用 MDK 开发环境进行代码的编写和调试。本作品使用的操作系统是 RT-Thread，通过多个任务对本作品进行控制。主要的任务包括 LED 初始化线程、电机初始化线程、决策初始化线程、判断检测初始化线程、IMU 初始化线程和串口初始化线程。LED 初始化线程用于控制 LED 的亮灭；电机初始化线程用于控制电机转动和舵机，从而使本作品移动，以及控制三角架的张合；决策初始化线程用于根据传感器信息和算法判断本作品的状态，并做出相应的决策；判断检测初始化线程用于对传感器采集的数据进行处理，分析改变本作品状态的标志位，以便决策初始化线程做出正确的决策；IMU 初始化线程用于读取陀螺仪和加速度计的数据，以供决策初始化线程做出更准确的决策；串口初始化线程负责与通信模块进行通信，将传感器的数据上传到云平台，接收订阅的云平台数据，解析微信小程序下发的指令。本作品软件系统的流程如图 5.9-18 所示。

在电机控制方面，本作品使用的是 PID 算法，其框图如图 5.9-19 所示。

电机初始化线程的流程如图 5.9-20 所示，判断检测初始化线程的流程如图 5.9-21 所示。

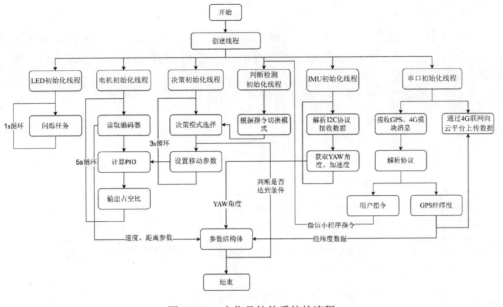

图 5.9-18　本作品软件系统的流程

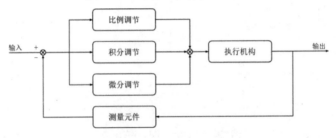

图 5.9-19　PID 算法框图

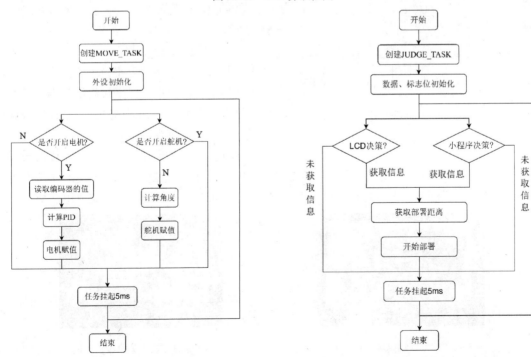

图 5.9-20　电机初始化线程的流程　　　图 5.9-21　判断检测初始化线程的流程

（2）软件各模块介绍。

① 微信小程序的设计。微信小程序的框架如图 5.9-22 所示。微信小程序通过 MQTT 连接到了华为云平台，通过调用腾讯地图 API 实现导航，通过蓝牙远程连接遥控（最大遥控距离可达 150 m，可满足实际需求），并且可以实现交通事故现场坐标一键上报至云平台和自动导航的功能。

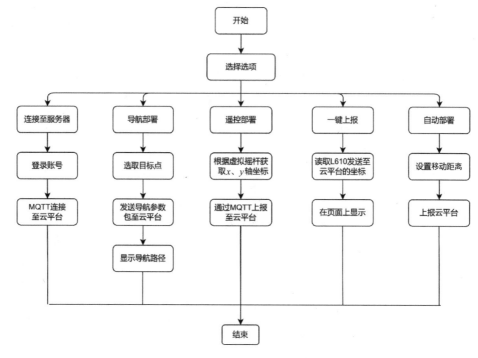

图 5.9-22　微信小程序的框架

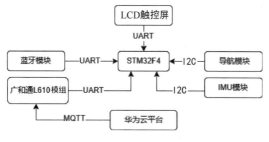

图 5.9-23　通信程序的框架

② 通信程序的设计。通信程序的框架如图 5.9-23 所示。

③ 远程云平台的设计。微信小程序通过 MQTT 协议连接至华为云平台，将用户指令上传到华为云平台，由华为云平台将用户指令发送到订阅设备（广和通 L610 模组）上，从而完成远程互联与数据上报功能。

④ LCD 触摸屏的交互设计。LCD 触摸屏的启动界面如图 5.9-24 所示，功能菜单设置界面如图 5.9-25 所示，通过触控的方式选择菜单的界面与功能，LCD 触摸屏通过串口将触控事件消息发送给 STM32F411 处理，可以完成用户交互。

图 5.9-24　LCD 触摸屏的启动界面

图 5.9-25　功能菜单设置界面

5.9.3　完成情况及性能参数

5.9.3.1　整体介绍

本作品实物如图 5.9-26 所示，内部结构如图 5.9-27 所示，自动释放装置实物如图 5.9-28 所示，完整结构装配如图 5.9-29 所示。

图 5.9-26　本作品的实物

图 5.9-27　内部结构

自动释放装置用于模拟车辆在遭遇碰撞时自动释放功能，以 STM32F4 为主控芯片，通过舵机控制挡板的开合。

图 5.9-28　自动释放装置实物

图 5.9-29　完整结构装配

5.9.3.2　工程成果

（1）机械成果。本作品的机械部分采用 3D 打印技术和 CNC 切割技术进行材料加工与制作。

（2）电路成果。主体系统电路板如图 5.9-30 所示，自动释放装置电路板如图 5.9-31 所示，低功耗唤醒装置电路板如图 5.9-32 所示。

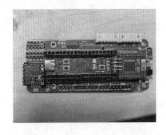

图 5.9-30　主体系统电路板

图 5.9-31　自动释放装置电路板

图 5.9-32　低功耗唤醒装置电路板

（3）软件成果。微信小程序界面如图 5.9-33 所示，华为云平台界面如图 5.9-34 所示。

5.9.3.3　特性成果

在检测到碰撞或按键信号后，自动释放装置会自动放下挡板，微动开关被开启，本作品会移动至当前位置 20 m 处自动展开三角架，并且通过 PID 算法进行自身角度固定。

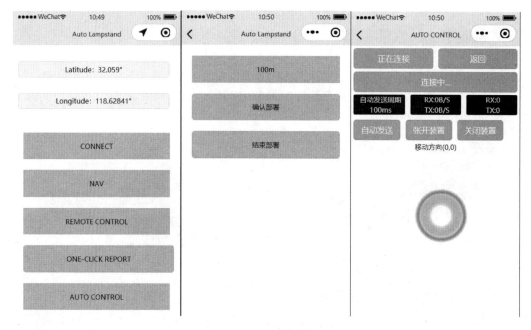

图 5.9-33　微信小程序界面

图 5.9-34　华为云平台界面

5.9.4　总结

5.9.4.1　可扩展之处

（1）进一步提高效率，在遇到复杂路况或紧急情况时能更高效地进行部署。

（2）本作品在展开时，可使用高亮灯珠进行警示。

（3）可设计基于 IMU 和腾讯地图的导航程序。通过微信小程序选择地点，由腾讯地图 API 规划路径并上报到华为云平台，本作品根据规划路径移动。

5.9.4.2　心得体会

本作品综合利用物联网技术和嵌入式应用技术，实现了碰撞检测、自动部署、人机交互和数据上云等功能，为交通事故处理提供了高效和安全的解决方案。特别是自动释放装置、低功耗唤醒装置，极大地提升了本作品的智能化水平和远程管理能力。

整体而言，本作品通过智能化的解决方案，有效地解决了现有三角架在部署时存在的问题，它不仅提高了交通事故处理的效率和安全性，还具备了远程控制和数据分析的能力。

感谢指导老师的一路陪伴，感谢团队成员的努力与付出。

5.9.5　参考文献

[1] 刘燕，庄越. 三角架事故致因模型的结构化重构研究[J]. 中国安全科学学报，2016, 26(04): 60-65.

[2] 孔得志，龚元明，冯保壮，等. 基于图像识别的车载智能三角警示牌设计[J]. 农业装备与车辆工程，2022, 60(9): 108-113.

[3] 曾尧. 基于 STM32 的智能小车循迹优化设计[J]. 机械工程师，2022(1): 25-27.

[4] 张晓磊，孙奕威，魏春双，等. 小型无人机舵机测试系统的研究[J]. 电气技术. 2021, 22(9): 77-81, 102.

[5] 胡可狄，于亚利，李帅，等. 基于 STM32 的车辆调试自动控制系统设计[J]. 电子制作，2022, 30(3): 31-34.

[6] 魏王懂. 汽车防追尾预警系统安全距离模型设计探讨[J]. 电子技术与软件工程，2016(13): 97.

5.9.6　企业点评

本作品以 STM32F4 为主控芯片，具有非常完整的机械设计和电控设计，有效解决了现有三角架在部署时存在的问题，完成度高、集成度高。本作品充分利用了 MCU、4G 联网、人性化交互等技术，展示了团队的深厚技术功底。本作品的性能指标和创新点，如低功耗唤醒装置和自动部署功能，提高了自身的可靠性和适应性。

5.10　嵌入式 AI 中医舌象自动辅助诊断系统

学校名称：南京信息工程大学
团队成员：徐翰文、高文奂、费奕泓
指导老师：庄建军

摘要

舌诊是中医观察病人舌质和舌苔的变化，以诊察疾病的一种方法。舌诊是望诊的一种，十分有效，但诊断结果严重依赖于医生的个人经验，难以标准化。随着人工智能等新一代信息技术的快速发展，使得利用 AI 进行舌象的辅助诊断成为可能。一方面，通过嵌入式 AI 技术可自动分析舌象图像，提供快速、准确的诊断结果；另一方面，AI 和大数据技术的加持，可以让优质的中医资源惠及更多患者。

本作品（在本节中指嵌入式 AI 中医舌象自动辅助诊断系统）将 AI 技术应用于舌象识别和中

医领域，使诊断标准化、便捷化，同时大大扩展了人民群众获得优质中医资源的途径。

　　本作品基于人工智能和深度学习技术，效仿中医舌诊，通过收集海量的中医舌诊病例，并利用部署到 STM32H7 的中医舌象自动诊断方法（该方法是基于轻量级深度学习模型 MobileNetV2 实现的）进行图像的分割和分类，自动提取患者的舌形、苔色、厚薄等特征，根据中医分类标准给出诊断结论，并将结果上传至云端。经过对数据集数量的累积和对模型算法的多次优化，本作品最终使用 Edge Impluse 云平台进行模型训练，经过 310 轮迭代，模型成功收敛，使用本作品进行舌象分析的准确率达到了 91.87%。

　　本作品是基于意法半导体的 STM32 系列微处理器自主开发的，电源等关键部分符合医疗标准，并通过长时间的多次测试验证了本作品的可靠性和准确性。

　　本作品将中医的智慧和经验转化为数字或数据，开发了使用机器视觉技术的诊断终端和数据库，可以与医生协同实现基于舌象的智能化诊断和治疗，有助于优质医疗资源再分配。

5.10.1　作品概述

5.10.1.1　功能与特性
　　本作品旨在通过对舌象图像的快速分析来获得准确的舌象分析特征和初步诊断结果，帮助医生做出更精准的诊断结果并制定治疗方案。相较于传统中医只凭主观判断分析病人病情而言，本作品能够客观全面、即时可靠地给出初步诊断结果，并自动生成包含可能病因和对应治疗药物的预先诊疗单，有效避免了病人描述病情不全面、不清晰等问题，同时提高了中医望诊效率，缓解"患者多医生少"的供需矛盾，从而减轻医生的工作负担，做到省时高效。

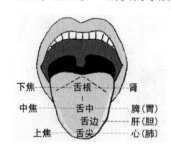

图 5.10-1　舌诊图谱

5.10.1.2　应用领域
　　本作品适用于中医诊疗领域，可广泛用于中医诊所、医院和中医药研究机构等场所，为医生提供舌象诊断辅助工具。本作品既可以在医院中供患者自助使用，也可以在远程诊断和咨询中发挥作用。通过本作品，医生能够更高效、准确地进行舌象诊断，为患者提供更好的医疗服务。舌诊图谱如图 5.10-1 所示。

5.10.1.3　主要技术特点
　　（1）深度学习算法：本作品采用深度学习算法，通过对大规模医学图像数据集进行训练，能够准确分析舌象图像中的特征并进行自动诊断。

　　（2）图像处理与分析：本作品采用图像处理和分析技术，对输入的舌象图像进行预处理、特征提取和分割，可获得清晰、准确的舌象特征。

　　（3）数据库管理：本作品拥有完善的数据库管理功能，能够存储和管理大量的舌象图像和相关的诊断结果。

　　（4）实时响应和反馈：本作品具备实时响应和反馈能力，能够快速处理输入的舌象图像并给出初步诊断结果。

　　（5）用户界面和交互设计：本作品的用户界面简洁明了，操作流程清晰，用户能够快速上手。

5.10.1.4　主要性能指标
　　（1）准确性：本作品能够准确地对舌象图像进行分割和分类。本作品使用混淆矩阵、F1 系数、召回率和准确率来综合评价模型的准确性和泛化能力，经实测，本作品的舌象分类模型的准确率高于 90%，且维度指标差异很小。

（2）实时性：本作品能够在短时间内对舌象图像进行处理和分析，并快速给出初步诊断结果，从图像处理到结果打印，时间在 3 s 内。

（3）可靠性：本作品具备良好的稳定性和可靠性，能够长时间稳定运行，在多场景使用中保持良好的性能；具备较低的误诊率，可避免给患者带来不必要的困扰和误导。

5.10.1.5　主要创新点

（1）本作品提出了一种基于 MobileNetV2 的中医舌象自动诊断方法，实现了中医舌象诊断模型的嵌入式部署。

（2）本作品符合医疗器械使用标准，并设计了 5000 V 的隔离电源，能够与医院的诊疗系统进行对接，具备诊断结果传输和预约挂号功能。

（3）与某双一流医科类院校合作，获得了大量的数据集和中医诊断报告，使得本作品的诊断结果更可靠。

5.10.1.6　设计流程

本作品的设计流程如图 5.10-2 所示。首先，确定本作品的内容和最终目标，将本作品分为软件、硬件与机械三个部分，并分别进行分析和设计；其次，在完成各个部分的设计后分别进行评估和改进，保证各个部分的设计均达到目标；最后，对三个部分进行整合和联调联试，进行总体评估，与设计目标对比并进行改进，在改进完成后再次进行检查和评估，确保本作品完全达到设计目的后进行收尾工作。

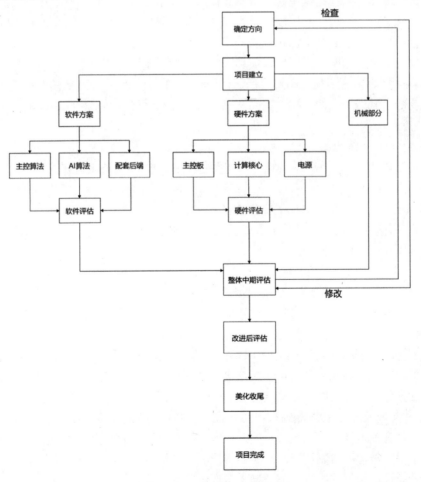

图 5.10-2　本作品的设计流程

5.10.2　系统组成及功能说明

5.10.2.1　整体介绍

本作品的框架如图 5.10-3 所示。

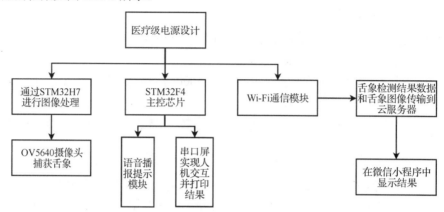

图 5.10-3　本作品的框架

本作品通过 STM32H7 进行图像处理，以 STM32F4 为主控芯片来控制摄像头、云台、触摸屏、灯光等外设。本作品在采集患者的舌象图像后，利用部署在 STM32H7 中的中医舌象自动诊断方法进行图像分割和分类，利用深度学习算法自动提取患者的舌形、苔色、厚薄等特征，根据中医分类标准给出初步诊断结论，将生成初步诊断结论显示在串口屏上并上传云端，用户可以通过微信小程序查看初步诊断结果。串口屏和医院的医疗系统绑定在一起，可以依据初步诊断结果来预约挂号。为了使本作品符合医疗产品设计要求，本作品设计了 5000 V 的医用隔离电源模块系统。本作品将极大减轻医生的负担，提高其工作效率，同时形成标准化的诊断流程和一致性的诊断结论。

5.10.2.2　硬件系统介绍

（1）硬件整体介绍。本作品的硬件部分主要包括隔离电源、DC-DC 转换模块、主控板、摄像头、串口屏。

（2）结构设计。本作品的结构主要分为以下几个部分：

① 底部的设备仓：用于放置电源和主要的电子设备，可隔离操作空间与可能存在危险的电气空间，保证本作品的使用安全。

② 金属框架：使用紧固的金属框架作为支撑部件，保证本作品的牢固性和抗压性。金属框架在上漆绝缘的同时直接接地，最大限度地保证了操作者的安全，也构建了一个基本的屏蔽网络，使得内部电路系统工作在一个相对稳定的环境中。金属框架使用绝缘材料作为隔板，可避免操作者直接接触任何存在危险的器件的可能。

③ 三角形屏幕支架：考虑到操作的便捷、舒适以及人体工程学，本作品使用一体成型的三角形屏幕支架，使屏幕与水平面成 60°的夹角，匹配人在坐姿下自然低头的视角，方便操作者进行操作。该支架还起到支持屏幕、固定屏幕的作用。

④ 前面板：前面板上有检测窗口，可使操作者在检测时感知头部所处位置，以便减小检测图像的范围，可有效地提高检测效率。同时，本作品在放下颚的位置设计了柔软舒适的海绵垫，可为操作者提供更舒适的检测体验，消除初次检测的恐惧感。检测窗口的位置、高度和宽度都经过仔细考虑和验证，确保其能为大部分操作者提供舒适的检测体验。

⑤ 检测仓：舌象识别等检测均在检测仓内进行，检测仓内不仅集成了摄像头、图像实时传输系统、屏幕，以方便操作者实时查看检测状态，调整其头部和舌头位置；还集成了可自动开关的补光照明系统，在检测时短时间开启，防止对视力造成刺激。封闭的结构设计可有效保护操作者的隐私并防止检测时的尴尬，增加检测的安全感，使得本作品更容易被接受。

（3）电路各模块介绍。

① 电源模块。电源模块的主要特点如下：

（a）市电转直流供电方案使用了明纬的 RPS-120-12-C 医用隔离型开关电源，支持 80～264 V 的交流输入，能提供稳定的 12 V 输出，且效率高达 89%。RPS-120-12-C 提供 4000 V 的隔离，通过了 ANSI/AAMI ES6060-1 和 IEC/EN 60601-1 医疗器械和工业产品认证（2xMOPP），且 EMC Class I（有 FG）和 EMC Class II（无 FG）为 B 级。RPS-120-12-C 的外形小巧，非常适合各种患者可接触的 BF 型医疗系统设备。

（b）采用沁恒 CH224K 受电芯片。CH224K 受电芯片集成了输出电压检测、过温和过压保护等功能，集成度高，外围电路简单。CH224K 受电芯片带有一个 Type-C 接口，作为一种独立的有线电源输入方案，方便检测、检修和调试。本作品利用 CH224K 受电芯片实现 12 V 的系统供电，最大电流可达 5 A。

（c）本作品的 12 V 转 5 V 的 DC-DC 转换模块采用的是芯源的 MPQ8632-20。MPQ8632-20 是一款全集成高频同步整流降压开关变换器，可提供最大 20 A 的输出电流，具有出色的负载和线性调整率。MPQ8632-20 采用恒定导通时间控制模式，可提供快速瞬态响应并保持环路的稳定。

（d）本作品的稳压模块采用的是 TPS7A2033。TPS7A2033 是 3.3 V、300 mA、超低噪声、超低压降、高电源纹波抑制比（PSRR）的低压差线性稳压器，可输出 3.3 V 的电压、300 mA 的电流，提供 7.9 μVrms 的噪声性能、95 dB 的超高电源抑制比和稳定的高精度电压。TPS7A2033 具有可靠性高、鲁棒性高、输出稳定的优点，可有效滤除电源中的尖刺和噪声，保证关键部件的稳定工作。

（e）其他 3.3 V 的电源轨使用 AMS1117 供电。本作品共 3 路电源轨，对外部模块供电，实现了电源的隔离，提高了可靠性和可维护性。

② 控制电路模块。对于大功率设备，如串口屏和大功率补光灯，本作品使用 N 沟道 MOSFET 进行开关控制。本作品使用的 N 沟道 MOSFET 是 NCE6005AS，该 MOSFET 的耐压为 30 V，可通过 5 A 的电流，兼容 CMOS/TTL 电平，导通电阻仅为 70 mΩ，损耗极小，可最大限度减小能源浪费。控制电路共两路，使用线路缓冲器 74LV1T34 进行信号整形并防止误触发和触发不灵敏。

③ 主控芯片模块和计算芯片模块。本作品的主控芯片是 STM32F4，其体积小且内存大，采用 32 位 ARM Cortex-M4 内核，具有优秀的性能，可以满足本作品的需要。本作品的主控芯片模块 PCB 如图 5.10-4 所示，主控芯片模块主要由 STM32F4、下载电路、复位电路和时钟电路组成。

本作品的计算芯片是 STM32H7，主要负责 AI 图像处理，包括图像增强、神经网络目标检测、图像语义分割等。得益于 STM32H7 的强大内核，Chrom-ART Accelerator 和 MJPEG 解码可减轻 90%以上的 CPU 负荷，图像处理效果极佳；STM32H7 的主 DMA 能处理存储器和外设之间数据传输，提供 16 个通道，从而减轻 CPU 负荷，可高效率地传输数据。本作品的计算芯片模块 PCB 如图 5.10-5 所示。

④ 人机交互——Usart HMI 串口屏。Usart HMI 串口屏是一款为了简化屏幕开发的高集成度屏幕，屏幕上集成了运算能力比较强的单片机，用于独立处理屏幕事件与通信，一般通过串口协议与其他主控板进行通信。在本作品中，串口屏和 STM32F4 主控芯片进行通信，实现了诊断结果的打印、历史记录的查询、预约科室就诊、智能药物推荐等功能。

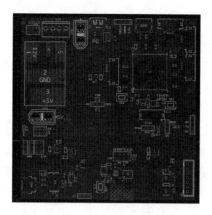

图 5.10-4　主控芯片模块 PCB

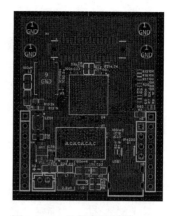

图 5.10-5　计算芯片模块 PCB

⑤ 其他模块。

（a）ESP32-CAM 模块：具有板载 Wi-Fi 和蓝牙功能，价格低廉，同时提供板载摄像头模块，具有 4 MB 的 PSRAM（Pseudo Static Random Access Memory），支持 MicroSD 卡。该模块可以作为最小系统独立工作，尺寸仅为 27 mm×40.5 mm×4.5 mm，在深度睡眠时电流最低仅为 6 mA。ESP32-CAM 可广泛应用于各种物联网场景，适用于家庭智能设备、工业无线控制、无线监控、QR 无线识别、无线定位系统以及其他物联网应用。

（b）OV5640 模块：具有体积小、工作电压低等优点，可提供极速扩展图形阵列（Ultra eXtended Graphics Array，UXGA）摄像头和影像处理器的所有功能。OV5640 模块通过 SCCB（Serial Camera Control Bus）控制时，能够以整帧、子采样、缩放和取窗口等方式输出 8 位或 10 位影像数据。UXGA 的速率最高为 15 帧/秒（SVGA 可达 30 帧/秒，CF 可达 60 帧/秒），用户可以完全控制图像质量、数据格式和传输方式，所有图像处理功能（如伽玛曲线、白平衡、对比度、色度等）都可以通过 SCCB 接口编程来实现。

（c）MAX3485 模块：考虑到医疗场景的特殊要求和本作品的稳定性，使用普通的串口通信并不能完全保证抗干扰性和传输的鲁棒性，因此本作品采用串口转 RS-485 的传输方式。该传输方式由 MAX3485 模块完成。MAX3485 是一个低功耗收发器，具有一个驱动器和一个接收器，用于 RS-485 与 RS-422 通信，工作电压为 3.3 V。MAX3485 具有有限摆率驱动器，能够降低电磁干扰（EMI），并降低由不恰当的终端匹配电缆引起的反射。MAX3485 可以实现最高 10 Mbps 的传输速率。

（d）SYN6288 模块：本作品使用 SYN6288 模块实现智能语音播报功能，SYN6288 是宇音天下的第二代语音合成芯片（TTS 语音芯片），是一款体积小、引脚少、成本低、自然度高、抗噪能力强的工业级 TTS 语音芯片。

5.10.2.3　软件系统介绍

（1）软件整体介绍。本作品的软件系统框架如图 5.10-6 所示。

图 5.10-6　软件系统框架

（2）软件各模块介绍。

① 深度学习舌象处理算法。

（a）图像增强：直方图均衡和 Gamma 变换。由于受到环境、摄像头性能等多方面因素的影响，拍摄的图像清晰度和对比度比较低，不能够突出图像中的重要细节。图像增强是指通过一定手段来增强图像的对比度，使得其中的人物或者事物更加明显，有利于后续的处理。

在直方图均衡算法中，如果图像的灰度级集中于高灰度区域，那么低灰度部分就不容易分辨；

如果图像的灰度级集中于低灰度区域，那么高灰度部分就不容易分辨。为了让高低灰度部分都容易分辨，最好的方法就是对图像进行变换，使不同灰度级的分布概率相同。Gamma 变换主要用于图像修正，对灰度过高或者过低的部分进行修正，增强对比度。通过上述的图像增强算法可以显著改善摄像头拍摄的图像质量。

（b）基于深度学习的舌象分类器。通过查阅相关文献发现，轻量级神经网络模型 MobileNetV2 的各项性能指标均符合本作品的要求。一方面，MobileNetV2 的大小和算力需求相较于 YOLO 系列深度学习模型得到了大幅的改善；另一方面，MobileNetV2 在轻量级神经网络模型中的准确率也十分可靠。常用轻量级神经网络模型的准确率对比如图 5.10-7 所示，MobileNetV2 的准确率有不俗的表现，可用于本作品的图像处理环境。

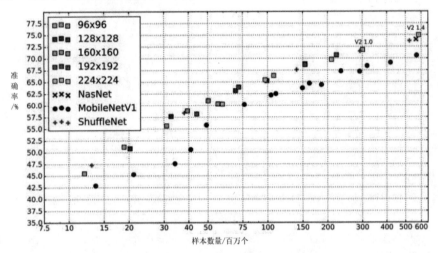

图 5.10-7　常用轻量级神经网络模型的准确率对比

（c）基于 MobileNetV2 图像分类器。通过某医院共享的数据集，团队获得了数百幅医院患者的舌象图像及其相应的舌色、苔色、厚薄、大小等数据。由于数百幅图像对图像分类器而言显得捉襟见肘，因此对图像进行重采样、下采样、上采样和尺度变化，获取了更多的图像数据，用以提高图像分类器的泛化能力。由于图像分类器需要部署到嵌入式系统中，模型的大小和算力需求是需要充分考虑的因素，因此本作品采用 MobileNetV2。为了减少运算量，本作品对 MobileNetV2 进行了优化，在卷积模块后插入线性瓶颈（Linear Bottleneck）来捕获兴趣流形，用于代替原本的非线性激活函数。实验证明，使用线性瓶颈可以防止非线性破坏太多信息。从线性瓶颈到深度卷积之间的维度称为扩展系数（Expansion Factor），该系数控制了整个块（Block，其结构见图 5.10-8）的通道数。本作品在 MobileNetV2 中运用反向残差（Inverted Residuals）结构，去除了主分支中的非线性变换，可以在保持模型准确率的同时显著降低模型参数。

考虑到 MobileNetV2 的整体复杂度较高，因此本作品选用 Edge Impluse 云平台进行模型训练。按照 8∶2 的比例将数据集划分训练集和测试集，划分的方式为随机抽样划分。训练过程的损失函数如图 5.10-9 所示。为提高训练速度，每 50 轮进行一次采样，经过 310 轮迭代后模型成功收敛，在 int8 量化前的准确率为 91.87%，在 int8 量化后的准确率为 90.14%。

（d）使用机器学习模型辅助检测。由于深度学习模型完全依赖样本数据，考虑到模型过拟合的可能性，以及图像数据集覆盖不全面，本作品使用机器学习模型进行辅助检测，用以修正深度学习模型可能存在的不足。

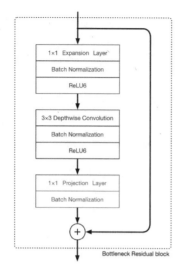

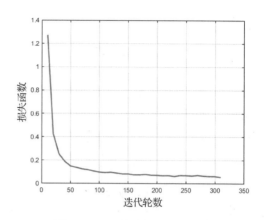

图 5.10-8　MobileNetV2 中的块结构　　　　图 5.10-9　训练过程的损失函数

通过 HSV 图像滤波方法可以实现舌色检测和苔色检测。在 HSV 颜色模型中，色调用 H 表示，饱和度用 S 表示，明度用 V 表示。HSV 颜色模型对用户来说是一种比较直观的颜色模型，通过该颜色模型可以轻松地得到单一颜色，即首先指定 H 并令 $V=S=1$，然后向其中加入黑色和白色即可得到所需的颜色。因此本作品采用 HSV 图像滤波方法来检测舌色和苔色。

通过对舌头轮廓进行曲线拟合可以检测舌头大小，用较少的参数即可表示舌头轮廓。通过对舌头前部轮廓采用 4 次多项式拟合可以发现，由于舌头接近对称，因此奇次项系数一般相对较小，对舌头形状的影响较小，而常数项根本不影响舌头轮廓曲线的形状。此外，舌头的总体形状趋势取决于其最高项（四次项），在其他各项系数相同的情况下，四次项系数越大则轮廓曲线越尖锐；越小则轮廓曲线越圆钝。因此，通过对多项式拟合的参数结果进行分析就可以得出舌头的大小和形状。

在具体的实现方法中，本作品每隔 100 ms 连续获取 3 帧舌象图像，分别基于深度学习模型和机器学习模型对图像进行分类，并对分类结果进行投票表决，得票最多的分类结果就是舌象检测结果。

② 舌象检测结果及评价部分。通过和某双一流医科类高校的深入合作，团队获得了来自某中医教授团队的关于舌象检测结果的细致评价和建议，根据所提供的诊断建议，得出了 48 类常见的舌象种类，并获得了详细诊断结果。因此，仅需要判断辨识维度的几项指标，就可以得出舌象类别。部分舌象类别的辨识维度、检测结果和初步诊断结果如表 5.10-1 所示。

表 5.10-1　部分舌象类别的辨识维度、检测结果和初步诊断结果

舌象类别	辨识维度	检测结果	初步诊断结果
1	舌色	淡红	（1）根据舌象的诊断结果为：体质偏胖；或胃有食积化热；或二者均有；病人多脘腹胀闷不舒、腹中疼痛，如有热灼、口中臭秽、嗳气酸腐、牙黄。
	舌形	胖大舌	（2）您的体质为：肥胖；或脾虚不运、宿食化热；或二者均有。
	舌苔质	厚苔	（3）易患症状：胃痛、呕吐、泄泻、腹痛、咳嗽、狂证。
	苔色	黄	（4）推荐药物： ① 中药：神曲、山楂、鸡内金、黄芩、黄连。 ② 西药：雷贝拉唑。 （5）进一步诊断科室为消化科

续表

舌象类别	辨识维度	检测结果	初步诊断结果
2	舌色	淡红	（1）根据舌象的诊断结果为：阴虚火旺、痰湿蕴结；或饮食积滞；或二者均有；病人多有脘闷不舒、食欲不振、食少便溏；或嗳气酸腐、矢气臭秽、头晕目眩。 （2）您的体质为：阴虚火旺；或脾虚不运、宿食停滞；或二者均有。 （3）易患症状：咳嗽痰多、腹痛、泄泻、胁痛、头晕。 （4）推荐药物： ① 中药：山楂、神曲、大黄、枳实、槟榔（慎用滋阴药）。 ② 西药：奥美拉唑。 （5）进一步诊断科室为消化科
	舌形	裂纹舌	
	舌苔质	腻苔	
	苔色	白	
3	舌色	绛红	（1）根据舌象的诊断结果为：体质偏胖、邪热较重；或痰湿蕴结；或饮食积滞；或均有；病人多有发热、脘闷不舒、食欲不振、食少便溏；或嗳气酸腐、矢气臭秽、头晕目眩。 （2）您的体质为：肥胖，或邪热内蕴；或脾虚不运；或宿食停滞，或均有。 （3）易患症状：咳嗽痰多、腹痛、肠痈、胁痛、头晕。 （4）推荐药物： ① 中药：大黄、黄连、神曲、红花、枳实、槟榔。 ② 西药：氨苄青霉素。 （5）进一步诊断科室为消化科
	舌形	胖大舌	
	舌苔质	腻苔	
	苔色	白	
4	舌色	绛红	（1）根据舌象的诊断结果为：体质偏瘦、邪热较重、耗伤阴血、痰湿蕴结；或饮食积滞；或均有；病人多有脘闷不舒、食欲不振、食少便溏；或嗳气酸腐、矢气臭秽、头晕目眩。 （2）您的体质为：偏瘦、邪热内蕴、阴血不足、脾虚不运；或宿食停滞；或均有。 （3）易患症状：咳嗽痰多、腹痛、泄泻、胁痛、肠痈。 （4）推荐药物： ① 中药：山楂、神曲、枳实、槟榔（慎用补血药）、芦根、大黄。 ② 西药：阿莫西林。 （5）进一步诊断科室为消化科
	舌形	瘦薄舌	
	舌苔质	腻苔	
	苔色	白	
5	舌色	绛红	（1）根据舌象的诊断结果为：邪热较重、阴虚火旺、胃有宿食；或饮停胃脘；或均有；病人多有发热、中腹胀满、嗳腐吞酸、厌食呕吐；或痛而欲泻、泻后痛减。 （2）您的体质为：邪热内蕴、阴虚火旺；或脾虚运化失常；或均有。 （3）易患症状：胃痛、呕吐、泄泻、嗜睡、痴呆。 （4）推荐药物： ① 中药：山楂、神曲、半夏、陈皮、知母、黄连。 ② 西药：潘立酮。 （5）进一步诊断科室为消化科
	舌形	裂纹舌	
	舌苔质	厚苔	
	苔色	白	
6	舌色	绛红	（1）根据舌象的诊断结果为：阴虚火旺、邪热较重、湿热蕴结；或饮食积滞、食积化热；或均有；病人多有高热、脘闷不舒、食欲不振、食少便溏；或嗳气酸腐、矢气臭秽、腹中灼热、头晕目眩 （2）您的体质为：阴虚火旺、邪热内蕴、脾虚不运，或宿食停滞、食积化热；或均有。 （3）易患症状：肠痈、呕吐、泄泻、腹痛、咳嗽。 （4）推荐药物： ① 中药：神曲、山楂、鸡内金、黄芩、黄连（慎用滋阴药）。 ② 西药：无。 （5）进一步诊断科室为消化科
	舌形	裂纹舌	
	舌苔质	腻苔	
	苔色	黄	

③ 串口屏部分。串口屏主要是为了实现人机交互界面，以及诊断结果的显示、历史记录的查询、预约科室就诊、智能药物推荐等功能。团队编写了串口屏代码并预先导入了必要的文字数

据和图片数据，通过串口烧录到串口屏中。

在串口屏界面设计中，本作品采用了直观、简洁且易于操作的界面，以提供用户友好的交互体验。界面的设计原则包括清晰的布局、合适的字体和图标，以及易于理解和操作的界面元素。本作品将串口屏分为不同的区域，以容纳不同的信息显示和操作功能，主要区域用于显示舌象初步诊断结果和诊断报告，以便医生和患者可以直观地了解初步诊断结果和相关建议。串口屏主界面如图 5.10-10 所示。

本作品设计了操作按钮和菜单，以便用户可以执行相关操作。例如，通过触摸屏或物理按钮选择打印诊断报告的功能，将报告直接显示在串口屏上。此外，用户还可以通过串口屏界面上的其他按钮或菜单进行预约挂号等操作。图 5.10-11 所示为诊断结果显示界面，因为目前没有数据传输，所以未显示内容。

图 5.10-10　串口屏主界面　　　　　　　图 5.10-11　诊断结果显示界面

④ 云服务器部分。为了实现数据和图像的上云，以便医生进行远程诊疗，本作品在 STM32F4 和 ESP32-CAM 的基础上，通过 MQTT 协议和 HTTP 将用户的舌象图像和初步诊断结果上传到了云平台。本作品使用的云平台是巴法云物联网平台，该平台是一个集成了设备管理、数据安全通信和消息订阅等功能的一体化平台，向下支持海量设备的连接，采集设备数据上云；向上提供云端 API，服务端可通过调用云端 API 将指令下发至设备端，实现远程控制。

巴法云物联网平台的通信链路如表 5.10-2 所示。

表 5.10-2　巴法云物联网平台的通信链路

通 信 链 路	说　　　明
上行通信	设备通过 MQTT 协议与物联网平台建立长连接，通过 Publish 发布 Topic 和 Payload 将数据上传到物联网平台
	通过 AMQP（Advanced Message Queuing Protocol）消费组，将设备消息流转到业务服务器上
	通过物联网平台的云产品流转功能，处理设备上报数据，将处理后的数据转发到关系型数据库服务（RDS）、表格存储、函数计算、时序数据库（TSDB）、企业版实例内的时序数据存储、DataHub、消息队列 RocketMQ 等云产品中进行存储和处理
下行通信	通过业务应用下发指令，使业务服务器调用基于 HTTPS 协议的 API 接口 Publish，给 Topic 发送指令，将数据发送到物联网平台
	物联网平台通过 MQTT 协议，使用 Publish 将数据（指定 Topic 和 Payload）发送到设备端

本作品通过 MQTT 协议接入巴法云物联网平台，通过订阅相关 Topic 可接收平台的消息。巴法云物联网平台提供的设备端 Link SDK 3.1、3.2 和 4.x 版本已支持自动订阅 Topic。部分 Topic 列表如表 5.10-3 所示。

表 5.10-3　部分 Topic 列表

所属功能点	Topic
物模型通信	/sys/${productKey}/${deviceName}/thing/model/down_raw
	/sys/${productKey}/${deviceName}/thing/model/up_raw_reply
	/sys/${productKey}/${deviceName}/thing/event/+/post_reply
	/sys/${productKey}/${deviceName}/thing/deviceinfo/update_reply
	/sys/${productKey}/${deviceName}/thing/deviceinfo/delete_reply
	/sys/${productKey}/${deviceName}/thing/dynamicTsl/get_reply
	/sys/${productKey}/${deviceName}/thing/dsltemplate/get_reply
	/sys/${productKey}/${deviceName}/rrpc/request/+
	/sys/${productKey}/${deviceName}/thing/service/property/set
	/sys/${productKey}/${deviceName}/thing/service/property/get
	/sys/${productKey}/${deviceName}/thing/event/property/history/post_reply
	/sys/${productKey}/${deviceName}/thing/service/+
子设备管理	/sys/${productKey}/${deviceName}/thing/gateway/permit
	/sys/${productKey}/${deviceName}/thing/topo/change
	/sys/${productKey}/${deviceName}/thing/sub/register_reply
	/sys/${productKey}/${deviceName}/thing/sub/unregister_reply
	/sys/${productKey}/${deviceName}/thing/topo/add_reply
	/sys/${productKey}/${deviceName}/thing/topo/delete_reply
	/sys/${productKey}/${deviceName}/thing/disable_reply
	/sys/${productKey}/${deviceName}/thing/topo/get_reply

⑤ 微信小程序部分。本作品的微信小程序旨在提供用户友好的界面，以便用户方便地查看初步诊断结果。微信小程序界面如图 5.10-12 所示。

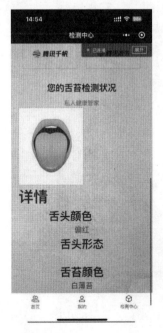

图 5.10-12　微信小程序界面

5.10.3 完成情况及性能参数

5.10.3.1 整体介绍

本作品的实物如图 5.10-13 所示。

5.10.3.2 工程成果

（1）电路成果。本作品的主控板如图 5.10-14 所示。

图 5.10-13　本作品的实物　　　　图 5.10-14　本作品的主控板

（2）功能实现评估。团队采集了一批具有不同特征的舌象图像，包括舌形、苔色、厚薄等方面的变化。每幅舌象图像均已标注了各项指标类型，因此在训练深度学习模型时就可以得知模型的准确率。在 int8 量化前本作品的准确率为 91.87%，int8 量化后本作品的准确率为 90.14%。本作品使用机器学习模型进行辅助识别，进一步增加了模型的泛化能力，避免了由于样本过少等原因而导致的过拟合现象。本作品的实验数据，以及诊断结果和建议，都是在医学专家团队的指导下确定的，具备权威性。图 5.10-15 所示为部分典型舌象图像的检测结果。

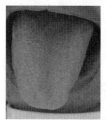

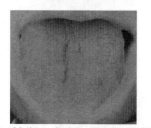

（a）舌色淡红、黄舌苔、瘦舌、有腻苔

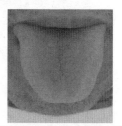

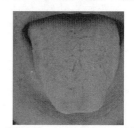

（b）舌色淡红、黄舌苔、胖舌、无腻苔

（c）舌色绛红、黄舌苔、裂纹舌、有腻苔　　　　（d）舌色淡红、白舌苔、瘦舌、无腻苔

图 5.10-15　部分典型舌象图像的检测结果

5.10.3.3　系统设计评估

对本作品进行的实测表明，本作品成功地实现了所设计的功能，并取得了良好的实际测试结果。

首先，测试了本作品的舌象图像采集功能。通过本作品的摄像头和云台，准确采集了患者舌象图像，图像采集过程稳定可靠，并且图像质量可满足诊断需求。

其次，对本作品的图像处理和特征提取功能进行了评估。通过部署在 STM32H7 上的中医舌象自动诊断方法（该方法是基于 MobileNetV2 实现的），本作品能够对舌象图像进行准确的分割和分类，自动提取舌形、苔色、厚薄等特征。实际测试结果表明，本作品在特征提取方面表现出较高的准确性和稳定性。

最后，对本作品的初步诊断结果生成功能进行了测试。根据中医分类标准，本作品能够基于提取到的舌象图像特征给出准确的初步诊断结论。这些结果既可以显示在串口屏上，也可以上传到云端并显示在微信小程序中。测试结果表明，本作品能够及时生成准确的初步诊断结果，供给医生和患者使用。

在后续的计划中，本作品将在江苏省中医机构推广，不断扩充数据集，从而进一步提升系统检测的准确率和模型的泛化能力。

5.10.4　总结

5.10.4.1　可扩展之处

（1）数据库扩展：本作品的初步诊断结果和舌象图像可以存储在云端数据库中进行备份和管理，随着本作品的不断应用，将积累更多的数据，后期可扩展数据库的容量和性能，以适应日益增长的舌象图像数据量。

（2）神经网络模型更新：本作品基于 MobileNetV2 进行图像的分割和分类，随着深度学习领域的不断发展，团队可以随时更新和优化模型，采用更高效、更准确的神经网络模型，以提升本作品的诊断能力和性能。

（3）功能扩展：本作品的功能可以进一步扩展，如加入更多的舌象图像特征，通过传感器分析舌苔纹理、湿度等，以提供更全面的诊断结果。

（4）设备集成：本作品可以与其他医疗设备进行集成，如血压计、心电图仪等，以获取更多的医学数据，并与舌象分析结果进行综合分析，提供更全面的诊断和评估。

（5）跨平台支持：除了在嵌入式设备上运行本作品，团队可以考虑将本作品扩展到其他平台，如智能手机、平板电脑等。

5.10.4.2　心得体会

随着人们对综合医疗需求的不断增长，中医作为一种独特的医学体系，凭借其独特的理论和诊疗方法，正逐渐受到广泛关注和认可，中医在当代的意义越发重要。在这个背景下，本作品进一步彰显了中医的现代化发展方向。

本作品自立项到完成，这中间的艰辛难以言喻。本作品将深度学习模型、低功耗、物联网等技术集成在一起，其硬件和软件设计对团队来说是一个极大的挑战。

首先，我们深刻意识到传统舌诊在诊断结果上依赖于医生的经验和主观判断，难以满足标准化和客观化的要求。通过引入 AI 技术，我们成功地实现了舌象诊断过程的自动化和智能化，实现了对舌象图像的自动分析和诊断结果的准确生成。这使得舌象诊断更加可靠、一致，并为医生提供了宝贵的辅助信息，大大提高了诊断的精准度和效率。

其次，本作品的完成也展现了团队的创新能力和技术实力。本作品采用 STM32F4 和 STM32H7，结合了摄像头、云台、触摸屏、灯光等外设，实现了舌象图像的采集、处理和显示。同时，通过部署 MobileNetV2，本作品将深度学习算法应用于终端设备，提供了实时的图像分割和分类能力。这种创新设计使本作品不仅具备了高效的性能，同时也具备了良好的可扩展性，为未来的功能扩展和升级提供了便利。

最后，本作品在与医疗系统的集成方面取得了重要突破。通过串口屏和医院医疗系统的绑定，实现了诊断结果的传输、打印和上传云端，并且能够基于诊断结果进行预约挂号。这种集成设计极大地方便了医生的工作流程，提升了医疗服务的效率和质量。

路漫漫其修远兮，吾将上下而求索。尽管在设计与实现作品的过程中遇到了不少难题，但团队成员勤于思考、勇于创新、敢于实践、积极合作，最终出色地完成了本作品。

5.10.5　参考文献

[1] 宓云耕，段世梅，付强. 中医舌诊设备产品技术审评探讨[J]. 中国医疗器械杂志，2023，47(1): 89-92.

[2] 张冬，庞稳泰，王可仪，等. 基于微观角度的中医舌诊客观化研究的现在与未来[J]. 世界科学技术：中医药现代化，2022，24(11): 4574-4579.

[3] 文秀静，宋晓炜，洪琼. 集成中医舌诊的便携式家用健康监测仪[J]. 现代信息科技，2023，7(11): 182-185.

[4] 曹镇娜. 机器学习在中医舌诊教学中的应用[D]. 太原：太原师范学院，2023.

[5] 朱培超，潘赐明，阮亚君，等. 探讨以人工智能诊断输出为目的的中医舌诊与病性证素关系模型构建[J]. 环球中医药，2021，14(6): 1033-1038.

[6] 张丽倩. 中医舌诊中舌形自动分类及辅助诊断系统研究与实现[D]. 济南：山东财经大学，2021.

[7] 刘进辉. 基于卷积专家神经网络的中医舌诊应用研究[D]. 广州：广东工业大学，2021.

5.10.6　企业点评

本作品基于 STM32H7 进行图像处理，辅以 STM32F4 进行控制，利用深度学习模型，通过对大规模中医舌诊病例进行训练，实现了对舌象图像的自动分析和诊断，提高了中医舌诊的客观性和准确性。本作品经过大量的行业调研，最终样机的完成度较高。建议采集更多病患数据进行训练，进一步提高本作品诊疗结果的准确性。

5.11 基于 FMCW 雷达的免拆封智慧检测与云端成像系统

学校名称：电子科技大学
团队成员：刘策含、包鋐予、郭天赐
指导老师：周俊

摘要

为满足工业上对免拆封系统的需求，团队设计了一款基于调频连续波（Frequency Modulated

Continuous Wave，FMCW）雷达的免拆封智慧检测与云端成像系统（在本节中简称本作品）。当智慧小车到达指定位置后，本作品利用 NFC 芯片进行身份识别并激活检测仪器，通过 App 控制相关装置对物体进行平面信息采集，可免拆封地采集物体信息。在保证安全性的前提下，本作品可对待检物体进行 2D 平面成像，并结合 AI 分析和云端 MySQL，进而对物体表面的瑕疵进行图像分析与处理。同时，本作品利用 FMCW 雷达穿透性较强的特点，还可对物体进行深度信息的采集和 3D 成像处理，并将最终结果呈现在 App 上。

5.11.1　作品概述

5.11.1.1　功能与特性

本作品基于先进的 FMCW 雷达技术，搭建了一套可以快速采集待检物体的细节信息，并通过物联网技术将这些数据实时上传到云服务器的扫描系统。

在云端，本作品部署了 AI 算法来处理和分析这些数据。AI 算法经过大量物体数据的训练，能够识别和分类不同的物体缺陷和形状，从而实现自动化的质量控制。结合改良后的成像算法，本作品能够输出 2D 和 3D 的可视化成像结果，让操作人员能够直观地了解物体的内部结构和潜在问题。

此外，结合 IoT 理念，本作品专门开发了 App，用户可以远程控制扫描过程，实时查看检测结果，极大地增强了操作的灵活性。

在数据管理方面，本作品采用了 MySQL，该数据库具有高性能、高可靠性和易于管理的特点，非常适合处理大量的数据并进行复杂的查询操作，极大地方便了用户对数据的管理，并保障了数据安全，为日后生产决策提供支持。

本作品结合了 FMCW 雷达技术、物联网技术和云计算技术，提供了一个全面、智能且高效的解决方案，可满足工业自动化和数据驱动决策的需求。

5.11.1.2　应用领域

本作品的应用领域主要有快递行业危险品检测、工厂产品缺陷检测、特种行业的货运安检、3D 成像等，如图 5.11-1 所示。

图 5.11-1　本作品的应用领域

5.11.1.3　主要技术特点

本作品的主要技术特点如下：

（1）人机交互单元。本作品采用了两种人机交互方式：一是采用 App 对本作品进行控制，如电机起动、状态检查等，并能在 App 中显示 2D 成像和 3D 成像的结果，方便用户随时查看；二是 LVGL 操作界面，本作品配备 LCD 显示屏，不仅能实时显示当前扫描状态，在完成对待检物体成像后还能显示 2D 成像结果，方便用户实时掌握扫描状态与结果。

（2）扫描预处理。相比于传统的阵列预扫描方案，本作品采用了基于 NFC 模块的新型方案。当智慧小车上的 NFC 模块读取到与待检物体相匹配的 ID 信息时，将该信息通过 HC-12 模块传输给主控芯片，主控芯片解析数据后可获取待检物体的长、宽、高等大致信息，从而控制电机使本作品到达指定位置，实现扫描预处理过程，节省扫描时间。同时，通过 App 的 NFC 功能，用户也能获取待检物体的相关信息，方便用户对待检物体的管理。

（3）FMCW 雷达技术。相比脉冲雷达，FMCW 雷达可同时进行收发，理论上不存在脉冲雷达的测距盲区，并且发射信号的平均功率等于峰值功率，只需要小功率的器件，从而降低了被截获和干扰的概率，能直接测量多普勒频移和静态目标。采用 FMCW 雷达技术，能大大缩小数据采集装置的体积。相比 CT 成像技术，FMCW 雷达技术对人体健康的影响很小，发射功率小，成本低。

（4）数据方面。针对毫米波雷达回传的 TLV（Type-Length-Value）数据包中的复数矩阵信息，本作品基于主控芯片对其进行傅里叶分析，得到回波强度相对于距离的函数，进而用于成像处理。为了减小毫米波雷达共有的痛点——回波噪声，以及电机运动过程带来的机械振动噪声，本作品采用自研的数学模型并使用 AI 消噪算法，大大减小了回波噪声，实现了较为精确的成像效果。本作品采用的是 MySQL，方便用户对数据进行备份管理，可降低数据丢失的风险。

（5）AI 识别。本作品基于开源的 YOLOv5 模型，可识别待检物体的基本形状，以此来判断待检物体的外观是否在运输过程中受到损伤；另外，本作品基于采集到的待检物体数据进行 AI 大数据训练与分析，能识别出待检物体的缺陷，辅助人工进行筛选，提高了工作效率。

（6）2D 成像与 3D 成像。通过部署在云端的 Python 脚本，本作品能对 FMCW 雷达返回的待检物体信息进行 2D 成像，并将生成的图像通过 AI 进行识别处理，处理后的图像以 Base64 编码的方式保存到 MySQL 中，方便 App 进行后续的处理。结合 Open3D 库，通过读取 FMCW 雷达采集的深度信息，本作品能对待检物体进行 3D 成像。

5.11.1.4　主要性能指标

本作品的主要性能指标如表 5.11-1 所示。

表 5.11-1　主要性能指标

指标名称	最小值	平均值	最大值	单位	备注
AI 缺陷检测准确度	63	74	86	%	—
AI 形状识别准确度	80	93	96	%	—
扫描时间	64	130	231	s	根据待检物体的尺寸而定
回波噪声滤波算法的效果	24.3	22.9	20.7	dB	只考虑强反射回波距离的前 4 个整数倍距离点的回波噪声在添加算法后的衰减程度
成本	—	7652	—	元	常见的工业 X 光检测仪器价格约为 5 万元
安全性（辐射）	—	—	—	dBm	远小于 X 光辐射，几乎对人体无危害

5.11.1.5　主要创新点

（1）本作品采用 FMCW 雷达技术，将 FMCW 雷达与 STM32F7 相结合，实现了结构简单、鲁棒性高、成本低廉、辐射危害小并能探测深度信息的 3D 扫描机制，以及较为准确的 AI 缺陷和形状识别结果。本作品在保证 2D 成像质量的同时，利用处理过的深度信息进行 3D 成像，解决了目前工业成像技术复杂、价格高、辐射危害大和难以获取深度信息的痛点。

（2）在数据采集过程中，针对外界因素和 FMCW 雷达特有的回波噪声干扰，团队自研了一套针对 FMCW 雷达的回波消噪算法，降低了数据丢失的可能性，进一步提高了成像质量。

（3）本作品实现了 IoT 技术的融合使用，如智慧小车、移动端 App、云端数据库与 AI 部署等，从智慧工业的角度分析问题，有效提高了目前工业免拆封无损成像系统的效率；另外，本作品采用 PHP 端口转发数据，简化了 MCU 与云端、App 之间数据共享过程，实现万物互联的基础理念。

5.11.1.6　设计流程

本作品的设计流程如图 5.11-2 所示。

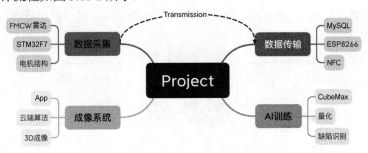

图 5.11-2　本作品的设计流程

本作品的设计可分为四个部分：数据采集、数据传输、成像系统和 AI 训练。

首先，基于 FMCW 雷达、STM32F7 和步进电机采集待检物体的表面信息和深度信息。

其次，开发数据传输平台，当完成扫描后，相关数据将被打包上传到云端进行保存。

接着，利用采集好的数据进行 2D 和 3D 成像，此时需要开发相关的成像代码，提取物体的特征信息并进行滤波处理，利用相关点的联系将待检物体的信息图像呈现出来。

最后，在当呈现待检物体的信息图像后，利用最终结果进行 AI 训练并进行结果验证。

5.11.2　系统组成及功能说明

5.11.2.1　整体介绍

本作品的框架如图 5.11-2 所示

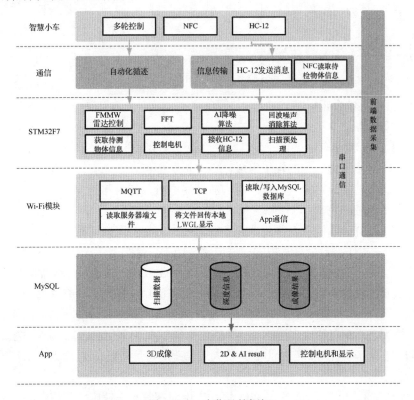

图 5.11-3　本作品的框架

本作品可分为前端数据采集和后端数据呈现两个部分。前端数据采集部分由智慧小车、STM32F7、FMCW 雷达、电机等组成，用来采集待检物体的相关信息。后端数据呈现部分由部署在云端的 Python 脚本、App、PHP 端口组成，用于传输数据以及呈现最终结果的呈现。本作品的运行流程图如图 5.11-4 所示。

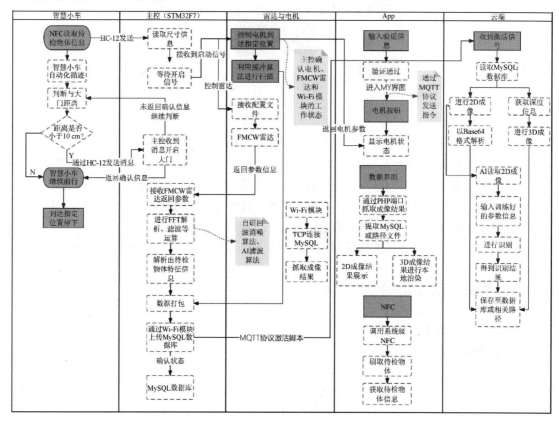

图 5.11-4　本作品的运行流程

5.11.2.2　硬件系统介绍

（1）硬件整体介绍。

① 机械结构。智慧小车主要由车轮、电机、底板等部分构成，车轮采用控制灵活度高的麦克纳姆轮，每个车轮由斜向排列的辊子组成，每个辊子都可以独立旋转，因此可以实现灵活的运动方式，如前后、左右、旋转等。电机采用直流减速电机，其内部包含减速器，因而可以产生较高的扭矩并进行更精细的控制，以保障对重货物的运输能力。智慧小车的车头安装了红外传感器，可以通过发射和接收红外线信号来检测地面上的黑线，从而实现自动循迹入库。

② 硬件设计。本作品除了有常规的稳压电路、LED、蜂鸣器等，还有电机驱动电路、IMU、编码器、无线模块。其中电机驱动电路采用 TB6612FNG 双路直流电机驱动器，用于驱动 4 个麦克纳姆轮对应的直流减速电机，内置了保护功能，具有低功耗特点。IMU 采用了 MPU 6050，集成了三轴陀螺仪和三轴加速度计，可以实时检测智慧小车的姿态和运动状态，从而提供准确的姿态控制信息，使智慧小车能够实现避障等复杂任务。无线模块采用 HC-12 模块，相比于传统的无线模块，HC-12 的抗干扰性强、穿透力高，最大通信距离可达 1 km，能适用于工厂等大面积复杂环境。

③ 软件算法。本作品采用增量式 PID 算法实现对智慧小车速度、位置的闭环控制，通过车

头的红外传感器可以感知地面的黑线，从而不断调整智慧小车，直至平稳到达终点。IMU 通过测量智慧小车的加速度和角速度等信息来推导出智慧小车的位置、速度和姿态等状态，4 个麦克纳姆轮对应的编码器通过测量车轮的旋转角度和速度等来推导出智慧小车的位置、速度和姿态等状态，两种方法都可以实现智慧小车的惯性自主导航，通过融合二者信息可以实现更加精准、稳健的定位和导航。智慧小车在出发前，RFID 模块通过 NFC 标签获取待检物体信息，并借助 HC-12 无线模块转发给 STM32F7，借此可减少不必要的扫描时间和成本。

（2）机械设计介绍。机械设计的重点是 FMCW 雷达。FMCW 雷达的检测流程大致为：①发射机采用电压控制振荡器（VCO）产生线性调频连续波信号，该信号经放大器放大后通过定向天线发射出去；②当信号遇到目标时反射信号将回到 FMCW 雷达的接收机路径，对反射信号与发射信号进行混频可获得中间频率（IF）信号，该信号频率与目标距离相关；③对 IF 信号进行和快速傅里叶变换（FFT）即可获得目标的距离信息；④在多个线性调频周期内比较 IF 信号的频率变化，即可计算出目标的多普勒频移；⑤根据距离和速度可以确定目标的精确位置与运动信息。

本作品使用的微型雷达是 uRAD（见图 5.11-5），该雷达是基于德州仪器 ARWR1843 研发的毫米波雷达。uRAD 负责 FMCW 雷达信号的生成、发射、接收和预处理（混频+ADC），其正前方 10 cm 处放置了一个 PTFE 材料的毫米波透镜，用于聚焦主瓣，增加雷达的透射能力。透镜和 uRAD 通过金属柱连接在支架上（见图 5.11-6），以实现 uRAD 和电机的稳固连接。

图 5.11-5　uRAD 实物

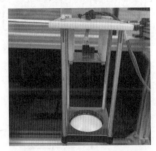

图 5.11-6　透镜和 uRAD 通过金属柱连接在支架上

STM32F7 在收到 App 发送的 FMCW 雷达信号参数后，首先会根据参数单独地生成对应的指令，然后把所有的指令合并成一个指令串（其中包含了配置线性调频信号的起止频率、带宽、调制周期、距离分辨率等参数的所有指令），最后通过串口将指令串发送给 uRAD。

uRAD 接收到指令串后，会根据指令修改内部的寄存器，内部的频率合成器根据寄存器生成所需的 FMCW 雷达，该信号经过放大驱动后由 PCB 天线板上的发射天线集群发射，发射的 FMCW 雷达信号遇到待检物体表面会反射部分能量（反射信号）。

反射信号由 PCB 天线板上的接收天线集群接收并输入混频器，混频器对反射信号与发射信号进行混频，输出包含目标信息的 IF 信号，IF 信号由 uRAD 内部的 ADC 转换成数字信号。

数字化后的 IF 信号通过串口发送到 STM32F7，由 STM32F7 对数据进行快速傅里叶变换，从而得到频谱信息。根据频谱分布可以分析出物体的内部结构与表明损伤情况，完成无损检测。

TI 公司的 mmWave Demo Visualizer 是一个基于 WebGL 的可视化调试工具，可以帮助开发者更直观地理解雷达信号处理流程，用于辅助毫米波雷达系统的开发与调试。该工具将 TI 公司的毫米波雷达芯片连接至支持 JTAG 调试的 MCU 主控板后，即可在浏览器中进行配置，开发者可以选择雷达参数，如中心频率、带宽、ADC 数据输出等。

本作品的 FMCW 雷达工作流程如图 5.11-7 所示。

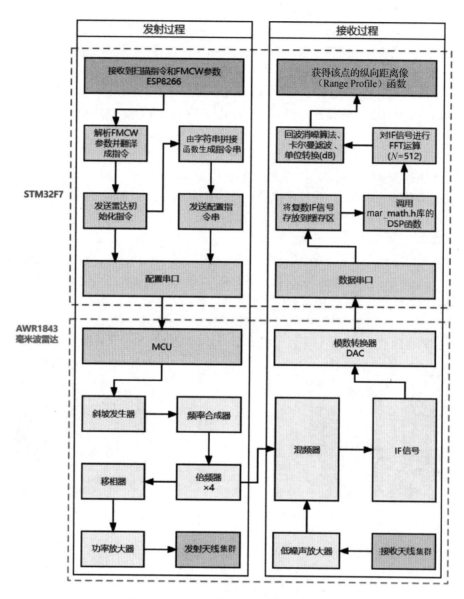

图 5.11-7　本作品的 FMCW 雷达工作流程

　　本作品首先通过 mmWave Demo Visualizer 不断尝试不同的参数，并结合数据的可视化界面确定参数效果，然后在获得合适的参数后将其导入 App 并设置为默认的雷达参数。

　　在 STM32F7 通过 ESP8266 接收到设置的雷达参数后，首先根据 AWR1843 数据手册的指令将雷达参数翻译成 AWR1843 能够识别的单一指令，然后由字符串拼接函数生成完整的指令串并通过串口发送出去。用户发送字段和雷达接收字段示例如图 5.11-8 所示。

```
"Azimuth Resolution(deg):15"              "flushCfg"
"Range Resolution(m):0.044"               "multiObjBeamForming -1 1 0.5"
"Maximum Radial Velocity(m/s):1"          "clutterRemoval -1 0"
"Frame Duration(msec):100"                "calibDcRangeSig -1 0 -5 8 256"
"RF calibration data:None"                "extendedMaxVelocity -1 0"
"Range Detection Threshold (dB):15"       "lvdsStreamCfg -1 0 0 0"
```

图 5.11-8　用户发送字段和雷达接收字段

本作品通过 STM32F7 的增强型 DSP 指令，实现了更高效的数字滤波、矩阵运算等数字信号处理算法。在雷达数据的处理过程中，本作品通过 mar_math.h 库，将 STM32F767.h 中宏定义 _FPU_USED 和 _FPU_PRESENT 设置为 1，从而开启 FPU 加速并调用内置的 DSP 函数，实现了每秒约 4 万次的 512 点 FFT 运算，可完全满足每帧雷达数据的处理需求。

FMCW 雷达信号在遇到金属类反射率较高的物体时，反射信号（回波）的强度较大，会在 PCB 天线板上的接收天线集群发生明显的二次反射，在距离像中回波会在第一次遇到强反射物体的距离点的整数倍处产生多个尖峰，并淹没物体背后强度较小的回波，极大地影响了成像效果。

FMCW 雷达信号遇到强反射物体后明显的回波尖峰如图 5.11-9 所示，图中从左往右的第 1 个圆点为金属板的噪声回波点，第 2 到第 5 个圆点为噪声回波点。通过 mmWave Demo Visualizer 探索合理的 CFAR Range 阈值，可以使 FMCW 雷达自动辨别出强反射物体的尖峰并返回给 STM32F7。本作品在开发时，将一块铝板放置于最大扫描深度（约 0.6 m）处，在进行多次实验后，发现前 5 个回波点的强度随距离的增大而线性衰减。前 5 个回波点的最大距离是 2.5 m，已经远大于装置本身的扫描深度，因此不考虑之后的噪声回波点。通过不断实验并调整参数，对多次采集的数据集中前 5 个回波点进行线性回归，可获取参数的均值。

由于 FMCW 雷达接收到的信号往往是铝型材框架、待扫描物体、地面和亚克力面板等各种物体折射、衍射和相互干涉后的信号，FMCW 雷达信号对于位置的变化十分敏感。在电机带动 FMCW 雷达信号扫描的过程中，FMCW 雷达信号相对位置的变化会导致距离像一直抖动，不利于后续的数据处理。为此，本作品使用了一种 AI 智能算法——KF（Kalman Filter）算法来削弱这种噪声。在 STM32F7 上部署 KF 算法后，距离像在扫描过程中的抖动幅度得到了大幅降低。部署 KF 算法后的距离像如图 5.11-10 所示。

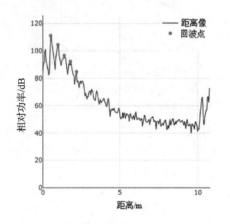
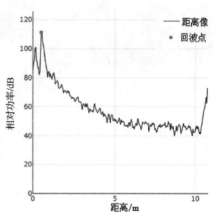

图 5.11-9　FMCW 雷达信号遇到强反射物体后明显的回波尖峰　　　图 5.11-10　部署 KF 算法后的距离像

（3）电路各模块介绍。

① 电机模块。本作品的执行机构采用的是 57 步进电机，通过直流开关电源将 220 V、50 Hz 的交流电转换为 36 V 的直流电，为 57 步进电机供电。在本作品中，57 步进电机驱动器连接电机各相线、驱动电源、控制信号，利用编码器对电机进行测速和定位，实现了高性能的闭环控制，从而控制搭载 FMCW 雷达滑台的速度和位置，通过蛇形扫描的方式配合 FMCW 雷达完成对物体信息的采集。本作品的扫描仓如图 5.11-11 所示。

扫描仓的仓体采用铝型材搭建，外形为长方体，外表面用 7 mm 厚的黑色亚克力板材（其设计见图 5.11-12）封装，顶部固定了工字形直线导轨和控制机箱。控制机箱内放置了电源适配器、控制板、电机驱动器等，控制机箱表面安装了开关、屏幕，方便进行交互操作。工字形直线导轨的传动方式为皮带传动，相较于丝杆和齿轮传动，其成本更低、重量更小。固定于直线导轨上的滑台由两个闭环步进电机通过轴联器传动并控制。

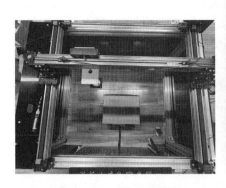

图 5.11-11 本作品的扫描仓

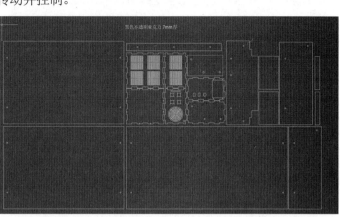

图 5.11-12 黑色亚克力板设计图

图 5.11-13 本作品的控制机箱实物

② 控制机箱。本作品的控制机箱实物如图 5.11-13 所示。

控制机箱内部分为三层：第一层是控制层，主要包括 STM32F7、Wi-Fi 模块、ESP8266 和主控扩展板，负责整个扫描装置的控制；第二层是电机驱动层，x 轴和 y 轴的驱动电机位于该层，电机驱动通过 WS20-7 和 WS20-4 航空接口分别与电机的反馈接口和电机驱动信号线连接；第三层放置了直流开关电源，可将 220 V、50 Hz 的交流电转换为 36 V 的直流电，为主控扩展板和电机驱动层供电。

③ 主控拓展板。主控扩展板通过两个 2×22 的排插和主控板连接，使用了两个 TI 的开关集成 Buck 方案，将开关电源的 36 V 转换成 5 V 和 12 V，用来为主控板、FMCW 雷达、舵机、Wi-Fi 模块和光电开关供电。主控扩展板将 I/O 连接至 XH254 排插，保证和外界电机驱动、光电开关以及 FMCW 雷达的电气连接的鲁棒性，避免振动或摇晃造成的意外断连，同时方便拆装。主控扩展板的 PCB 如图 5.11-14 所示。

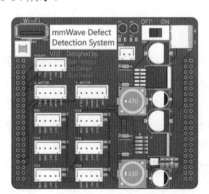
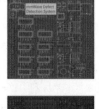

图 5.11-14 主控扩展板的 PCB

5.11.2.3　软件系统介绍

（1）软件整体介绍。本作品的软件系统框架如图 5.11-15 所示。本作品的软件系统可分为 4 个部分：AI、App、通信、云端代码。其中，App 部分由 HBuilder 开发完成，并使用 PHP 端口建立前后端的信息交互功能。云端代码部分使用 Python 建立自动化运行脚本，对所采集的数据进行预处理，以及 2D 和 3D 成像。通信部分则涉及如何与云端 MySQL 进行数据写入处理，以及数据传回 App 进行渲染展现。AI 部分涉及如何训练所采集的数据并进行处理，从而能识别待检物体。

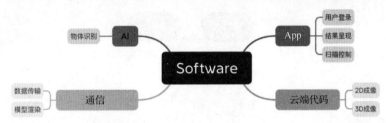

图 5.11-15　软件系统框架

（2）软件各模块介绍。

① MySQL。相比于传统的本地数据存储，本作品采用云端 MySQL 存储数据。与传统项目不同，本作品并没采用传统开发所需的 AT 指令，而是通过 TCP 协议直接与 MySQL 连接并执行 SQL 语句来对 MySQL 进行数据存储等操作。

② 图像获取。本作品的图像获取流程如图 5.11-16 所示。

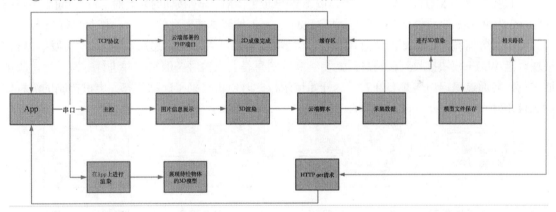

图 5.11-16　图像获取流程

App 通过 TCP 协议与云端部署的 PHP 端口进行通信。当 2D 成像完成时，PHP 端口会自动将相关 2D 图像存储到缓存区中，此时 App 可通过 TCP 协议抓取云端缓存区中的 2D 图像，并通过串口将图像以 Base64 编码的方式发送给 STM32F7，从而在 App 中显示图像。

在 3D 渲染方面，当云端脚本采集数据并进行 3D 渲染后，本作品自动将渲染后的模型文件保存到相关路径中，此时 App 可通过 HTTP get 请求下载该路径下的模型文件，从而在 App 上进行渲染并展现待检物体的 3D 模型。

③ 脚本控制。为了实现脚本的自动化，本作品采用 MQTT 协议与 TCP 协议相结合的方法。MQTT 协议是一种轻量级协议，其传输速度快且消息准确，由 Topic（主题）+Message（消息）组成。当接收端与发送端都订阅某消息后，该消息才会隧道中传输。本作品首先使用 Python 脚本持续监听 Topic 为 Python 的数据框，然后向该数据框发送 Message 为 Start 的信号，从而实现 Python 脚本的自动化。

④ 电机控制。电机控制界面如图 5.11-17 所示。

图 5.11-17　电机控制界面

电机控制采用 MQTT 协议。当用户按下 App 上的"Motor"按钮时，此时 App 会向服务器端的 Topic 为 Presence 的数据框中发送 Message 为 Start 且经过加密后的信号。此时，Wi-Fi 模块会实时监听服务器端 Presence 的消息，当服务器端接收到来自 App 的消息后，将会自动转发给 Wi-Fi 模块。当 Wi-Fi 模块接收到该消息后，会判断该消息是否来自服务器端，并进行二次验证，验证通过后，会通过串口向 STM32F7 发送开始请求，此时电机将处于起动状态。电机控制的流程如图 5.11-18 所示。

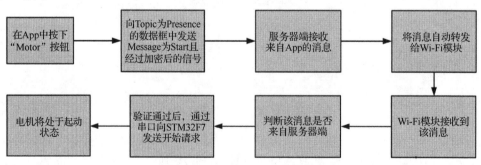

图 5.11-18　电机控制的流程

App 中的"NFC"按钮用于调用手机系统的功能，通过读取待检物体的 ID 获取该物体的具体信息，方便工厂管理。

5.11.3　完成情况及性能参数

5.11.3.1　整体介绍

本作品是在 FMCW 雷达的基础上搭建的一个免拆封智慧检测与云端成像系统。相较于传统的 X 光扫描系统，本作品的安全性高且占地面积小，从而能很好地适应复杂环境，并降低成本。

本作品成功地将 TI 公司的 FMCW 雷达与 STM32F7 结合起来，丰富了嵌入式开发平台的多元化。

5.11.3.2　工程成果

（1）机械成果。本作品的模型结构如图 5.11-19 所示。

（2）电路成果。本作品的电路实物如图 5.11-20 所示。

图 5.11-19　本作品的模型结构　　　　　　　图 5.11-20　本作品的电路实物

（3）软件成果。最终结果的显示界面如图 5.11-21 所示。

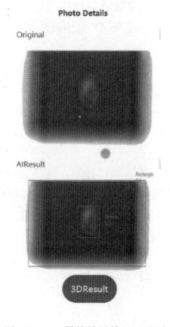

图 5.11-21　最终结果的显示界面

5.11.3.3　特性成果

将待检物体（见图 5.11-22）置于纸箱子中，利用本作品对待检物体进行整体扫描，2D 成像结果如图 5.11-23 所示，3D 成像结果如图 5.11-24 所示。

图 5.11-22　待检物体　　　　图 5.11-23　2D 成像结果　　　　图 5.11-24　3D 成像结果

5.11.4 总结

5.11.4.1 可扩展之处

（1）受限于 FMCW 雷达的精准度，特殊小物体的 2D 成像效果较差，后续可采用精准度更高的 FMCW 雷达。

（2）FMCW 雷达的功率较小，如果待检物体表面有金属类强反射物体，则待检物体的成像效果较差，后续可更换功率更大的 FMCW 雷达或设计更精密的光学系统，从而聚焦能量，延长主瓣长度。

（3）本作品使用电机进行蛇形扫描，若用户对扫描体积需求较大，则可将改变 FMCW 雷达接收天线的数量和层数，调整发射天线距离，结合算法优化，实现单点锥形扫描成像。

（4）本作品目前采用 Wi-Fi 模块传输数据，在后续的改进中，可以结合广和通的通信模组，进一步提高传输效率。

（5）本作品可使用 FMCW 雷达对多物体进行扫描，并根据相关数据进行成像处理，用最后的成像结果训练 AI 模型，从而进一步提高 AI 检测准确率，并不断优化针对 FMCW 雷达的 AI 模型。

5.11.4.2 心得体会

这次比赛是一次重要的学习机会。通过这次比赛，团队深入了解了 FMCW 雷达的原理和应用。在本作品的开发过程中，团队不仅学会了如何设计和搭建智慧云端成像系统，还掌握了信号处理、图像处理和云端计算等相关技术。这次比赛让我们对 FMCW 雷达和图像处理有了更深入的理解，也提升了我们的实践能力。

团队合作是本作品成功的关键。在这次比赛中，团队紧密合作，共同攻克了本作品的技术难题，大家相互协作、互相支持，共同推动本作品的进展。团队中每个成员的专业知识和技能的结合为本作品的顺利完成提供了有力支持。这次比赛让我们认识到团队合作的重要性，并学会了如何与他人有效沟通和合作，以实现共同目标。

在本作品的开发过程中，需要完成系统设计、硬件搭建、软件编程和测试验证等一系列工作。在时间紧迫的情况下，我们提高了合理规划和管理时间，以及灵活调整和解决问题的能力，也提高了我们的应变能力和问题解决能力。

总而言之，我们很荣幸能参加这次比赛，并通过团队的努力将想法变成实际作品。

随着大学生活即将接近尾声，"以梦为马，不负韶华"，愿团队成员在日后的生活中，依旧保持对嵌入式技术的热爱，不断创新，为祖国的发展挥洒出自己的汗水！

同时，我们也感谢指导老师周俊，当我们士气低迷时，正是他的一番话，才使我们重拾信心；当我们遇到瓶颈时，正是他的点拨，才使我们拨开云雾见青天。感谢我们的青春有您的陪伴，感谢您能指导我们完成本作品！

最后，感谢大赛组委会提供的平台，让我们的创意得到实现，在嵌入式这个舞台上将我们的创意尽情绽放！

5.11.5 参考文献

[1] 陈俊，庞启国，黄刚，等. 一种调频连续波雷达物位计的实现方法[J]. 自动化与仪器仪表，2023, 282(4): 324-328, 334.

[2] 胡伟东，许志浩，蒋环宇，等. 超宽带太赫兹调频连续波成像技术[J]. 太赫兹科学与电子信息学报，2023, 21(4): 563-571.

[3] 吴超. 毫米波图像去噪和增强研究[D]. 南京：南京邮电大学，2021.

[4] 汪林. 基于 77 GHz 的毫米波雷达成像应用研究[D]. 桂林：桂林电子科技大学，2021.

[5] 乔灵博，游燕，柳兴，等. 毫米波多发多收阵列成像的分级重建方法[J]. 太赫兹科学与电子信息学报，2021, 19(2): 250-255.

[6] 裴一峰. 基于毫米波回波信号的金属目标检测方法研究[D]. 重庆：重庆邮电大学，2021.

5.11.6　企业点评

本作品基于 STM32F7、FMCW 雷达、物联网和云计算，实现了对待检物体进行免拆封、高效率的信息采集与成像。本作品综合运用了消噪算法和 IoT 技术，为解决工业成像技术的难题提供了创新性的解决方案。在机械设计、电控设计方面，本作品均有较高的集成度。

5.12 一种便携化的坐姿矫正系统

学校名称：江西师范大学

团队成员：李鑫、林丹丹、周博文

指导老师：王一凡、李钦亮

摘要

随着我国青少年在线学习时间的增长，导致近视防控面临着严峻挑战。在这种情况下，国家对青少年近视问题的关注日益增强。据国家卫生健康委员会国家疾病预防控制局介绍，我国青少年总体近视率为 52.7%。坐姿不规范和过度用眼被确定为诱发青少年近视的主要原因。

为响应国家"光明行动"，保护青少年视力健康，团队以轻便化和高度集成化为理念，以 STM32L4 为主控芯片，设计了具备人机交互功能的智能坐姿矫正系统（在本节中简称本作品）。本作品结合 ESP32 和 XY-MBD40A 蓝牙芯片实现了数据传输，借助阿里云平台、运用物联网技术完成了坐姿状态可视化平台的搭建。本作品旨在通过矫正青少年在阅读和学习过程中不良姿势，减少青少年近视的发生概率，从而保护他们的视力健康。

本作品致力于解决当前青少年高近视率问题，结合家长和国家对青少年健康的关注，将坐姿矫正融入日常眼镜和手表设计中。本作品不仅不会干扰使用者的日常生活，而且以创新的方式有效降低了青少年近视的风险。这种全新的视力保护方案不仅使青少年受益，还为医疗保健行业和教育领域带来了潜在收益。

5.12.1　作品概述

5.12.1.1　功能与特性

本作品的基础功能包括视距监测、头部姿态监测、环境光照度监测、用眼时长监测和语音预警，同时结合物联网通信、人机交互和可视化平台等附加功能，全方位保护青少年的视力健康。本作品采用高度集成化设计，使用者只需要佩戴一副眼镜和一块手表。本作品的最终目标是预防青少年近视，帮助他们养成良好的坐姿习惯。

5.12.1.2 应用领域

（1）医疗保健：不仅可以通过坐姿矫正辅助患者进行视力矫正与坐姿改善，也可以辅助医护人员收集相关数据，进行健康评估和诊断。

（2）教育：帮助青少年更好地控制用眼时间，预防近视，培养正确的学习方式。

（3）工业和生产环境：在需要长时间集中注意力的工作环境中，本作品可以帮助人们保持正确的头部姿态，同时提醒人们在合适的时间休息。

（4）体育训练和运动：通过可视化平台，本作品可监测运动员的头部姿态，优化训练方法或改善姿势。

（5）个人健康监测：本作品可作为智能家居系统的一部分，实现个人健康监测。

5.12.1.3 主要技术特点

（1）集成化与低功耗设计：本作品基于"无感化穿戴"理念，高度集成了多个功能模块，实现了一体化、轻便化设计；采用低功耗设计，可保证本作品长期稳定运行。

（2）实时数据采集：本作品内嵌激光测距模块、姿态传感器与光照度传感器，可分别采集用户眼睛与书本之间的距离、姿态角数和光照度数据，并利用卡尔曼滤波、姿态解算等算法，达到对用户坐姿的高精度监测。

（3）数据传输：本作品通过蓝牙模块实现了眼镜与手表的交互，手表可向眼镜发送控制指令，眼镜可向手表传输数据；手表使用 Wi-Fi 模块进行物联网通信，基于 MQTT 协议实现数据的传输；通过 Node-RED 制作精美的 MQTT 客户端网页，使用户能够直接查看自身坐姿。

（4）数据回馈：本作品内置了语音模块，能够根据采集到的数据对用户进行语音提醒，帮助用户保持正确的视距和坐姿。当环境光照度过高或过低、用户阅读时间过长时，会通过语音预警。

（5）人机交互：本作品实现了手表与眼镜、可视化平台的交互，用户可通过手表获取并改变眼镜的工作状态，也可以通过手表将数据上传至可视化平台，提供了一种便捷、友好的人机交互方式。

5.12.1.4 主要性能指标

本作品的主要性能指标如表 5.12-1 所示。

表 5.12-1 本作品的主要性能指标

基 本 参 数	性 能 指 标	优 势
电池容量	480 mAh，续航时间为 8～24 h	容量大、续航长
工作电流	满载工作时电流为 57 mA，待机状态下电流为 119 μA	低功耗、节能
充电方式	支持有线、无线充电	灵活供电，提升了用户体验
温度承受范围	−30℃～150℃	温度承受范围广
按键响应速度	≤0.1 s	响应速度高
光照度采集精度	1 lx	采集精度高
姿态角采集精度	0.01°	采集精度高
视距采集最远距离	2 m	采集距离远
蓝牙稳定传输距离	≤3 m	传输距离符合要求
数据相对误差	≤1%	相对误差低

5.12.1.5 主要创新点

（1）多传感器融合技术：本作品通过激光测距模块、姿态传感器与光照度传感器采集数据并进行融合互补，实现了数据的高精度采集。

（2）集成化 PCB 设计：大大减小了本作品的体积和质量，提供了更为轻便的佩戴体验。

（3）人机交互设计：本作品实现了手表与眼镜、可视化平台的交互，有利于用户操作。

（4）物联网通信技术：本作品搭建了可视化平台，实现了对采集数据的整理、分析、共享和交互。

5.12.1.6　设计流程

本作品的设计流程如图 5.12-1 所示。

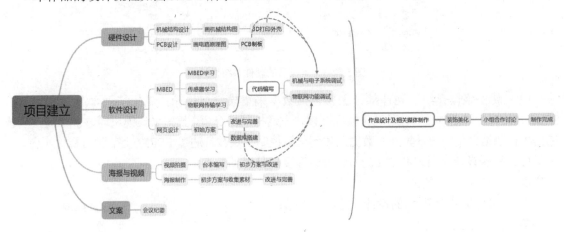

图 5.12-1　本作品的设计流程

5.12.2　系统组成及功能说明

5.12.2.1　整体介绍

本作品的框架如图 5.12-2 所示。

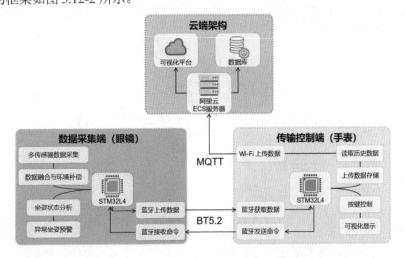

图 5.12-2　本作品的框架

眼镜是本作品的核心，可采集多维度的数据并通过蓝牙发送到手表，由手表接收并存储数据。用户可通过按键控制眼镜的状态。当手表连接 Wi-Fi 网络时，会将存储的数据上传到可视化平台，实现数据的可视化服务，完成了一整套"硬件－软件－服务"的全流程框架。

5.12.2.2　硬件系统介绍

本作品的硬件系统框架如图 5.12-3 所示。

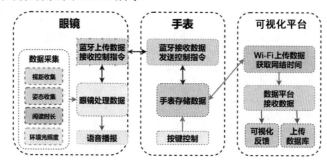

图 5.12-3　本作品的硬件系统框架

（1）硬件整体介绍。硬件部分主要包括数据采集模块与传输控制模块两部分。本作品以 STM32L4 为主控芯片，用户通过传输控制模块发送控制指令后，数据采集模块通过多个高精度传感器进行数据采集，将采集到的数据回传到传输控制模块并且通过 ESP32 上传到可视化平台。

（2）机械设计介绍。本作品的眼镜设计需要满足以下几点：

⮕ 便于拆卸、组装；

⮕ 尽可能地贴合 PCB 的设计；

⮕ 所占空间尽可能小；

⮕ 不遮挡视线；

⮕ 尽可能缩小体积；

⮕ 便于观察。

在早期设计中，眼镜设计更接近普通眼镜，眼镜鼻撑部分向下凹陷，在外形上将会更加美观。眼镜的早期设计手稿如图 5.12-4 所示。

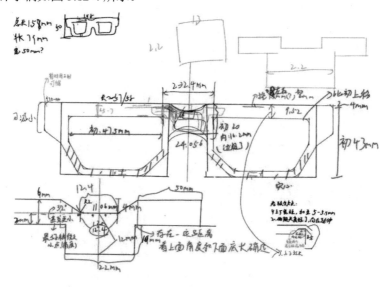

图 5.12-4　眼镜的早期设计手稿

在后续的设计中，这一方案被否决，理由如下：

⮕ 不利于 PCB 的设计与切割；

⮕ 容易导致电路故障；

⊃ 过于压缩了激光测距模块和主控芯片所占用的空间。

根据多次调整与实物测试，团队又设计了图 5.12-5 所示的眼镜设计方案，本作品的眼镜外形为 T 形，在保证不会较大影响电路的情况下增大了眼镜视野范围，不影响使用者使用，同时优化了系统结构，解决了原先方案存在的问题，使眼镜的整体结构更加简洁。

手表的早期设计手稿如图 5.12-6 所示，其外形类似于市面上较为常见的智能手表，体积也更为小巧。但在后续的设计中，这一方案被否决，理由如下：

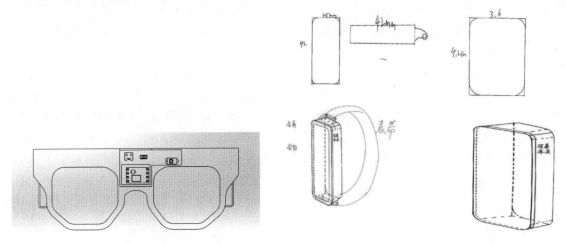

图 5.12-5　本作品的眼镜设计方案　　　　图 5.12-6　手表的早期设计手稿

⊃ PCB 设计过于压缩，影响性能；

⊃ OLED 显示屏过小，影响显示。

根据多次调整与实物测试，最终设计出如图 5.12-7 所示手表设计方案，在外形上更为美观，也更贴合 PCB，手表的体积也得到了压缩，佩戴更为方便。

（3）电路各模块介绍。

① 数据采集模块。数据采集模块的框架如图 5.12-8 所示。

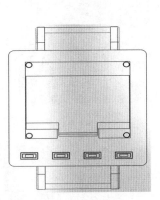
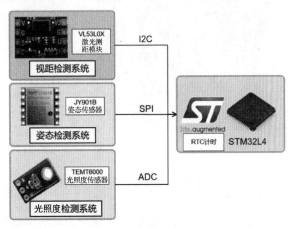

图 5.12-7　本作品的手表设计方案　　　　图 5.12-8　数据采集模块的框架

（a）视距检测系统。视距检测系统采用的是 VL53L0X 激光测距模块，该模块采用波长为 940 nm 的无红光闪烁激光发射器，该波长的激光为不可见光，且不危害人眼。主控芯片 STM32L4 通过 GPIO 接模拟 I2C 接口，控制 VL53L0X 进行数据采集，准确测量用户视距。

（b）姿态检测系统。姿态检测系统采用的是 JY901B 姿态传感器，主控芯片 STM32L4 每 10 s

通过串口从 JY901B 获取一次数据（包括姿态角、温度、磁场、气压）。JY901B 的输出信号经过卡尔曼滤波后，主控芯片 STM32L4 通过多传感器融合技术，对以上数据进行融合互补，得到用户的姿态角度与头部实时高度，从而得到用户的坐姿。

（c）光照度检测系统。光照度检测系统采用的是 TEMT6000 光照度传感器，该传感器可以将测量得到的光照度转换为电阻值。主控芯片 STM32L4 每 10 s 通过 ADC 获取 50 组 TEMT6000 的输出电压，并通过中值滤波算法与事先拟合好的光照度转换算法，精确获取环境的光照度。

② 数据传输模块。

（a）蓝牙通信系统。蓝牙通信系统采用的是 XY_MBD40A 蓝牙模块，该模块通过串口与主控芯片 STM32L4 通信，能够将眼镜的数据上传到手表，并将手表的控制指令发送到眼镜。

（b）物联网通信系统。物联网通信系统采用的是 ESP32 芯片，ESP32 支持 IEEE 802.11b/g/n 标准，传输速率高达 150 Mbps。ESP32 可工作在 STA（Station）、AP（Access Point）和 STA+AP 模式。本作品使用了 ESP32 的 Wi-Fi 功能和 MQTT 客户端功能，STM32L4 通过串口与 ESP32 进行通信，实现了物联网通信功能。

③ 数据存储模块。数据存储模块采用的是 W25Q64 芯片。STM32L4 通过硬件 SPI 时序控制 W25Q64，当手表接收到眼镜的数据时，STM32L4 会将数据连同对应时间存入 W25Q64 中，保证手表断电后数据不会丢失。手表连接到云平台后，当用户在云平台选择数据更新后，STM32L4 会读取 W25Q64 芯片内存储的数据，并将其上传到云平台。

④ 数据反馈模块。

（a）OLED 显示屏。STM32L4 通过软件 I2C 接口控制 OLED 显示屏，当按键被按下时，OLED 显示屏将显示对应的内容，以便人机交互。

（b）语音模块。语音模块采用的是 JQ8900，用于提醒用户调整坐姿状态。JQ8900 内置的 Flash 能够保存预先录制好的语音，STM32L4 通过串口控制语音模块输出对应的语音信号，语音信号通过功率放大器向骨传导振子发送音频数据，实现语音播报。

⑤ PCB 设计与电源管理。眼镜的 PCB 如图 5.12-9 所示，手表的 PCB 如图 5.12-10 所示。

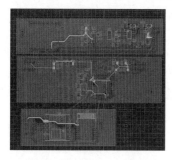 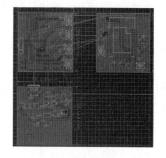

图 5.12-9　眼镜的 PCB　　　　　　　　　图 5.12-10　手表的 PCB

本作品的稳压模块的电路原理图如图 5.12-11 所示，充电与电源保护模块的电路原理图如图 5.12-12 所示。

稳压模块和充电与电源保护模块用于设备的稳压与充电管理，这两个模块能监测电池电压、控制充电电流与输出电流，并具备多重保护功能，如过充保护、过放保护和短路保护等。

5.12.2.3　软件系统介绍

（1）软件整体介绍。本作品的软件系统可分为后端服务器、可视化平台和数据库三部分，它们是基于 MQTT 协议进行通信的。传输控制模块通过阿里云的物联网平台接入云端，通过可视化平台（该平台是基于 Node-RED 设计的）实现了硬件设备与云端的互联互通。后端服务器负责数

据处理与请求响应；可视化平台用于将分析后的数据展示在 Web 页面中；数据传输到可视化平台
后被上传至数据库，实现了数据的存储。数据传输的流程如图 5.12-13 所示。

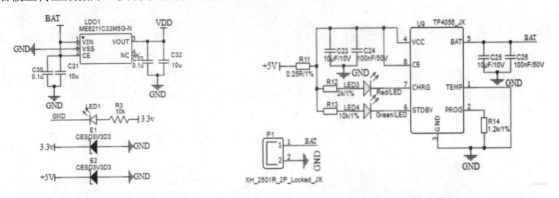

图 5.12-11　稳压模块的电路原理图　　　　　　图 5.12-12　充电与电源保护模块的电路原理图

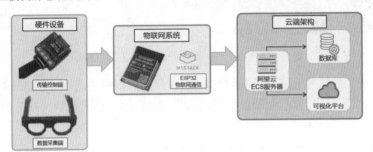

图 5.12-13　数据传输的流程

（2）软件工作流程（见图 5.12-14）。当硬件设备开始工作且用户的坐姿不正确时，硬件设备
会通过语音模块提醒用户，并向可视化平台报告。可视化平台会记录用户的实时数据并计算不良
坐姿率。

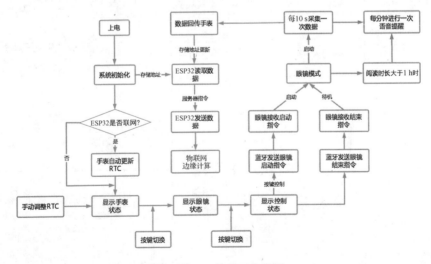

图 5.12-14　软件工作流程

本作品通过卡尔曼滤波算法进行姿态解算，通过中值滤波算法获取光照度，通过温度补偿、
磁力补偿等算法获取高精度数据，再经过多传感器数据融合后综合分析得出用户坐姿。通过物联
网平台，可视化平台可以实时显示每个用户的相关数据。

在可视化平台中，用户可通过 Web 页面编辑可视化数据的流程，利用 Node-RED Dashboard 组件与拖曳式编程搭建网页客户端。

5.12.3　完成情况及性能参数

5.12.3.1　整体介绍

眼镜实物如图 5.12-15 所示，手表实物如图 5.12-16 所示。

5.12.3.2　工程成果

（1）机械成果。眼镜的 3D 模型如图 5.12-17 所示，手表的 3D 模型如图 5.12-18 所示。

图 5.12-15　眼镜实物图　　图 5.12-16　手表实物图　　图 5.12-17　眼镜的 3D 模型　　图 5.12-18　手表的 3D 模型

（2）电路成果。眼镜的电路原理图如图 5.12-19 所示。眼镜电路以 STM32L4 为主控芯片，利用激光测距模块、姿态传感器与光照度传感器采集数据，利用语音模块播报信息，同时配有稳压模块和充电与电路保护模块。

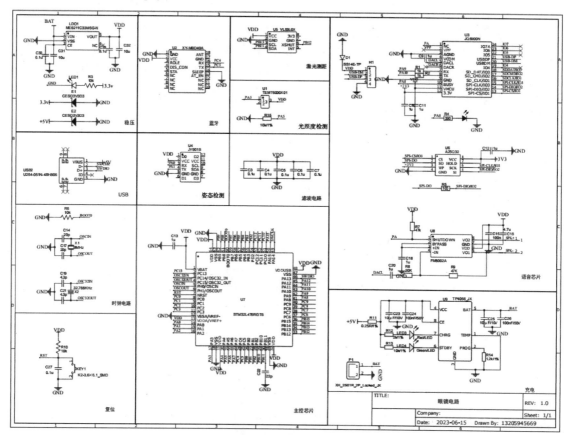

图 5.12-19　眼镜的电路原理图

手表的电路原理图如图 5.12-20 所示。手表电路以 STM32L4 为主控芯片,使用 Wi-Fi 模块实现硬件与客户端的数据交换,利用 4 个按键控制手表不同模式,同时配有稳压模块和充电与电路保护模块。

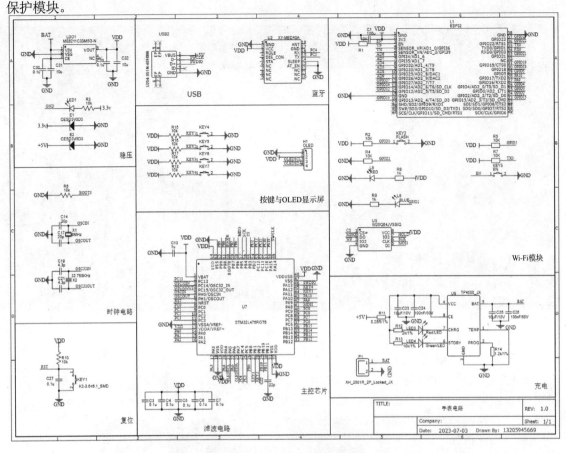

图 5.12-20 手表的电路原理图

(3)软件成果。在登录界面输入正确的账号和密码后,会显示登录成功。在产品展示界面,用户能够看到眼镜的外观,如图 5.12-21 所示。

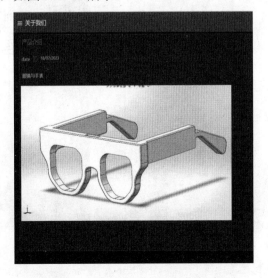

图 5.12-21 产品展示界面展示的眼镜外观

可视化平台的数据显示界面如图 5.12-22 所示，可以看到用户的个人信息、距离、警告次数等数据。用户可以通过可视化界面查看当前的坐姿，也可与历史数据进行对比，帮助用户更便捷地矫正坐姿。

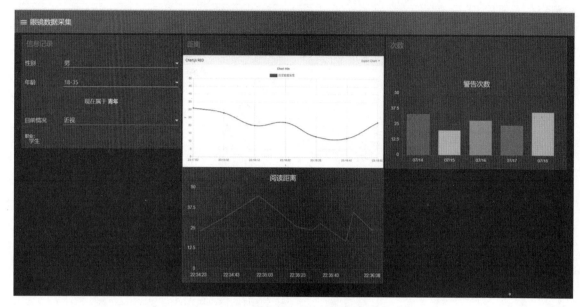

图 5.12-22　可视化平台的数据显示界面

5.12.3.3　特性成果

在采集模式下，眼镜会采集视距、头部姿态、光照度等数据并记录警告次数。当眼镜距离障碍物 10 cm 和 20 cm 时，手表显示的对应数据如图 5.12-23 所示。

（a）眼镜距离障碍物 10 cm 时手表显示的数据

（b）眼镜距离障碍物 20 cm 时手表显示的数据

图 5.12-23　眼镜距离障碍物 10 cm 和 20 cm 时手表显示的数据

当眼镜侧对光源与正对光源状态时，手表显示的对应数据如图 5.12-24 所示。

（a）眼镜侧对光源时手表显示的数据

（b）眼镜正对光源时手表显示的数据

图 5.12-24　眼镜侧对光源和正对光源时手表显示的数据

5.12.4　总结

5.12.4.1　可扩展之处

（1）在 PCB 设计方面，本作品可以使用更加集成化的电路设计和更加轻量化的设备，以减少集成电路的体积，在提供更多优质服务的同时，大大减轻眼镜重量，提升用户体验感。

（2）在软件平台方面，本作品可以继续优化软件平台，并设计微信小程序及手机 App，提供更加便携化的服务。

（3）在数据分析方面，本作品可以基于数据库存储的数据，采用机器学习算法（如 SISSO）进行特征拟合，为用户提供定制化坐姿服务，也可以采用 GRU+Attention 模型，提供视力健康红线预警服务，真正把智能化理念应用于实际生活中。

（4）在产品服务方面，本作品可以建立产品生态链，与其他服务商建立合作关系，构建完整的生态系统，为用户提供更多的选择和便利。

5.12.4.2　心得体会

乾坤日月当依旧，昨夜今朝却异同。面对时代的发展，团队立足于目前社会背景，深切关注日益严峻的近视问题，希望利用自己的知识和能力去解决人们生活中的难题，为社会做出力所能及的贡献。从构思本作品开始，团队合理分工，秉承着经验与科学相结合的原则，逐步学习相关知识，从理论到实践，一点一滴地完善本作品功能。从量变到质变，不断进行功能拓展和研发，最终成功完成了本作品。

功夫不负有心人。在本作品研发的道路上，我们不可避免地遇到了各种瓶颈和挑战。团队成员也许会抱怨和焦虑，但从未止步不前，始终全心全力地通过观察问题、查阅资料和不断试错的方式来解决技术难题。在搭建电路的过程中，团队成员聚在工作台上，不断尝试和摸索，虽然也经历了一些挫折和困难，但最终都被克服了。

参加这次比赛，我们将自身的知识真正应用到了实际的研发工作，锻炼了自己处理和解决工程问题的能力。与此同时，在团队相互协作的过程中，我们经历了困境，也收获了深厚的友情，深刻地体会到了团队的力量。今秋论书纸谈兵，明春枪弹布阵地。我们将在未来继续发挥自身的专业能力，为社会的蓬勃发展做出努力！

5.12.5　参考文献

[1] 王彬．浅谈近视防控现状以及近视防控眼镜[J]．中国眼镜科技杂志，2022(10): 122-127．

[2] 国家统计局．2021年《中国儿童发展纲要（2021—2030年）》统计监测报告[R]．北京：国家统计局，2023．

[3] 王富百慧，冯强．青少年近视与身体姿态异常的关系研究[J]．中国青年研究，2022(3): 80-88．

[4] 教育部办公厅等十五部门关于印发《儿童青少年近视防控光明行动工作方案（2021—2025年）》的通知[J]．中华人民共和国教育部公报，2021(Z2): 20-23．

[5]《儿童青少年近视防控适宜技术指南（更新版）》解读[J]．青春期健康，2022, 20(4): 43．

5.12.6　企业点评

本作品采用STM32L4，集成了多个功能模块，利用多传感器数据融合，实现了轻便化设计，使用户只需要佩戴眼镜和手表，对解决青少年近视问题有一定的成效。本作品的设计完成度高，但电池供电场景下的低功耗设计仍需要进一步改进。

5.13 无人机电池自动更换系统

学校名称：国防科技大学
团队成员：殷实、史昊洋、肖志飞
指导老师：王雪莹

摘要

无人机更换电池需要人工介入，影响了工作效率。针对这个问题，我们设计了一种无人机电池自动更换系统（在本节中简称本作品）。本作品可以使无人机自主降落在电池更换平台上，平台通过伺服机构和限位装置将无人机固定在指定位置，通过电池更换平台完成无人机的电池自动更换。本作品实现了无人机电池的自动更换，无须人工介入，且电池更换平台可以存放多块电池，可为多架无人机更换电池。

5.13.1　设计概述

5.13.1.1　设计目的

本作品用于为返航的低电量无人机更换电池，更换电池后的无人机能够立即起飞，使其能够持续作业，节省了停飞充电所需的时间、人力。同时，本作品使用了更简单的无人机结构，降低了无人机的成本，具有简单可靠、经济实用的优点。

5.13.1.2　应用领域

在需要无人机长时间飞行作业且不便于人员跟踪监管的场合中，如田间喷洒、线路检测、无人机岗哨等，由于无人机携带的能量载体有限，需要定时返航进行蓄能。以电池为例，一般情况下，电池充满电所需的时间要长于其能支持的飞行时间，对长时间、不间断作业的影响较大，往往需要通过无人机数量来弥补，且充电需要一定人力，操作烦琐。

另外，在某些特殊场合下，尤其是危险复杂环境，如交战区、洞穴等，若无人机本身价格昂贵且不易回收，执行任务所需的成本很可能会随着无人机的损耗或丢失而成倍增加。在这种情况下，需要一种简单可靠、经济耐用，并且能长时间工作，无须担心丢失或损毁的机型。

本作品致力于解决无人机自动更换电池的核心技术，在无人值守的情况下实现无人机电池的自动更换，能适应长时间作业的场景。

5.13.1.3　主要技术特点

（1）采用自动化设计，节省人力，快捷高效。本作品以空间换时间，减少了无人机充电等待时间和人员的工作量。

（2）简约可靠、装卸灵活。本作品采用 3D 打印一体化设计，零件数量少，且多个机体之间可互换使用，各个零件的主要拼接方式为滑槽和插拔，将散件拼装成整机所需的时间不到 10 min。

（3）经济实用。本作品的成本在千元左右，且能实现商用无人机的绝大部分功能。相同尺寸的大多数商用无人机价格均在万元左右。本作品的单个零件损坏后可单独替换，无须全机维修乃至报废，其经济性十分可观。

（4）可拓展性强。本作品的电池更换平台、无人机底架等部件均通过自主设计建模 3D 打印，无人机的飞控、信息处理等核心功能均自主编程实现，在自主可控的前提下，添加了长航时任务规划、自动电量检测、多无人协同任务、换下的低电量电池可自动充电、移动地面电池更换平台等外围功能，可根据具体应用场景进行功能扩展。

5.13.1.4　主要性能指标

本作品的主要性能指标如下：

（1）无人机续航能力：在空载的情况下，一块 2200 mAh 的航模锂电池可支持 6 min 的正常飞行，常规无人机可挂载 3～4 节该类型的电池，飞行时间在 20 min 左右。

（2）无人机的稳定性：在纯手动控制的情况下，可在半径为 15 m、高度不小于 6 m 的圆形场馆内自由飞行，不会发生碰撞。

（3）无人机的最大载重：指无人机在各种飞行情况下的最大载重，约为 3 kg。

（4）无人机的最大通信距离：无人机在无阻挡的情况下，可在半径为 4 km 的区域内正常通信。

（5）最长更换电池时间：指从无人机降落到重新起飞时的时间，不超过 1 min。

5.13.1.5　主要创新点

本作品的主要创新点如下：

（1）自动更换电池系统：无须充电，无须人工介入，以空间换时间，提高了持续飞行作业的效率。

（2）基于单目视觉二维码的自校准及飞控联动技术：本作品通过 OpenMV 的 April Tags 对电池更换平台进行定位，无须依托高算力，可实现无人机自动停泊入站，在停泊入站的过程中无人机飞控系统与自校准数据联动工作，确保无人机自主停泊入站的稳定性，具有低成本和高可靠性的优点。

（3）基于 STM32F4 的无人机飞控系统：自主开发的无人机飞控，便于二次开发和功能扩展。

（4）机械结构：本作品自主设计了机械结构与电磁力共同作用的电池更换平台和无人机电池仓，整个换电池装置简约有效、成本低廉，可在 30 s 内完成电池的更换操作。

5.13.2　系统组成及功能说明

5.13.2.1　整体介绍

本作品包括无人机和电池更换平台，如图 5.13-1 所示。

图 5.13-1　无人机与电池更换平台

本作品的框架如图 5.13-2 所示，可分两大模块：无人机系统和地面系统部分。无人机系统主要包括机体外壳、飞控和视觉三部分。机体外壳由 3D 打印完成。飞控部分包含姿态控制和遥控通信两部分，姿态控制主要包含 MPU6050 和 BMP280 两种传感器；遥控通信主要包含 NRF24L01 模块。地面系统主要包含定位辅助模块和电池更换模块，定位辅助模块通过 Open MV 和 April Tags 对接无人机系统的视觉模块。

图 5.13-2　本作品的框架

5.13.2.2　各模块介绍

（1）机体外壳。本作品的机体外壳模型如图 5.13-3 所示。机体外壳由 3D 打印完成，含少量碳纤维部件。机体外壳在设计时主要考虑的因素是加工方便，若批量化生产可大大降低成本。本作品机体外壳的整体结构高度一体化，零件数极少，除电子元器件之外，支撑结构小于 10 个。各零件之间拼接方式为滑槽与插拔，除无刷电机的固定外无螺钉。无人机的拼装非常简单，用户可在 10 min 内完成。无人机的电池采用磁吸式的挂载方式，更便于更换；采用接触式供电方式，电池安装后可自动上电起动。

图 5.13-3　机体外壳的模型

（2）飞控与通信模块。本作品的飞控主板如图 5.13-4 所示，飞控主板的核心是 STM32F4 最小系统板。为了适应航模电池的电压，飞控主板采用 12 V 的电源供电，自带的 12 V 转 5 V 变压模块用于为 STM32F4 最小系统板及板上其他设备供电。飞控主板最上方的方形模块（见图中的方框）为 MPU6050 传感器（陀螺仪）。MPU6050 传感器旁边的模块（见图中的椭圆框）是 BMP280传感器（气压计），二者与 STM32F4 最小系统板之间模块（见图中的矩形框）为 12 V 转 5 V 的变压模块，该模块左侧的多组排针为电子调速器（简称电调）和舵机的接口：前 4 个接口接 4 个电调，用于控制无刷电机动力输出；后 2 个接口接舵机，用于搭设机载云台。飞控主板左上角的黑色带天线的模块为 NRF24L01 模块。

飞控的基本设计思路如图 5.13-5 所示。飞控与通信模块用于处理控制信息，优先捕获视觉信息，一旦检测到电池更换平台，则进入视觉辅助降落模式开始自主降落；若没有检测的电池更换平台，则通过遥控器操纵飞行（或进入自主寻找电池更换平台的模式）。无论上述哪种工作模式，飞控与通信模块均将捕获到的数据、控制信号等结合传感器数据计算无人机应该以何种姿态进行调整，并解算出一个预期姿态。

图 5.13-4　飞机主板

图 5.13-5　飞控的基本设计思路

① 飞控部分。飞控部分的核心算法为 PID 控制。当姿态模块（见图 5.13-6）获得的姿态数据经过解算后，首先对解算后的数据进行积分、差分、线性放大后求和，然后通过 PWM 信号控制电调，电调输出的三相交流电最终驱动无刷电机，从而调整无人机的姿态。本作品在调试过程中使用 MATLAB 进行仿真分析，以便确认飞控参数。图 5.13-7 所示为 PID 算法的 MATLAB 模拟验证界面，图 5.13-8 所示为 PID 算法部分的 Keil 代码。

图 5.13-61　姿态模块

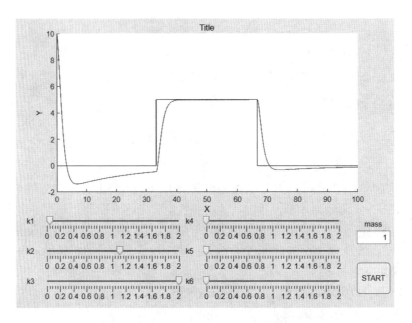

图 5.13-7　PID 算法的 MATLAB 模拟验证界面

```
490 ⊟void rotate_stable2(){//保持水平稳定
491      //get_rotate_diff();
492      //rotate_vel_filter();
493      motor1=(int)power_mid;motor2=(int)power_mid;motor3=(int)power_mid;motor4=(int)power_mid;
494      kp[0]=1+0.25f*bowl(pry_diff[0])-0.0008f*my_lockf((power_mid-500),0,300);//回弹在偏差大时较大
495      kd[0]=1.5f-0.5f*bowl(pry_diff[0]);//阻尼在偏差小时较大
496      kp[1]=1+0.25f*bowl(pry_diff[1])-0.0008f*my_lockf((power_mid-500),0,300);
497      kd[1]=1.5f-0.5f*bowl(pry_diff[1]);
498      kp[2]=1+0.25f*bowl(pry_diff[2]);
499      kd[2]=1.5f-0.5f*bowl(pry_diff[2]);
500      //俯仰调整（俯正仰负）
501      motor1+=(k1*s_pry[0]+kp[0]*k2*pry_diff[0]+kd[0]*k3*rotate_vel[0]);
502      motor2+=(k1*s_pry[0]+kp[0]*k2*pry_diff[0]+kd[0]*k3*rotate_vel[0]);
503      motor3-=(k1*s_pry[0]+kp[0]*k2*pry_diff[0]+kd[0]*k3*rotate_vel[0]);
504      motor4-=(k1*s_pry[0]+kp[0]*k2*pry_diff[0]+kd[0]*k3*rotate_vel[0]);
505      //滚转调整（左正右负）
506      motor1-=(k1*s_pry[1]+kp[1]*k2*pry_diff[1]+kd[1]*k3*rotate_vel[1]);
507      motor2+=(k1*s_pry[1]+kp[1]*k2*pry_diff[1]+kd[1]*k3*rotate_vel[1]);
508      motor3+=(k1*s_pry[1]+kp[1]*k2*pry_diff[1]+kd[1]*k3*rotate_vel[1]);
509      motor4-=(k1*s_pry[1]+kp[1]*k2*pry_diff[1]+kd[1]*k3*rotate_vel[1]);
510      //偏航调整（左正右负）
511      motor1-=(k4*s_pry[2]+kp[2]*k5*pry_diff[2]+kd[2]*k6*rotate_vel[2]);
512      motor2+=(k4*s_pry[2]+kp[2]*k5*pry_diff[2]+kd[2]*k6*rotate_vel[2]);
513      motor3-=(k4*s_pry[2]+kp[2]*k5*pry_diff[2]+kd[2]*k6*rotate_vel[2]);
514      motor4+=(k4*s_pry[2]+kp[2]*k5*pry_diff[2]+kd[2]*k6*rotate_vel[2]);
515      //数值范围限定
516      motor1=my_lock(motor1,power_mid-power_float,power_mid+power_float);
517      motor2=my_lock(motor2,power_mid-power_float,power_mid+power_float);
518      motor3=my_lock(motor3,power_mid-power_float,power_mid+power_float);
519      motor4=my_lock(motor4,power_mid-power_float,power_mid+power_float);
520 }
```

图 5.13-8　PID 调节部分的 Keil 代码

受限于价格较为低廉的传感器以及较为简单的无人机结构，仅仅使用 PID 算法，本作品的稳定性欠佳。为了不过多占用系统资源，无人机的水平调整算法采用经过简单优化的单级 PID 算法。相较于传统的单级 PID 算法，优化后的单级 PID 算法对元器件不稳定因素的包容性更高，对无人机稳定性的提高有很显著的效果。

图 5.13-9 所示为采用 MATLAB 模拟 PID 算法调参界面，虚线表示控制量，用于模拟遥控器发送的控制信号，表示无人机当前应有的姿态角；实线表示实际值，用于模拟无人机当前的姿态；k1、k2、k3 为 PID 参数，分别代表积分项系数、比例项系数和微分项系数。通过调整 PID 参数可以使实线尽量接近虚线，二者越接近，说明无人机的可操纵性越好。

在模拟 PID 算法调参时，添加了一个持续为负的干扰，在干扰的影响下实际值始终向下偏离控制量，且偏离量恒定。图 5.13-9（b）所示为添加了积分项的 PID 算法调参，大部分的实际值与控制量吻合，削弱了干扰的影响，但在控制量变化较快的部分出现了多余的尖峰，这在实际中表现为无人机的抗干扰能力上升，但稳定性下降。

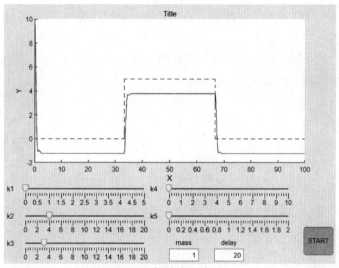

（a）未添加积分项

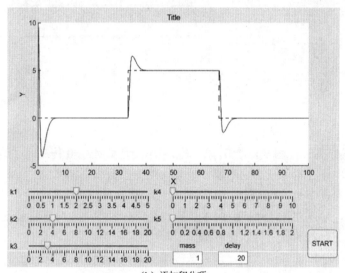

（b）添加积分项

图 5.13-9　采用 MATLAB 模拟 PID 算法调参的界面

产生这些尖峰的原因是控制量变化过快，在瞬间使控制量和实际值之间产生了较大的偏差。在无人机朝着正确姿态调整的过程中，偏差逐渐缩小。但在该过程中，偏差被不断积分，累积于积分项，产生了冗余的积分。当无人机回正时，由于积分项的存在，无人机将继续沿着原先的方向调整，从而产生了尖峰。为了优化尖峰，应当尽可能减小冗余的积分。

优化的方法就控制是 PID 算法中的积分项参数，使积分的速率与无人机姿态角的变化速率相关。当无人机的姿态角关于时间的微分（转动速度）较大时，降低积分的速率；当无人机趋于稳定时，积分恢复正常速率。

将积分速率 $\mathrm{d}I(t)/\mathrm{d}t$ 与无人机姿态角变化速率 $\mathrm{d}\theta(t)/\mathrm{d}t$ 的关系设置为：

$$\frac{\mathrm{d}I(t)}{\mathrm{d}t}=\frac{1}{1+k4}\frac{\mathrm{d}\theta}{\mathrm{d}t} \tag{5.13-1}$$

式中，k4 一般取 5～10 之间的常数。此时，$\mathrm{d}I(t)/\mathrm{d}t$ 与 $\mathrm{d}\theta(t)/\mathrm{d}t$ 成反比例关系。

PID 算法的优化结果如图 5.13-10 所示。从较为直观的角度来看，优化结果相当于对积分项有了侧重，只侧重于无人机相对平稳时的姿态偏差而非剧烈调整时的偏差。积分项本身是用来克服干扰（如无人机重心的偏差、马达动力上的偏差等）的，积分项可以修正偏差。当无人机姿态剧烈变化时，可能受到了瞬时的干扰或者正在朝着正确的角度调姿，此时的偏差并不具有参考意义，所以应当适当降低积分的速率。

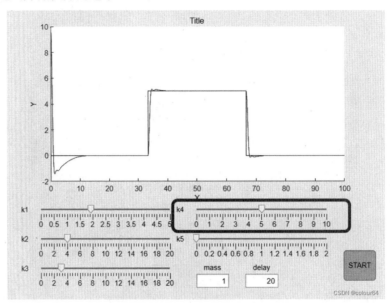

图 5.13-10　PID 算法的优化结果

② BMP280 传感器（见图 5.13-11）。本作品采用的是 BMP280 传感器，该传感器自带 IIR 滤波功能，配置相应的寄存器可开启 IIR 滤波功能，使输出数据更加稳定。BMP280 传感器的输出精度为±10 cm，输出速率约为 50 ms 一次。仅仅使用 BMP280 传感器（仅使用大气压强）来进行定高是远远不够的，还需要通过 MPU6050 传感器获得三轴加速度并进行修正。本作品采用尔曼滤波对大气压强和三轴加速度进行联合解算。

图 5.13-12 所示为 Keil 算法代码，该算法模拟了大气压强信息、加速度信息和输出的位置、速度信息。滤波后数据的稳定性高、实时性强，可结合使用 PID 算法调节无人机总动力，实现对无人机的高度控制。

图 5.13-11　BMP280 传感器　　　　　　　　　　图 5.13-12　Keil 算法代码

③ 通信模块。本作品采用的通信模块是 NRF24L01 模块，如图 5.13-13 所示。该模块的有效通信距离为 4 km，使无人机的活动范围更大。另外，该模块的功耗低，有利于无人机长时间飞行。本作品的遥控器如图 5.13-14 所示。遥控器主要由 2 个摇杆、6 路 ADC 采样构成的六通道输入，以及 NRF24L01 模块组成。

图 5.13-132　NRF24L01 模块　　　　　图 5.13-14　遥控器

④ 动力模块。本作品采用的是新西达的 A2212 型无刷电机（见图 5.13-15），该型号电机的 KV（rpm/V）值齐全（本作品的 KV 值为 930）、转速低、扭力大，可带动 10 寸慢速螺旋桨，从而达到大推力、高桨效、低功耗的目的。

本作品采用的电调是好盈 XRotor 20A 电调（见图 5.13-16）。该电调的体积小、重量轻、输出迅速、发热功率小、长期工作故障率低。该电调使用 PWM 信号控制无刷电机的转速，从输入 PWM 信号到输出动力，几乎没有延时，非常适合多旋翼无人机的开发。

图 5.13-15　新西达的 A2212 型无刷电机　　　　图 5.13-16　好盈 XRotor 20A 电调

本作品的飞控系统是自行设计开发的，集通信、传感器、控制等功能于一体，开发自由度高，适用于传感器性能一般、传感器类型单一的无人机。本作品的飞控算法的运算量小、速度快，可运行于低性能的板卡上。

（3）定位辅助模块。定位辅助模块主要用于对电池更换平台进行检测、识别、定位，配合飞控系统实现无人机的自动泊停入站。飞控系统主要负责无人机的稳定飞行，首先根据导航令无人机飞行到电池更换平台的上空，然后依据定位辅助模块识别标定物与无人机的相对位置，调整飞行参数，使无人机自动泊入电池更换平台的电池位置。

具体来说，定位辅助模块主要负责无人机在电池更换平台上空悬停后，以更精确的位置、姿态、角度泊入电池更换平台上，是自动更换电池的重要前提。根据前期的市场调研情况，结合本作品的应用背景及其对识别精度、速度的要求，辅助定位模块采用 April Tags 模块，该模块对旋转、光照度、模糊等具有良好的鲁棒性，即使在复杂环境中也可以快速识别图像并获取 3D 坐标。

在本作品中，April Tags 模块通过无人机的 3D 坐标，辅助无人机调整自身位置与姿态，使无人机能够较为精准地降落在指定区域。基于 April Tags 模型对无人机进行定位的实现方案如图 5.13-17 所示。

① 缩放校正与距离校正。为了在固定视野下尽可能地增加纵向识别距离，本作品设计了标签图像（嵌套式的 April Tags 图像）。由于 OpenMV 对标签图像的测距结果与图像在视野中的面积线性相关，因此实际距离相同的两个不同大小的标签图像，通过 OpenMV 测得的距离是不同的。由于在打印标签图像时均进行了缩放，测得的距离不是实际距离。相同高度下不同的识别面积不同会导致测距有较大的偏差，如图 5.13-18 所示。

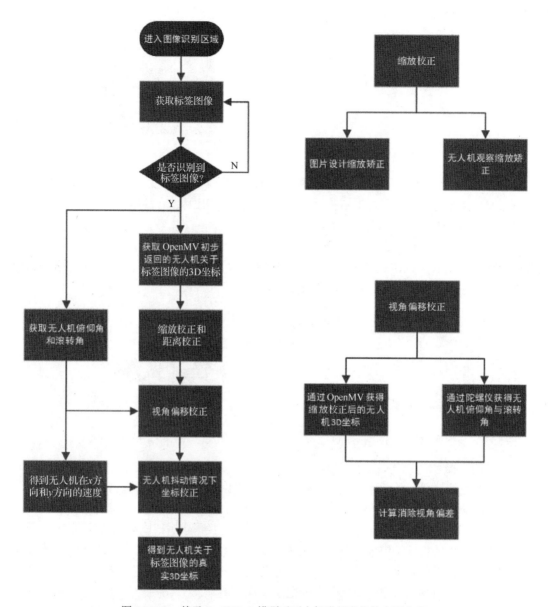

图 5.13-17　基于 April Tags 模型对无人机进行定位的实现方案

图 5.13-18　相同高度下不同的识别面积不同会导致测距有较大的偏差

　　通过不同实际距离可得出图像面积在视野中的占比与所测距离之比，根据面积不同对测距数值进行校正即可。未进行缩放校正时的测距偏差如表 5.13-1 所示。

表 5.13-1　未进行缩放校正时的测距偏差

实际距离/cm	0 图测距偏差/cm	1 图测距偏差/cm	2 图测距偏差/cm	实际距离/cm	0 图测距偏差/cm	1 图测距偏差/cm	2 图测距偏差/cm
5	—	—	-3	20	—	-4	—
6	—	—	-4	50	—	-9	—
7	—	—	-5	55	—	-10	—
8	—	—	-6	60	—	-11	—
9	—	—	-7	65	—	-12	—
10	—	—	-9	70	—	-13	—
11	—	—	-10	75	9	-14	—
12	—	—	-11	80	6	-15	—
13	—	-2	-12	85	3	-16	—
14	—	-2	-13	90	0	-17	—
15	—	-3	-14	100	-3	-18	—
16	—	-3	-15	200	-6	—	—
17	—	-3	-16	300	-9	—	—
18	—	-3	-17	400	-12	—	—
19	—	-3	-19	500	-15	—	—

对未校正的数据进行线性回归，并调整不同图像的实际距离，使其在图像过渡段尽可能重合，以实现识别图像的平滑过渡，最终可得到缩放校正比例和缩放校正位移，如表 5.13-2 所示。

表 5.13-2　缩放校正比例和缩放校正位移

图	面积/cm^2	校 正 比 例	校正位移/cm
0 图	50	-40.660	54
1 图	8	-10.660	9.155
2 图	2	-2.566	-1.500

缩放校正后的测距如表 5.13-3 所示，测距与实际距离基本相同，在切换图像时基本没有明显的测距偏差。

表 5.13-3　缩放校正后的测距

实际距离/cm	0 图测距/cm	1 图测距/cm	2 图测距/cm	实际距离/cm	0 图测距/cm	1 图测距/cm	2 图测距/cm
5	—	—	5.16	20	—	23.42	—
6	—	—	6.03	50	—	45.58	—
7	—	—	6.91	55	—	50.76	—
8	—	—	7.79	60	—	56.19	—
9	—	—	8.67	65	—	61.86	—
10	—	—	10.42	70	—	67.79	—
11	—	—	11.30	75	75	73.96	—
12	—	—	12.18	80	80	80.38	—
13	—	16.29	13.05	85	85	87.05	—
14	—	16.29	13.93	90	90	93.96	—
15	—	19.73	14.81	100	100	101.13	—
16	—	19.73	15.69	200	200	—	—
17	—	19.73	16.56	300	300	—	—
18	—	19.73	18.32	400	400	—	—
19	—	19.73	—	500	500	—	—

缩放校正后的效果如图 5.13-19 所示，摄像头在同一位置以不同倾斜角度识别图片，所得到的坐标基本一致。

图 5.13-19　缩放校正后的效果

由于电池更换平台的长度相对于无人机的飞行高度而言可忽略不计，同时数据上反映摄像头与旋转中心偏移距离所得结果也无明显变化，因此本作品忽略了该偏移造成的影响。

② 视野倾斜修正。无人机在电池更换平台上空降落时，其姿态不可能始终保持水平，当无人机晃动导致摄像头视角发生变化时，其相对于标签图像的空间位置几乎不发生变化，因此应当对视角变化带来的坐标变化进行校正。相同高度下不同的摄像头视角导致定位坐标与真实坐标的偏离较大，如图 5.13-20 所示。

图 5.13-20　相同高度下不同的摄像头视角导致定位坐标与真实坐标的偏离较大

摄像头视角变化造成定位坐标变化的情况可用图 5.13-21 所示的视野倾斜校正模型来表示。

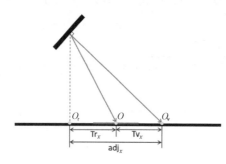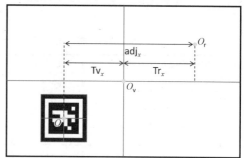

（a）视野倾斜校正模型的正视视野　　　　（b）视野倾斜校正模型的摄像头视野

图 5.13-21　视野倾斜校正模型

OpenMV 返回的 x 方向坐标和 y 方向坐标是标签图像中心相对于摄像头视野中心的坐标。视野倾斜校正模型中的 O 点表示标签图像的中心点；O_r 点代表摄像头水平于地面时的视野中心；O_v 点代表摄像头倾斜后的视野中心；Tv_x 代表摄像头倾斜时返回的 x 方向坐标；Tr_x 代表摄像头水平时返回的 x 方向坐标；adj_x 代表在 x 方向的真实坐标与倾斜后的视野坐标的偏差，即优化算法的修正量。

③ 无人机抖动情况下对校正的优化。在无人机调整姿态的过程中，由于 OpenMV 处理图像

的速度有限，其返回的图像信息实际上是延后于陀螺仪姿态数据的，所以要克服动态误差，就必须建立无人机滚转速度与延时的关系。在图像处理中，仅需要将无人机滚转速度以一定比例放大，并与 OpenMV 输出的原始数据相抵消即可。为了校正高频抖动，可引入 FIR 汉宁窗滤波。

（4）电池更换平台。电池更换平台实物如图 5.13-22 所示。

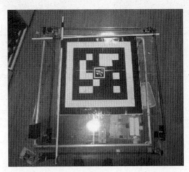

图 5.13-22　电池更换平台实物

① 舵机限位与升降更换电池：STM32F4 最小系统板输出 PWM 信号，控制三组舵机完成限位、电池推拉更换、复位三组动作，即可实现无人机电池的自动更换。为了更好地实现对舵机的控制，考虑到以下几个方面：第一，通过 4 条履带实现无人机的 x 方向和 y 方向双重限位；第二，在平台表面制造限位凸起和旧电池盒收集口，达到增强限位效果和简化电池更换过程的目的；第三，放置限位杆，平台的限位结构易造成 x 方向和 y 方向的限位冲突，因此将限位杆交错放置，并配合与之相符的舵机程序，实现两个限位方向互不干扰。

② 舵机控制：设置 6 个 PWM 信号输出通道，采用 STM32F4 最小系统板对 6 组舵机进行控制，通过实验调试得到无人机电池更换时每一步的舵机参数。

5.13.3　完成情况及性能参数

5.13.3.1　无人机系统完成情况

（1）实现的功能。目前，本作品已完成地面稳定性测试、手动控制飞行测试和自主寻找电池更换平台并降落等测试；针对电池更换平台，已完成拼装调试、机载电池更换实验和无人机起降试验；完成了遥控器显示界面、电池更换平台显示界面等人机交互界面的调试。其中遥控器显示界面可以展示无人机飞行高度等主要信息，电池更换平台显示界面可以展示剩余电池数量等关键信息。

（2）电池更换成功率。目前，电池更换的成功率在 80%左右。在无人机降落的过程中，易受到大风或其他不确定因素的影响。本作品在室内或者风速较低的场合下，电池更换的成功率有明显提高，未来将着手解决本作品抗风能力不足和着陆不稳定等问题。

（3）无人机稳定性。无人机炸机的概率几乎为 0，经过多次坠机和调试，已解决能遇到的绝大多数问题，飞行稳定性非常高，可长距离飞行而不出现失稳或失控的情况。在特殊情况下，可通过开启遥控器左上角的模式转换开关进行紧急迫降。一旦开启模式转换开关，无人机将停止水平移动，自主缓缓降低飞行高度并进行迫降。本作品的安全性基本能满足日常使用需求。

（4）成本。本作品中的无人机的直接成本约 1800 元（见表 5.13-4）。其中，3D 打印的机体外壳成本约占总成本的 22%，如果能批量生产机体外壳，就能将直接成本降低到 1500 元左右。本作品中的无人机不仅能实现市面上无人机的绝大部分功能，而且价格优势非常明显。

表 5.13-4　本作品中的无人机的直接成本

项　目	数　量	单价/元	合计/元
STM32F4 最小系统板	2 块	200	400
OpenMV	1 个	567	567
3D 打印的机体外壳	1 个	400	400
无刷电机	4 个	35	140
电调	4 个	40	160
MPU6050 传感器	1 个	10	10
NRF24L01 模块	2 个	24	48
BMP280 传感器	1 个	1	1
遥控器	2 个	1	2
线路、开关等细小零件	—	—	50
总计		1778 元	

5.13.3.2　关键性能指标

本作品的关键性能指标如下：

（1）无人机的续航能力：在空载时，一块 2200 mAh 的航模锂电池可支持 6 min 的正常飞行，本作品挂载 3～4 节该型号的电池，飞行时间约为 20 min。

（2）无人机的稳定性：在纯手动控制的情况下，本作品可在半径为 15 m、高度不小于 6 m 的圆形场馆内自由飞行，不会发生碰撞。

（3）无人机的最大载重：本作品的最大载重约为 3 kg。

（4）无人机的最大通信距离：在无遮挡的情况下，本作品的有效通信距离为 4 km，可以在标准操场上通过遥控器进行无线控制。

（5）最长电池更换时间：本作品可在大约 30 s 内完成电池自动更换，最长电池更换时间不超过 1 min，还可以连续为多架无人机自动更换电池。

（6）电池更换平台的完成情况：电池更换平台的基本架构与关键限位模块已经基本完成，平台上的 6 组舵机可以精确完成限位、电池推拉卸载、电池升降更换等一系列动作。电池更换平台的直接成本如表 5.13-5 所示。

表 5.13-5　本作品电池自动更换平台成本

项　目	数　量	单价/元	合计/元
STM32F407 最小系统板	1 块	200	200
舵机	6 组	75	450
断桥铝支架	1 个	173	173
同步轮	6 个	15	90
齿轮	6 个	7.5	45
皮带	6 条	7	42
总计		1000 元	

5.13.4　总结

5.13.4.1　可扩展之处

本作品的可扩展之处如下：

（1）多机、多平台的设计。未来，无人机的功能将越来越多，在所承担的任务越来越繁重的发展形势下，无人机电池更换系统很可能被推广。当多架次的无人机需要进行电池更换且有若干电池更换平台空闲时，应当有一套科学合理的系统为无人机分配电池更换平台。无人机需要实时地向后台报告自身的电量和所处的位置，后台将根据无人机的总体情况和电池更换平台的位置分布进行合理的分配。一套成熟的多机运行系统，可以有效维持整个系统的高效运转，使其尽可能避免出现排队、冲撞等现象。当然也要考虑相关模块的升级，如要求无人机的通信方式从 2.4 GHz 通信升级为 Wi-Fi 通信。

（2）本作品可以考虑用户的个性化需求甚至定制需求。用户可通过手机 App 或微信小程序查看无人机的实时状态，可以随时对飞行路线进行编辑，对飞行任务进行更改。只要在对应站点更换电池后可以正常作业的区域，都属于该电池更换平台可覆盖的绿色飞行区。当然这也对无人机的多维度通信提出了新的要求。

5.13.4.2　心得体会

在研发过程中，团队通力合作、统筹规划、扎实推进、收获颇丰。参加本次大赛，我们有很多体会，特别是体会到了何为系统设计。本作品不同于一般作品，做的不仅仅是一架无人机，也不仅仅是一个电池更换平台，而是一整套系统。本作品不但要求每一个环节高度可靠，还要充分考虑不同模块之间的握手，如飞控系统和 OpenMV 的通信协议、April Tags 图像与电池更换平台之间的协调等。

控制学不同于其他电子类学科，要求对所学的知识有高度的综合性。从经典力学到电路设计，从数字信号处理到数字电路，从 3D 建模到编程……本作品的设计人员必须样样熟悉。本作品的成功运行不但意味着团队成员的专业知识过硬，更意味着整套知识体系的串联与构建。

参与嵌入式竞赛，对快速学习能力的要求也非常高。在报名参赛之前，负责飞控系统设计的成员从未使用过 STM32F4 最小系统板。从看着注册机的说明配置开发环境，到跑通一个个例程，再到集成一架能飞的无人机。据飞控系统的开发成员回忆，他也想不到自己会在这么短的时间内学会这么多东西。但在开发过程中，该成员并不是把每个地方都搞得特别通透。短时间的现学现用，需要熟练地使用"拿来主义"。很多时候，他都是持着"能用就行"的理念，只深究吃透关键的地方，不在不太重要的地方花费太多时间和精力。

作为系统设计师，面临的更多问题往往不是技术上或者学术算法上的，更多的是诸如缺少零件工具、无人机意外坠毁需要紧急维修、某模块出现部分故障该如何维修或替换、要提前采购哪些零件以防物流拖延进度等较为烦琐的问题。

由于代码编写不合理导致的小而致命的错误更是数不胜数，往往难以排查和检测，但会在关键阶段暴露出来。这非常考验一个团队思维的缜密性、面对突发情况的灵活机动性，以及合作攻克难题的意志力。

在提交初赛作品前的最后一天，无人机在一次试飞中失控坠毁，主体断裂并且 NRF24L01 模块受损。距离作品上传截止时间不足 12 h，好在 OpenMV 模块没有受损，团队紧急抢修，用备用的机体外壳和 NRF24L01 模块进行紧急测试，修复了直接造成此次事故的漏洞。这些曲折的经历之所以没有影响我们的比赛，一方面得益于团队快速应对突发情况的能力，另一方面也得益于前期充分的物资准备。

对于真正的科研，本作品或许算不上一个复杂的系统，但团队成员通过本作品得到了很好的锻炼，收获了数不清的经验。读万卷书不如行万里路，实践出真知，最大的收获是课本之外的，并且这些收获在某种意义上比书本上的知识更加宝贵。

5.13.5　参考文献

[1] 韩思佳. 基于双目视觉的无人机机巢自动更换电池技术的研究[D]. 合肥：安徽农业大学，2022.

[2] 王钰云，刘忠忠，王承福，等. 一种无人机快速更换电池装置：CN216269941U[P]. 2022-04-12.

[3] 费维科，鲁娟利，任冰. 一种便于更换电池的无人机：CN214649051U[P]. 2021-11-09.

[4] 陈巍，林保义. 具有自动更换电池功能的无人机降落台：CN114872919A[P]. 2022-08-09.

[5] 李当一，庄旻. 无人机自动更换电池的导向装置：CN216354499U[P]. 2022-04-19.

[6] 要兵涛，刘晟博，许国梁. 一种方便更换电池的植保无人机：CN212047891U[P]. 2020-12-01.

5.13.6　企业点评

本作品是一项创新性的解决方案，基于 STM32F4 有效提高了无人机的工作效率和续航能力。本作品的无人机机体外壳和电池更换平台均采用自主设计，在机械结构和软件控制精度上仍然需要打磨，以提高本作品的稳定性。

第二部分
案例节选

第6章
海思赛题之案例节选

6.1 无人机实时监测追踪报警系统

学校名称：沈阳工业大学

团队成员：房群忠、高博宇、董熙宁

指导老师：张程硕

摘要

近年来，商用小型无人机飞速发展。其相比于载人机而言，无人机具有体积小、成本低、机动性强等优势，可完成一些载人机无法完成的任务，已被广泛应用于航拍、监测、遥测、勘探、救援、物流等诸多领域。然而，也有不法分子利用无人机对敏感区域进行侦察、监测或携带危险物品、武器对重要人物进行攻击。近来，国内外多次发生了无人机非法入侵事件，不仅对人们的个人隐私与生命财产安全造成了严重危害，而且对机场、军事基地、大型集会现场、核电站、政府机要部门等敏感区域的安防造成了极大的威胁。

因此，开展复杂环境下低慢小（如无人机）目标智能感知的研究，从而对无人机进行有效的探测和监管，具有重要意义。

为解决上述问题，团队设计了无人机实时监测追踪报警系统（在本节中简称本作品）。

6.1.1 作品概述

6.1.1.1 功能与特性

（1）监测功能：对视频中出现的无人机进行实时监测。

（2）追踪功能：对监测到的目标进行实时追踪。

（3）报警、打击功能：当监测到无人机时，解算目标的距离，当目标到达设定的阈值时，进行报警并实时激光打击。

（4）SD卡存储功能：当无人机达到限飞区域后，对视频进行保存，方便后期取证。

6.1.1.2 应用领域

本作品主要应用于安全保障、防空安保、现场监测等领域。

（1）在重要活动、政府机构、公共场所周边部署本作品，可以防范恶意无人机的威胁，确保人员和设施的安全。

（2）在军事基地和边境进行防空安保，监测非法侵入的无人机，及时采取反制措施。

（3）在突发事件、事故或灾难现场，监测空中情况，保障救援和应急人员的安全。

此外，本作品还可用于监狱、私人领域、文化娱乐等场所，用于保护隐私，防范非法行为。

6.1.1.3　主要技术特点

（1）目标检测模型：本作品采样 YOLOv5 模型进行目标检测。YOLOv5 是一种单阶段目标检测模型，能够快速且准确地在图像中定位和识别多个目标。通过 YOLOv5 模型，本作品可及时发现空中的无人机。

（2）深度学习模型的优化：针对海思芯片的特性，本作品对 YOLOv5 模型进行了优化，降低了该模型对计算和存储资源的需求，使该模型能够高效地运行在资源受限的平台上。

（3）目标跟踪：本作品配备了高性能伺服控制系统，可根据目标检测位置来快速调整摄像头的视角，对目标进行实时跟踪。上述这些技术特点使得本作品能够持续锁定目标并提供稳定的视觉数据。

（4）实时报警与存储：当目标到达限飞区域时，本作品可及时报警，并存储视频，方便后期取证。

6.1.1.4　主要性能指标

本作品的主要性能指标如表 6.1-1 所示。

表 6.1-1　本作品的主要性能指标

基 本 参 数	性 能 指 标
可见光成像	分辨率为 1920×1080，帧率为 60 fps
	视场角为 51.3°×31.8°
系统外部接口	网络、HDMI 视频输出，12 V 的电源接口
系统特征	平台类型为两轴，航向角为-90°～+90°，俯仰角为 0°～+50°，最大角速度为 9.6°/s
识别模块	识别准确率为 90%，实时性为 35 fps
跟踪模块	跟踪速度为 10°/s
图像增强	图像去雾
位置信息	俯仰角、偏航角、目标距离

6.1.1.5　主要创新点

（1）作为最流行的单阶段目标检测模型之一，YOLOv5 可以很好地满足实时目标检测的需求。本作品对 YOLOv5 模型进行了优化，修改了不支持 NNIE 的部分，主要包括 Focus 层、Unsample 层、ReLU 激活函数，将优化后的 YOLOv5 模型部署到 Hi3516，具有很好的精度和实时性。

（2）在无人机由远及近的过程中，目标与视场中心的视场角会由小变大。若根据检测到目标的位置变化来控制云台转动，则会出现目标脱离视场的情况，从而导致无法跟踪目标，因此本作品在伺服控制系统中引入了位置 PID 算法，用于控制云台的转动速度。在目标由远及近地进入视场后，根据目标的大小变化控制云台的转动速度，可以使云台更加实时地跟踪目标。

（3）上位机软件采用 LabVIEW 开发。本作品设计了登录系统，实现了对云台控制系统的安全管理；通过 TCP/IP 协议与 Hi3861 通信，实现了对整体系统的控制。上位机软件已经编译成 exe 文件，同时生成了安装程序，方便用户在不同的计算机上移植。

6.1.1.6　设计流程

本作品中的 Hi3516 主要负责获取图像并对图像进行处理，将监测到的目标位置信息发送到 Hi3861。Hi3861 对模板位置信息进行解算，确定模板的位置和距离，并通过控制云台来实现对目标的跟踪，使目标始终位于屏幕中心。当本作品到目标的距离小于设定的阈值时，将触发报警设备。

上位机软件负责控制整个流程，通过指令可实现手动控制云台和自动控制云台的切换，手动/自动触发激光，对目标进行打击。

6.1.2　系统组成及功能说明

6.1.2.1　整体介绍

本作品的框架如图 6.1-1 所示。

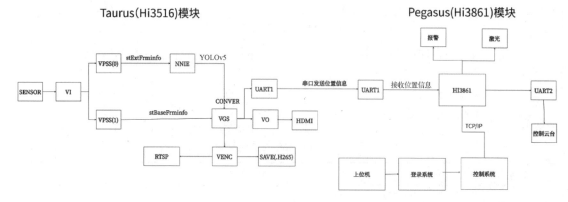

图 6.1-1　本作品的框架

上位机通过指令控制整个系统，主要功能包括获取位置信息、图像增强、控制云台、开启追踪、开启识别、视频输出、自定义报警阈值。位置信息主要包括云台的俯仰角、偏航角、与目标距离，俯仰角和偏航角通过云台数据获得，距离主要通过单目测距获得并实时显示出来。图像增强指通过 Hi3516 调用图像去雾函数，实现图像去雾功能。追踪是指 Hi3516 识别到目标后，将位置信息发送到 Hi3861，由 Hi3861 负责控制云台，实现对目标的追踪。

在默认情况下，识别功能是关闭的。当上位机开启识别功能后，Hi3516 才对目标进行识别。

在设置报警阈值后，当测得的目标距离小于阈值时，本作品将触发自动报警并开启激光打击功能。Hi3516 负责获取视频并对视频进行处理，通过 YOLOv5 模型对视频进行检测，若有目标存在，则保留目标的位置信息并在图像中框选目标，位置信息通过串口发送到 Hi3861，由 Hi3861 根据位置信息调节云台，实现对目标的追踪。

6.1.2.2　硬件系统介绍

本作品的上位机软件采用 LabVIEW 开发编译，并设计了登录系统，实现了对云台控制系统的安全管理。登录系统的主要功能包括进入系统、用户管理、密码修改、增加管理员权限，可方便用户进行管理。

由于本作品的跟踪模块要保证实时性，需要云台舵机在额定功率下工作，且俯仰舵机和偏航舵机都需要同时达到最大电流，因此本作品选择 XL4015 来设计应用电路，以保证舵机的稳定工作。

6.1.2.3　软件系统介绍

（1）视频输出：视频分两路输出，一路是 RTSP 网络输出，另一路为 HDMI 输出。

（2）目标检测：采用 YOLOv5 模型，可满足实时性要求。

（3）目标位置信息：Hi3516 在识别到目标后进行单目测距转换，将目标位置信息发送到 Hi3861，由 Hi3861 控制云台，并获取云台的俯仰角和偏航角。

（4）去雾功能：调用海思 ISP 库函数，实现图像去雾功能。

（5）识别追踪：Hi3516 将获取的目标距离信息发送到 Hi3861，由 Hi3861 将接收到的信息转换成可驱动云台转动的二进制信号，实时对目标的实时追踪。

（6）激光功能：模拟打击无人机的功能，通过上位机向 Hi3861 发送指令，驱动串口触发激光打击功能。

（7）扫描模式和跟踪模式的自动切换：向 Hi3861 输入指令来驱动云台自动转动搜寻目标，当目标进入视场后本作品将自动切换追踪模式对目标进行跟踪。

6.1.3　完成情况及性能参数

6.1.3.1　整体介绍
本作品的实物如图 6.1-2 所示。

6.1.3.2　工程成果
本作品的工程成果如图 6.1-3 所示。

（a）正面图　　　　　　（b）侧面图

图 6.1-2　本作品的实物

图 6.1-3　工程成果

6.1.3.3　电路成果
本作品的电路成果如图 6.1-4 所示。

6.1.3.4　软件成果
本作品的登录界面如图 6.1-5 所示，用户管理界面如图 6.1-6 所示，操作界面如图 6.1-7 所示。

图 6.1-4　电路成果

图 6.1-5　登录界面

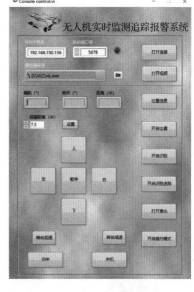

图 6.1-6　用户管理界面　　　　　　　　　图 6.1-7　操作界面

6.1.3.5　特性成果

（1）目标识别能力：本作品可识别单目标、多目标，如图 6.1-8 所示。

（a）单目标识别　　　　　　　　　　　　（b）多目标识别

图 6.1-8　单目标识别和多目标识别

（2）追踪效果：在实测中，将无人机置于不同位置，当无人机的飞行速度小于 5 m/s 时，本作品可以获得满意的追踪效果。

（3）报警效果：在实测中，当目标距离小于设定的阈值时，本作品将自动触发报警。

（4）视频存储：在实测中，本作品可将录制的视频存储到 SD 卡中。

6.1.4　总结

6.1.4.1　可扩展之处

（1）NNIE 输出的 SVP_BLOB 数据结构不利于 NMS 处理，可采用 NEON 进行优化，提高数据读取速率。

（2）可对 RTSP 网络输出进行优化，降低延时。

（3）可以根据脱靶量自动触发激光打击。

6.1.4.2　心得体会

本次参赛是一次非常充实和有收获的过程，通过前期准备到完成本作品，让我们更加深入地理解了嵌入式系统的基本概念和原理，例如将机器学习模型部署到硬件上时，需要考虑很多细节和精度问题。通过本次参赛，我们学会了如何精确地测量和分析系统的性能指标，如响应时间、精度和稳定性等，通过这些分析可以找到系统的瓶颈并进行优化。

在本作品的筹备过程中，团队合作是关键。我们通过良好的沟通和共同的目标来协调工作，完成任务；通过团队合作，充分发挥了团队成员的各自优势，共同解决了碰到的各种问题。

本次参赛是一个学习和创新的过程，我们尝试了一些新的想法和创意，开阔了视野，并激发了进一步学习和探索的动力。

总体来说，本次参赛让我们收获了宝贵的经验。通过本次参赛，我们深入理解了嵌入式系统的知识，掌握了硬件和软件的协同工作方法，提高了自身的技能和能力。同时，我们也认识到了不足之处，并坚定了在嵌入式领域进一步学习和发展的信心。

6.1.5　企业点评

本作品在 Hi3516 和 Hi3861 的基础上，引入了目标检测模型（YOLOv5）和位置 PID 算法，实现了一个集实时监测、追踪、报警、打击、存储等功能于一体的系统。本作品可应用于安全保障、防空安保、现场监测等场景，对复杂环境下的低慢小目标智能感知的研究起到了积极的推动作用。本作品对需要较高算力的模型进行了优化，并将其部署到了 1T 算力的平台。

第 7 章
沁恒赛题之案例节选

7.1 基于 CH32V307 的手部外骨骼同步机械臂

学校名称：南京邮电大学

团队成员：方浩然、马辰煜、王严浩

指导老师：郝学元

摘要

机械外骨骼也称动力外骨骼（简称外骨骼），其实质上是一种可穿戴机器人。外骨骼将人的智能与外部机械动力装置的机械能量结合在一起，可以给人提供额外的动力或能力。一方面，穿戴外骨骼的人能够轻松完成一些难度较大的任务，如可以让实验人员远程控制实验样品、让救援人员轻松搬运沉重的物体等。另一方面，通过添加耗能元件，也可以将外骨骼作为随身穿戴的健身设备。

本作品（在本节中指基于 CH32V307 的手部外骨骼同步机械臂）以沁恒 CH32V307 赤菟开发板为主控板，通过给手部增加外骨骼，从而读取手部的加速度、方位角等信息并进行姿态解算，将解算结果 1:1 地反映到所连接的机械臂上，使机械臂完成与手部相同的动作。在此基础上，用户可通过蓝牙、手柄等控制器远程操控机械臂。机械臂的控制算法采用运动学正/逆解算法，将机械臂各轴的转动转换为各轴间的配合平动，符合人们的思维习惯，非常方便操作。

本作品分为手部数据读取模块、姿态解算模块、机械臂控制模块、机械臂，其中手部数据读取模块由弯曲度传感器、角度传感器等组成，将读取的数据发送到姿态解算模块，姿态解算模块将解算出的姿态数据发送到机械臂控制模块，从而控制机械臂执行相应的动作。

7.1.1 作品概述

7.1.1.1 功能与特性

在科学研究中，尤其是进行化学或材料实验时，一些对人体有害的物质（如二甲苯有机液体等）会不可避免地飞溅到人的皮肤上，当剂量过大时就可能对人体造成伤害。在抢险救援中，由于受灾环境恶劣，救援人员在实施救援时，常常会处于一个比较危险的环境中，自身安全无法得到保障。

为此，本作品设计了多种操控模式，旨在帮助人们规避可能受到的意外伤害。

7.1.1.2 应用领域

（1）实验室安全：通过远程操控机械臂进行实验，大大减少了实验人员与实验样品直接接触的机会，可有效保护实验人员。

（2）抢险救灾：受灾环境往往比较恶劣且充满危险因素，救援人员可以通过远程操控机械臂来完成有较大危险性的任务，从而在达到救援目的的同时保护自身安全。

（3）康复医疗：通过机械臂可以精准地控制力度，帮助术后患者进行必要的康复训练；另外，外骨骼也可以为患者提供有效的外力。

常用的外骨骼如图 7.1-1 所示。

（a）实验室外骨骼　　　　　　（b）救援型外骨骼　　　　　（c）康复型外骨骼

图 7.1-1　常用的外骨骼

7.1.1.3　主要技术特点

（1）以沁恒 CH32V307 赤菟开发板为主控板。为了实现多传感器的高速数据采集，达到低延时的目的，本作品采用沁恒 CH32V307 赤菟开发板作为主控板，CH32V307 的主频为 144 MHz，拥有 80 个 I/O 接口。沁恒 CH32V307 赤菟开发板搭载了 LCD 显示屏和沁恒自研的 CH9141 蓝牙模块，可大大加快本作品的开发速度。

（2）多传感器协同。在手部数据的采集过程中，需要读取手部多个点位、多种传感器的数据，通过数据分析计算手部的当前姿态。本作品创新性地使用投票滤波算法，避免了由于传感器的突发数据抖动对姿态解算造成的影响。

（3）机械臂采用多种控制方式。机械臂支持蓝牙控制方式、手柄控制方式、手部动作控制方式，操作者可以根据实际情况选择合适的控制方式。

7.1.1.4　主要性能指标

本作品的主要性能指标如表 7.1-1 所示。

表 7.1-1　本作品的主要性能指标

基 本 参 数	性 能 指 标	优　　势
机械臂最大响应延时	50 ms	延时小
夹爪最小控制精度	0.2°	精度高
所夹物体最大质量	450 g	夹爪力大
最大待机功耗	30 mW	静态功耗低
最大运行功耗	500 mW	支持长时间运行
温度承受范围	−30℃～75℃	适应多种场景

7.1.1.5　主要创新点

（1）同步控制。在传统遥控机械臂的基础上，本作品使用多个传感器实时获得手部动作，并控制机械臂进行同步动作，有效改善了传统遥控机械臂不够灵活和操作困难等不足。

（2）采用运动学正/逆解算法。运动学正/逆解算法是指通过相关运动学模型，计算机械臂关节角度与末端执行器位置和姿态之间的对应关系，从而实现机械臂的自主控制和运动规划。本作品采用运动学正/逆解算法计算夹爪位置和姿态与轴之间的对应关系，使得夹爪可以沿水平和竖直方向运动，符合人们的思维惯性，非常方便操作。

7.1.1.6 设计流程

本作品的设计流程如图 7.1-2 所示。

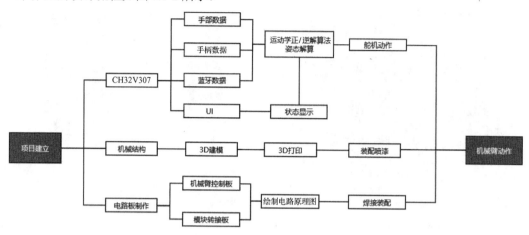

图 7.1-2 本作品的设计流程

7.1.2 系统组成及功能说明

7.1.2.1 整体介绍

本作品的框架如图 7.1-3 所示，总体上可分为机械臂本地控制和手部数据读取两大部分，机械臂本地控制包含主控姿态解算（CH32V307 赤菟开发板）、机械臂控制板、机械臂三大模块。

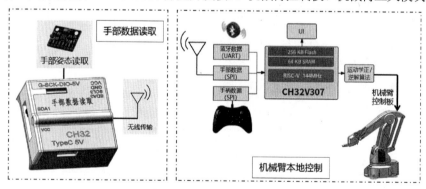

图 7.1-3 系统整体框图

CH32V307 赤菟开发板作为本作品的主控板，负责接收手部（辅控部分）、手柄、蓝牙数据，根据运动学正/逆解算法，将机械臂各轴的角度与夹爪位置对应起来，从而控制机械臂执行相应动作。

7.1.2.2 硬件系统介绍

本作品的硬件系统主要包括机械臂、手部外骨骼、机械臂控制板、模块转接板，其中机械臂和手部外骨骼通过 3D 软件进行建模，通过 3D 打印后进行装配；通过 EDA 软件绘制机械臂控制板和模块转接板的电路原理图，打板后自主焊接。

（1）机械设计介绍。

① 双连杆结构。本作品的机械臂采用双连杆结构，如图 7.1-4 所示，机械臂在运动过程中，夹爪始终与地面平行。

② 4 自由度结构。机械臂由多个关节和连杆组成，可以模仿人的手臂动作并执行精细的操作。本作品使用 3D 建模软件来进行详细设计和模拟，创建机械臂的 3D 模型，包括关节、连杆和夹爪等部件，通过调整参数、测试运动路径和优化设计来确保机械臂的性能和精度。本作品的机械臂具有 4 个自由度（见图 7.1-5），通过 A 轴、B 轴、C 轴和 D 轴（夹爪）可以在水平和垂直方向上灵活地运动。

③ 插接限位。手部外骨骼除了使用螺丝螺母进行连接，还设计了许多限位槽孔，用于在插接 3D 打印的零件时进行限位，从而确保 3D 打印的零件尺寸误差控制在可接受的范围内。

图 7.1-4　机械臂的双连杆结构

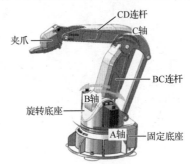

图 7.1-5　机械臂的 4 个自由度

（2）电路各模块介绍。

① 机械臂控制板。机械臂控制板用于将外部输入电压通过 LDO 转换为 5 V 的直流电压，为舵机提供所需的电压，同时将 CH32V307 赤菟开发板的 4 路 PWM 信号传输到舵机，从而控制机械臂运动。机械臂控制板的电路原理图如图 7.1-6 所示。

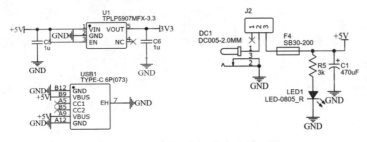

图 7.1-6　机械臂控制板的电路原理图

② 模块转接板。模块转接板用于将手柄接收器、4 路 PWM 信号与 CH32V307 赤菟开发板上的 I/O 接口对应起来，使用时分复用的方法控制 2 个 SPI 外设。各模块间通信连接使用 XH2.54 接线对子，在简化接线的同时还可以防止反接。时分复用控制的电路原理图如图 7.1-7 所示。

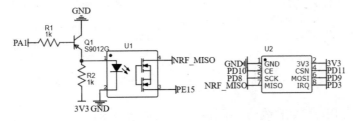

图 7.1-7　时分复用控制的电路原理图

7.1.2.3 软件系统介绍

CH32V307 赤菟开发板通过无线连接来接收手机蓝牙、手柄或手部姿态等数据，通过运动学正/逆解算法将手部姿态转化为机械臂的运动指令。蓝牙、手柄或手部动作这三种控制方式使得操作更加方便灵活，用户可以根据实际情况，选择合适的控制方式。本作品的软件系统框架如图 7.1-8 所示。

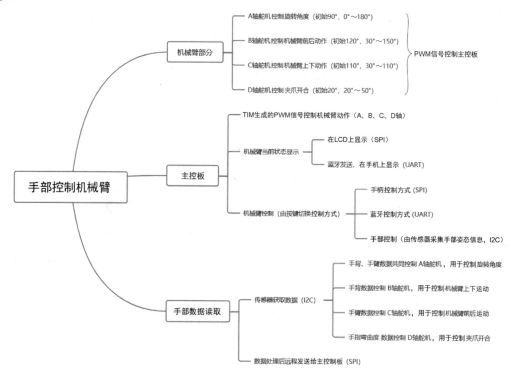

图 7.1-8　本作品的软件系统框架

（1）运动学正/逆解算法。CH32V307 赤菟开发板使用运动学正/逆解算法控制机械臂，该算法可以将机械臂各轴的角度转化为末端执行器（夹爪）的位置和姿态，或者将末端执行器（夹爪）的位置和姿态转化为机械臂各轴的角度。用户只需要通过在直角坐标系中设定末端执行器（夹爪）的位置和姿态，或者调整机械臂各轴的角度，就可执行所需的机械臂动作。运动学正/逆解算法的使用必须结合机械臂的 3D 模型，通过解三角形来获得各轴的角度与末端执行器（夹爪）的位置和姿态的关系。机械臂运动学正/逆解算法的示意图如图 7.1-9 所示（图中的数值单位为 mm）。

运动学正解的计算公式为：

$$x' = 67 + 145\cos(\angle C - \angle B) - 135\cos(\angle B) \tag{7.1-1}$$

$$y' = 65.5 + 145\sin(\angle C - \angle B) - 135\sin(\angle B) \tag{7.1-2}$$

运动学逆解的计算公式为：

$$\angle B = 210° - \arccos\left[\frac{L_2^2 + L_3^2 - L_1^2}{2L_2 L_3}\right] - \arccos\left[\frac{L_3^2 + 135^2 - 145^2}{2L_3 \times 135}\right] \tag{7.1-3}$$

$$\angle C = \arccos\left[\frac{135^2 + 145^2 - L_3^2}{2 \times 135 \times 145}\right] - (\angle B - 30°) + 125.5° \tag{7.1-4}$$

（2）SPI 时分复用。手柄接收器和手部动作接收器 NRF24L01 使用的是 SPI 接口，由于手柄接收器、手部动作接收器不需要同时工作，故可以共用 MOSI、MISO、SCK 信号线。本作品通过

1 个 I/O 接口和 1 个反相器即可控制 2 个 SPI 接口的片选信号线，2 个 SPI 接口在同一时刻只有一个被使能。SPI 接口时分复用的流程如图 7.1-10 所示。

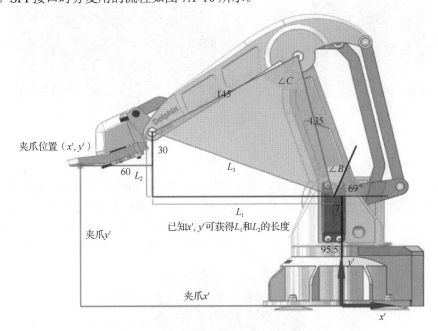

图 7.1-9　机械臂运动学正/逆解算法的示意图

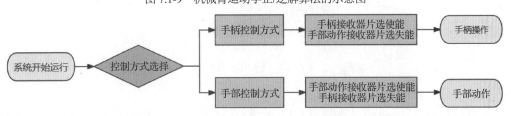

图 7.1-10　SPI 接口时分复用的流程

7.1.3　完成情况及性能参数

7.1.3.1　整体介绍

本作品的实物如图 7.1-11 所示。

图 7.1-11　本作品的实物

7.1.3.2　机械成果

本作品的机械成果如图 7.1-12 所示，机械臂上搭载了 4 个舵机，形成了 4 个自由度；手部数据读取模块上搭载了 3 个倾角传感器，用于获取手部开合、手背的左右倾斜、手臂的弯曲等姿态。

（a）机械臂

（b）手部数据读取模块

图 7.1-12　机械成果

7.1.3.3　电路成果

本作品的电路成果如图 7.1-13 所示。本作品对 CH32V307 赤菟开发板进行 I/O 接口转接，从而控制机械臂；SPI 接口通过时分复用的方式控制手柄接收器和手部动作接收器。

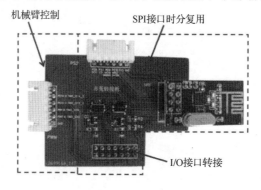

图 7.1-13　电路成果

7.1.3.4　软件成果

本作品的板载屏幕显示界面如图 7.1-14 所示，该界面显示了夹爪在直角坐标系下的坐标、4 个轴的角度、当前的控制方式，以及主控板接收到的原始数据。蓝牙控制显示界面如图 7.1-15 所示，该界面除了显示 4 个轴的角度，还可以通过右侧的逻辑按键和摇杆控制机械臂执行相应的动作。

图 7.1-14　板载屏幕显示界面

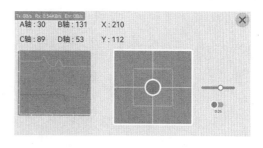

图 7.1-15　蓝牙控制显示界面

7.1.3.5　特性成果

在实测中，本作品在手部合上时夹爪会合上（见图 7.1-16），即抓紧橡皮；当手部展开时夹爪会松开（见图 7.1-17），即松开橡皮。

图 7.1-16　手部合上时夹爪合上　　　　图 7.1-17　手部展开时夹爪松开

7.1.4　总结

7.1.4.1　可扩展之处

（1）本作品后续可使用扭矩更大的舵机或者无刷电机，不仅可以在更广的范围内代替人的操作，同时还可以提高机械臂的控制精度。

（2）本作品后续可加入数字孪生技术，将其扩展为虚拟实验室的模块。

（3）本作品后续可以优化各个模块，以便更加贴近人体结构，改善用户的体验。

7.1.4.2　心得体会

通过本次参赛，我们了解到了很多课本之外的知识。例如通过运动学正/逆解算法可将各轴的转动转换为各轴间的配合平动。同时，我们也意识到，在实际的控制系统中，算法的复杂度和主控芯片的运行速率决定了控制程序的执行效率，从而影响整个系统的实时性。在需要高精度控制的场合，必须选取低复杂度的算法并配以性能优良的主控芯片。

在本作品的研发中，我们深刻地感受到了创新的力量。例如，在对比各种数字滤波算法的基础上，创新性地编写了投票滤波算法，才避免了由于传感器的突发数据抖动对姿态解算造成的影响，使机械臂的控制更为精准。

7.1.5　企业点评

本作品通过 CH32V307 读取传感器信息，并进行手部姿态解算，从而控制机械臂进行同步动作，实现了一款手部外骨骼同步机械臂装置，可用于危险环境下的实验或者抢险救援。

第 8 章
意法半导体赛题之案例节选

8.1 智能机器人

学校名称：天津职业技术师范大学
团队成员：徐晗、杜若鹏、赵新超
指导老师：孙永

摘要

在日常生活中，我们有时需要进行一些危险性高的作业，如火灾、地震等的救援。由于缺乏完善而安全的解决方案或措施，往往会给工作人员带来安全威胁。针对这种情况，本团队设计了一款可远程操控，精准模仿人体动作的智能机器人（在本节中简称本作品），旨在减少高危作业对工作人员的完全威胁，甚至代替工作人员进行高危作业。本作品以 STM32F4 为主控芯片，采用传感器技术和物联网技术，实现了机器人的远程精准操控。

8.1.1 作品概述

8.1.1.1 功能与特性

本作品是一种基于嵌入式芯片的物联网体感式智能机器人。本作品的主要部分是机器人，内置主控板，以及多种高灵敏度的传感器，用于将检测到的数据迅速传输到上位机，方便控制人员及时进行数据分析。机器人的肩关节、肘关节、腕关节、髋关节处分别设有舵机，操作者可以更加灵活地控制机器人进行多种操作。机器人底部设有底盘，底盘下方设有动力充足的电机，用于控制机器人移动。本作品的次要部分是人体姿态检测装置，该装置采用的是安装有多个传感器的穿戴式机械结构。

本作品的集成度高，且便于调试。

8.1.1.2 应用领域

（1）信息侦察：本作品可以在受灾场所收集信息（如景象、温度、气压等信息），以便救援人员更加准确地掌握灾情。

（2）寻找幸存者：本作品可以通过摄像头和图像识别技术识别人的鞋、衣物或其他物品，帮助搜救人员在废墟中寻找幸存者。

（3）危险环境救援：在坍塌或爆炸等危险环境中，救援人员难以进入现场，本作品可替代救援人员执行救援任务。

（4）不明环境的探查：本作品可以通过搭载的各类传感器实时监测环境指标，如噪声、PM2.5、温度、湿度、有害气体浓度等，这些数据可以为后续的探查工作提供支撑。

8.1.1.3　主要技术特点

（1）本作品采用的穿戴式机械结构安装了用于采集人体动作信息的体感设备（如陀螺仪、加速度传感器和电位器等），并通过无线模块将采集到的数据发送到机器人。

（2）机器人通过主控芯片 STM32F4 的 DMA 通道来接收穿戴式机械结构体感设备发送的数据，使用 Timer（定时器）及 MCTM（电机控制定时器）产生 16 路不同占空比的 PWM 信号，从而控制机器人手臂（机械手）上的各个舵机和步进电机，将机械手调节到相应的位置。

（3）云平台接收到机器人发送的相关数据后，可通过本作品的 App 检测模块进行分析，并实时显示采集的数据。

8.1.1.4　主要性能指标

（1）感知能力：本作品具备感知人体的能力，包括对人体的位置、速度、加速度、方向等信息进行感知的能力，这些信息可通过内置的传感器获取。

（2）移动能力：本作品的机器人具备灵活的移动能力，能够自主移动、旋转、俯仰等，可与周围环境进行交互。此外，本作品的机器人具备足够的动力和扭矩，能够应对各种复杂的环境和任务。

（3）交互能力：本作品的机器人能够与人类或其他机器人进行交互，具备足够的适应性和学习能力，能够不断优化自身的交互能力。

（4）计算能力：本作品的机器人具备强大的计算能力，能够处理大量的传感器数据、执行复杂的控制算法、进行高效的人机交互等。

（5）耐用性和可靠性：本作品的机器人不仅可以在各种环境（如高温、低温、潮湿、干燥等环境）中稳定运行，还具备防振、防尘等功能。

（6）能耗：本作品的机器人能耗较低，不仅可以减少机器人的运行成本和维护成本，还有助于减少对环境的影响。

（7）安全性：本作品的机器人的安全性较高，不仅可以防止其对人类造成伤害（如碰撞等），还可以保护人类免受机器人错误行为的影响（如误操作等）。

8.1.1.5　主要创新点

（1）本作品采用高灵敏度的陀螺仪和加速度传感器，与采用摄像头捕捉人体动作信息的方式相比，本作品能够更快、更准确地获得人体动作信息。

（2）本作品具备成本低、效率高、操作简单、不需要长时间的前期培训、维修方便等特点。

（3）本作品能够将机器人的体力与人的智力完美结合，提升穿戴者的力量、速度，减少穿戴者的体力消耗，完成人类自身无法完成的任务。

8.1.1.6　设计流程

本作品可分为机器人和人体姿态检测装置两部分，人体姿态检测装置采用穿戴式机械结构，主要用于安装采集人体动作信息的陀螺仪、加速度传感器和电位器等。

人体姿态检测装置的设计流程是：通过 STM32F4 的 ADC 采集电位器的电压值，通过 I2C 接口采集陀螺仪、加速度传感器的数据，将所采集到的数据通过 DMA 传输到 HT32F1656 特有的 PDMA 中，由 PDMA（Programmable Direct Memory Access）收集完数据后再触发 STM32F4 处理数据，最后通过无线模块将处理结果发送到机器人。

机器人的设计流程是：通过 STM32F4 的 Timer 和 MCTM 产生 16 路不同占空比的 PWM 信号，控制机械手上的各个舵机和步进电机；通过舵机可以将机械手调节到精准的位置，通过滚珠丝杠也可以精确地控制机械手在上下两个自由度上移动。

本作品还开发了 App 检测模块，用于分析并显示采集到的数据。

8.1.2　系统组成及功能说明

8.1.2.1　整体介绍

本作品采用无线模块传输数据，摆脱了有线的束缚，具有可靠性高、操作方便简单等优点。本作品的机器人有两个 7 自由度的机械手，可以无死区地进行动作控制，完整地将手臂的姿态展现出来。机器人依靠其底部的底盘实现了水平移动，底盘头部的舵机控制机器人的转弯；机器人头部装有高清摄像头，通过 App 检测模块可以实时查看摄像头的画面和机器人所处的环境信息。

机器人的工作流程如图 8.1-1 所示。

人体姿态检测装置的工作流程如图 8.1-2 所示。

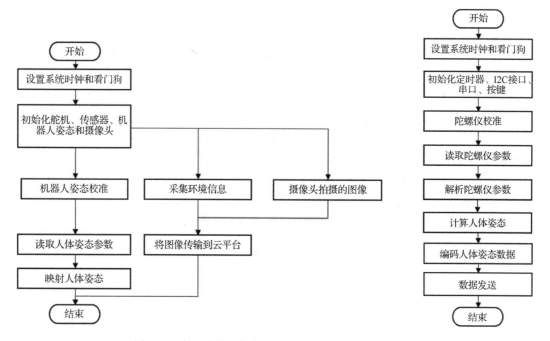

图 8.1-1　机器人的工作流程　　　　图 8.1-2　人体姿态检测装置的工作流程

8.1.2.2　硬件系统介绍

（1）温湿度传感器模块（见图 8.1-3）。本作品的温湿度传感器采用的是 DHT11 型数字式温湿度传感器，该传感器的湿度检测范围为 5%RH～95%RH、精度为±5%RH，温度检测范围为-20～+60℃、精度为±2℃。

（2）无线模块（见图 8.1-4）。本作品的无线模块采用的是 ESP8266 模块，该模块是深圳安信可公司开发的基于乐鑫 ESP8266EX 的超低功耗的 UART-Wi-Fi 模块，可以方便地进行二次开发，接入云平台，实现 3G/4G 网络连接，加速产品原型设计。

图 8.1-3　温湿度传感器模块

图 8.1-4　无线模块

（3）GPS 模块（见图 8.1-5）。本作品的 GPS 模块是型号为 ATGM336H-5N 的 BDS/GNSS 全星座定位导航模块，该模块的核心是杭州中科微电子有限公司的第四代低功耗 GNSS SoC——AT6558。AT6558 是一款六合一的多模卫星导航定位芯片，包含 32 个跟踪通道，可以同时接收六个卫星导航系统的信号，实现联合定位、导航与授时。

（4）陀螺仪模块（见图 8.1-6）。本作品的陀螺仪模块采用的是 JY60 智能六轴姿态传感器，该传感器包含三轴陀螺仪、三轴加速度传感器，通过集成各种高性能传感器和运用自主研发的姿态动力学核心算法引擎，结合高动态卡尔曼滤波融合算法，可提供高精度、高动态、实时补偿的三轴姿态角度，满足不同的应用场景。

图 8.1-5　GPS 模块　　　　　　　　　图 8.1-6　陀螺仪模块

8.1.2.3　软件系统介绍

本作品的软件系统主要是 App 检测模块，用于显示并记录传感器采集的数据，可实时辨别机器人所在的环境有无有害气体、是否会爆炸等危险情况。

8.1.3　完成情况及性能参数

8.1.3.1　整体介绍

本作品的实物如图 8.1-7 所示。

 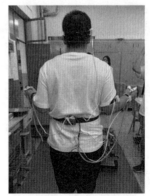

（a）机器人　　　　　　　　　　　（b）人体姿态检测装置

图 8.1-7　本作品的实物

8.1.3.2　工程成果

本作品的工程成果如图 8.1-8 所示。

8.1.3.3　机械成果

本作品的机械成果如图 8.1-9 所示。

图 8.1-8　工程成果　　　　　　　　图 8.1-9　机械成果

8.1.3.4　软件成果

本作品的 App 检测模块的显示界面如图 8.1-10 所示，机器人拍摄的图像示例如图 8.1-11 所示。

图 8.1-10　App 检测模块的显示界面　　　　图 8.1-11　机器人拍摄的图像示例

8.1.3.5　特性成果

本作品的性能稳定，能精确读取环境的温度、湿度、CO_2 浓度及 CO 浓度。本作品通过 K210 芯片对图像进行压缩，并通过无线模块将压缩后的图像传输到上位机。本作品将图像传输到上位机并进行实时监测的延时小于 1 s。

8.1.4　总结

8.1.4.1　可扩展之处

（1）智能水平可进一步提高：本作品可增加更多的智能功能，如物体识别、自然语言处理等，进一步提高智能水平。

（2）移动能力可进一步提高：本作品可扩展更多的移动能力，如轮式移动、跳跃式移动等。这些扩展的移动能力可以让机器人在更多的环境中自由移动，从而更好地适应不同的任务和场景。

8.1.4.2　心得体会

本次参赛是一个充满挑战和收获的过程，其中的心得体会如下：

本作品涉及的技术领域比较广泛，包括传感器技术、运动控制技术、机器视觉技术、人工智能技术等。在本作品的开发过程中，需要不断学习和应用这些技术。

本作品是与人类进行交互的设备，需要注重机器人的外观设计、交互方式，让用户能够自然、直观地与机器人进行交互。

本作品需要处理大量的传感器数据和控制信号，因此性能优化是必不可少的。通过高效的算法和优化的代码来提高机器人的性能，从而让机器人的响应更加迅速、准确。

本作品涉及用户的生命安全和财产安全，因此安全性是至关重要的，不仅需要注重机器人的安全设计，包括防振、防撞、防电击等方面的设计，同时还需要对机器人的软件和数据进行加密保护，防止被恶意攻击和篡改。

8.1.5　企业点评

本作品整合了 STM32F4 的性能优势和穿戴式机械结构的灵活性,具备强大的感知能力和控制灵活性。通过高灵敏度传感器和舵机,本作品的机器人能够实时精准地捕获人体姿态,人体姿态检测装置提供了多种操控机器人的方式。总体而言,本作品在智能交互的机器人运动控制方面展现了潜力,同时彰显了 ST 产品在嵌入式智能控制系统中的重要作用。

8.2 液体化学试剂混合与测量装置

学校名称: 苏州大学应用技术学院
团队成员: 戴文杰、徐信、邹文俊
指导老师: 魏明、胡清泉

摘要

多种液体混合在食品、医药、制药和化工等企业中是比较常见的工序,但这些企业的生产环境通常是易燃、易爆、有毒性或腐蚀性的,不适宜人工操作。人工进行液体混合,劳动强度高、生产效率低、产品质量得不到保证;另外,由于这些企业用到的材料大都是易燃、易爆的有毒物质,对人员的健康构成了严重的安全隐患。液体化学试剂混合与测量装置(在本节中简称本作品)可以很好地解决人工操作的问题。

本作品以 STM32H7 为主控芯片,内部安装了液位传感器、步进电机、加热丝、温度传感器、指示灯、液体开关控制阀等元件,可设置并存储多种液体化学试剂的混合方案。在实际应用中,操作人员按下本作品的启动按钮后,液体的输送阀门在定时器、液位传感器的控制下按照一定顺序开关,可使多种液体流入容器自动混合;然后搅拌电机和加热丝起动,对多种液体进行加热搅拌并通过光电传感器测量液体的相关指标,当混合液体的纯度、浓度、密度达到工艺需求后,系统自动流出液体,自动开始下一轮的作业。本作品具有优越的性价比,是一个可以对不同类型的液体进行配比、混合、加热等操作的系统,可广泛应用于食品、医药、制药和化工等企业。

8.2.1　作品概述

8.2.1.1　功能与特性

本作品通过 STM32H7 控制电磁阀的开关,从而精确可靠地控制各种液体的流向;采用 PID 算法,实现了对液体的精确抽取,大大避免了因人工操作失误而造成的误差和安全隐患。根据模块化设计的要求,本作品以 STM32H7 为主控芯片,对步进电机驱动模块、液位测量模块和温度测量模块等硬件电路进行了设计,同时还设计了人机交互界面,设置手动控制功能和自动控制功能,便于操作人员快速掌握相关设备的工作状态。传统的液体测量方式需要手动操作,不仅安全性低还耗时耗力。本作品装配了非接触式光电测量装置,可以准确检测液体是否合格,避免了人工测量时产生的二次污染。

8.2.1.2　应用领域

在炼油、化工、制药等企业中,多种液体混合是必不可少的作业,而且也是生产过程的重要组成部分。这些企业的生产环境通常是易燃、易爆、有毒性或腐蚀性的,不适合人工现场操作。另外,这些企业的生产要求配料精准、控制可靠,这也是人工操作难以实现的。

本作品适合用于炼油、化工、制药等企业。

8.2.1.3　主要技术特点

本作品是依托 STM32H7 的硬件资源和 TouchGFX(一种便捷的 GUI 开发工具)开发的,能够定量抽取多种液体并进行混合。本作品通过光电测量装置检测液体的透光性或光谱特性,从而获得液体的相关指标,如浓度等;通过传感器实时监测加热过程,通过 PID 算法实现了精确快速的温度控制;通过控制各种液体的电磁阀、蠕动泵,可完成混合容器的注液、排空、清洗;通过 TouchGFX 设计了人机交互系统,可同步保存测试数据,实时动态显示工艺过程的状态。

8.2.1.4　主要性能指标

(1)可定量抽取多种液体进行混合,精度可达 1 ml。

(2)可实时调节加热过程的温度(误差为 0.1 ℃),通过 PID 算法实现了精确快速的温度控制。

(3)可通过光电检测装置检测液体浓度(误差为 1%)。

(4)可存储 5000 多种液体混合配方的参数。

(5)具有人性化的人机交互系统,可灵活地实现参数配置和动态显示。

8.2.1.5　主要创新点

(1)本作品通过 STM32H7 控制各处电磁阀的开关,从而精确可靠地控制各种液体的配比,大大避免了因人工操作失误而造成的误差和安全隐患。

(2)本作品增加人机互动系统,设置手动控制功能和自动控制功能,便于操作人员快速掌握相关设备的工作状态。

(3)本作品具有液体测量系统,不仅可通过装配的非接触式光电测量装置测量液体成分配比,还可避免人工测量时产生的二次污染。

8.2.1.6　设计流程

本作品的设计流程如图 8.2-1 所示。

8.2.2　系统组成及功能说明

8.2.2.1　整体介绍

本作品以 STM32H7 为主控芯片,采用模块化的设计,方便后期维护。本作品的框图如图 8.2-2 所示。

本作品的供电模块具有防反接功能,可以把 24 V 的直流电转换成 3.3 V 和 5 V 的直流电,从而为各个模块和 STM32H7 供电。本作品首先通过 STM32H7 控制步进电机,使蠕动泵吸液,由 STM32H7 控制各处的电磁阀使液体流入加热管中进行加热混合,在加热的过程中可检测液体温度;然后通过光电检测装置对液体进行测量。

本作品配有 7 英寸的触摸屏,使用 TouchGFX 设计了人性化的人机交互界面。在人机交互界面中,可以设置具体的参数、选择手动控制功能或自动控制功能、输入和保存液体配方。

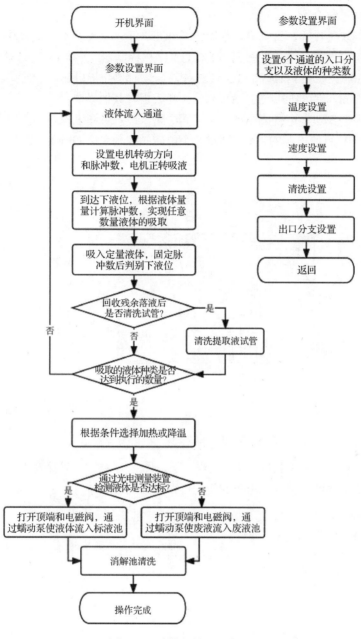

图 8.2-1　本作品的设计流程

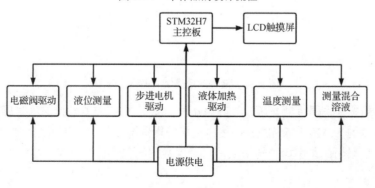

图 8.2-2　本作品的框图

8.2.2.2 硬件系统介绍

本作品采用模块化设计，每个模块都设计了 PCB，下面简要介绍主要模块的功能。

（1）STM32H7 主控板。该主控板采用 STM32H7 微控制器，外接 K4S641632、W9825G6KH-6 SDRAM、XT26G04C Nand Flash 和 SRAM 芯片，通过 LTDC 接口连接 LCD 触摸屏，使用 54 引脚和 36 引脚的 2 mm 间距的插排连接 STM32H7 和底板与其他模块。

（2）电磁阀驱动模块。电磁阀驱动模块（其电路原理图见图 8.2-3）使用 LTV844S 光隔离器实现了 GPIO 和 24 V 直流电源的隔离，通过 8 个电磁阀控制 8 个 GPIO，实现了 8 路电磁阀控制。

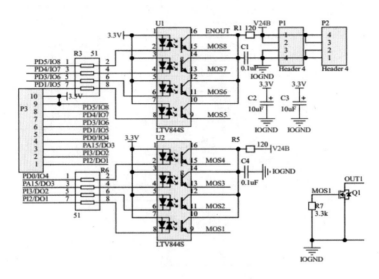

图 8.2-3　电磁阀驱动模块的电路原理图

（3）液位测量模块。液位测量模块（其电路原理图见图 8.2-4）外接发光源和光电接收管，通过对比无液体和有液体两种情况下电压的变化可得知液位信息。

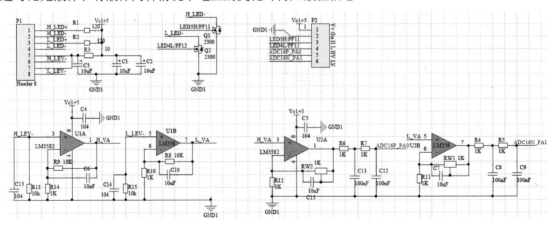

图 8.2-4　液位测量模块的电路原理图

（4）温度测量模块。温度测量模块（其电路原理图见图 8.2-5）外接温度传感器，通过 I2C 接口连接两片高精度的 MAX31865_PT100 芯片，将采集到温度数据通过 UART4 传输给 STM32H7 主控板。串口传输采用的是串口传输协议，可确保数据的鲁棒性。

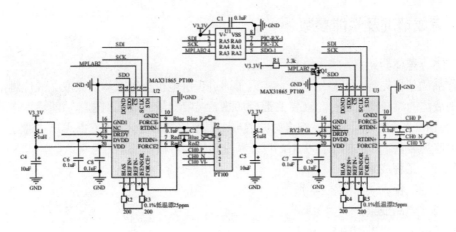

图 8.2-5 温度测量模块的电路原理图

（5）电机驱动模块。电机驱动模块（其电路原理图见图 8.2-6）采用 TMC2660 芯片来驱动步进电机，P3 接口连接步进电机，PI 接口连接微控制器，通过方向和脉冲信号来控制步进电机的方向和转速。

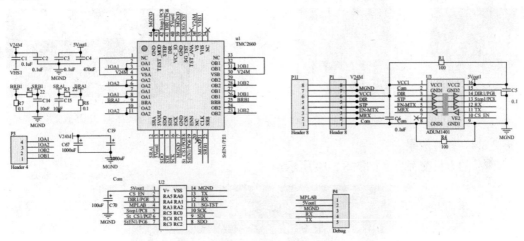

图 8.2-6 电机驱动模块的电路原理图

（6）恒光调节模块。恒光调节模块（其电路原理图见图 8.2-7）选用四通道的 24 位 DAC 设置光电流，在每次测量间隙直接读取发射光的光照度，从而闭环调节发光二极管的电流，实现恒光调节，确保液体测量的准确性。

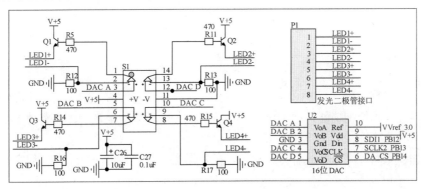

图 8.2-7 恒光调节模块的电路原理图

8.2.3　完成情况及性能参数

8.2.3.1　整体介绍

本作品的架构完善，可稳定运行，实现了通过步进电机控制液体的吸取、液位测量、通过电磁阀控制液体的流向稳定运行、液体的混合加热、温度测量、液体测量等功能。本作品的液体吸取误差为±1 ml；可实时监测液体混合时的温度，温度控制精度为 0.1 ℃。用户可通过人机交互界面实时地监测装置本作品的工作状态，以及精准地控制各模块的运行。

8.2.3.2　工程成果

本作品的工程成果如图 8.2-8 所示。

8.2.3.3　电路成果

本作品的电路成果如图 8.2-9 所示。

图 8.2-8　工程成果

图 8.2-9　电路成果

8.2.3.4　软件成果

本作品的人机交互界面如图 8.2-10 所示。

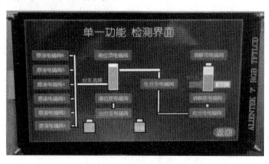

图 8.2-10　人机交互界面

8.2.4　总结

8.2.4.1　可扩展之处

（1）可增加远程控制功能，把工作人员从危险的工作环境与繁重的体力劳动中解放出来，降低生产过程中的危险性。

（2）增加以太网控制电路或者无线模块，把数据上传到云平台，可以在远程实时监控本作品的各项数据。

8.2.4.2　心得体会

从基于 STM32H7 设计控制系统到本作品的完成，我们获得了许多经验和体会。

首先，项目的规划和设计是成功的前提。在开始一个项目前，需要详细了解各种设备的特性和功能，并确定它们在项目中的相互关系。这可确保项目稳定性和可靠性。

其次，熟悉嵌入式开发和编程技术是至关重要的。掌握 STM32 系列微控制器的开发环境和相关工具，以及 C/C++编程语言，才能有效地编写控制程序并与外部设备进行交互。在项目开发的过程中，充分利用 STM32H7 功能也是一个关键点，该芯片提供了丰富的外设接口和强大的计算能力，可以满足多样化的应用需求。通过合理配置和使用这些资源，能够实现各个设备的精确控制和高效操作。

另外，本作品涉及的配方管理功能也给我们留下了深刻的印象。通过设置和存储多种液体混合配方方案，可以快速调用并执行所需的配方，提高生产效率和灵活性。这种灵活的配方管理功能为实际应用中的液体混合过程带来了更多的便利。

最后，本作品完成后的测试和优化工作也是非常重要的。通过全面的测试，发现并解决隐藏的问题，能够不断提升本作品的稳定性和可靠性。

综上所述，基于 STM32H7 设计一个控制系统是一个具有挑战性且非常有意义的经历。通过本作品的开发，我们不仅提升了嵌入式开发能力，也增加了对控制系统设计和实现的理解，将对今后的工作和学习带来长远的影响。

8.2.5　企业点评

本作品基于 STM32H7 和 TouchGFX，通过 PID 算法，实现了液体流向和流量的控制，解决了传统液体混合的问题，提供了手动控制功能和自动控制功能，提升了操作便捷性，为食品、医药、制药和化工等企业的液体处理提供了高精度、高安全和易操作的解决方案。

8.3 基于语音识别的智能杯垫

学校名称：厦门理工学院
团队成员：陈小奇
指导老师：林峰、林居强

摘要

本作品（在本节中指基于语音识别的智能杯垫）通过多种方式提醒用户定期饮水，并记录和分析用户的饮水数据，旨在帮用户形成良好的饮水习惯。

本作品不仅可以通过手机 App 或内置的提醒功能向用户定期发送饮水提示，还可以作为个人健康追踪的一部分，与其他健康设备和应用集成，提供全面的健康数据分析和管理，帮助用户改善生活方式。

在技术上，本作品采用四片半桥式电阻应变片传感器对饮水数据进行采集与计算，通过串口语音识别模块和蓝牙模块实现用户数据的收发，利用 RGB 灯实现多种颜色的灯光提醒。另外，本作品的 IPS 显示屏用于实时显示当前的饮水数据，W25Q64 芯片用于保存饮水数据。

在关键性能指标方面，本作品测量的饮水数据误差在 2%以内，称重传感器的角差离散程度为 0.85%，可在 7 m 的范围内正常通信，其搅拌功能可设置 6 挡转速和 9 挡持续时间。

本作品的电路简单，采用四片半桥式电阻应变片传感器来获取水的重量变化，并巧妙地将重量变化转换为饮水数据。此外，本作品采用 RGB 灯实现了多种颜色的灯光提醒，不仅抓住了年轻人对灯光的喜爱，还允许用户设置灯光样式，提升了互动性。

8.3.1 作品概述

8.3.1.1 功能与特性

水对维持生命至关重要，饮水过少或过多均会影响身体健康。对于广大的上班族和个人工作者，他们经常久坐在办公桌前而忽视了饮水的重要性，本作品可在日常生活中记录并存储他们的饮水数据，分析他们的饮水状况。本作品可为用户设定每天的目标饮水量，在他们饮水量不足时会通过不同的灯光闪烁进行提醒，使他们重视饮水的重要性，进而养成良好的饮水习惯。

本作品还具有磁力搅拌功能，使用者无须手动搅拌即可轻松喝上粉状冲剂或饮品。

8.3.1.2 应用领域

（1）办公场景应用：长时间坐在办公桌前工作的人容易忽视饮水的重要性，本作品可通过手机 App 或内置的提醒功能定期向用户发送饮水提醒，帮助用户养成良好的饮水习惯。

（2）个人健康追踪应用：本作品可以和其他监控设备与应用（如智能手环、智能体重秤）集成在一起，提供全面的健康数据分析和管理功能，帮助用户更好地了解自己的饮水习惯、改善生活方式，成为个人健康追踪系统的一部分。

8.3.1.3 主要技术特点

（1）饮水数据的采集与计算：本作品通过四片半桥式电阻应变片传感器采集水杯重量变化，通过 HX711 芯片对数据差分信号进行增益处理，通过 MCU 获取用户的饮水数据。

（2）本作品通过串口语音识别模块 ASR PRO 接收用户数据，并通过蓝牙模块 CH9140 发送饮水数据。

（3）RGB 灯光提醒：本作品采用 PWM+DMA 的方式向 WS2812B 模块发送 24 bit 的颜色数据，由 WS2812B 模块实现多种颜色，通过不同颜色的 RGB 灯光提醒用户饮水。

（4）磁力搅拌：本作品通过 PWM 信号控制磁力搅拌的速度。

（5）IPS 显示屏：由 SPI 接口驱动，可实时显示目前的饮水数据。

（6）饮水数据的存储：本作品使用 W25Q64 芯片来存储饮水数据，可防止掉电丢失数据。饮水数据的格式为 hhmmss+饮水量，hhmmss 表示时间。

8.3.1.4 主要创新点

（1）磁力搅拌：该创新点的灵感来自化学实验室中搅拌试剂用的磁力搅拌器，在本作品底部放置磁转子，可被电机风扇上装载的磁铁吸引，通过电机转动实现磁力搅拌。

（2）将重量的变化转化为饮水数据。

（3）搅拌时无须考虑电机的转动方向，本作品将专门的电机驱动芯片或者复杂的电路简化为 NMOS 加二极管，节约了成本。

（4）市面上大多数小型电子秤基本都是采用全桥式的电阻应变传感器（放在底部中心位置）来称重的，由于本作品在底部中心放置了电机，因此采用四片半桥式电阻应变片传感器来称重。

（5）采用 RGB 灯光来提醒用户饮水，抓住年轻人对 RGB 灯光的喜爱。用户可以自主设置 RGB 灯光的颜色。

8.3.1.5 设计流程

本作品的设计流程如图 8.3-1 所示。

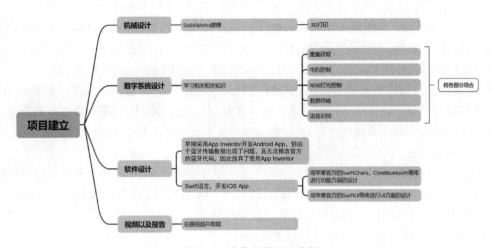

图 8.3-1　本作品的设计流程

8.3.2　系统组成及功能说明

8.3.2.1　整体介绍

本作品的框图如图 8.3-2 所示，主要包括主控芯片、饮水数据采集模块、蓝牙模块、语音识别模块、IPS 显示屏模块、存储模块、RGB 灯光模块、磁力搅拌模块。

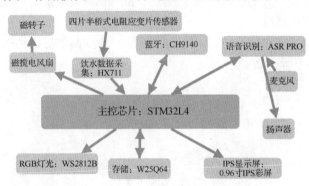

图 8.3-2　本作品的框图

8.3.2.2　硬件系统介绍

（1）硬件整体介绍。

① 饮水数据采集模块：该模块采用 HX711 芯片进行数据采集，该芯片是一款专为高精度电子秤设计的 24 bit 的 ADC。当杯子放在杯垫上时，杯子对 4 个电阻应变片施加的重力将使应电阻变片产生压阻效应，从而改变电阻应变片的电阻值，因此会改变输入到 HX711 的电压。HX711 对输入电压进行增益处理，最终将重力转化为饮水数据，并传输给 STM32L4，由 STM32L4 对接收到的数据进行处理，处理的方法是去掉 12 次数据中的最高值与最低值后求平均值。

② 蓝牙模块：该模块采用的是 CH9140 芯片，该芯片支持 BLE 4.2 协议，最高传输速率为 1 Mbps。蓝牙模块支持蓝牙主从一体模式或从机模式，主从一体模式可以自动实现连接或绑定。用户使用手机 App 订阅蓝牙的 FFF0 服务中的 FFF2（写入）、FFF1（读取）特征值并写入相应的值，蓝牙模块通过 USART1 将指令传输给 STM32L4，由 STM32L4 来执行相应的指令。当 STM32L4 通过 USART1 发送数据时，手机 App 通过中断函数读取写入 FFF1 的特征值，从而完成手机 App 与 STM32L4 的交互。

③ 语音识别模块：该模块采用的是 ASR PRO 芯片，该芯片是针对低成本离线语音应用开发的一款通用、便携、低功耗、高性能的语音识别芯片，采用了第三代语音识别技术，可支持 DNN、TDNN、RNN 等神经网络及卷积运算，具有语音识别、声纹识别、语音增强、语音检测等功能。

④ 存储模块：该模块采用的是 W25Q64 芯片，该芯片是通过 SPI 驱动的。本作品将用户每天的饮水数据按照指定的格式存储在该芯片中，在收到传输指令时按照顺序读出饮水数据。该芯片将第一个扇区作为断电前数据的存储区域，STM32L4 上电时会读取该扇区的数据，从而避免了掉电丢失数据的问题。

⑤ 磁力搅拌模块：用户可以选择 6 挡转速和 9 挡持续时间（5～45 s）。该模块接收到搅拌指令后通过 PWM 信号控制电机转速，本作品在输出 PWM 信号的 I/O 接口设置了下拉电阻，在上电时不会因为 I/O 接口默认的高电平而导致电机突然转动。

⑥ 主控芯片：本作品的主控芯片是 STM32L4。

⑦ RGB 灯光模块：该模块采用的 WS2812B 是一个集控制电路与发光电路于一体的智能外控 LED 光源，其外形与一个 5050 LED 相同。本作品通过 PWM+DMA 的方式传输表示灯光颜色的 24 bit 数据，可以设置 16777216（256×256×256）种颜色。本作品采用定时器来确保颜色数据的发送时序符合 WS2812B 的要求，STM32L4 接收到由蓝牙模块或者语音识别模块发送的指令后，将指令发送给 WS2812B。本作品内置了多种灯光显示方案，可供用户自主选择。

⑧ IPS 显示屏模块：该模块是通过 SPI 接口驱动的，本作品设计了人机交互界面，可显示当前时间、当前饮水量、前一天的饮水数据（格式为 hhmmss+饮水量）、今日饮水次数、采集到的重量，方便用户了解饮水状况。

（2）机械设计介绍。本作品的外壳如图 8.3-3 所示，本作品的支撑结构如图 8.3-4 所示，本作品的安装结构如图 8.3-5 所示。

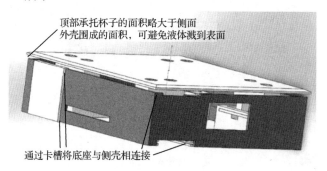

图 8.3-3　本作品的外壳

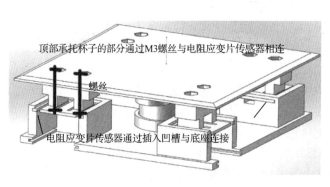

图 8.3-4　本作品的支撑结构

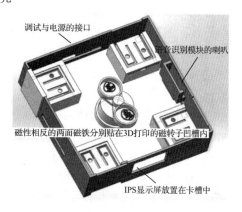

图 8.3-5　本作品的安装结构

（3）本作品的电路原理图如图 8.3-6 所示，主控板的 PCB 如图 8.3-7 所示。

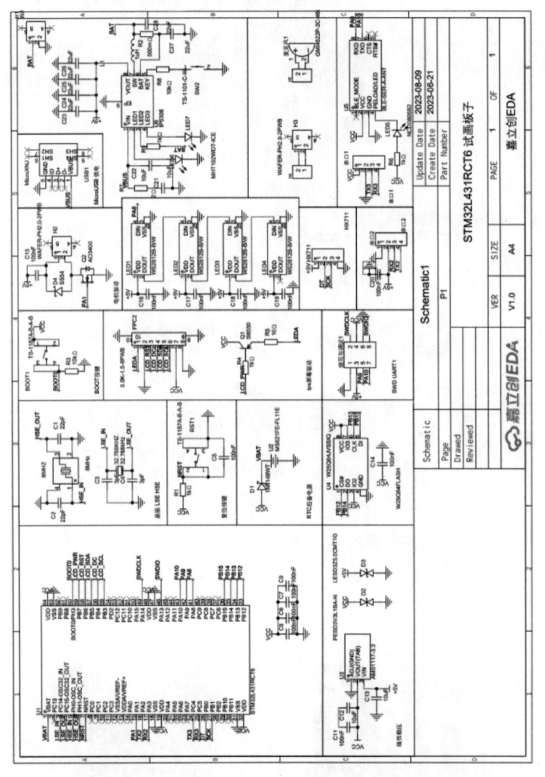

图 8.3-6 本作品的电路原理图

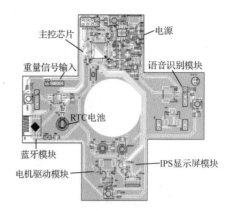

图 8.3-7　主控板的 PCB

8.3.2.3　软件系统介绍

本作品的软件系统框图如图 8.3-8 所示。

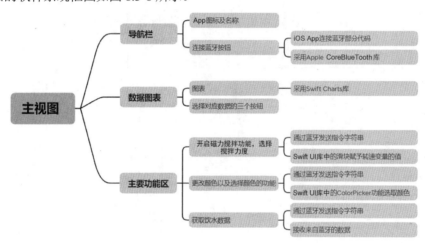

图 8.3-8　本作品的软件系统框图

8.3.3　完成情况及性能参数

8.3.3.1　整体介绍

本作品的实物如图 8.3-9 所示。

8.3.3.2　机械成果

本作品的机械成果如图 8.3-10 所示。

图 8.3-9　本作品的实物

图 8.3-10　本作品的机械成果

8.3.3.3　电路成果

本产品的电路成果如图 8.3-11 所示。

8.3.3.4　软件成果

本作品的手机 App 界面如图 8.3-12 所示。

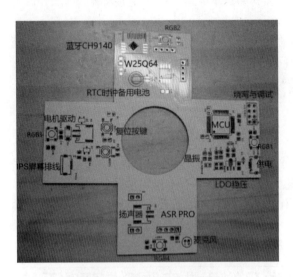

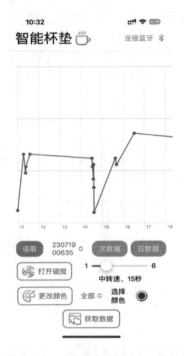

图 8.3-11　本作品的电路成果　　　　图 8.3-12　本作品的手机 App 界面

单击左上角的"连接蓝牙"会扫描蓝牙外设，单击扫描到的蓝牙外设名称即可连接该蓝牙外设并订阅相应服务。

饮水数据的折线图可放大或缩小、左右滑动，以便查看详细的数据。

单击"打开磁搅"按钮可开启磁力搅拌（磁搅）功能，通过右侧的滑块可选择不同的磁搅强度。

单击"更改颜色"按钮可更改 RGB 灯的颜色。

单击"获取数据"按钮，可获取饮水数据并保存在手机 App 中。

8.3.4　总结

8.3.4.1　可扩展之处

（1）可扩展温度检测及加热保温功能，使得本作品更加实用，让用户可以喝上预定温度的饮品。

（2）可利用图像识别技术来判断杯中的饮品类型，为用户提供更详细的饮水数据，以及更加合理的建议。

8.3.4.2　心得体会

本次参赛使我（陈小奇）经历了一段非常宝贵的学习和成长之旅。

首先，这次比赛让我深入了解了微控制器和嵌入式系统的原理和应用。作为一个初次接触该领域的学生，通过大量的学习和实践，我逐渐掌握了硬件平台的选择、开发工具的使用，以及嵌入式软件的编写技巧，让我对微控制器和嵌入式系统有了更深入的理解。

其次，虽然团队成员只有我一个人，但我仍然需要与他人交流、寻求帮助和分享经验。我主动参加了相关的讨论组和论坛，与其他参赛者进行交流，并从他们的经验中汲取灵感和知识。在这个过程中，我学会了协调资源，并从中获得更好的信息。

此外，本次参赛也激发了我的创造力和创新精神，充分发挥了想象力，提出了独特的创意和解决方案。我不断尝试不同的方法和思路，面对各种挑战和困难，不断迭代和改进设计方案。在这个过程中，我不断挖掘了自己更多的潜力和创造力。

本次参赛为我提供了一个宝贵的实践机会，通过实际的动手操作和开发项目，我将在课本上学到的理论知识应用到了实践。这次实践不仅提升了我的技术能力，还培养了我解决问题和自主学习的能力。

总体来说，本次参赛是一次充满挑战和成就感的经历，我不仅学到了微控制器和嵌入式系统的相关知识和技能，也锻炼了我的创造力和解决问题的能力。这次比赛的经历将成为我未来学习和职业发展中的宝贵财富，激励我不断学习和追求技术进步。

8.3.5　企业点评

本作品以 STM32L4 为主控芯片，利用四片半桥式电阻应变片传感器巧妙地实现了饮水数据的采集，利用 RGB 灯光提醒用户饮水，并引入磁力搅拌功能。本作品的关键性能指标表现出色，包括低误差、高通信范围、灵活的搅拌选项。本作品的整体设计简洁且创新性较强，为用户提供了互动性强、实用性高的智能饮水体验。

8.4 基于嵌入式操作系统与机器学习的颈椎病监测与预防系统

学校名称：广东药科大学
团队成员：张前程、周琬玥、关子晴
指导老师：何永玲

摘要

长期伏案工作和学习时的低头行为对颈椎健康造成了极大的伤害，导致颈椎病的发病率逐年升高。随着我国居民健康观念不断进步，颈椎病预防仪器的市场普及率逐渐提高。但总体而言，颈椎病预防和治疗领域的商品质量参差不齐，因此本作品（在本节中指基于嵌入式操作系统与机器学习的颈椎病监测与预防系统）是针对颈椎健康预防与康复评估设计的一套便携式智能终端服务系统，可用于颈椎健康监测与预防、颈椎康复训练数据支撑等场景。

为了解决传统健康监测方法带来的安全隐私风险，以及时空地域限制等问题，本作品采用 RT-Thread 嵌入式操作系统+传感器+机器学习算法+云服务器+微信小程序的设计框架，充分利用 RT-Thread 的抢占式任务调度、资源丰富、体积小、功耗低等特点，结合 JY901-S 高精度九轴加速度计陀螺仪、ESP32-C3 系列物联网 Wi-Fi/BLE 双模模块，运用随机森林、支持向量机等机器学习算法训练头颈部动作类型识别模型，通过自主研发设计的以旋转、伸展、屈曲、侧屈四类动作的角度、速度、强度三维动作数据为评估依据的颈椎健康评估模型来评估用户颈椎健康状态，并依托微信小程序服务平台为不同年龄段、不同职业的人群提供个性化的以中医运动疗法为核心的指导意见。

本作品主要解决两方面问题。一是颈椎健康监测与预防指导。本作品从颈椎病"动力失衡为先，静力失衡为主"的发病原理出发，能够对头颈部动作的角度和速度的变化进行精确采集与分析等，从而对人体头颈部的动作进行准确识别，并通过颈椎健康评估模型来科学评估用户的颈椎健康状况。二是颈椎病的康复训练。为了帮助患者有效地完成康复训练运动任务，提高康复质量与速度、节省医疗资源，本作品能够根据医生设置的运动类型和运动量来引导患者运动和采集运动信息，并将运动信息实时发送到医院的后台进行评估。

本作品旨在通过物联网技术和大数据技术来更好地服务于颈椎健康监测与预防，为患者提供科学的预防与建议指导，辅助患者进行颈椎康复运动训练，可为医疗机构提供患者训练和康复的信息，助力智慧医疗在康复领域的不断渗透。

8.4.1　作品概述

8.4.1.1　功能与特性

尽管近年来颈椎病预防与监测的市场表现出了强劲的增长态势，但也暴露了许多不足，如大部分颈椎病预防与监测产品在数据可用性、数据准确性和网络安全威胁方面欠缺考虑。

为此，本作品以可穿戴的颈椎病预防与监测设备为基础，自主设计出了颈椎健康评估模型，充分响应"健康中国行动（2019—2030 年）"，抓住医疗保健可穿戴设备的发展机遇，切实解决我国颈椎病患病群体基数大、年轻化的痛点。

8.4.1.2　应用领域

（1）日常的颈椎健康监测：本作品可随身携带，可在任意场景下对颈椎健康进行监测，并依托微信小程序平台为用户推送个性化指导方案，指导用户缓解颈椎疲劳，预防颈椎病。

（2）医用颈椎康复训练：本作品能够采集患者的训练数据，既可以让医生了解患者的康复情况，也可以为康复治疗提供数据支撑。

8.4.1.3　主要技术特点

（1）便携式监测终端：根据本作品的功能分析和系统架构，可将便携式监测终端分为数据采集模块、数据处理控制模块、物联网通信模块。

（2）机器学习与云端服务：通过机器学习，对医疗健康物联网和边缘设备采集的数据进行比对分析，尽早预防颈椎病的发生并进行针对性的治疗，提供以预防和个性化诊治为主的精准医疗服务。

（3）颈椎健康评估模型：颈椎健康评估模型是本作的核心之一，该模型的关键是对头颈部动作幅度与活动状态进行量化与分析，本作品从四个方面来评估用户的颈椎健康状况。

8.4.1.4　主要性能指标

本作品的主要性能指标如表 8.4-1 所示

表 8.4-1　本作品的主要性能指标

基 本 参 数	性 能 指 标	产 品 优 势
电池容量	300 mAh	重量轻、体积小
充电方式	Type-C 接口	常用接口
整体质量	200 g	用户佩戴舒适
头巾材料	92%的锦纶、8%的氨纶；防滑条采用硅胶材料	佩戴舒适
保护壳材料	PC 塑料	重量轻、耐摔
动作识别	响应时间不超过 0.5 s	响应快速
	准确率超过 94%	识别精准
功耗	约 0.3 W	功耗小、续航时间长

8.4.1.5　主要创新点

（1）本作品采用 RT-Thread 嵌入式操作系统+传感器+机器学习算法+云服务器+微信小程序的设计框架，利用 ESP32-C3 实现物联网通信，从而实现对头颈部动作数据的采集、传输、存储、处理和应用。

（2）针对传统监测方法的安全隐私风险和时空限制，本作品首先通过 RT-Thread 控制高精度九轴加速度计陀螺仪采集数据，然后采用随机森林、支持向量机等机器学习算法来训练颈椎健康评估模型，最后将相关数据上传到云服务器。

（3）本作品自研了颈椎健康评估模型，可依托微信小程序与用户进行实时交互，结合中医运动疗法理论为患者提供科学的建议和指导，帮助患者进行颈椎康复运动训练，为医疗机构提供患者的训练和康复数据，助力智慧医疗在康复领域的不断渗透。

8.4.1.6　设计流程

本作品的设计流程如图 8.4-1 所示。

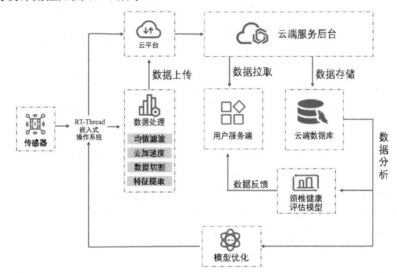

图 8.4-1　本作品的设计流程

8.4.2　系统组成及功能说明

8.4.2.1　整体介绍

本坐标主要由 RT-Thread 嵌入式操作系统、传感器硬件、机器学习模型、云端服务后台、颈椎健康评估模型与微信小程序组成，其框图如图 8.4-2 所示。

本作品通过九轴加速度计陀螺仪采集头颈部的动作数据，通过机器学习训练颈椎健康评估模型，通过物联网通信模块与云服务器、微信小程序通信，通过数据分析与可视化等技术、依据颈椎健康评估模型评估用户的颈椎健康状况并提供指导意见。

本作品以 STM32F4 为硬件平台，采用九轴加速度计陀螺仪，由 RT-Thread 嵌入式操作系统通过串口接收传感器数据并进行处理。在联网的情况下，本作品可将相关数据上传到云服务器进行存储和分析。

云服务器依托弹性服务资源，以 Linux+Nginx+uWSGI 为 Web 服务器，实现了负载均衡，可应对高并发、高负载场景；使用轻量级 Web 应用框架 Python Flask 开发 Web API，使用 MySQL 数据库存储相关数据。

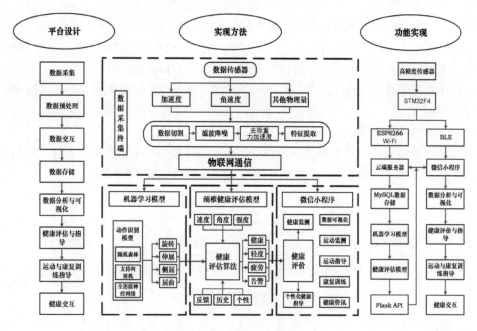

图 8.4-2　本作品的框图

颈椎健康评估模型是本作品的核心之一。本作品通过对不同患病程度的患者头颈部的四类动作进行统计分析，分别计算四类动作的加权分数，最终利用四类动作的分数来评估用户的颈椎健康状态。

微信小程序是用户获取自身运动数据、健康状态的平台，也是医疗机构判断患者每日康复训练状况的平台。在匹配并绑定本作品后，微信小程序可获取用户数据并形成初期评估模型。在积累一定的数据后，本作品通过颈椎健康评估模型来评估用户的患病风险，并提供科学的预防指导意见。

8.4.2.2　硬件系统介绍

根据本作品的功能和框图，硬件系统可分为数据采集模块、RT-Thread 嵌入式操作系统、物联网通信模块。本系统的硬件系统框图如图 8.4-3 所示。

图 8.4-3　本作品的硬件系统框图

（1）数据采集模块。主要完成人体头颈部动作状态数据的采集、信号噪声的滤除和数据传输。该模块采用滑动均值滤波来去除干扰、滤除信号噪声。在采集信号时，九轴加速度计陀螺仪除了会受到动作的影响，同时还会受到不同区域的重力加速度、佩戴方式以及传感器位置等因素的影响，因此需要去除重力加速度的影响。本模块的信号处理功能是在 STM32F4+RT-Thread 的基础上实现的。

（2）RT-Thread 嵌入式操作系统。本作品采用的是 RT-Thread，充分利用了 RT-Thread 的抢占式进程调度、安全稳定、低功耗等特点，实现了九轴加速度计陀螺仪的数据收发与处理，机器学习模型特征值的提取与动作识别，物联网通信模块的数据传输管理等功能。基于 RT-Thread 与物联网通信模块，本作品可实现机器学习与固件的 OTA 升级，极大地方便了后期的开发维护。

（3）物联网通信模块。该模块选用安全稳定、低功耗、低成本的物联网芯片——乐鑫 ESP32-C3 系列微控制器，可将人体头颈部动作数据上传到云服务器进行存储和处理。考虑到本作品主要用于家庭、医疗机构等场所，往往需要与用户的手机等设备连接，因此物联网通信包括 Wi-Fi 通信和蓝牙通信两种方式。

8.4.2.3　软件系统介绍

本作品的颈椎健康评估模型部署在云服务器中，由微信小程序调用相关 API 实现数据访问，将最终的数据处理结果展示给用户。微信小程序的结构框图如图 8.4-4 所示。

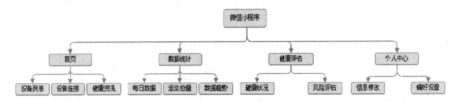

图 8.4-4　微信小程序的结构框图

首页为微信小程序启动时加载的页面，由设备类别、设备连接和健康资讯组成，单击"设备连接"可进入设备连接页面。数据统计页面使用扇形图、折线图等可视化方式向用户展示近期颈椎头部的动作监测数据。健康评估页面可根据用户颈椎动作数据生成颈椎健康评估信息，为用户提供指导建议。个人中心页面用于展示用户信息，用户可根据自己的喜好修改展示信息、设置微信小程序的风格。

8.4.3　完成情况及性能参数

8.4.3.1　整体介绍

本作品是一款佩戴式的颈椎病监测与预防设备，硬件电路放在保护壳中，并固定在具有良好弹性的运动头巾外侧。使用者只需要将头巾佩戴在头部的合适位置即可进行颈椎健康状况的监测。本作的实物如图 8.4-5 所示。

8.4.3.2　电路成果

本作品的电路成果如图 8.4-6 所示，数据采集模块采用的是九轴加速度计陀螺仪 JY901-S，物联网通信模块采用的乐鑫 ESP32-C3 系列微控制器。

图 8.4-5　本作品的实物

图 8.4-6　本作品的电路成果

8.4.3.3　软件成果

本作品的微信小程序界面如图 8.4-7 所示。

通过微信小程序，本作品对数据进行了可视化处理，不仅可方便用户了解自己的颈椎健康状态，还可以为用户提供个性化的指导建议。在本作品感知到用户可能存在的颈椎健康风险时，通过微信小程序能够以交互式问答的形式向用户确认潜在的状况，并实时调整颈椎健康评估模型，进一步确保模型准确有效。同时，为了得到更为准确的阈值与权重值，本作品引入了反馈模型，通过问卷或悬浮消息的形式来收集用户对颈椎健康评估模型有效性的评价，不断修正模型参数，提高模型的鲁棒性。本作品为用户提供的指导建议如图 8.4-8 所示。

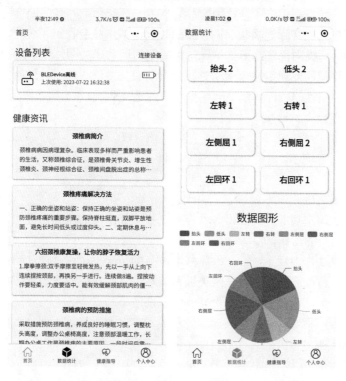

图 8.4-7　微信小程序界面

图 8.4-8　本作品为用户提供的指导建议

8.4.3.4 特性成果

用户在佩戴好本作品后打开配套的微信小程序，如果是首次使用本作品，则需要通过蓝牙搜索、配对的方式连接到本作品，完成配对后，在下次使用时微信小程序时会自动搜索并连接本作品。为了确保数据的有效性，用户在每次使用时，都需要通过微信小程序来校准九轴加速度计陀螺仪。

用户可以根据自己的实际健康状况调整监测时长，本作品会收集、统计、分析历史数据，并将这些数据绘制成运动类别百分比图、每日与每星期的运动趋势图，便于用户及时地调整运动。

当本作品在监测期间发现用户未运动时，会主动触发微信小程序的健康提醒机制，提醒用户及时运动。本作品的颈椎健康评估模型会根据用户的运动状况，给予健康评估意见与运动指导，帮助用户缓解颈椎疲劳。

8.4.4 总结

8.4.4.1 可扩展之处

（1）可增加图像识别功能：团队将对本作品进行更加深入的研究，可加入图像识别功能，用于更加准确地识别用户的动作。

（2）可搭建视觉动作识别系统：在不佩戴本作品的情况下，通过视觉动作识别系统可获取并识别人体骨架信息，通过算法判断动作的类别和姿态，从而实现动作识别。视觉动作识别系统通过不断的学习和优化，可达到更高效、更准确的识别效果。

（3）不断拓展应用领域：通过扩大运动健康数据集，本作品可不断扩大应用领域，在康复医学领域做出更大的贡献。

8.4.4.2 心得体会

本次参赛是一次充满挑战和收获的经历，团队在这次比赛中品尝过冥思苦想却不得其法的苦，也收获了轻舟已过万重山的甜。

人们常说选对方向比盲目努力更重要。在准备阶段，团队非常重视参赛作品的方向，立意新颖的参赛作品更容易吸引评委老师的兴趣，扎根时代热点的参赛作品更容易获得评委老师的认可，可塑性强的参赛作品更有利于后期的优化拓展，依靠成熟技术的参赛作品更容易获得学习的资源。团队花了两周的时间来了解目前受人们追捧的前沿科技，观察生活中可能困扰着人们的痛点，经常和指导老师的交流，最终确定了本作品作为参赛作品。

在本作品的研发阶段，团队花费了大量时间和精力进行技术研究和方案设计，深入探讨了各种嵌入式系统的特性和应用，经常请教指导老师的意见，最终针对传统监测方法的安全隐私风险以及时空限制确定了本作品的框架，即 RT-Thread 嵌入式操作系统+传感器+机器学习算法+云服务器+微信小程序，并依托学校的教学资源自主设计了颈椎健康评估模型。在这个过程中，团队遇到了许多技术难题，但通过团队的合作和不断的试验和改进，在指导老师的悉心指导下，逐渐克服了困难，取得了一系列突破。在这个过程中，不但提升了每个人的能力素养，也打磨出了更强的团队协作能力。

在本作品的实物制作阶段，团队注重细节、精益求精，从便携性、美观性的角度出发，精心设计了"良好弹性的运动头巾+轻便坚硬保护壳+硬件电路"的外观，认真选择材料和零部件，不断比较不同厂家不同型号器件的性能，进行了精密的加工焊接，力求硬件电路小而精。经过不断的测试和调试，本作品能够稳定运行且表现出色。

在比赛现场，团队精心准备了"PPT+演讲稿+硬件电路展示+作品实物使用展示"来全力展示本作品。评委老师也很关注本作品，从硬件电路、软件设计和实物使用三个方面来考验我们，幸好团队准备充分，对答如流，本作品调试充分，表现良好。团队还与比赛现场的其他团队进行了亲切的交流，见识到了很多别出心裁的创意，学到了许多新的知识和经验，也收到了许多宝贵的建议和意见。在比赛中，团队充分展现了合作能力、创造力和技术力，最终获得了评委老师的认可，取得了优异的成绩。

通过这次参赛，团队深刻体会到了研发和制作的重要性，也获得了许多宝贵的经验和教训。我们将继续努力，不断提高自己的技术水平和团队合作能力，为未来的比赛和作品做好充分的准备。

8.4.5　企业点评

本作品采用 RT-Thread 嵌入式操作系统，以 STM32F4 芯片作为主控芯片，结合机器学习算法，构建了颈椎病监测与预防系统。通过数据采集、机器学习与云端分析，本作品设计了颈椎健康评估模型，可提供个性化的颈椎健康状况评估，为实现精准医疗服务提供了可能性。

8.5 芯农园区：基于物联网技术的智慧农业大棚园区系统

学校名称：成都工业学院

团队成员：吕骧韬、孙嘉蔚、王自琪

指导老师：胡沁春、郭丽芳

摘要

现有的农业大棚主要依靠人力对棚内作物进行浇水施肥等操作，并对棚内环境进行监测。为解决现状问题，本作品（在本节中指基于物联网技术的智慧农业大棚园区系统）模拟了智慧农业大棚系统，以 STM32G4 为主控芯片，采集了影响作物生长的空气质量、温度、湿度、光照度、土壤湿度等环境参数，并将采集到的数据通过 ZigBee 网关和 MQTT 协议实时地上传到云平台，用户可通过手机 App 及 PC 端网页实时监测、分析作物生长环境，及时下发命令，改善作物生长环境，实现智能化的农业生产。

8.5.1　作品概述

8.5.1.1　功能与特性

本作品是一套基于物联网、无线通信、深度学习、图像识别等技术构建的智慧农业系统，集智能数据感知、智慧网关、智能终端等功能于一体。

8.5.1.2　应用领域

本作品主要应用于农业大棚，不仅可监测作物，还可扩展到家庭温室系统、智慧园区生态保护等领域，能够加快物联网的发展步伐。

8.5.1.3　主要技术特点

（1）通信模块。本作品的通信模块主要包括 ZigBee 模块和 NB-IoT 模块。ZigBee 模块采用的是 CC2530 芯片，其拓扑结构为星状网络拓扑结构，传感器构成 ZigBee 网络的终端节点，ZigBee 协调器接收终端节点采集的数据后通过串口将数据传输至 STM32G4。

NB-IoT 模块采用的是 BC200 芯片，该芯片兼容 GPRS 和 4G 模块。NB-IoT 模块能够实现微控制器和云平台的数据交互功能。STM32G4 通过串口将数据打包发送给 NB-IoT 模块，再通过 NB-IoT 模块与 OneNET 云平台进行数据交互。NB-IoT 模块通信示意图如图 8.5-1 所示。

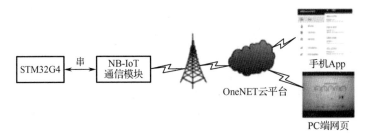

图 8.5-1　NB-IoT 模块通信示意图

（2）将测量数据上传到云平台。本作品的上位机是基于中国移动云平台——OneNET 云平台实现的。OneNET 云平台的操作便捷、计算功能强大、设计人性化，可以按照需求自定义软件的监控界面，实现个性化的开发。

本作品采用 TCP 实现终端节点与 OneNET 云平台的连接，通过 HTTP 实现数据的上传。本作品的数据格式为 JSON 格式，可通过 POST 方法将数据上传到 OneNET 云平台，在 OneNET 云平台上存储并分析数据。本作品的数据上传流程如图 8.5-2 所示。

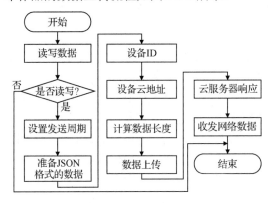

图 8.5-2　本作品的数据上传流程

8.5.1.4　主要性能指标

（1）传感器数据的误差控制在 5% 之内。

（2）客户端的响应时间在毫秒级别。

8.5.1.5　主要创新点

（1）无线通信方式的智能融合。在本作品中，传感器采集的数据通过 ZigBee 模块上传到 OneNET 云平台，摄像头拍摄的视频通过 Wi-Fi 模块上传到 OneNET 云平台。本作品采用多种无线通信方式，可保障数据传输的安全性。

（2）物联网终端控制台的集成化管理设计。本作品通过前端服务器与后端数据库，实现了数据的存储与分析、对设备的管理与控制，以此打造一套包括基础设施、网络系统、集成化管理在内的智慧农业大棚园区系统。

8.5.1.6　设计流程

本作品的设计流程如图 8.5-3 所示。

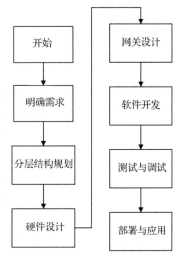

图 8.5-3　本作品的设计流程

8.5.2　系统组成及功能说明

8.5.2.1　整体介绍

本作品可分为感知层、网络层与应用层。其中，感知层负责对信息进行采集与预处理，网络层负责对信息进行转发和初步的解析，应用层负责对数据对于进行存储、处理、展示和应用。从物联网的角度来看，本作品的分层结构如图 8.5-4 所示。

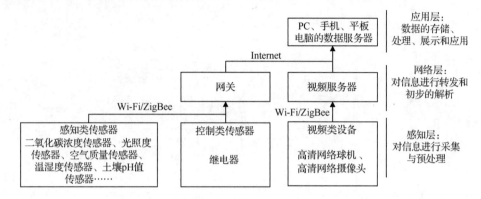

图 8.5-4　本作品的分层结构

从实现的角度来看，本作品的框图如图 8.5-5 所示。

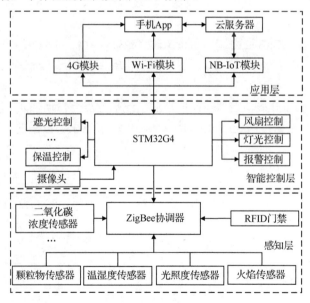

图 8.5-5　本作品的框图

8.5.2.2　硬件系统介绍

（1）智能网关。本作品的智能网关的框图如图 8.5-6 所示，其特点是易操作、易上手、兼容性好、成本低、安全性高。

（2）Wi-Fi 模块。Wi-Fi 模块采用的是乐鑫 ESP8266 芯片，该模块的电路原理图如图 8.5-7 所示。

（3）ZigBee 模块。ZigBee 模块采用的是 CC2530 芯片，该模块的电路原理图如图 8.5-8 所示。

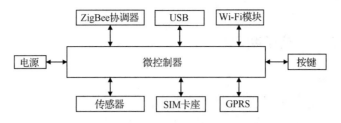

图 8.5-6　智能网关的框图

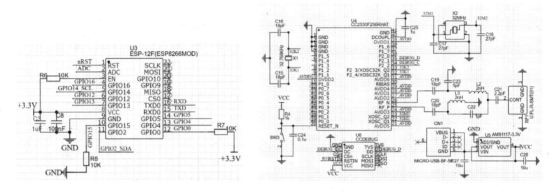

图 8.5-7　Wi-Fi 模块的电路原理图　　　　　　图 8.5-8　ZigBee 模块的电路原理图

8.5.2.3　软件系统介绍

本作品的软件系统可分为 ZigBee 协调器、终端节点、手机 App、语音识别模块和图像识别模型。

（1）ZigBee 协调器。ZigBee 协调器负责组建 ZigBee 网络，不仅可将终端节点发送的数据转发到 STM32G4，也可将 STM32G4 发送的指令转发给终端节点。ZigBee 协调器的组网流程如图 8.5-9 所示。

（2）终端节点。在 ZigBee 协调器组网成功后，终端节点会自动加入 ZigBee 网络，然后通过 ZigBee 网络将采集到的数据发送到 ZigBee 协调器。终端节点采集数据的流程如图 8.5-10 所示。

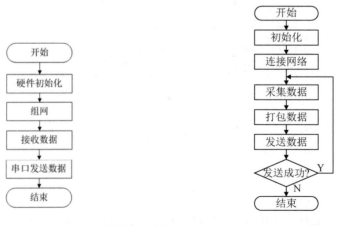

图 8.5-9　ZigBee 协调器的组网流程　　　　　图 8.5-10　终端节点采集数据的流程

（3）手机 App。手机 App 通过 Wi-Fi 网络与智能网关中的服务器相连，STM32G4 通过 ZigBee 协调器与各个终端节点相连，从而实现数据的传输，以及对执行器的控制。

手机 App 的登录界面设计流程如图 8.5-11 所示，登录界面主要包括资源文件、Java 源代码和 AndroidManifest.xml。资源文件主要用于页面布局，Java 源代码用于设计手机 App 的主要功能，

AndroidManifest.xml 主要用于识别登录界面中定义的组件。

图 8.5-11　手机 App 的登录界面设计流程

　　成功登录手机 App 后，手机 App 将转到主控界面。根据本作品的功能，主控界面主要由环境监测、远程控制、全部设备、视频监控四个功能模块组成。主控界面的框图如图 8.5-12 所示。

　　（4）语音识别模块。本作品的语音识别模块是 LD3320 模块。语音识别模块首先对语音信号进行采集并进行分帧，也就是把语音信号分割成一个个小段，每小段称为一帧，通过移动窗函数来进行分帧操作。然后提取 MFCC 特征并进行波形变换，以此形成一个 12 行、N 列的帧矩阵。分帧操作如图 8.5-13 所示。接着通过马尔可夫模型将帧矩阵转化为文本，先构建一个状态网络，再从状态网络中寻找与声音最匹配的路径，本作品使用 Viterbi 动态规划剪枝算法来寻找全局最优路径，即语音信号对应的路径。最后将找到的最优路径转化为指令，并将指令通过串口发送给 LD3320 的主控中心，从而实现语音识别。

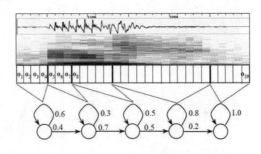

图 8.5-12　主控界面的框图　　　　　　图 8.5-13　分帧操作

　　（5）图像识别模型。本作品在采集不同种类的昆虫图像后，通过卷积神经网络（CNN）进行深度学习，从而生成了图像识别模型，并将该模型部署在 OpenMV4 plus 摄像头上，从而对不同的昆虫进行识别。

8.5.3　完成情况及性能参数

8.5.3.1　整体介绍

本作品的实物如图 8.5-14 所示。

图 8.5-14　本作品的实物

8.5.3.2 电路成果

本作品的电路成果如图 8.5-15 所示。

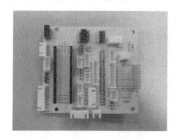

图 8.5-15　本作品的电路成果

8.5.3.3 软件成果

（1）本作品的云端界面如图 8.5-16 所示。

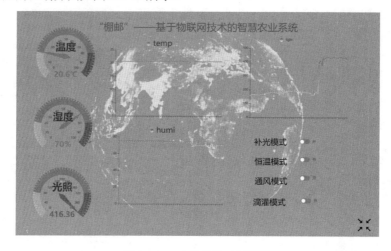

图 8.5-16　本作品的云端界面

（2）本作品的手机 App 界面如图 8.5-17 所示。

图 8.5-17　本作品的手机 App 界面

（3）本作品的微信小程序界面如图 8.5-18 所示。

图 8.5-18　本作品的微信小程序界面

8.5.3.4　特性成果

（1）数据采集及数据上云测试。本作品在启动后，终端节点将开始采集数据，每 5 s 上传一次数据到云平台；PC 端与手机 App 每小时记录一次数据。例如，每小时记录的温度、湿度和光照度数据如表 8.5-1 所示。

表 8.5-1　每小时记录的温度、湿度和光照度数据

时刻	温度/℃	湿度/%RH	光照度/Lux	时刻	温度/℃	湿度/%RH	光照度/Lux
1	16.2	93%	22	13	27.5	58%	1142
2	16.0	92%	29	14	29.1	53%	1206
3	15.7	91%	34	15	29.8	45%	1130
4	16.5	88%	52	16	28.6	49%	1170
5	17.1	86%	64	17	25.4	56%	908
6	17.5	85%	70	18	24.1	59%	830
7	17.8	81%	94	19	22.2	62%	609
8	19.4	77%	598	20	21.2	66%	253
9	20.7	74%	803	21	19.3	73%	104
10	23.8	66%	990	22	18.2	82%	67
11	25.9	61%	1024	23	17.2	87%	58
12	26.5	60%	1082	24	16.5	92%	30

本作品可对大棚内的环境参数进行控制，如进行恒温控制，使温度保持在 22 ℃左右，该温度适合作物生长。大棚内一天的温度曲线示例如图 8.5-19 所示。

（2）火灾报警测试。在监测到大棚内温度过高、光照度过大、烟雾浓度过高时，本作品将认为发生了火灾，并在第一时间内通过 NB-IoT 模块向与云平台联动公安消防报警系统报警（测试时可将报警电话号码设置为个人电话号码），同时会将相关的数据发送到手机 App，并在手机 App 界面中弹出报警信息，如图 8.5-20 所示。

（3）昆虫识别测试。本作品根据不同的判断阈值进行了 200 次测试，得到的模型精度如图 8.5-21 所示，昆虫识别的准确度如图 8.5-22 所示。判断阈值越高，识别成功次数越少，成功率越低；反之则成功率越高。根据实际测试，得到的最佳判断阈值为 0.96～0.98。

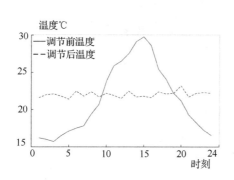

图 8.5-19　大棚内温湿度数据曲线图　　　　图 8.5-20　手机 App 界面弹出的火灾报警信息

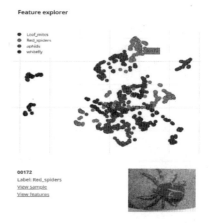

图 8.5-21　模型精度　　　　　　　　　图 8.5-22　昆虫识别的准确度

8.5.4　总结

8.5.4.1　可扩展之处

（1）云平台的可视化界面可进一步优化。

（2）手机 App 界面可以进一步优化，以实现更好的人机交互效果。

（3）可增加采集的数据类型，实现多维数据融合。

（4）可增加红外控制方式，以便接入更多的具备红外功能的设备。

（5）本作品可接入各种云服务器，增强自身的可扩展性。

8.5.4.2　心得体会

本次参赛的团队成员是大一或大二的学生，通过半年的实际操作和指导老师的耐心讲解，我们学到了硬件和软件方面的很多知识，以及一些实际操作的经验。例如，如何使用云平台、如何实现通信的多元化等。

在本作品的开发过程中，我们碰到了很多问题，如设备连接、代码、网络等问题。通过不断分析问题、查找资料、讨论解决方案解决了这些问题，这让我们变得更加灵活和勇敢，并能更快地找到解决问题的方法。

总体来说，我们在半年的时间内完成了本作品，不仅让我们获得了技术上的成就感，加强了团队合作能力和问题解决能力，还加深了我们对物联网和智慧农业领域的理解，也拓展了我们未来的发展道路。

8.5.5　企业点评

本作品以 STM32G4 为主控芯片，实现了可实时监测温度、湿度、光照度和土壤 pH 值等参数的智慧农业园区系统。本作品利用 ZigBee 技术和 NB-IoT 技术、采用 MQTT 协议和 TCP/IP 协议将数据上传到了 OneNET 云平台，并完成了数据的存储与分析、对设备的管理与控制等功能。本作品的完成度较高。

8.6 多工况家用并网变换器

学校名称：西南交通大学
团队成员：杨骁、唐豪、史润博
指导老师：潘育山、董金文

摘要

实现碳达峰、碳中和，是以习近平同志为核心的党中央统筹国内国际两个大局作出的重大战略决策，是着力解决资源环境约束突出问题、实现中华民族永续发展的必然选择，是构建人类命运共同体的庄严承诺。在"双碳"目标的驱动下，我国的新能源利用技术和应用场景迎来了一个崭新的发展时代，特别是在分布式光伏发电技术和应用领域。国家能源局发布了一系列相关政策，积极鼓励并支持分布式光伏发电的进一步发展。分布式光伏发电被认为是一种卓越的绿色能源利用方式，与传统的能源相比，它能够显著提高能源效率，减少环境污染，降低温室气体排放，实现节能减排的目标。

在这一背景下，本作品（在本节指多工况家用并网变换器）的主要目标是设计一种多工况家用并网变换器，以满足分布式光伏发电系统的需求。本作品可在家庭环境中实现多种工况下的高效能源转换，以确保分布式光伏发电系统在不同情况下都能够充分利用太阳能。这一创新性的设计将为家庭和商业用户提供更可靠、高效的分布式光伏发电解决方案，促进太阳能的更广泛应用，同时也有助于我国实现"双碳"目标，为环境保护和可持续发展贡献力量。

8.6.1　作品概述

8.6.1.1　功能与特性

本作品是分布式光伏发电系统的核心组件，具备多重功能。一旦与分布式光伏发电系统配合使用，本作品就具备了调节电网的能力，可实现电能的双向流动，不仅可将多余的电能回馈到电网，还可为交流负载提供可靠的电能支持。这种能力使得本作品能够更加智能地管理电能流向，优化电能的利用，适应不同的使用情境。

此外，本作品还配备了蓄能电池，使得其具备了不间断电源（Uninterruptible Power Supply，UPS）的功能。这意味着在电能中断或突发情况下，本作品能够自动切换到蓄能电池供电，确保关键设备和负载能够持续运行，从而提高了关键设备和负载的可靠性与稳定性。本作品使分布式光伏发电系统更加适应现代家庭和商业用途，为用户提供了更多的便利性和可靠性。

8.6.1.2　应用领域

农村、牧区、工业园区、城市商业区和公共建筑等场所有大量的闲置屋顶，在这些闲置的屋顶上构建分布式光伏发电系统可将太阳能转变为电能，不仅可供交流负载使用，还可以与电网并网。本作品和分布式光伏发电系统配合使用可充分利用各地的闲置屋顶，实现太阳能的最大化利用。

在偏远地区，本作品和分布式光伏发电系统配合使用可满足当地居民和农业生产的需求；在工业园区，本作品和分布式光伏发电系统配合使用可为企业提供了可再生能源解决方案，有助于减少企业对传统电能的依赖；在城市商业区和公共建筑中，本作品和分布式光伏发电系统配合使用可为商业和公共设施提供了清洁能源。

8.6.1.3　主要技术特点

本作品的主电路部分可分为 4 个部分，一是 DC-DC 升压电路，用来实现最大功率点跟踪（Maximum Power Point Tracking，MPPT），保证分布式光伏发电系统的输出功率最大；二是 DC-AC 逆变电路，用来将直流电转变为交流电，供给交流负载使用；三是四象限变流器，用来实现整流功率因数素校正（Power Factor Correction，PFC）和逆变并网的功能；四是双向 DC-DC 电路，用来控制蓄能电池的充放电，以调节输出功率，实现 UPS 的功能。

本作品有 8 种模式（对应后文的 8 种工况），可以根据分布式光伏发电系统、电网、蓄能电池三者间的实际功率情况，实时地在不同模式间自动切换，以保证本作品的输出电压有效值 U_{o} 稳定在 22 V（为保证实验的安全性，本作品的 U_{o} 采用实际电压 220 V 的 1/10）。

8.6.1.4　主要性能指标

（1）当本作品工作在模式 1 时，当 $U_{\text{s}} = 40$ V 时，$U_{\text{o}} = 22$ V ± 0.1 V。

（2）当光伏电池（用来模拟分布式光伏发电系统）的 U_{s} 由 40 V 增加到 50 V 时，U_{o} 的输出电压调整率 $S_U \leqslant 0.5\%$。

（3）当光伏电池的 U_{s} 下降（如由 50 V 降低到 20 V）时，可以观察到 I_{grid} 的方向变化，本作品可从模式 1 自动切换到模式 2，$S_U \leqslant 0.1\%$。本作品可在 U_{s} 的全范围内实现最大功率点跟踪，跟踪偏差 ± 0.2 V。

（4）在光伏电池的 U_{s} 不足（如 $U_{\text{s}} = 25$ V）时，本作品工作在模式 2；当增大交流负载时，本作品能够从模式 2 自动切换到模式 1，在切换的过程中 $S_U \leqslant 0.5\%$。

（5）在模式 1 下，当 $U_{\text{s}} = 50$ V 时，$U_{\text{o}} = 30$ V ± 0.1 V，$I_{\text{o}} = 1.2$ A；在模式 2 下，当 $U_{\text{s}} = 35$ V 时，$U_{\text{o}} = 30$ V ± 0.1 V，$I_{\text{o}} = 1.2$ A。这表明在 U_{s} 下降时，模式 2 可提高效率。

8.6.1.5　主要创新点

（1）加入了显示屏，可实时显示负载电压、分布式光伏发电系统的输出电压、本作品的输入电压等参数。

（2）加入了四象限变流器，可将多余的电能回馈到电网，又可从电网汲取电能。

（3）加入了矩阵键盘，通过键盘对本作品的参数进行调节。

（4）加入了蓄能电池，可实现 UPS 功能。

8.6.1.6　设计流程

在设计本作品时，首先考虑直流部分，完成双向 DC-DC 电路后再完成 DC-DC 升压电路；其次考虑交流部分，先分别完成整流电路与 DC-AC 逆变电路，再完成四象限变流器；最后进行直流与交流的协调，完成本作品的所有功能。

8.6.2　系统组成及功能说明

8.6.2.1　整体介绍

本作品的框图 8.6-1 所示。

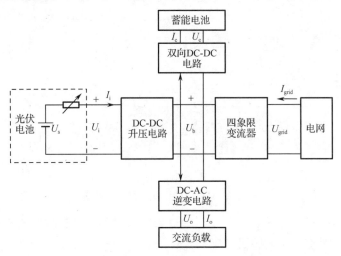

图 8.6-1　本作品的框图

本作品以 STM32H7 为主控芯片，通过采集 DC-DC 升压电路的输入电压 U_i 和输入电流 I_i，可实现 MPPT 控制和升压功能；通过采集双向 DC-DC 电路的输出电压 U_b，可控制中间级电压；通过采集 DC-AC 逆变电路的输出电压 U_{grid} 和输出电流 I_{grid}，可在不同的工况下控制四象限变流器工作在逆变并网状态或者整流状态；通过采集双向 DC-DC 电路蓄能电池的电流可判断工况，可实现蓄能电池的充放电控制。

8.6.2.2　硬件系统介绍

（1）DC-DC 升压电路的原理图如图 8.6-2 所示，该电路采用两个 CSD19536KTT 功率管构成一个半桥电路，通过 BOOST 电路控制上下 CSD19536KTT 功率管的开通和关断，实现升压功能。此外，DC-DC 升压电路的输入电压 U_i 和输入电流 I_i 将输入到 STM32H7，由 STM32H7 通过 PWM 信号的占空比来实现最大功率点跟踪。

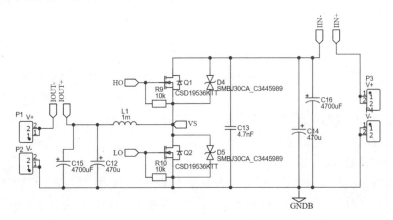

图 8.6-2　DC-DC 升压电路的原理图

（2）双向 DC-DC 电路与 DC-DC 升压电路类似，该电路根据工况来实现对蓄能电池的充放电控制，实现 UPS 功能。

（3）DC-AC 逆变电路的原理图如图 8.6-3 所示，该电路采用全桥电路，使用整流二极管 CSD19536KCS 替代 CSD19536KTT 功率管，通过驱动电路控制 4 个 N 沟道 MOS 管。STM32H7 通过 PWM 信号控制两个桥臂上下交替导通与关断，达到全控整流和逆变的目的。

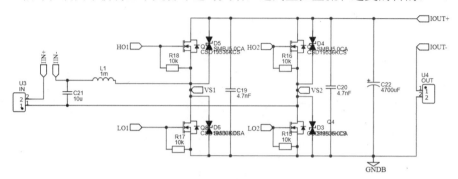

图 8.6-3　DC-AC 逆变电路的原理图

（4）驱动电路的原理图如图 8.6-4 所示，该电路的驱动芯片是 UCC21520DW，该芯片是独立双通道栅极驱动器，具有 4 A 的源极电流和 6 A 的漏极电流，每个驱动器都可以配置为两个低侧驱动器、两个高侧驱动器或具有可编程死时间（DT）的半桥式驱动器。

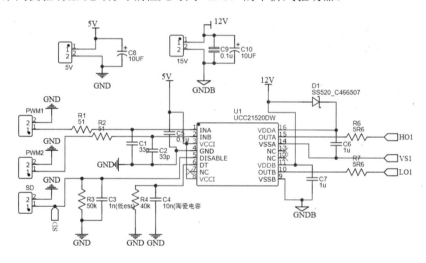

图 8.6-4　驱动电路的原理图

（5）电流/电压采样电路的原理图如图 8.6-5 所示。电流/电压采样电路采用的是 CC6903 芯片，该芯片具有 600 V 的隔离工作电压，可实现单向或双向电流检测。输入电流流经隔离的输入电流引脚之间的导线，该导线在室温下具有 1 mΩ 的电阻，可减少插入损耗。CC6903 的输出电压通过 LMV358 比例运放电路后传输到 STM32H7 的 ADC 接口。

8.6.2.3　软件系统介绍

本作品有 8 种工况，可以大致分为电网正常的工况和电网异常的工况。具体工况如下：

⊃ 工况 1：输入功率充足时，负载稳压在 22 V，蓄能电池恒流充电，剩余电能回馈到电网。

⊃ 工况 2：输入功率不足时，由电网补充所需的功率，负载稳压在 22 V，蓄能电池恒流充电。

⊃ 工况 3：无功率输入时，由电网单独提供所需的功率，负载稳压在 22 V，蓄能电池恒流充电。

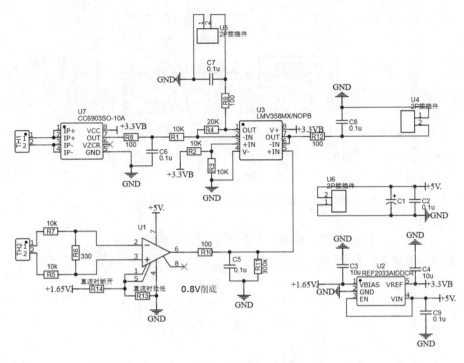

图 8.6-5　电流/电压采样电路的原理图

⊃ 工况 4：无功率输入时，由电网单独提供所需的功率，负载稳压在 22 V，蓄能电池充满电断开。

⊃ 工况 5：电网故障且输入功率不足时，蓄能电池放电，补充所需的功率，负载稳压在 22 V。

⊃ 工况 6：电网故障但输入功率充足时，负载稳压在 22 V，蓄能电池恒流充电，吸收剩余电能。

⊃ 工况 7：电网故障且输入功率超过所需时，放弃 MPPT，负载稳压在 22 V，蓄能电池恒流充电。

⊃ 工况 8：电网故障且输入功率超过所需时，放弃 MPPT，负载稳压在 22 V，蓄能电池充满电断开。

本作品要实现的目标是：首先保证全过程负载稳压在 22 V；其次是在电网正常且蓄能电池没充满电时为其充电，在电网异常时蓄能电池放电，实现 UPS 功能。

在电网正常时，如果蓄能电池没有充满电，就给其充电，此时可将蓄能电池视为一个负载，实际上的闭环控制仅需要控制蓄能电池的充电电流，与电压控制无关。在电网正常时，可以实现如图 8.6-6 到图 8.6-9 所示的双环控制器。

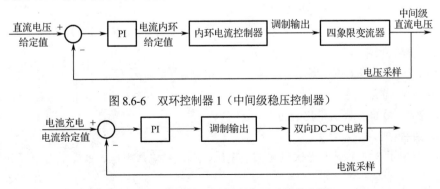

图 8.6-6　双环控制器 1（中间级稳压控制器）

图 8.6-7　双环控制器 2（电池恒流充电控制器）

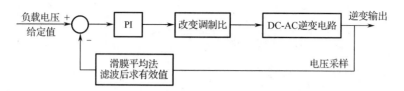

图 8.6-8   双环控制器 3（负载电压控制器）

在电网异常时情况较为复杂，可能出现以下情况：

（1）分布式光伏发电系统经过 MPPT 后的功率远远小于负载所需的功率，此时需要蓄能电池单独供电（作为 UPS）。

（2）分布式光伏发电系统经过 MPPT 后的功率与负载所需的功率相等，此时蓄能电池无须供电；

（3）分布式光伏发电系统经过 MPPT 后的功率略大于负载所需的功率，此时若蓄能电池未充满电，就通过闭环调节电池的恒流充电电流；

（4）分布式光伏发电系统经过 MPPT 后的功率远远大于负载所需的功率，若蓄能电池未充满电，但由于功率过大，蓄能电池无法完全将多余的电能全部吸收掉，这时就需要放弃 MPPT，通过调节前级 BOOST 电路的输入功率大小来实现中间级电压恒定。

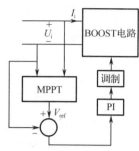

图 8.6-9   双环控制器 4
（MPPT 控制器）

（5）分布式光伏发电系统经过 MPPT 后的功率远远大于负载所需的功率，若蓄能电池已经充满电，这种情况与情况（4）是基本上一致的，相当于负载减小（少了蓄能电池的等效负载），此时 3 个控制器无法实现控制功能。

面对情况（4）和（5），本作品需要放弃 MPPT，因此设计了以下的两个双环控制器，如图 8.6-10 和图 8.6-11 所示。

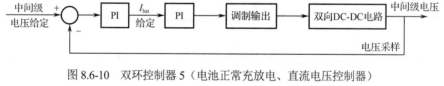

图 8.6-10   双环控制器 5（电池正常充放电、直流电压控制器）

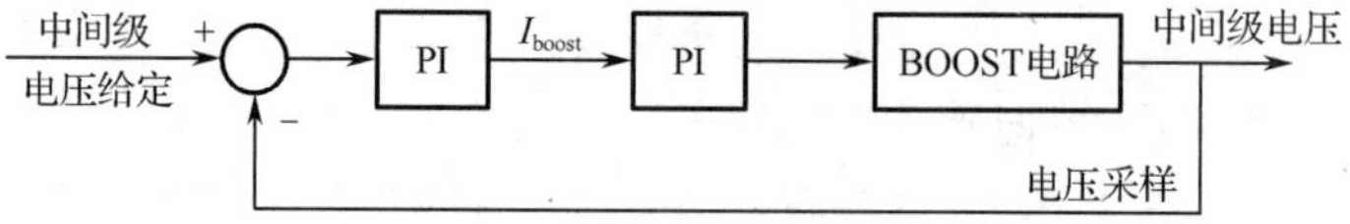

图 8.6-11   控制器 6 系统图（放弃 MPPT、直流电压控制器）

8.6.3   完成情况及性能参数

8.6.3.1   整体介绍
本作品的实物如图 8.6-12 所示。

8.6.3.2   软件成果
本作品的显示界面如图 8.6-13 所示。

8.6.3.4   特性成果
表 8.6-1 给出了 8 种工况下光伏电池输出电压、本作品输入电压、蓄能电池电流和负载电压。

图 8.6-12　本作品的实物　　　　　　　　　图 8.6-13　本作品的显示界面

表 8.6-1　8 种工况下光伏电池输出电压、本作品输入电压、蓄能电池电流和负载电压

工　况	光伏电池输出电压/V	本作品的输入电压/V	蓄能电池电流/A	负载电压/V
1	51.2	25.55	0.916	22.00
2	20.2	10.07	0.901	22.08
3	5.44	5.44	0.917	22.12
4	5.49	5.49	0.007	22.25
5	51.4	25.50	−0.924	22.01
6	51.4	25.51	1.024	22.00
7	51.4	16.71	1.179	22.00
8	51.3	11.04	0.008	22.01

注：蓄能电池电流为正表示充电，为负表示放电。

本作品的现场测试情况如图 8.6-14 所示。

图 8.6-14　本作品的现场测试情况

8.6.4　总结

8.6.4.1　可扩展之处

（1）本作品的四象限变流器可增加无功补偿模式。

（2）本作品可加入蓝牙模块，通过手机终端进行参数调节。

8.6.4.2　心得体会

本作品的开发不是从零开始的，很多东西都是前人的研究成果，我们站在了"巨人"的肩膀上。例如，在选择方案时，就可以参考网络上的论文，从而得知各方案的优缺点。

在本作品开发的过程中，了解实际电路的开发流程是非常重要的。我们需要先了解实现的功能是什么，了解采用什么样的设计方案能实现这些功能；然后要去查找资料，确定哪种电路、哪款芯片可以实现设计方案，以及芯片的工作环境、性能是否能满足实际需求；接着要阅读芯片手册，了解芯片的特性，学会使用这个芯片；最后要设计电路原理图、绘制 PCB 版图、制作 PCB、调试电路。

通过本作品的开发，我们学会了很多技能。一方面，我们实现了所学知识的综合应用。本作品是实用性的，所以要考虑实际的各种情况，实现了所学知识的综合应用。另一方面，我们学会了团队合作。很多操作是需要多人一起完成的，每个人的付出都是不可或缺的，团队的和谐很重要。

通过本作品的开发，我们初步体会到了科研工作的方法，不仅要早读、多读文献，还要多与指导老师、同学交流，要努力发现、提出问题，更要大胆思考、力求创新。这是科研工作者所需的基本功。

在本作品的开发过程中，曾经为得不到理想的结果而抓耳挠腮，也为自己取得了一定的成果而喜出望外，但科研就是这样，大多数的时候都是一个人或者几个人为了一个目标而努力，这个过程是寂寞而艰辛的，但这个过程也蕴藏着希望，想到自己的研究成果可能会被采用心里是很激动的。

本次参赛不仅让我们对科研过程有了基本的认识，学到了很多东西，还对我们以后的学业和工作有很大的帮助。

8.6.5　企业点评

本作品以 STM32H7 为主控芯片，是分布式光伏发电系统的核心组件。本作品的主电路包含 MPPT 控制器、DC-AC 逆变电路、四象限变流器、DC-DC 升压电路、双向 DC-DC 电路，同时具备蓄能电池和 UPS 功能。本作品可实时监测分布式光伏发电系统、电网、蓄能电池的实际功率，自动切换 8 种模式，确保输出电压稳定，在太阳能利用等方面展现了出色的工程和控制技术，为分布式光伏发电系统在家庭和商业的应用提供了解决方案。本作品精准投向光伏发电领域，为实现"双碳"目标和迎接新时代的发展做了充分的准备。

国家集成电路芯火平台（南京）暨南京集成电路产业服务中心简介

ICisC® 南京集成电路产业服务中心
NANJING IC INDUSTRY SERVICE CENTER

国家集成电路芯火平台（南京）是工业和信息化部首批授牌的国家集成电路芯火平台，是我国在长三角地区布局的重要集成电路专业化公共服务平台。国家集成电路芯火平台（南京）的运营实体是南京集成电路产业服务中心（ICisC）。ICisC 成立于 2016 年，坐落于南京市江北新区研创园数智溪谷 4 号楼。ICisC 以集成电路公共技术服务为基础、人才培养与芯机联动为特色，通过专业化、精准化的平台服务，支撑芯片企业的研发及产业化、搭建地区产学研合作桥梁、促进芯片与电子信息整机的联动，推动区域集成电路产业生态发展。

一、ICisC 的公共技术服务

ICisC 的公共技术服务平台构建 EDA 技术服务中心、芯片测试与公共实验室集群、芯片流片服务中心、IP 技术服务中心，拥有实验室集群载体面积超过 1 万平米，可以为芯片企业提供从研发设计到量产、测试的全栈式专业服务。其中 EDA 技术服务中心提供 EDA 软件分时共享、仿真加速、混合云算力、CAD/IT 技术等服务，可支撑企业在 16 nm～5 nm 节点超高工艺先进芯片项目的研发；芯片测试与公共实验室集群可为高速数字、模拟、数模混合、射频毫米波、光电等各类芯片提供电学性能测试，可提供原型验证、晶圆测试、设计验证与应用测试、可靠性与失效分析等类型专业测试服务；芯片流片服务中心提供一站式全球流片技术服务，覆盖 350 nm～16 nm 的全工艺节点；IP 技术服务中心整合了国内外 IP 核资源，提供从 IP 共享池、IP 选型评测到 IP 定制化开发等一站式服务。自成立至今，ICisC 的公共技术服务平台累计为企业研发提供超 23000 次技术服务，服务额累计超 5 亿元，服务了 600 余个芯片项目的研发创新。

二、ICisC 的人才培养服务

ICisC 拥有南京集成电路培训基地（NICT），培训基地构建了 EDA 培训部、设计培训部、应用培训部、人才资源业务部等 4 个专业人才服务部门，提供 EDA、芯片设计、芯片应用三个方向的工程化人才培训服务及人才招聘服务，同时培训基地承办了 EDA 精英挑战赛、嵌入式系统与芯片设计竞赛、FPGA 创新设计竞赛等三大全国性竞赛，为产业界提供芯片人才的选拔与培养平台。ICisC 自开展人才培养服务以来，累计参加培训学员超 10 万人次，参与高校 500 余所，为芯片企业提供精准人才对接超 5000 人次。

三、ICisC 的芯机联动服务

ICisC 的芯机联动服务的目标是促进芯片与整机的对接，提升电子信息整机企业的核心竞争力，同时以整机带动芯片企业的发展。ICisC 成立了全国首个"芯机联动"联盟、市级汽车电子

"芯机联动"联盟，聚焦智慧城市、AI、汽车电子、信创等主题，开展了 4 场芯片设计企业与整机企业供需对接活动，引入了超过 500 家全国百强电子信息企业，联动 300 余家江北新区的企业进行对接，已有 100 余家联盟企业，发布了七项联动成果，促成了 30 余项合作，助推优质项目落户江北新区，初步形成了联动效应。

四、ICisC 获得的荣誉与项目

ICisC 以高质量的建设成效，获得了省、市、区各级政府的专项支持。自 2016 年成立至今，ICisC 先后获得了国家集成电路芯火平台，江苏省工业和信息化厅集成电路、物联网和新一代信息技术项目，南京市科学技术局市级重大公共技术服务平台等 17 个专项支持。2021 年 6 月，继 ICisC 获得国家集成电路芯火平台和江苏省工业和信息化厅集成电路平台项目后，再次获得省级重大平台项目，成为省级科技公共服务平台。2022 年 ICisC 进入江苏省科技资源统筹服务云平台首批入库名单，正式成为江苏省科技创新券服务机构。

经过 8 年的建设，ICisC 作为支撑南京集成电路产业发展的专业服务机构，充分发挥了国家集成电路芯火平台的优势作用，在资源汇聚、技术支撑、成果转化、人才培养和生态打造上，持续助力区域集成电路产业的高质量发展，已成为南京市甚至江苏省范围内最有影响力的集成电路产业公共服务平台。

海思技术有限公司

关于海思

海思技术有限公司（海思）是一家全球领先的半导体与器件设计公司，以使能万物互联的智能终端为愿景，致力于为消费电子、智慧家庭、汽车电子等行业智能终端打造安全可靠、性能领先的芯片与板级解决方案。海思在全球设有 12 个能力中心，自有核心技术涵盖全场景连接、全域感知、超高清音视频处理、智能计算、芯片架构和工艺、高性能电路设计及安全等。海思扎根核心能力和技术，为行业客户与开发者提供芯片、器件、模组和板级解决方案，业务覆盖智慧视觉、智慧 IoT、智慧媒体、智慧出行、显示交互、MCU、智能感知、模拟等多个领域。

海思大学计划

海思于 2020 年开启高校人才培养计划，已推出 HiSpark 智慧连接和智慧视觉能力开放平台，已与 30 多所高校开展了物联网和微处理器方向的教学课程合作。

开 发 套 件	适配课程及提供的资源	培 养 能 力
嵌入式物联网小车	可适配课程"物联网应用""嵌入式系统开发"等。理论部分提供教学 PPT，实验部分提供实验手册、代码工具	培养万物互联创新人才，掌握未来连接领域智能硬件的开发能力，为产业互联生态服务
嵌入式微处理器	可适配微处理器相关课程。理论部分提供教学 PPT，实验部分提供实验手册、代码工具	培养学生掌握 SoC、微处理器、CPU 整体架构，熟悉 IoT 领域兴起的 RISC-V 指令集架构及汇编程序设计的能力

海思连续 3 年参与全国大学生嵌入式芯片与系统设计竞赛，围绕物联网和 AI 计算机视觉方向激发学生创新应用，已覆盖近 200 所高校，累计有 100 多个创新作品获得竞赛嘉奖。

历年大赛的海思平台优秀作品		
智能水上救援系统 大连海事大学	基于人工智能的早教辅助教育系统 电子科技大学	基于人脸识别的智能药物箱 华南师范大学

续表

历年大赛的海思平台优秀作品		
基于面部追踪的远程会议系统 电子科技大学	无人机实时监测追踪报警系统 沈阳工业大学	教学智慧管理辅助装置 东南大学
帕病管家 郑州轻工业大学	幸"盔"有你 深圳大学	圆神 大连理工大学

　　未来海思将持续探索"书-课-训-赛-创"的产教融合模式，以更开放、更多元化的支持方式助力高校做实基础教学、拓宽技术视野、协同培养更多产业需要的创新型芯片应用人才。

　　高校教学合作咨询邮箱：hispark.edu@hisilicon.com。

深圳市广和通无线股份有限公司

关于广和通

深圳市广和通无线股份有限公司（广和通）始创于 1999 年，是中国首家上市的无线通信模组企业。作为全球领先的物联网无线通信解决方案和无线通信模组提供商，广和通拥有从 2G 到 5G、5G RedCap 全系列产品。在万物互联的 5G 时代，广和通全球首发 5G 模组，引领 5G 的行业普及和应用；其产品线在云办公、智慧零售、C-V2X、智慧能源、智慧安防、工业互联、智慧城市、智慧农业、智慧家居、智慧医疗等行业的数字化转型中得到了广泛应用。

产品特点

蜂窝通信模组在嵌入式应用中拥有五大天然的优势：

（1）移动性，具有越区切换和跨本地网自动漫游的功能，可以在移动的设备中连续无缝使用（包括高速行驶的汽车、高铁）；

（2）广覆盖，地球上覆盖地域范围最广的一张通信网；

（3）安全，有鉴权管理，通信全程都加密；

（4）功能丰富，支持电话、短信、数据（TCP、UDP、HTTP、FTP、MQTT 等）；

（5）应用场景多，可以传输传感器数据、图像、高清音视频等。

随着万物互联的物联网爆发式发展，物联网终端及其需要传输的数据相应也呈现爆发式增长态势。为应对海量数据传输对传输层及服务器的影响，以及提高用户对嵌入式终端的智能化、低延时、高速率使用体验，5G 与边缘计算的融合（5G AIoT）已是大势所趋，嵌入式终端行业应用的"去中心化，云边协同"成为发展的必然。5G AIoT 可就近提供边缘智能服务，有邻近性、低延时、高带宽、高可靠性、实时化、绿色等优势，可满足行业数字化在敏捷连接、实时业务、数据优化、应用智能、安全与隐私保护、易维护等方面的关键需求。

广和通大学计划

广和通大学计划项目组（简称项目组）为全国高校大学生提供 4G IoT、5G AIoT 两大类产品平台，可用于竞赛与教学。为提高高校大学生的就业能力，以及高校教学、科研质量，广和通提供的两类产品平台具备行业领先性、实用性、长生命周期等特性，可与行业领先的应用场景无缝衔接，使优秀作品有更多机会进行产品化、商业化转化。

项目组连续多年支持全国大学生嵌入式芯片与系统设计竞赛（简称嵌赛），为广大高校大学生提供了翔实的产品文档、应用指南、工程实例等资料，并提供详细的操作指导视频课程，内容涵盖功能使用、系统性综合应用实例。以 2023 年赛季为例，项目组技术工程师共录制了 32 个视频课程，总计约 7 小时的技术讲座。在竞赛期间，项目组为参赛大学生提供线上 QQ 群实时技术答疑，定期进行线上技术讲座，并进行线下技术讲座。为鼓励大学生积极参与竞赛，项目组设置了万元企业现金奖，用于奖励优秀作品。

作为全国普通高校大学生竞赛排行榜中的赛事，嵌赛已有 500 多所全国高校积极参与，赛事对高校的新工科建设有很好的推动与促进作用，对大学生的创新创业能力、工程能力、项目管理能力有很好的提升。高校通过参赛，提升了双创课程质量；大学生通过参赛，提升了个人能力，未来可以更好地就业；企业通过参赛，提升了品牌形象，可以更好地指引校招方向。

集成电路的发展带来了电子信息业的蓬勃发展，是国家强盛、民族振兴的根基，青年大学生需要为未来而激流勇进，为建设绿色智连世界而勇于创新实践。

祝愿嵌赛的规模越办越大，影响力更上一层楼！

南京沁恒微电子股份有限公司

WCH 沁恒

关于沁恒

南京沁恒微电子股份有限公司（沁恒）专注于连接技术和微处理器内核研究，是一家基于自研专业接口 IP、微处理器内核 IP 构建芯片的集成电路设计企业。沁恒致力于为客户提供万物互联、上下互通的芯片级解决方案，主要产品包括 USB、蓝牙、以太网接口芯片和连接型、互联型、无线型 MCU，产品侧重于连接、联网和控制。

沁恒被认定为高新技术企业、国家级专精特新"小巨人"企业。

我们的优势：核心 IP 自研

万物互联的时代，连接和联网无处不在。基于对连接、联网的专业化定位，沁恒专研接口芯片和 MCU 的关键和共性技术，即微处理器内核、USB/蓝牙/以太网专业接口等核心 IP 模块，简称"一核三接口"。

接口 IP 自研：高度优化的系统级接口芯片为万物互联的世界提供高效的连接方案

沁恒的自主 IP 体系打通了收发器、控制器、协议栈构成的垂直数据链，提高了产品的软硬件协同性，改善了效率和兼容性。专业接口的交叉组合、专业接口与多层次内核的矩阵组合，形成了 PHY 芯片、控制器芯片、协议栈芯片和接口转换芯片等垂直化的产品结构。这些高度优化的接口芯片实现了 USB、蓝牙、以太网的功能拓展或桥接转换，屏蔽了底层技术细节，以多层次的产品结构和专业的性能，使客户产品的开发更加便捷。

内核 IP 自研：多层次内核与专业外设灵活组合形成品类丰富的 MCU 和系统级芯片

沁恒自研内核包括青稞 RISC-V、E8051 和 RISC8 三个层次，各层次的内核均注重应用优化，实现了内核自由，并在产品中得到了大量应用。

青稞内核基于 RISC-V 生态兼容、优化扩展的理念，融合了 VTF 等中断提速技术，拓展了协议栈和低功耗应用指令，精简了调试接口。搭载青稞内核的通用和高速接口 MCU 减少了对第三方芯片技术的依赖和对境外软件平台的依赖，免除了外源内核的授权费和提成费，为客户节省了成本。沁恒是国内第一批基于自研 RISC-V 内核构建芯片、共建生态并实现产业化的企业。

软硬结合，突破设备连接壁垒，促进上下互通和跨平台移动互联

除了芯片设计团队、专攻下位机的硬件和嵌入式软件团队，沁恒还有主攻上位机和服务器及芯云平台的系统和软件团队。该团队专司 Windows、Linux、MacOS、Android、iOS、WeChat 等多种操作系统和平台的底层内核驱动程序、通信连接库和 App 应用工具的开发，通过虚拟化技术实现了设备跨平台移动互联和应用平移，使软硬件实现了无缝连接和协作，助力离线设备向联网设备转化，提升终端产品附加值，并能向客户提供系统级解决方案。

产品

接口芯片

围绕典型应用场景，通过垂直贯通、交叉组合、软硬件协同等方式，沁恒提供 4 大类百余款接口芯片产品，覆盖物理层 PHY 收发器、控制器、网络协议栈、桥接转换透传芯片等多个层级的品类。

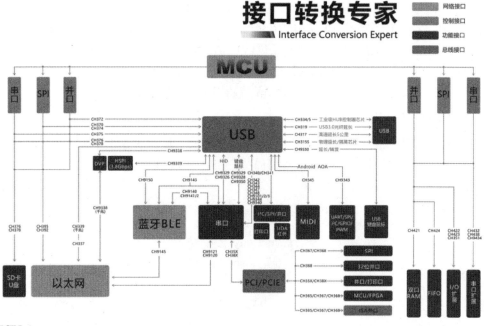

MCU

多层次内核与高速 USB、USB PD、以太网、低功耗蓝牙等专业外设的灵活组合，使沁恒 MCU 芯片在连接能力、性能、功耗、集成能力等方面表现出色，品类丰富且具有针对应用和面向未来的可扩展性。

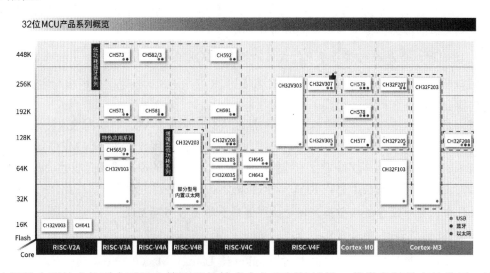

沁恒的自研技术体系实现了由核到芯的技术自主和可持续性，凭借良好的产品品质，沁恒的芯片已在计算机与手机周边、工业控制、物联网等领域得到大量应用，正在将 RISC-V 芯片应用到更广泛的下游市场。

龙芯中科技术股份有限公司

龙芯中科技术股份有限公司（龙芯）来自中国科学院计算技术产业的传承，于 2001 年开始研发龙芯 CPU，20 多年来一直坚持自主创新，具备雄厚的技术积累。龙芯全面掌握了 CPU 指令系统、处理器 IP 核、操作系统等计算机核心技术，基于自主指令系统 LoongArch 打造了自主开放的软硬件生态和信息产业体系，为国家创新发展提供安全、可靠、高性能、低成本的处理器和基础软硬件解决方案，其产品在政务、能源、交通、水利、金融、电信、教育等行业和领域已获得广泛应用。

龙芯研制的芯片包括龙芯 1 号、龙芯 2 号、龙芯 3 号三大系列处理器芯片及桥片等配套芯片。龙芯 1 号系列为低功耗、低成本 MCU 专用处理器，面向嵌入式应用领域，如物联网终端、仪器仪表设备、数据采集设备等；龙芯 2 号系列为高性能、低功耗 SoC 处理器，面向工业控制与终端等领域，如工控设备、网络设备、行业终端、智能装备等；龙芯 3 号系列为高性能 CPU 通用处理器，面向桌面和服务器等信息化领域以及高端工控类应用；配套芯片包括以龙芯 7A1000、7A2000 为代表的接口芯片、电源芯片和时钟芯片等。

龙芯是国内唯一可以对外提供 IP 授权的处理器企业，已经授权国内多家知名企业和高校院所，涉及数字电视、网络交换、存储、通信、智能控制、大算力等领域。目前，采用龙芯软硬件平台的合作厂商已经超过 3000 家，下游开发人员达到数十万人。

意法半导体公司

关于 ST 公司

意法半导体（STMicroelectronics，ST）是一家全球半导体公司，也是全球 32 位 MCU 产品的引领者，致力于通过创新来服务客户，以期为人们的生活带来积极影响。ST 公司拥有的 5 万名半导体技术创造者和创新者遍布全球，掌握了半导体供应链和先进的制造设备。ST 公司与客户和合作伙伴一起研发产品，开发解决方案和生态系统，帮助他们应对挑战和机遇，支持建设一个更可持续的世界。ST 公司积极投身创新研发，历经数十年的投资，开发了尖端的芯片制造和封装技术，用于协助客户将其想法付诸实践。作为一家半导体垂直整合制造商（IDM），ST 公司不断投资于专有技术和扩大生产范围，为客户设计、生产和交付产品，为其提供必要的专业知识，同时保障供应安全和质量。

当前的一些长期趋势正在重塑行业和社会，并为更加可持续的世界铺平道路，不断推动 ST 公司进行创新。

智能出行：致力于改善人们的出行方式，ST 公司的电气化解决方案旨在帮助制造商生产更环保、更实惠的电动汽车，并由数字化解决方案来保障驾驶的智能和安全。

电源和能源管理：得益于悠久的创新历史，ST 公司能够提供高效的电源与能源管理解决方案，以解决全球客户日益增长的能源需求，同时减少对环境的影响，打造更加可持续的未来。

云连接的自主化设备：人们身边的各种设备正变得越来越聪明，物与物之间的连接也越来越紧密。ST 公司支持基于边缘人工智能的、安全且互联的自主化设备发展和普及。

ST 公司锐意创新，通过独特的技术和产品，让客户迎接挑战和机遇时均能更加从容。ST 公司的产品组合如下：

ST 中国大学计划

ST 中国大学计划从 2005 年发布 STM32 系列的 MCU 和 MPU 之日起开始走入中国校园，致力于为在校大学生和未来的工程师们提供一个开放的嵌入式平台来进行课程学习与项目科研，为产业界输送嵌入式人才。自 2020 年开始，ST 中国大学计划涉及的产品，从 STM32 系列产品线扩展到了 ST 公司的全部产品线，不仅包含 STM32 系列的 MCU 和 MPU，还包括各类传感器、功率器件等。ST 公司与高校携手合作，面向电子信息类、计算机类、电气类、自动化类、物联网、人工智能、机器人及其他相关专业，形成了开展精品课程、举办师资培训、建立联合实验室、举办学生竞赛及人才认证项目五大合作模式，为中国的嵌入式人才培养添砖加瓦、积极贡献。

ST 中国大学计划项目组成

联合实验室项目：鼓励高校教师开设基于 ST 公司产品的相关实验课程，提供软硬件开发平台，让更多高校大学生了解和运用业界的最新技术。

精品课程项目：开发基于 ST 公司最新产品的高校课程，建立相应的课程体系。

师资培训项目：面向全国高校教师，邀请知名高校教师当面授课，分享教学经验。

嵌入式人才培养计划：建立嵌入式系统设计工程人员技术技能标准，联合知名高校教授及企业工程师，以企业需求为导向建立培训课程体系内容，开发嵌入式人才课程体系。项目涵盖线上课程、线下实训、能力认证考试，在校大学生、毕业生及相关领域从业人员均可参加，集合业界及高校力量，打造嵌入式人才培养计划。

大学生竞赛：鼓励高校教师组织在校大学生举办大规模校内竞赛项目，促进学生实践能力培养。ST 公司主办多个创新赛事，如 STM32 黑客松挑战赛，ST MEMS 传感器创意设计大赛等。ST 公司重点支持的 A 类大学赛事有全国大学生嵌入式芯片与系统设计竞赛和蓝桥杯大赛。

ST 中国大学计划与产学合作协同育人项目

自 2018 年起，ST 公司开始申报实施教育部主管的产学合作协同育人项目。产学合作协同育人项目旨在通过政府搭台、企业支持、高校对接、共建共享，深化产教融合，以产业和技术发展的最新需求推动高校人才培养改革。ST 公司一直大力支持该项目，并于 2019 年以产学合作 TOP5 的国际公司之一的身份被嘉奖为"教育部产学合作协同育人项目优秀合作伙伴"。ST 公司将在教育部平台上持续支持五大类型项目，高校教师每年可根据 ST 公司的项目指南，在产学合作协同育人项目平台进行项目申报。

ST中国大学计划项目名称	产学合作协同育人项目类型
嵌入式人才培养计划	新工科、新医科、新农科、新文科建设项目
精品课程项目	教学内容和课程体系改革项目
师资培训项目	师资培训项目
联合实验室项目	实践条件和实践基地建设项目
大学生竞赛项目	创新创业教育改革项目

ST 公司自 2016 年起支持全国大学生智能互联创新大赛，自 2019 年起支持全国大学生嵌入式芯片与系统设计竞赛暨智能互联创新大赛。迄今为止，ST 公司持续赞助支持嵌入式大赛应用赛道历时 8 年，累计参与大学生达 5.8 万人，参与队伍超 2 万支，其中 1.3 万支队伍选择使用 STM32 芯片。ST 中国大学计划期望通过大赛的实际工程项目，以赛助学，培养大学生创新思维、解决复杂工程问题能力和团队合作精神，使大学生能够全面掌握芯片应用、系统构建、项目开发等实践工程技术能力，为社会、行业、企业培养嵌入式应用人才。